“十二五”国家重点图书出版规划项目

化学化工精品系列图书·精细化工系列

精细化工综合实验

（第7版）

主　编　强亮生　王慎敏

副主编　韩　颖　甄　捷

郭祥峰　唐冬雁

主　审　徐崇泉

哈爾濱工業大學出版社

内 容 提 要

本书由哈尔滨工业大学牵头，联合哈尔滨理工大学、大庆石油学院和齐齐哈尔大学等院校在总结各校多年实验教学经验的基础上编写而成。

全书分十三编，共97个实验。其中：第一编　绪论；第二编　精细化工实验常识及实验技术；第三编　表面活性剂（12个）；第四编　日用化学品（10个）；第五编　香料（5个）；第六编　农药（3个）；第七编　胶粘剂（7个）；第八编　涂料（5个）；第九编　新型功能材料（13个）；第十编　染料与颜料（6个）；第十一编　催化剂、助剂和其他精细化学品（24个）；第十二编　精细化学品合成设计实验参考文献（9个）；第十三编　精细化学品合成设计实验参考文献（3个）。另外还附有常用精密仪器使用方法和实验必要的数据。

本书体系完整、内容丰富、叙述详尽，在不失实验教材之系统性和知识性的同时，突出了适用性和先进性，并给出了许多日用化学品的配方。

本书既可作为高等院校应用化学专业、化学工程与工艺专业和其他化学化工类专业本、专科学生的实验教材，也可作为广大精细化学品研究、开发、生产人员的参考书。

图书在版编目(CIP)数据

精细化工综合实验/强亮生主编. —7版. —哈尔滨：哈尔滨工业大学出版社，2015.7(2023.7重印)
ISBN 978-7-5603-5533-7

Ⅰ.①精…　Ⅱ.①强…　Ⅲ.①精细化工-化学实验
Ⅳ.①TQ062-33

中国版本图书馆CIP数据核字(2015)第166470号

责任编辑　王桂芝　黄菊英
出版发行　哈尔滨工业大学出版社
社　　址　哈尔滨市南岗区教化街21号　邮编150006
传　　真　0451-86414749
网　　址　http://hitpress.hit.edu.cn
印　　刷　哈尔滨市工大节能印刷厂
开　　本　787 mm×1 092 mm　1/16　印张21　字数546千字
版　　次　1997年1月第1版　2015年7月第7版
　　　　　2023年7月第6次印刷
书　　号　ISBN 978-7-5603-5533-7
定　　价　45.00元

序

近年来，精细化工产品已经成为工农业生产、国防工业以及新科技开发所不可缺少的物质基础。而精细化学品的开发和发展也必将进一步促进高科技的腾飞。

为适应国民经济发展对精细化工人才的迫切需求，许多高等院校纷纷建立精细化工专业。仅90年代以来，国内就有46所高等院校设立了这一专业。由于精细化工包括的类别相当广泛，因此各校(尤其是新建专业的学校)专业方向差异较大。而相应的教材比较缺乏，其中已出版的精细化工实验教材则更少。因此编写一本能供较多院校精细化工专业使用的精细化工实验教材将会受到欢迎。

由哈尔滨工业大学、哈尔滨理工大学、大庆石油学院和齐齐哈尔大学工学院等院校联合编写的精细化工实验一书，是在总结各校多年实验教学经验基础上编写而成的。该书在保证实验教材之系统性、知识性的同时，突出了通用性和适用性，其中有些实验是参编单位近期的科研成果和最新技术。在日用化学品等编的复配实验中给出了多种配方，这不仅可以提高学生学习的兴趣，而且可以进一步开阔学生的思路。考虑到精细化工实验中某些药品比较难购，在本书附录中还给出了国内各地的生产、经销单位，为实验的顺利开设提供了方便。

本书既可作为高等院校精细化工专业本、专科学生的实验教材，也可作为其他化工类专业本、专科学生以及广大精细化学品研究、开发、生产人员的参考书。

徐崇泉

1996年12月30日于哈尔滨

第7版前言

《精细化工综合实验》(第7版)一书自2011年更名(原名为《精细化工实验》)出版以来，受到了广大高校师生和社会读者的欢迎，目前国内已有50~60所高校以此书为化学工程与工艺、应用化学等专业的综合实验教材，还有许多化学化工研究者将此书作为生产、开发精细化学品的重要参考书。本书是“十二五”国家重点图书，亦是哈尔滨工业大学省级精品课程“精细化工综合实验”专用教材。

本次修订依据教育部教学指导委员会制定的化学工程与工艺和应用化学专业规范和综合实验课程指导意见，参考了多种化学、化工类专业综合实验的实验教材和教学大纲，广泛征求了本书所用院校师生和其他读者的意见，结合作者的教学经验，注重突出精细化工及精细化学品的最新动态和发展趋势。具体做了以下工作：

(1)为了使学生和社会读者对精细化工和精细化学品有概括的了解，增加了绪论部分，对精细化工和精细化学品的概念、特点、分类、研究方法、发展动态等诸多方面进行了概括性的介绍。

(2)考虑到精细化学品的分析测试是精细化学品研究和开发过程中必不可少的一环，增加了第十二编精细化学品分析测试实验范例，提供了牙膏中氟含量的测定等8个分析测试实验范例。

(3)考虑到《精细化工综合实验》一般是专业的最后一门实验课，为了培养学生的实验设计能力，为完成毕业论文奠定基础，增加了第十三编精细化学品合成设计实验参考文献，提供了淀粉接枝丙烯腈高吸水树脂等3个设计性实验，并融入了7种制备方法。

(4)考虑到本专业综合实验是在有机化学实验的基础上进行的，中间体的制备与一般有机合成实验区别不大，故删去了中间体一编，同时将部分必不可少的中间体移至第十一编。

(5)考虑到第八编新型功能材料的实验偏多，去掉了液相法制备氧化锌纳米粉等5个制备难度小，且实验方法区别不大的实验，以保证各编实验数目的相对均衡性。

(6)为增强本书的规范性，在对书中一些精细化工和精细化学品的概念、术语进行核准的同时，对单位和表达方式进行了统一。

(7)为增强实验的可操作性，对各实验药品的用量和反应时间进行了重新确定。并在语言文字上进行了较大程度的修改和完善。

本次修订在第5版的基础上共增加了38个新实验，删去了20个旧实验。参加本次修订的有哈尔滨工业大学强亮生、唐冬雁、陈振宁、郝素娥、顾大明、刘志刚等，哈尔滨理工大学王慎敏等。

本次新增实验中部分内容是从参考资料中移植过来的，在此向原作者表示深深的感谢。参考文献均列于书后。

受编者水平所限，本书即使进行了修订，但仍难免有不周和错误之处，恳请读者提出宝贵意见，以便进一步完善。

作　者

2015年7月

前　言

精细化工实验是化学工程与工艺专业(精细化工方向)本科生的必修实验课,亦是对其他化工类专业有较大吸引力的实验课。通过本课程的学习,可以使学生的实验操作技能和解决实际问题的能力有较大程度的提高和增强,并掌握较多的精细化学品制备技术,为将来从事精细化学品的研究、开发和生产打下坚实的实验基础。

随着化学工业的发展和全社会对精细化学品需求的日益增长,精细化工已成为一个独立的工业部门,建立了自身的体系,并以惊人的速度发展。我国化工部已将精细化工列为九五重点发展的化工门类,急需精细化工专门人才。全国现有70多所高等院校建立了精细化工专业,其中有70%以上是90年代新建立的,普遍缺乏适用的教材,尤其是实验教材。目前国内正式出版的精细化工实验教材极少,且比较偏重于自己的专业方向。然而,精细化学品门类众多,各校的精细化工专业方向不尽相同,仪器设备以及实验技术资料的拥有情况亦有较大差别,使用已出版的教材尚有一定困难,急需一本能够兼顾各校实际情况和包含较多实验技术资料的精细化工实验教材。为此,我们几所院校的同志,总结多年的实验教学经验,联合编写了这本精细化工实验教材。本书的主要特点是:

①在不失实验教材之系统性、知识性和广泛性的同时,突出了多数学校和整个社会比较感兴趣的专业方向及实验内容。

②在保证基础实验的同时,突出了适用性和先进性。

③注重提高仪器设备的利用率和降低药品材料的消耗量,力求用通用仪器代替专用仪器,用工业品代替化学试剂。

④合成兼顾测试,并以用途为主导,与产品相联系。制备原理详细,实验内容翔实,并给出产品或主要原料的英文名称,便于实验者理解、准备和检索。

⑤详细地介绍了精细化工实验的基本知识和实验技术,并给出许多精化小产品配方。

⑥附有部分精细化学品的国家标准、仪器设备使用方法和实验必要的数据。

本书内容广泛,含有不同类型和层次的实验,既可作为高等院校精细化工专业和其他化工类专业本、专科学生的实验教材(有些实验还可供精细化工专业和其他化工类专业研究生选做),也可作为广大精细化学品研究、开发、生产人员的参考书。

本书由哈尔滨工业大学强亮生、哈尔滨理工大学王慎敏主编,大庆石油学院韩颖、哈尔滨理工大学甄捷、齐齐哈尔大学工学院郭祥峰、哈尔滨工业大学张连墨任副主编,参加编写的还有王福平、张洪喜、薛玉、余大书、郭慎满、赵蕴芬、张荣明、林红、周群、张树军、邓启刚等同志。本书在编写过程中还有上述各校的许多同志做了工作,此不一一列举,仅表谢意。

本书的编写得到了化工部高等学校化工类及相关专业教学指导委员会委员徐崇泉教授的关心和指导,主审全书并为本书作序,在此表示衷心的感谢。哈尔滨工业大学蒋宏第教授、大庆石油学院杨又震高级工程师对本书的编写提出了很好的建议,在此一并表示感谢。

本书是为解决教学之急需编写的,加之参编者较多,水平有限,难免有疏漏和其他不妥之处,恳请读者提出宝贵意见,以便完善。

作　者

1996年10月

目　　录

第一编　绪　　论

1.1　精细化工的含义、范畴和特点

根据产品用途的不同，人们通常将化工产品划分为基本化工产品和精细化工产品两大类。基本化工产品一般是指由基本原料经初级加工得到的大吨位产品；而精细化工产品则是与基本化工产品相区分的一个专业术语，它是小批量、高纯度、多品种的一类化学品，通常称为精细化学品，某些国家又称为专用化学品。

一、精细化工的含义

“精细化工”一词首先是由日本提出来的。日本化学工业从1955年起以石油化工为中心，通过技术引进、设备大型化、技术革新和研究开发等一系列措施，持续了十几年的飞速发展，从战后的极度荒废状态一跃而成为世界第二化工强国，其发展速度在世界上是首屈一指的。石油化工的发展为国内工业提供了丰富的基本原料，大力促进了其他工业和整个国民经济的发展。20世纪60年代是日本化学工业发展的鼎盛时期，进入70年代以后，由于国际形势的动荡及其本身产业结构的不合理，化学工业面临着一系列现实的或潜在的不稳定因素，开始进入不景气时期，特别是石油危机的出现，对以石油化工为支柱的日本化学工业更是灾难性的打击。在这种情况下，迫使日本政府不得不重新考虑化学工业的发展战略，于是提出了精细化。70年代，日本把生产具有专门功能、应用技术密集度高、配方技术能左右产品性能、附加价值高、收益大的小批量多品种的化工产品称为精细化学品。而将研发和生产精细化学品的工业称为精细化学工业(fine chemical industry)，简称精细化学。我国化工界公认的定义是：凡能增进或赋予一种(类)产品以特定的功能，或本身拥有特定功能的小批量、高纯度的化学品，称为精细化工产品，有时称为专用化学品(speciality chemicals)或精细化学品(fine chemicals)。按照国家自然科学技术学科分类标准，精细化工的全称应为“精细化学工程”(fine chemical engineering)，属化学工程(chemical engineering)学科范畴。

从生产的角度看，精细化学品的定义应包含两个方面：一是在化合物分子水平上进行合成与分离得到的有稳定功能的高纯度化学品，如高纯试剂、农药、医药、染料、颜料、功能高分子材料、无机精细化学品、感光材料、催化剂等产品；二是在合成化合物的基础上主要通过复配技术得到的一类化学品，如洗涤剂、涂料、化妆品等。这类产品都有专门用途，多数是复配产品，强调的是产品的最终应用功能。

二、精细化工的特点

小批量、多品种和特定功能、专用性质构成了精细化工产品的量与质的两大基本特征。精细化工产品生产的全过程不同于一般化学品，它是由化学合成或复配、剂型(制剂)加工和商品化(标准化)三个生产部分组成的。在每一个生产过程中派生出各种化学的、物理的、生理的、技术的、经济的要求和考虑，这就导致精细化工必然是高技术密集的产业。精细化工的综合生

产特点主要表现在以下几个方面：

1.小批量

精细化工和大型石油化工或化肥等大生产量的化工相比，产品的批量要小得多。但批量小的概念也是相对于大宗石油化工产品来说的，当然也有一些精细化学品的年产量在 10 000 t，甚至 100 000 t 以上。例如，洗衣粉中最常用的直链烷基苯磺酸钠，由于它是大量使用的家用洗涤剂中的主要成分，因此年产量在 100 000 t 以上。

2.多品种

随着精细化工产品的应用领域不断扩大和商品的创新，除了通用型精细化工产品外，专用品种和定制品种愈来愈多，这是商品应用功能效应和商品经济效益共同对精细化工产品功能和性质反馈的自然结果。不断地开发新品种、新剂型或配方，并提高开发新品种的创新能力，是当前国际上精细化工发展的总趋势。因此，多品种不仅是精细化工生产的一个特征，也是评价精细化工综合水平的一个重要标准。

3.综合生产流程和多功能生产装置

精细化工的多品种、小批量反映在生产上经常更换和更新品种。生产精细化工产品的化学反应多为液相并联反应，生产流程长、工序多，主要采用的是间歇式的生产装置。为了适应以上生产特点，必须增强企业随市场调整的生产能力和品种的灵活性。国外在 20 世纪 50 年代末期就摈弃了四五十年代那种单一产品、单一流程、单用装置的落后生产方式，广泛地采用了多品种综合生产流程和多用途多功能生产装置，取得了很好的经济效益。到 80 年代又从单一产品、单一流程、单元操作的装置向柔性生产系统(FMS)发展。如英国的帝国化学工业公司(ICI)的一个子公司，1973 年用一套装备、三台计算机可以生产当时的 74 个偶氮染料中的 50 个品种，年产量 3 500 t，它可能是最早的 FMS 的例子。FMS 指的是一套装备里，生产同类多个品种的产品。它设有自动清洗的装置，清洗后用摄像机确认清洗效果。如日本旭工程(株)到 1993 年初已制造“AIBOS 8000 型移动釜式多用途间歇生产系统”达 10 套，其反应釜可移动、自动清洗(CIP)、无管路、计算机控制、遥控，并可以实现无菌操作。

4.高技术密集度

高技术密集是由几个基本因素形成的。首先，在实际应用中，精细化工产品是以商品的综合功能出现的，这便需要在化学合成中筛选不同的化学结构，在剂型(制剂)生产中充分发挥精细化学品自身功能与其他配合物质的协同作用。这便形成了精细化工产品高技术密集度的一个重要因素；其次，技术开发的成功几率低、时间长、费用高。据报道，美国和德国医药和农药新品种的开发成功率为万分之一。随着对药效、生物体安全性的要求愈来愈大，新品种开发的时间愈来愈长，费用愈来愈高。如美国 60 年代开发出一种有价值的精细化工产品 5 年左右，耗资为 300 万～500 万美元；现在为 9～12 年，耗资为 6 000 万～8 000 万美元。尽管如此，为满足特殊性能的需求和市场竞争的需要，新品种的开发、研制工作仍是当今世界各国(尤其是工业发达国家)发展精细化工的主要课题。由于精细化工产品技术开发成功率低、时间长、费用大，不言而喻，其结果必然导致技术垄断性强、销售利润率高。

就技术密集度而言，化学工业是高技术密集指数工业，精细化工又是化学工业中的高技术密集指数工业。日本曾做过这方面的分析，以机械制造工业的技术密集度指数为 100，则化学工业为 248，精细化工中的医药和涂料分别为 340 和 279。

技术密集还表现在情报密集、信息快。精细化工产品常根据用户不断提出应用上的新要求而设计或改进。这样就必须按照新要求重新设计结构，或对原来的化学结构改进，或修改更新配方，结果产生了新品种或新牌号。另一方面，大量的基础研究工作产生的新化学品，也不断地需要寻找新的用途。为此有的大化工公司已开始采用新型计算机处理技术，对国际化学界研制的各种新化合物进行储存、分类和功能检索，以达到设计和筛选的要求。

5.大附加价值

附加价值高指在产品的产值中扣除原材料、税金、设备和厂房的折旧费后，剩余部分的价值。它包括利润、人工劳动、动力消耗以及技术开发等费用，所以称为附加价值。附加价值不等于利润，因为某种产品加工深度大，则工人劳动及动力消耗也大，技术开发的费用也会增加。而利润则有各种因素的影响，例如，是否是一种垄断技术，市场的需求量如何等等。附加价值高可以反映出产品的加工中，所需的劳动、技术利用情况，以及利润是否高等。精细化学品利润高的原因，很大程度是来自技术垄断。此外，产品的质量是否能达到要求，也很重要，这些都是高利润不可忽视的因素。

6.广泛应用复配技术

为了满足各种专门用途的需要，许多由化学合成得到的产品，除了要求加工成多种剂型（粉剂、粒剂、可湿剂、乳剂、液剂等）外，常常必须加入多种其他试剂进行复配。例如，在化纤纺丝用油剂中除润滑油以外，还必须加入表面活性剂、抗静电剂等多种其他助剂，而且还要根据高速纺和低速纺等不同的应用需求，采取不同的配方。已知在一些经过复配的商品化产品中，甚至包含 10 多种组分。因此，经过剂型加工和复配技术所制成的商品数目，往往远远超过由合成得到的单一产品数目。仅以化妆品为例，常用的脂肪醇不过很少几种，而由其复配衍生出来的商品，则是五花八门，难以作出确切的统计。其他（如农药、胶黏剂等）门类的产品，情况也类似。有必要指出，采用复配技术所推出的商品，具有增效、改性和扩大应用范围等功能，其性能往往超过结构单一的产品。

7.突出的商品性

精细化工产品的品种繁多，有突出的商品性，用户对商品的选择性高，市场竞争十分激烈，因而应用技术和技术服务是组织精细化工生产的两个重要环节。为此，精细化工产品的生产企业应在技术开发的同时，积极开发应用技术和开展技术服务工作，不断开拓市场，提高市场信誉。还要十分注意及时把市场信息反馈到生产计划中去，从而增强企业的经济效益。国外精细化工产品的生产企业极其重视技术开发、应用、服务这些环节间的协调，反映在技术人员配备比例上，技术开发、生产经营管理（不包括工人）和产品销售（包括技术服务）大体为2:1:3，值得我们借鉴。

1.2　精细化学品的门类

关于精细化学品的范畴，各国的见解和定义不尽相同。精细化学品的行业和品种也在不断增加。1985 年 3 月 6 日，原化学工业部发出通知，规定（部属企业）精细化工产品包括以下 11 类：农药、染料、涂料（包括油漆和油墨。油漆和印刷油墨虽然有一些共性，但技术要求差别很大，可将其分为两类）、颜料、试剂和高纯品、信息用化学品（包括感光材料、磁性材料等能接受电磁波的化学品）、食品和饲料添加剂（可细分成“食品添加剂”和“兽药与饲料添加剂”两类）、黏合剂、催化剂和各种助剂、化学合成药品（原料药）和日用化学品、高分子聚合物中的功能性高分子材料（包括功能膜、感光材料等）。其中，催化剂和各种助剂又包括下列产品：

① 催化剂。炼油用催化剂、石油化工用催化剂、化学工业用各种催化剂、环保用（如尾气

处理用)催化剂及其他用途的催化剂。

② 印染助剂。净洗剂、分散剂、匀染剂、固色剂、柔软剂、抗静电剂、各种涂料印花助剂、荧光增白剂、渗透剂、助溶剂、消泡剂、纤维用阻燃剂、防水剂等。

③ 塑料助剂。增塑剂、稳定剂、润滑剂、紫外线吸收剂、发泡剂、偶联剂、塑料用阻燃剂等。

④ 橡胶助剂。硫化剂、硫化促进剂、防老剂、塑解剂、再生活化剂等。

⑤ 水处理剂。絮凝剂、缓蚀剂、阻垢分散剂、杀菌灭藻剂等。

⑥ 纤维抽丝用油剂。涤纶长丝用油剂、涤纶短丝用油剂、锦纶用油剂、腈纶用油剂、丙纶用油剂、维纶用油剂、玻璃丝用油剂。

⑦ 有机抽提剂。吡咯烷酮系列、脂肪烃系列、乙腈系列、糖醛系列等。

⑧ 高分子聚合添加剂。引发剂、阻聚剂、终止剂、调节剂、活化剂。

⑨ 表面活性剂。除家用洗涤剂以外的阳离子型、阴离子型、非离子型和两性型表面活性剂。

⑩ 皮革助剂。合成鞣剂、加脂剂、涂饰剂、光亮剂、软皮油等。

⑪ 农药用助剂。乳化剂、增效剂、稳定剂等。

⑫ 油田用化学品。泥浆用化学品、水处理用化学品、油田用破乳剂、降凝剂等。

⑬ 混凝土添加剂。减水剂、防水剂、速凝剂、缓凝剂、引气剂、泡沫剂等。

⑭ 机械、冶金用助剂。防锈剂、清洗剂、电镀用助剂、焊接用助剂、渗碳剂、渗氮剂、汽车等机动车辆防冻剂等。

⑮ 油品添加剂。分散清净添加剂;抗磨添加剂、抗氧化添加剂、抗腐蚀添加剂、抗静电添加剂、黏度调节添加剂、降凝剂、抗暴震添加剂;液压传动添加剂、变压器油添加剂等。

⑯ 炭黑。高耐磨、半补强、色素等各种功能炭黑。

⑰ 吸附剂。稀土分子筛系列、氧化铝系列、天然沸石系列、活性白土系列。

⑱ 电子工业专用化学品(不包括光刻胶、掺杂物、MOS 试剂等高纯物和特种气体)显像管用碳酸钾、氟化物、助焊剂、石墨乳等。

⑲ 纸张用添加剂。施胶剂、增强剂、助留剂、防水剂、添布剂等。

⑳ 其他助剂。

以上是原化工部辖下企业的精细化工产品门类,除此之外,轻工、医药等系统还生产一些其他精细化学品,如医药、民用洗涤剂、化妆品、单提和调和香料、精细陶瓷、生命科学用材料、炸药和军用化学品、范围更广的电子工业用化学品和功能高分子材料等。今后随着科学技术的发展,还将会形成一些新兴的精细化学品门类。

1.3 精细化学品在国民经济中的地位和作用

精细化学品的产量虽小,但品种繁多,用途极广,几乎渗透到一切领域。可以说,国民经济各部门,现代工业的一切产品,人们的衣、食、住、用,现代国防和高、新科技,环境保护、医疗保健等都与精细化学品有关。新型精细化学品的技术开发,不仅直接产生较高的经济效益,而且能提高相关工业产品的竞争能力。

在农业生产中,施用农药以防治病、虫、草害是保证农业丰收的必要手段,但化学农药因对人、畜的安全和对环境的污染又受到日益严格的管制。而一种农药施用过久,病菌、害虫和杂草还会对其产生抗药性,因此,需要不断开发高效低毒的、能自然降解为无毒物质的新农药。

近几十年来，农用杀菌剂、杀虫剂和除草剂的不断推陈出新，增效的、缓释长效的新剂型不断推出，功效卓越的植物生长调节剂的更新换代，为农业的飞速发展提供了必要的条件。

在轻纺、电子等工业生产中，几乎都要使用精细化学品作为辅助性原材料。如轻纺工业产品需经使用涂料、染料、印刷油墨或电镀助剂的加工过程，才能成为美观耐用的产品。在棉纱或化纤制造纺织品的过程中，许多工序需要使用各种助剂，例如，用柔软剂整理可使织物手感丰满柔滑，媒染剂可使染料易染到织物上，固色剂可使染色牢度大大提高；用不同的优质助剂进行染整，才能制出花色品种各异的纺织品。又如，坯皮至少要经过鞣革剂、涂饰剂、加脂剂等皮革化学品的处理，才能制成皮革。聚氯乙烯树脂必须用稳定剂、增塑剂和其他化学品加工，才能制成各种塑料制品。纸浆要用施胶剂、助留剂、增强剂等加工，才能制成不同用途的纸张。

精细化学品还广泛应用于食品加工、建材、选矿、冶金、化工、石油开采、油品加工、交通、文教、司法、环保等方面。

利用精细化学品的特定功能，可使各种产品的性能适合于不同的特殊用途。例如，在混凝土中掺入速凝剂，可使其初凝和终凝时间分别缩短在 5 ~ 20 min，使其适用于隧道、地下巷道、补漏抢修等工程；在混凝土中加入缓凝剂则可使其初凝和终凝时间大大延长，因而适用于大体积混凝土施工和预拌混凝土长距离输送等工程。用阻燃剂处理加工制得的塑料和涂料在火场中具有自熄性，这种材料对于防火具有重要意义。以动状防水剂处理过的皮鞋既能防水，还能使鞋内水蒸气穿透皮革散发出鞋外，这种皮鞋特别适合于某些特殊环境下的作业人员使用。

精细化学品对于科学技术和国防建设的发展起着重要的作用。当精细化学品的应用技术取得重大突破时，常可攻克相关科技的某些难关，使之跃升到一个新的水平。例如，感光材料及其应用技术的突破，促进和强化了勘探测量的手段，在植物资源调查、森林树木死亡率分析、地质和石油矿藏勘查等方面均有重要的应用。在国防建设中，涂料有重要的应用，宇宙飞船和导弹的表面必须有隔热涂层的保护，才能耐受在大气中高速飞行时产生的几千摄氏度的瞬时高温而不至熔化和烧毁。宇宙飞船、人造卫星、弹道火箭等均需要特种结构胶黏剂才能制造。如果没有光致抗蚀剂（光刻胶）、特纯气体及电子封装材料等作为其元、器件的辅助材料，电子计算机的制造就不可能实现。精细化学品在科学技术开发中的作用，实例不胜枚举。

1.4　精细化学品的研究方法

精细化学品的技术开发与通用化学品不同。通用化学品是解决现有产品存在的问题，通常谋求以尽可能低的消耗（原料、工时、能源的消耗）获得最高产率和高纯度产品的工艺方法。精细化学品的技术开发则是解决用户需求的问题，通常是针对用户对产品性能的新要求而开发的新系列、新一代产品，且售价用户可以接受。为此目的，通常须完成以下研究内容：

1.合成和筛选具有特定功能的目标化合物

研究之初，应切实了解产品的技术要求和产品在应用过程中所要经受的物理和化学条件。应在掌握了该类化学品的基本知识和阅读相关专著和综述文献的基础上进行文献查阅，然后运用化学理论设计并合成一系列目标化合物，再通过性能或有关性质的检测从中筛选出相对理想的产物。在实践中往往不能在一轮筛选中达到理想的目的，这时还需对已发现的构效规律作较深入的研究，最后筛选出目标产物。

当产物功能的作用机制和干扰因素不太复杂时，按上述步骤常可较快地筛选出较佳性能的产品。例如，邻苯二甲酸二辛酯作为增塑剂使用时，所要求的挥发性、耐抽出性和迁移性是通过相对分子质量的增加而改善的，但相对分子质量过高，又可能影响塑料的加工性能，于是有人根据这些考虑，合成了一系列己二酸与二元醇的缩聚物。根据应用效果的比较，从己二酸与二元醇的缩聚物中筛选出两个耐久性能极佳的产品，分别是相对分子质量为 1 000～8 000 的聚己二酸－1,2－丙二酯和聚己二酸－1,3－丁二酯。它们更适于用作高温电缆绝缘层和室内装修材料的聚氯乙烯增塑剂（前者成本较低，后者耐寒性较好）。

具有某种生物化学功能的精细化学品，有关作用机制的资料往往比较缺乏，开发这类化学品的初期，常模拟已知功能的天然产物的结构，合成一系列类似物并测试比较其功能，从中筛选出功效满意而经济效益较高的产物，或取得有关构效关系的信息以进行深入的研究，逐步逼近目标。例如，20 世纪 20 年代确定了有高效杀虫力的除虫菊花中两种主要活性成分除虫菊素Ⅰ和Ⅱ的化学结构之后，合成了多种结构类似物。并从中筛选出许多比除虫菊素Ⅰ和Ⅱ更加高效低毒，而合成成本更低、物化性能更优、杀虫谱更广的拟除虫菊酯，为植物保护和家庭卫生提供了一大类优于其他农药的杀虫剂。用类似的研究方法，人们在研究麝香酮和灵猫酮结构类似物之香气的基础上，开发出多类麝香型香料，分别作为高、中档化妆品的香精在调香时使用。

2. 配方研究

合成单一化合物常不能兼备用户所需的各种性能，大多数精细化学品是以多种成分复配制成的。配方按明确的目标而设计，例如为了发挥主要活性成分的功能，同时赋予产物其他功能或抑制其不良的性能，为了调节产物的性状和物理性质以方便使用，为了增加产物的储存稳定性等目的而选用适当的配方原料。但是，即使选料正确，各原料的用量配比和配制工艺条件都会对产品性能有很大的影响。某种原料的用量不当，还将对产品性能产生不良的作用。因此，配方研究需做大量的工作，研究时应尽量参考前人类似配方中积累的经验和文献上有关的基础性研究成果。在进行改进型配方研究时，在现有产品成熟配方的基础上，集中研究要解决的关键问题，通常可获得满意的结果。

3. 产品性能检测

在有机合成研究工作中，产物是否达到要求是以结构分析和纯度测量的结果来衡量的。研制精细化学品时，其结果则以产品的性能和应用效果来衡量。精细化学品中允许存在的杂质含量也是以它对产品性能的影响大小而定的。因此，研制新型精细化学品时，化学分析结果不能作为筛选产物的依据，最终产物的优劣，要从它的应用效果来评定。例如，开发新型食品防腐剂时，产品应做抗菌试验，测定其在一定条件下，抑制若干种霉菌和酵母菌增殖的数据；做防腐保鲜试验时，测定其在一定条件下，使若干种食品不变质的保藏时间。当上述试验取得满意数据，所研制的产物对食品的色、香、味无不良影响，且其应用条件实际可行时，还要通过各阶段的毒性试验（急性毒性试验，蓄积毒性、致突变试验，亚慢性毒性试验，慢性毒性试验），才能认为所研制的产品在性能上全面达到可以开发的水平。

对于仿制的精细化学品来说，研制阶段可以根据化学分析数据来评估阶段结果，但最终仍要进行应用性能的全面测试，并与其他厂家的样品测试数据及其技术指标相比较。当该产品受到国家的有关安全法规制约时，即使同种产品已在许多其他国家被允许使用，并有安全性的证据，但仍须进行初阶段的毒性试验（如急性毒性试验）。在确定所研制产物的理化性质、纯度、杂质成分和含量以及初阶段的毒性试验结果与国外相同产品的标准相符后，才可免做进一步的毒性试验。

性能检测通常要使用专用设备，按标准的操作程序进行。因此，化学工作者在从事精细化学品的新产品研制时,必须有应用部门或相关研究单位的协作,这是选题时应必须注意的。

4.应用技术研究

精细化学品要以适当的技术操作应用在合适的对象上,才能充分发挥其功能,否则效果不佳,甚至毫无效果。例如,胶黏剂的胶接强度与被粘材料的种类、表面处理情况、胶层厚薄、固化温度和时间、环境湿度、施工压力等因素有关,在最佳操作条件下才能得到满意的胶接强度。因此,开发精细化工新产品应结合应用技术的研究,才能最终将产品变成商品。

5.工艺路线的选择和优化

研制的产品具备满意的性能以后,还要使其成本和售价达到生产厂家和用户可以接受的程度。因此要对合成路线和工艺条件进行优化研究,其研究方法与一般化工新产品的技术开发基本相同。

1.5　精细化工的发展趋势

从科学技术的总体发展来看,各国正以生命科学、材料科学、能源科学和空间科学为重点进行开发研究。其中主要的研究课题有:新材料(如精细陶瓷、功能高分子材料、金属材料、复合材料),现代生物技术(即生物工程,包含遗传基因重组利用技术、细胞大量培养利用技术、生物反应器),新功能元件(如三维电路元件、生物化学检测元件)等。所有这些方面的研究都与精细化工有着非常密切的关系,必将有力地推动精细化工的发展。

功能高分子材料是指具有物理功能、化学功能、电气功能、生物化学功能、生物功能等的高分子材料,其中包括功能膜材料、导电功能材料、有机电子材料、医用高分子材料、信息转换与信息记录材料等。21世纪,功能高分子材料将会出现许多重大进展,并获得蓬勃发展。

1.几种功能高分子材料的发展趋势

(1) 功能膜

实际应用的功能膜有电渗析膜、扩散透析膜、微孔滤膜、超滤膜、逆渗析膜和气体分离膜等。膜材料正在向具有耐化学药品、耐氧化、耐细菌、耐有机溶剂、耐污染、耐洗、耐压、耐热和具有生物机体适应性、高机械强度等特性方向发展。美、日的研究处于领先地位,研究内容主要集中于高效率、高选择性的分离膜材料,使其能够充分分离用以往的分离方法不能分离的物质(如水-乙醇、稀有气体等),以及能分离理化性质非常近似而分离困难的物质(如异构体的分离)。例如,从液体中分离乙醇,从石油或石脑油等有机混合物中分离各组分,分离煤气化时的高温、酸性气体等,以及能用于这些液体混合物的分离、浓缩和精制。

(2) 导电功能材料

由于电子工业、性报和信息科学技术的发展,对导电功能材料的需要越来越多。目前,导电塑料、导电橡胶、透明导电薄膜、导电胶黏剂和导电涂料等导电功能材料的发展很快,并已经工业化。今后研究的重点是:开发新的导电高分子材料,以期达到具有金属那样高的电导率,甚至能达到超导;将研制成的导电高分子材料实用化;对导电理论深入探讨等。

(3) 医用高分子材料

医用高分子材料分为体外使用的与体内使用的两大类。体外使用的有医疗器具等。体内使用的如人工脏器、医用黏合剂、整形材料和心导管等。此外,还有高分子药物和在药物制剂上的应用等。

(4) 有机电子材料

作为电子材料的高分子材料，主要用作绝缘材料、半导体材料、导电材料、光刻胶和封装材料等。由于大型集成电路元件的封装密度越来越高，故要求开发能在 300℃使用 2×10^4 h 以上的耐热性薄膜，开发具有更优良性能的电子元器件封装材料，开发具有更高分辨率的新型光刻胶。

(5) 信息转换与信息记录材料

对信息技术的发展来说，十分重要的材料是光导纤维材料、各种信息记录材料和新型传感器用的高分子材料等。这些材料，目前国外正在大力发展中。此外，精细陶瓷的研究、开发也日益受到重视。目前主要开发的材料有：高绝缘性陶瓷(用于集成电路的基极和放热性绝缘基板)、软磁性陶瓷(用于电子计算机、变压器和磁带录音机)、压电性陶瓷(用于超声元件、电子电路和时钟等)、透电性陶瓷(它用于高容量电容器。)

2. 现代生物技术的发展趋势

生物工程(bioengineering)是直接利用动物、植物、微生物的机体或模拟其功能而进行物质生产的技术。这里的物质生产包括：医药、农药、食品添加剂等生物活性物质生产，有机化工原料及甲醇、乙醇等能源物质生产，粮食和饲料的生产，以及为了净化环境而实行的物质分解。生物工程在美国、日本和欧洲，都把它作为 21 世纪的革新技术而集中大量人力物力进行研究、开发，并主要围绕以下几方面进行：

(1) 重组 DNA 技术

DNA(脱氧核糖核酸)具有储存遗传信息的功能。由于生物 DNA 核苷酸碱基部分的排列不同，故储存的遗传信息也不同，并按照此种遗传信息生产各种物质。如果生物没有自己的 DNA 而复制异种 DNA，那就只能按异种 DNA 的遗传信息生产异种物质。欲使此情况实现，就要应用 DNA 重组技术。例如，把具有人干扰素(interferon)生产能力的基因植入大肠杆菌，可使大肠杆菌获得产生干扰素的能力。因为大肠杆菌的增殖能力非常强，所以能大量生产干扰素等有用物质。重组 DNA 技术的关键是宿主和载体的关系。目前世界各国都在大力研究开发稳定性高、适合工业生产的宿主 - 载体系统。美、日、德等国已经完成了重组 DNA 基础技术的研究，正欲应用于生产，特别是干扰素的生产。

(2) 生物反应器

生物反应器已进入第二代，已成为最大限度地利用酶反应的特异性和精密的、多阶段的反应系统。目前正在研究、开发的生物反应器，根据其使用目的可分为两类：一类是通过特定的酶和底物，合成有用物质的“合成用生物反应器”，例如多肽的合成就利用了这类反应器；另一类是利用特定的化合物与酶反应而进行定量或定性分析的装置，如诊断用生物反应器，它能精确地测定血液中的糖和胆固醇等微量成分。

生物工程在精细化学品领域将会有许多技术被开发，并用于产品的生产，实现工业化。目前生长激素和干扰素已商品化，尿激酶等医用酶和工业用酶亦已实现工业化生产。生物工程在食用色素等食品添加剂、兽药(如疫苗、激素等)以及石油钻井泥浆添加剂等方面也有应用。生物工程将促进精细化工的技术水平迈向新的阶段。

精细化学品新品种的研究、开发将出现质的变化，将从目前的经验式方法走向定向分子设计阶段，从而定向开发新品种。这就可以缩短时间、减少费用、提高筛选几率，从而创造性能更优异的新型品种。例如，在医药方面，可能在防治肿瘤、心血管病、病毒性疾病、精神病等方面取得突破，从而开发出较理想的防治药物；在提高人的智力和抗衰老方面，也将会取得进展。在农药方面，会出现高效、无公害和无残毒的新农药。当然，精细化工的其他行业也获得突破性的进展，此不赘述，读者可通过查阅相关资料去了解。

第二编　精细化工实验常识及实验技术

2.1　精细化工实验基本知识

一、实验室一般注意事项、事故预防和急救常识

1. 实验室一般注意事项

①遵守实验室的各项制度，听从教师的指导，尊重实验室工作人员的职权。

②保持实验室的整洁。在整个实验过程中，保持桌面和仪器的整洁，保持水槽干净。任何固体物质都不得投入水槽中。废纸和废屑应投入废物筐内，废酸和废碱液应小心地倒入废液缸中。

③公用仪器和工具在指定地点使用，公用药品不能任意挪动。实验时，应爱护仪器、节约药品。

④不动用与实验无关的其他仪器和设施。

⑤实验过程中，非经教师许可，不得擅自离开。

⑥实验完毕离开实验室时，应关闭水、电、门、窗。

2. 事故的预防和处理

①在精细化工实验中，常使用苯、酒精、汽油、乙醚和丙酮等易挥发、易燃烧的溶剂。操作不慎，易引起火灾事故。为了防止事故的发生，必须随时注意以下几点：

(i)操作和处理易爆、易燃溶剂时，应远离火源。

(ii)实验前应仔细检查仪器。要求操作正确、严格。

(iii)实验室不许贮放大量易燃物。

一旦发生火灾事故，应首先切断电源，然后迅速将周围易着火的物品移开。向火源撒沙子或用石棉布覆盖火源。有机溶剂燃烧时，在大多数情况下，严禁用水灭火。

衣服着火时，应立刻用石棉布覆盖着火处或迅速将衣服脱下；若火势较大，应在呼救的同时，立刻卧地打滚，绝不能用水浇泼。

②在精细化工实验中，发生爆炸事故的原因大致如下：

(i)某些化合物容易爆炸。例如，有机过氧化物、芳香族多硝基化合物和硝酸酯等，受热或敲击均会爆炸。含过氧化物的乙醚蒸馏时，有爆炸的危险，事先必须除去过氧化物。芳香族多硝基化合物不宜在烘箱内干燥。乙醇和浓硝酸混合在一起，会引起极强烈的爆炸。

(ii)仪器装置不正确或操作错误，有时会引起爆炸。若在常压下进行蒸馏或加热回流，仪器装置必须与大气相通。

③使用或反应过程中产生氯、溴、氮氧化物、卤化氢等有毒气体或液体的实验，都应该在通风橱内进行，有时也可用气体吸收装置吸收产生的有毒气体。

3. 急救常识

①玻璃割伤：如果为一般轻伤，应及时挤出污血，并用消毒过的镊子取出玻璃碎片，用蒸馏

水洗净伤口,涂上碘酒或红汞水,再用绷带包扎;如果为大伤口,应立即用绷带扎紧伤口上部,使伤口停止出血,急送医院。

②火伤:如为轻伤,在伤处涂以苦味酸溶液、玉树油、兰油烃或硼酸油膏;如为重伤,立即送医院。

③酸液或碱液溅入眼中:立即用大量水冲洗。若为酸液,再用质量分数1%碳酸氢钠溶液冲洗;若为碱液,则再用质量分数1%硼酸溶液冲洗,最后用水洗。重伤者经初步处理后,急送医院。

④溴液溅入眼中:按酸液溅入眼中事故作急救处理后,立即送医疗所。

⑤皮肤被酸、碱或溴液灼伤:被酸或碱液灼伤时,伤处首先用大量水冲洗。若为酸液灼伤,再用饱和碳酸氢钠溶液洗;若为碱液灼伤,则再用质量分数1%醋酸洗。最后都用水洗,再涂上药品凡士林。被溴液灼伤时,伤处立刻用石油醚冲洗,再用质量分数2%硫代硫酸钠溶液洗,然后用蘸有油的棉花擦,再敷以油膏。

二、精细化工实验基本要求

为了保证实验的顺利进行,以达到预期的目的,要求学生必须做到:

1.充分预习

实验前要充分预习教材,同时要查阅有关手册和参考资料,记录各种原料和产品的物性数据,并写出预习报告。实验时教师还要提问,没有写预习报告者或提问时回答不了问题的同学不得进行实验。

2.认真操作

实验时要集中注意力,认真操作,仔细观察各种现象,积极思考,注意安全,保持整洁,无故不能擅自离开实验室。

3.做好记录

学生必须准备专用实验记录本,及时、如实地记录实验现象和数据,以便对实验现象作出分析和解释。必须养成随做随记的良好习惯,切不可在实验结束后靠回忆补写实验记录。

4.完成报告

实验结束后应及时完成实验报告,其内容可根据各个实验的具体情况自行组织。实验报告一般应包括:实验日期、实验名称、仪器药品、反应原理、操作步骤、结果与讨论、意见和建议及解答思考题等。报告应力求条理清楚、文字简练、结论明确、书写整洁。

三、精细化工实验常用玻璃仪器

1.烧瓶(图2.1)

(a) 平底烧瓶　(b) 长颈圆底烧瓶　(c) 短颈圆底烧瓶　(d)锥形烧瓶　(e)三口烧瓶

图2.1　烧瓶

①平底烧瓶(a)适用于配制和贮存溶液,但不能用于减压实验。

②圆底烧瓶能耐热和反应物(或溶液)沸腾以后所发生的冲击震动。短颈圆底烧瓶(c)的瓶口结构坚实,在精细有机化合物的合成实验中最为常用。水蒸气蒸馏实验通常使用长颈圆底烧瓶(b)。

③锥形烧瓶(简称锥形瓶)(d)常用于有机溶剂进行重结晶的操作,因为生成的结晶物容易从锥形烧瓶中取出来,锥形瓶通常也用作常压蒸馏实验的接收器,但不能用作减压蒸馏实验的接收器。

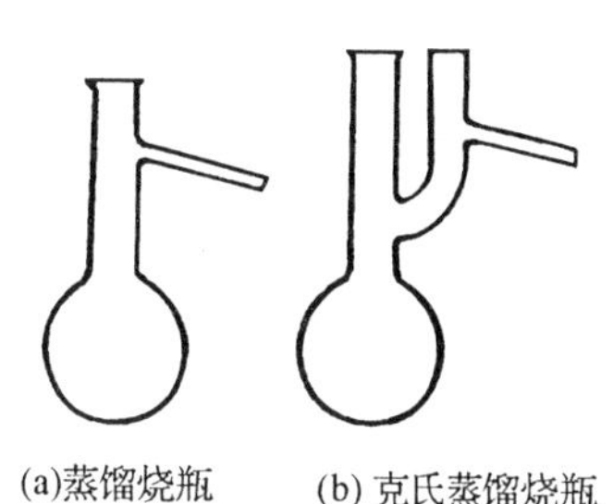

图 2.2　蒸馏烧瓶

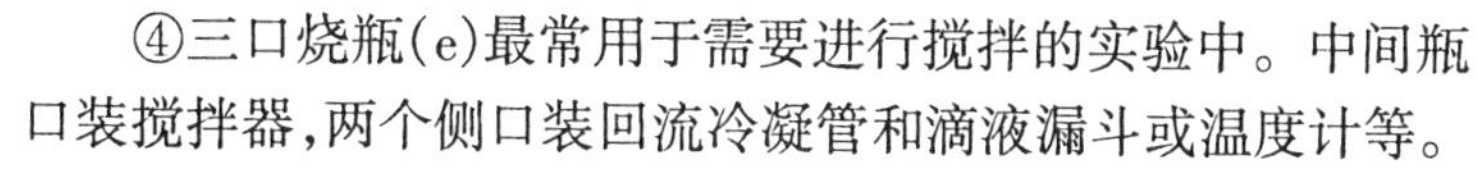

④三口烧瓶(e)最常用于需要进行搅拌的实验中。中间瓶口装搅拌器,两个侧口装回流冷凝管和滴液漏斗或温度计等。

2.蒸馏烧瓶(图 2.2)

①蒸馏烧瓶(a)是在蒸馏时最常使用的仪器。

②克莱森(Claisen)蒸馏烧瓶(简称克氏蒸馏烧瓶)(b)一般用于减压蒸馏实验,正口安装毛细管,带支管的瓶口插温度计。容易产生泡沫或发生暴沸的蒸馏,也常使用这种蒸馏烧瓶。

3.冷凝管(图 2.3)

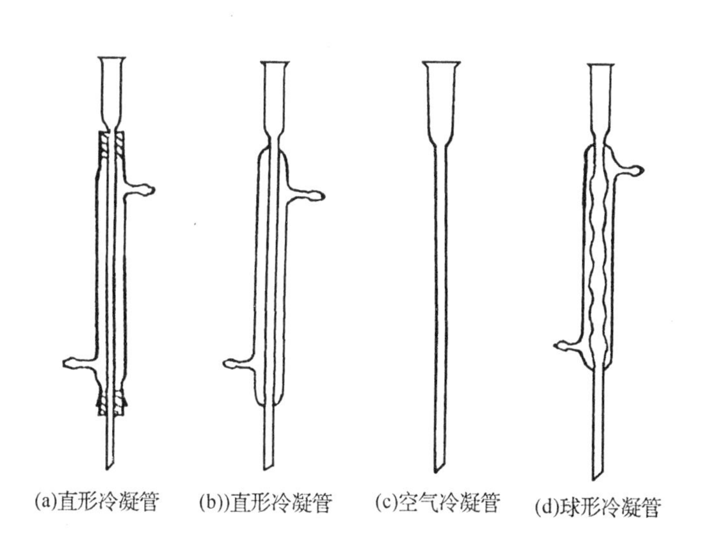

图 2.3　冷凝管

①直形冷凝管:(a)式冷凝管的内管和套管是用橡皮塞连接起来的,(b)式冷凝管的内管和套管是用玻璃熔接的。蒸馏物质的沸点在 140℃以下时,要在套管内通水冷却;但超过 140℃时,(b)式冷凝管往往会在内管和套管的接合处炸裂。

②空气冷凝管(c):当蒸馏物质的沸点高于 140℃时,常用它代替通冷却水的直形冷凝管。

③球形冷凝管(d):其内管的冷却面积较大,对蒸气的冷凝有较好的效果,适用于加热回流的实验。

4.漏斗(图 2.4)

①漏斗(a)和(b)在普通过滤时使用。

②分液漏斗(c)、(d)和(e),用于液体的萃取、洗涤和分离;有时也可用于滴加试料。

③滴液漏斗(f)能把液体一滴一滴地加入反应器中。即使漏斗的下端浸没在液面下,也能够明显地看到滴加的速度。

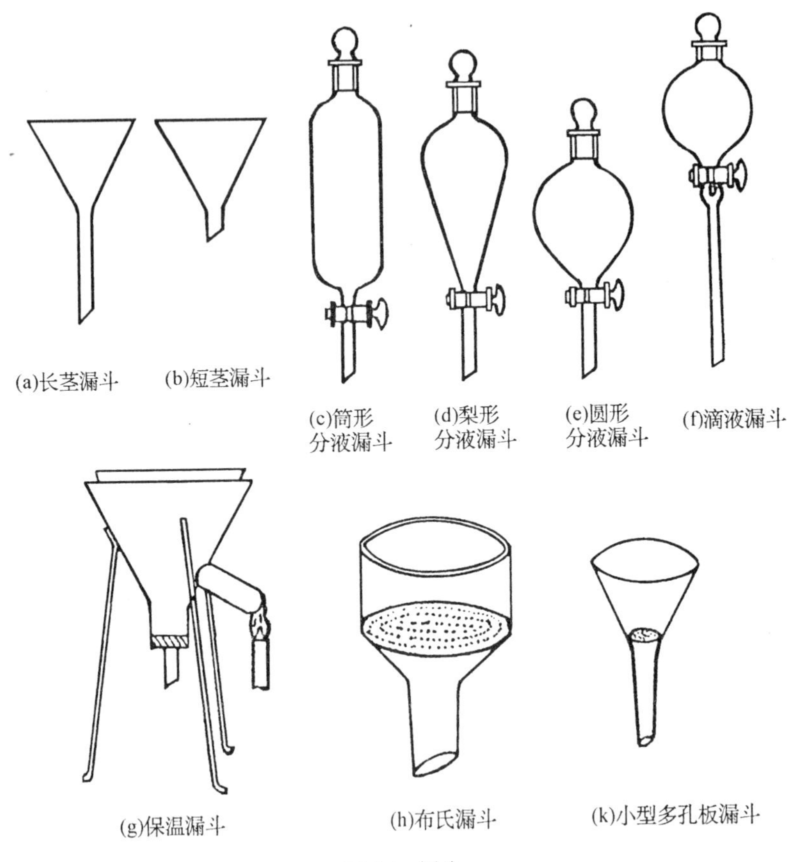

图 2.4　漏斗

④保温漏斗(g),也称热滤漏斗,用于需要保温的过滤。它是在普通漏斗的外面装上一个铜质的外壳,外壳与漏斗之间装水,用酒精灯加热侧面的支管,以保持所需要的温度。

⑤布氏(Buchner)漏斗(h)是瓷质的多孔板漏斗,在减压过滤时使用。小型多孔板漏斗(k)用于减压过滤少量物质。

5.其他仪器(图 2.5)

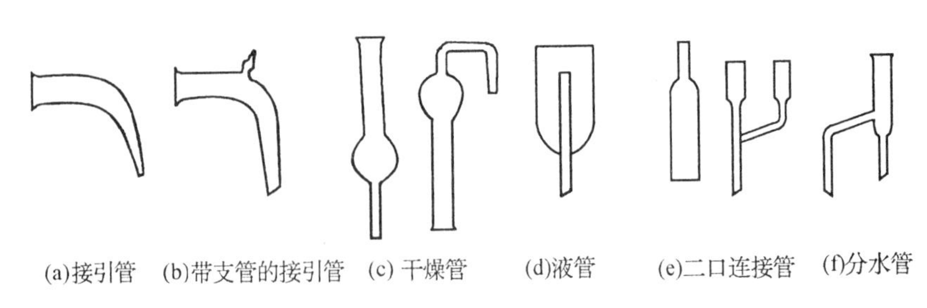

图 2.5　常用其他仪器

6.标准磨口仪器

精细化工实验中还常用带有标准磨口的玻璃仪器,总称标准磨口仪器。相同编号的标准磨口可以相互连接。这样,既可免去配塞子及钻孔等手续,又能避免反应物或产物被软木塞(或橡皮塞)所玷污。常用的一些标准磨口仪器见图 2.6。

标准磨口是根据国际通用的技术标准制造的,国内已经普遍生产和使用。现在常用的是

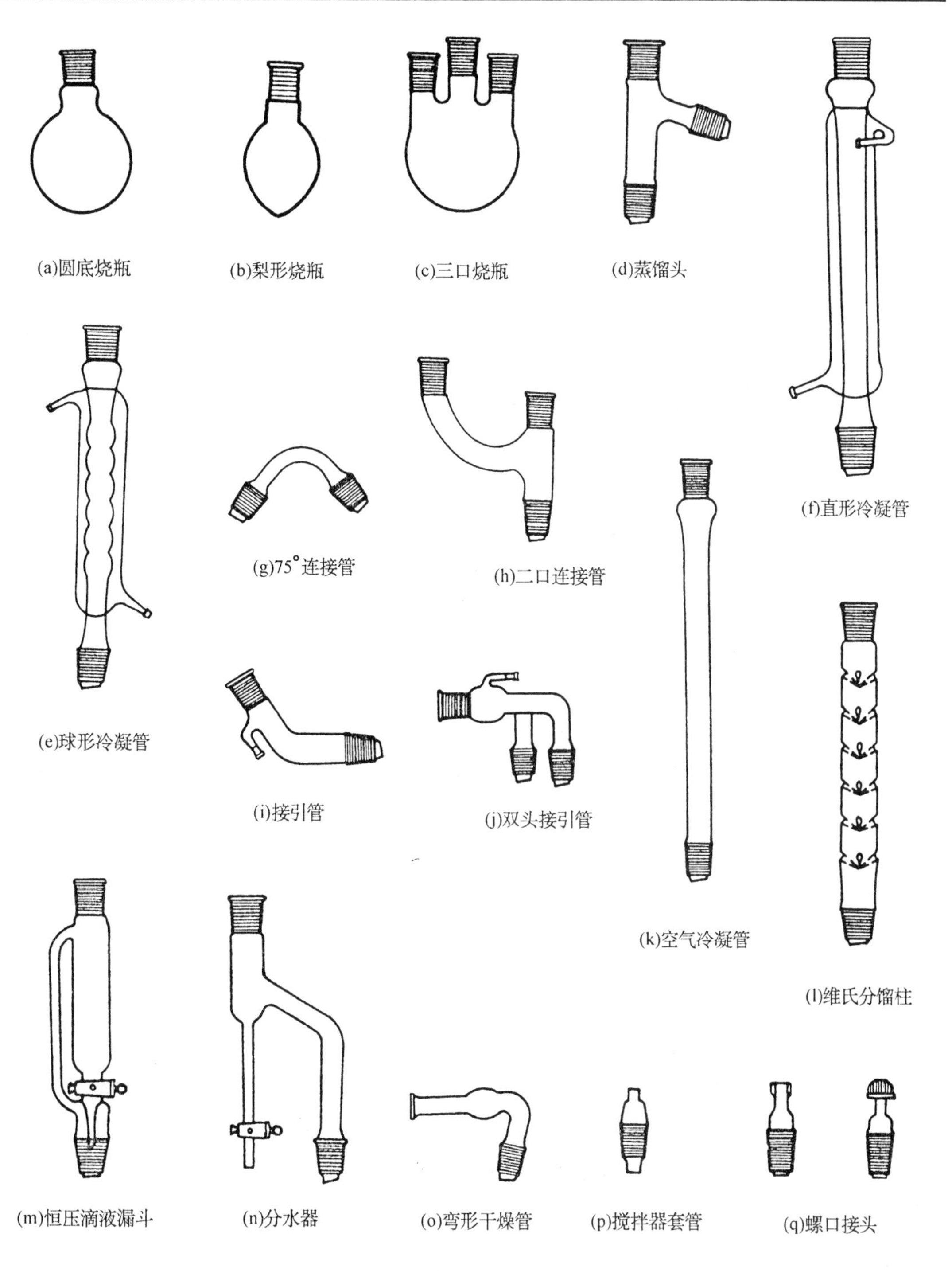

图 2.6　常用的标准磨口仪器

锥形标准磨口，磨口部分的锥度为 1∶10，即轴向长度为 10 mm 时，锥体大端的直径与小端直径之差为 1 mm，锥体的半锥角为 2°51′45″。

由于仪器容量大小及用途不一，故标准磨口有不同的编号，通常有 10、12、14、19、24、29、34、40、50 等。这些数字编号系指磨口最大端直径毫米数，相同编号的内外磨口可以紧密相接。也有用两个数字表示磨口大小的，例如，14/30 表示此磨口最大直径为 14 mm，磨口长度为 30 mm。

使用标准磨口玻璃仪器时,必须注意以下事宜:

①磨口处必须洁净,若粘有固体物质,则使磨口对接不紧密,导致漏气,甚至损坏磨口。

②用后应拆卸、洗净,否则,长期放置后磨口的连接处常会粘牢,难以打开。

③一般使用时磨口无需涂润滑剂,以免玷污反应物或产物。若反应物中有强碱,则应涂润滑剂,以免磨口连接处因碱腐蚀而粘牢,无法打开。

④安装时,应注意正确、整齐,使磨口连接处不受应力,否则仪器易折断,特别在受热时,应力增大,更易折断。

四、玻璃仪器的洗净和干燥

1.玻璃仪器的洗净

仪器必须经常保持洁净,应该养成仪器用毕后随即洗净的习惯。仪器用毕后随即洗刷,不但容易洗净,而且由于了解残渣的成因和性质,也便于找出处理残渣的方法。例如,碱性残渣和酸性残渣分别用酸和碱液处理,就可能将残渣洗去。时间长了,就会给洗刷增加较大难度。

洗刷仪器最简易的方法是用毛刷和去污粉擦洗。有时在肥皂里掺入一些去污粉或硅藻土,洗刷效果更好。洗刷后,要用清水把仪器冲洗干净。应该注意,洗刷时,不能用秃顶的毛刷,也不能用力过猛,否则会戳破仪器。焦油状物质和碳化残渣用去污粉、肥皂、强酸或强碱液常常洗刷不掉,这时需用铬酸洗液。

铬酸洗液的配制方法如下:在一个 250 ml 烧杯中,把 5 g 重铬酸钾溶于 5 ml 水中,然后在搅拌下慢慢加入 100 ml 浓硫酸。加硫酸过程中,混合液的温度将升高到 70 ~ 80℃。待混合液冷却到 40℃左右时,将倒入干燥的磨口细口试剂瓶中保存起来。铬酸洗液呈红棕色,经长期使用变成绿色时,即告失效。铬酸洗液是强酸和强氧化剂,有腐蚀性,使用时应注意安全。

在使用铬酸洗液前,应把仪器上的污物,特别是还原性物质尽量洗净。尽量把仪器内的水倒净,然后缓缓倒入洗液,让洗液充分润湿未洗净的地方,放置几分钟后,不断地转动仪器,使洗液能够充分地浸润有残渣的地方,把多余的洗液倒回原来的瓶中。然后加入少量水,摇荡后,把洗液倒入废液缸内。然后用清水把仪器冲洗干净。若污物为碳化残渣,则需加入少量洗液或浓硝酸,把残渣浸泡几分钟,再用游动小火焰均匀加热该处,直到洗液开始冒气泡时为止。然后按以上方法洗刷。

2.仪器的干燥

在精细化工实验中,往往需要用干燥的仪器。因此在仪器洗净后,还应进行干燥。事先把仪器干燥好,就可以避免临用时再进行干燥。下面介绍几种简单的干燥仪器的方法:

①晾干:在精细化工实验中,应尽量采用晾干法于实验前使仪器干燥。仪器洗净后,先尽量倒净其中的水滴,然后晾干。例如,烧杯可倒置于柜子内;蒸馏烧瓶、锥形瓶和量筒等可倒套在试管架的小木桩上;冷凝管可用夹子夹住,竖放在柜子里。放置一两天后,仪器就晾干了。

应该有计划地利用实验中的零星时间,把下次实验需用的干燥仪器洗净并晾干,这样在做下一个实验时,就可以节省很多时间。

②在电热干燥箱中烘干:电热干燥箱温度保持在 100 ~ 120℃。仪器放入前要尽量倒净其中的水。仪器放入时口应朝上。若仪器口朝下,烘干的仪器虽可无水渍,但由于从仪器内流出来的水珠滴到别的已烘热的仪器上,往往易引起后者炸裂。用坩埚钳子把已烘干的仪器取出来,放在石棉板上任其冷却;注意别让烘得很热的仪器骤然碰到冷水或冷的金属表面,以免炸裂。厚壁仪器(如量筒、吸滤瓶等)不宜在电热干燥箱中烘干,冷凝管也不宜在电热干燥箱中烘

干。分液漏斗、滴液漏斗则必须在拔去盖子和活塞后,才能放入电热干燥箱烘干。

③用热空气烘干:(i)用热空气浴。把仪器放在两层隔开的石棉铁丝网的上层(两层之间相隔约 100 mm),仪器口朝上。用酒精灯加热下层石棉铁丝网,控制灯焰,勿让上层石棉铁丝网上的温度超过 120℃。仪器不得直接用火焰烤干,也不得直接放在石棉铁丝网上加热烘干,否则仪器易破裂。(ii)用热空气吹干。空气从吹风器或空气压缩机中吹出,经过一个加热装置后,用玻璃管通到需要干燥的仪器内。冷凝管和蒸馏烧瓶可用此法干燥。

④用有机溶剂干燥:体积小的仪器急需干燥时,可采用此法。洗净的仪器先用少量酒精洗涤一次,再用少量丙酮洗涤,最后用空气(不必加热)吹干。用过的溶剂应倒入回收瓶中。

五、玻璃仪器的装配

仪器装配得正确与否,与实验的成败有很大关系。

首先,在装配一套仪器装置时,所选用的仪器和配件应当是干净的。仪器中存有水滴和杂质,往往会严重影响产品的产量和质量。

需加热的实验,应当选用坚固的圆底烧瓶作反应器,因它能耐温度的变化和反应物沸腾时对器壁的冲击。烧瓶中反应物的体积应占烧瓶容积的 1/2 左右,最多不超过 2/3。

装配仪器时,应首先选定主要仪器的位置,然后按照一定的顺序,逐个地装配其他仪器。例如,在装配蒸馏装置和加热回流装置时,应首先固定好蒸馏烧瓶和圆底烧瓶的位置。在拆卸仪器时,要按和装配时方向相反的顺序,逐个拆除。

仪器装配得严密和正确,不仅可以保证反应物质不受损失,实验顺利进行,而且可以避免因仪器装配不严密而使挥发性易燃液体的蒸气逸出器外造成着火或爆炸事故。

在装配常压下进行反应的仪器时,仪器装置必须与大气相通,决不能密闭,否则加热后,产生的气体或有机物质的蒸气在仪器内膨胀,会使压力增大,易引起爆炸。为了使反应物不受空气中湿气的作用,有时在仪器和大气相通处安装一个氯化钙干燥管。氯化钙干燥管会因用久而堵塞,所以使用前应进行检查。

仪器和配件常用软木塞(或用耐热橡皮塞)连接,有时也用短橡皮管连接。塞子和塞孔的大小必须合适。用短橡皮管连接玻璃管时,要使两根玻璃管直接接触。

将玻璃管(或温度计)插入塞孔(图 2.7)时,可先用水或甘油润湿玻璃管插入的一端,然后

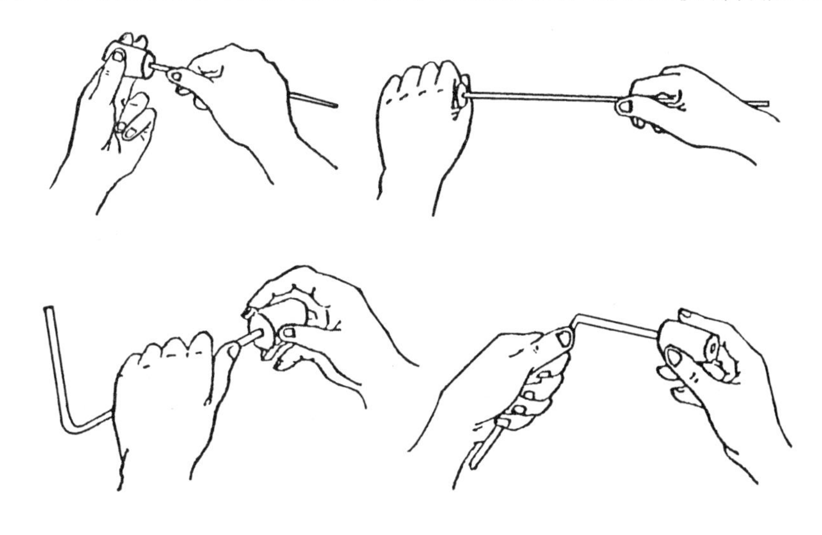

图 2.7 玻璃管插入塞子

一手持塞子,一手捏着玻璃管,逐渐旋转插入。应当注意:插入或拔出玻璃管时,手指捏住玻璃

管的位置与塞子的距离不可太远,应经常保持 2 ~ 3 cm,以防玻璃管折断而伤手。插入或拔出弯形玻璃管时,手指不应捏在弯曲处,因为该处易折断,必要时要垫软布或抹布。

仪器应用铁夹牢固地夹住,不宜太松或太紧。铁夹绝不能与玻璃直接接触,而应套上橡皮管、粘上石棉垫或用石棉绳包扎起来。需加热的仪器,应夹住仪器受热最小的位置。冷凝管则应夹住其中央部分。

在实验操作开始以前,应仔细检查仪器装配得是否严密,有无错误。

2.2 精细化工实验技术

一、加热

在室温下,某些反应难于进行或反应速度很慢。为了加快反应速度,通常需要加热。有机物质的蒸馏、升华等也都需要加热。下面介绍几种最常用的加热方法。

1.直接加热

物料盛在金属容器或坩埚中时,可用电炉直接加热容器。玻璃仪器则要通过石棉铁丝网加热;如果直接用电炉加热,仪器容易因受热不均匀而破裂,其中的部分物料也可能由于局部过热而分解。

2.水浴锅加热

加热温度不超过 100℃时,最好用电热水浴锅加热。加热温度在 90℃以下时,可将盛物料的容器部分浸在水中(注意勿使容器接触水浴底部),调节水浴锅的电阻把水温控制在需要的范围以内。如果需加热到 100℃时,可用沸水浴。

3.油浴加热

加热温度在 100℃以上至 250℃以下时,可以用油浴。油浴的优点在于温度容易控制在一定范围内,容器内的反应物受热均匀。油浴的温度应比容器内反应物的温度高 20℃左右。

常用的油类有液体石蜡、豆油、棉籽油、硬化油(如氢化棉籽油)、甘油、硅油、导热油等。新用的植物油加热到 220℃时,往往有一部分分解而易冒烟,所以加热以不超过 200℃为宜,用久以后,可加热到 220℃。药用液体石蜡可加热到 220℃,硬化油可加热到 250℃左右,导热油可加热至 280℃左右。

用油浴锅加热时,要特别当心,防止着火。当油的冒烟情况严重时,即可停止加热。万一着火,也不要慌张,可首先关闭加热电器,再移去周围易燃物,然后用石棉板盖住油浴口,火即可熄灭。油浴中应悬挂温度计,以便随时调节温度。

加热完毕后,把容器提离油浴液面,仍用铁夹夹住,放置在油浴上面,待附着在容器外壁上的油流完后,用纸和干布把容器擦净。

4.砂浴加热

砂浴使用方便,可加热到 350℃。一般用铁盘装砂,将容器半埋在砂中加热。砂浴的缺点是砂对热的传导能力较差,砂浴温度分布不均,且不易控制。因此,容器底部的砂层要薄些,使容器易受热,而容器周围的砂层要厚些,使热不易散失。砂浴中应插温度计,且温度计的水银球应紧靠容器。使用砂浴时,桌面要铺石棉板,以防辐射热烤焦桌面。

5.电热套加热

电热套使用安全方便,温度可控(室温 ~ 300℃),加热均匀,是精细化工实验室最常用的加热设备。电热套一般有两种:一种是通过调节电阻控温(适用于温度要求不太严格的加热);另一种是与控温仪联用通过触点温度计控温(适用于要求精密控温的加热)。不同型号的加热套,使用方法有所不同,使用时可参照说明书操作。

二、冷却

有些反应需在一定温度范围内进行,因此要适当进行冷却。最简便的冷却方法是将盛有反应物的容器适时地浸入冷水浴或冰水浴中。

某些反应需在低于室温的条件下进行,则可用水和碎冰的混合物作冷却剂,其冷却效果要比单用冰块为好 ,因为它能和容器更好地接触。如果水的存在不妨害反应的进行,则可以把碎冰直接投入反应物中,这样能更有效地保持低温。

如果需要把反应混合物保持在 0℃以下,常用碎冰(或雪)和无机盐的混合物作冷却剂。制冰盐冷却剂时,应把盐研细,然后和碎冰(或雪)按一定比例均匀混合。混合比例参见附录。

三、回流、分水

1.回流

许多有机化学反应需要使反应物在较长时间内保持沸腾才能完成。为了防止蒸汽逸出,常用回流冷凝装置,使蒸汽不断地在冷凝管内冷凝,返回反应器中,以防反应物逸失(图2.8.1(a))、2.8.2(a))。为了防止空气中的湿气侵入反应器或吸收反应中放出的有毒气体,可在冷凝管上口连接氯化钙干燥管(图 2.8.1(b)、2.8.2(b))或气体吸收装置(图 2.8.1(c)、2.8.2(c))。有些反应进行剧烈,放热很多,或反应速度太快,如将反应物质一次加入,会使反应失控,而导致失败。在这种情况下,可采用带滴液漏斗的回流冷凝装置(图 2.8.3、2.8.4),将一种试剂逐渐滴加进去。也可根据需要,在烧瓶外用冷水浴或冰水浴冷却。为了使冷凝管的套管内充满冷却水,应从下面的入口通入冷却水。水流速度能保持蒸汽充分冷凝即可。进行回流操作时也要控制加热,蒸汽上升的高度一般以不超过冷凝管的 1/3 为宜。

2.分水

进行某项可逆平衡性质的反应时,为了使正向反应进行到底,可将反应产物之一不断地从反应混合物体系中除去。图 2.8.5 的装置中,有一个分水器,回流下来的蒸汽冷凝液进入分水器,分层后,有机层自动被送回烧瓶,而生成的水可从分水器中放出去。这样可使某些生成水的可逆反应进行到底。

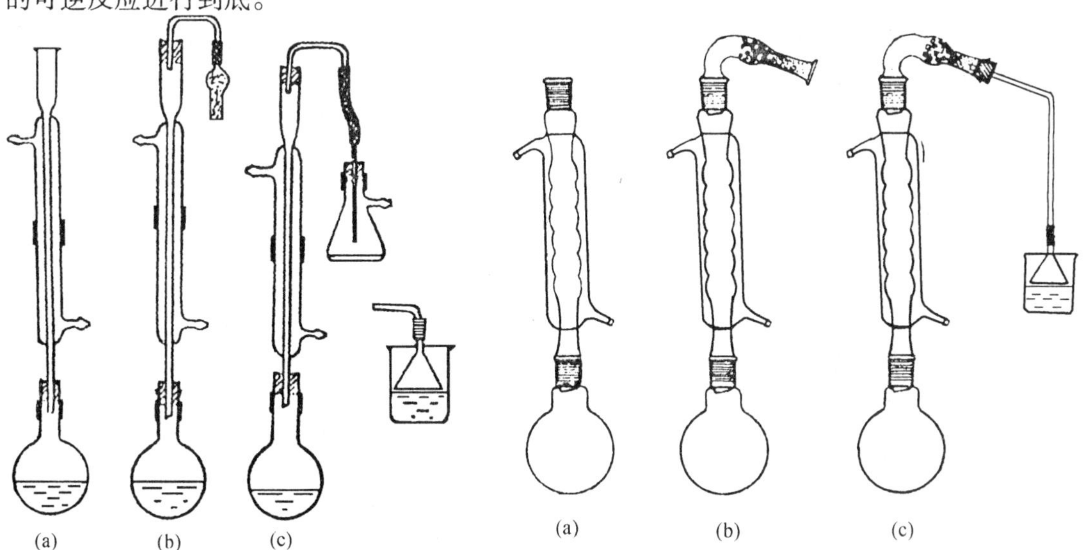

图 2.8.1　回流冷凝装置　　　　图 2.8.2　回流冷凝装置

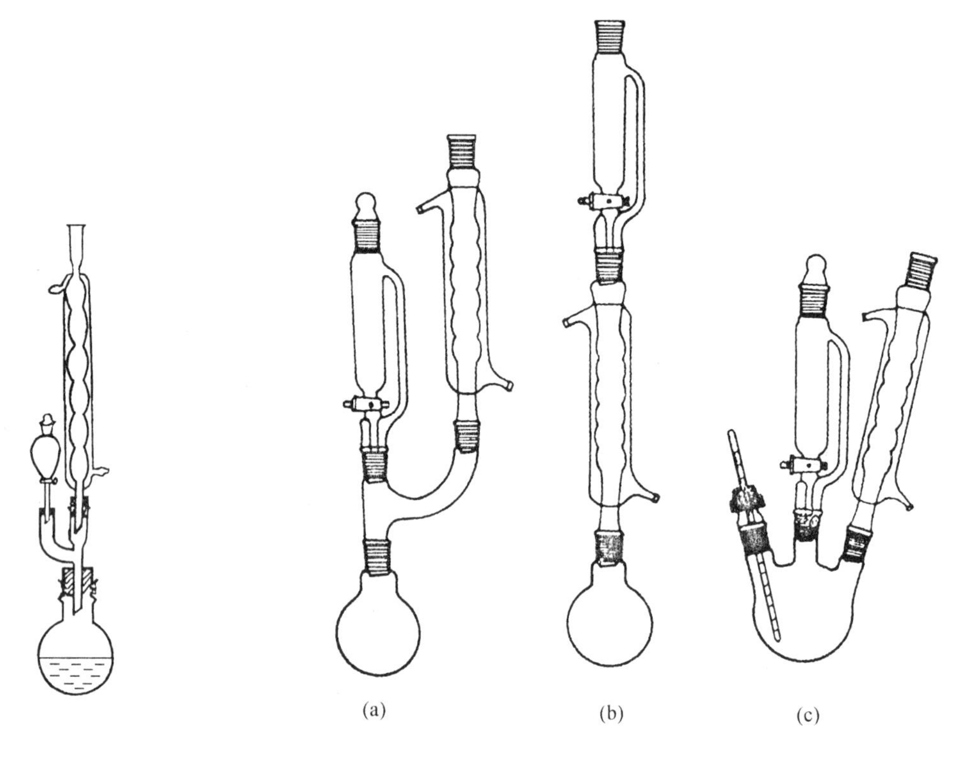

图 2.8.3　回流冷凝装置

图 2.8.4　回流冷凝装置

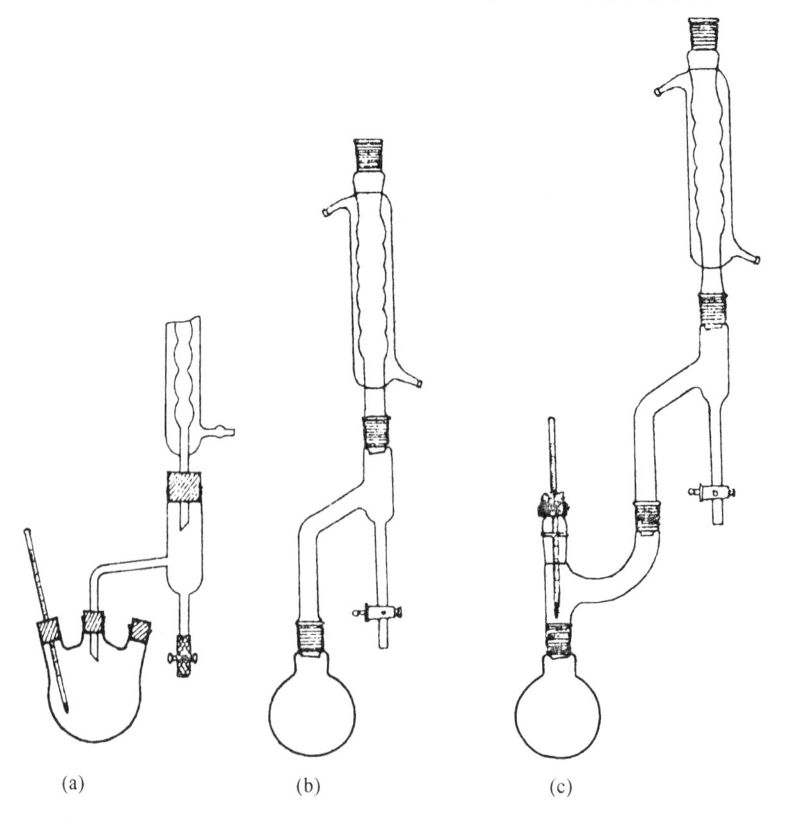

图 2.8.5　回流冷凝装置

四、搅拌和振荡

在固体和液体或互不相溶的液体进行反应时，为了使反应混合物充分接触，应该进行强烈的搅拌或振荡。此外，在反应过程中，当把一种反应物滴加或分批小量地加入另一种反应物中时，也应该使二者尽快地均匀接触，这也需要进行强烈的搅拌或振荡，否则，由于浓度局部增大或温度局部增高，可能发生更多的副反应。

1. 人工搅拌和振荡

对于反应物量小、反应时间短，而且不需要加热或温度不太高的反应，用手摇动容器就可达到充分混合的目的。也可用两端烧光滑的玻璃棒沿着器壁均匀的搅动，但必须避免玻璃棒碰撞器壁。若在搅拌的同时还需要控制反应温度(例如，在苯胺的重氮化反应中)，则可用橡皮圈把玻璃棒和温度计套在一起。为了避免温度计水银球触及反应器的底部而损坏，玻璃棒的下端宜稍伸出一些。

在反应过程中，回流冷凝装置往往需作间歇的振荡。振荡时，把固定烧瓶和冷凝管的铁夹暂时松开，一手靠在铁夹上并扶住冷凝管，另一手拿住瓶颈做圆周运动。每次振荡后，应把仪器重新夹好。也可以用振荡整个铁台的方法，使容器内的反应物充分混合。

2. 机械搅拌

在需要用较长时间进行搅拌的实验中，最好用电动搅拌器。在反应过程中，若在搅拌的同时还需要进行回流，则最好用三口烧瓶，中间瓶口装配搅拌棒，一个侧口安装回流冷凝管，另一个侧口安装温度计(图 2.9.1(a)、2.9.2(a))或滴液漏斗(图 2.9.1(b)、2.9.2(b))。若无三口烧瓶，也可在广口圆底烧瓶上安装一个二通连接管(图 2.5(e))。

搅拌装置的装配方法如下：首先选定三口烧瓶和电动搅拌器的位置。选择一个适合中间瓶口的软木塞，钻一孔，孔必须钻得光滑笔直，插入一段玻璃管(或封闭管)；软木塞和玻璃管间一定要紧密。玻璃管的内径应比搅拌棒稍大一些，使搅拌棒可以在玻璃管内自由转动。在玻璃管内插入搅拌棒。把搅拌棒和搅拌器用短橡皮管(或连接器)连接起来。然后把配有搅拌棒的软木塞塞入三口烧瓶的中间瓶口内，塞紧软木塞。调整三口烧瓶的位置(最好不要调整搅拌器的位置，若必须调整搅拌器的位置，应先拆除三口烧瓶，以免搅拌棒戳破瓶底)，使搅拌棒的下端距瓶底约 5 mm，中间瓶颈用铁夹夹紧。从仪器装置的正面和侧面仔细检查，并进行调整，

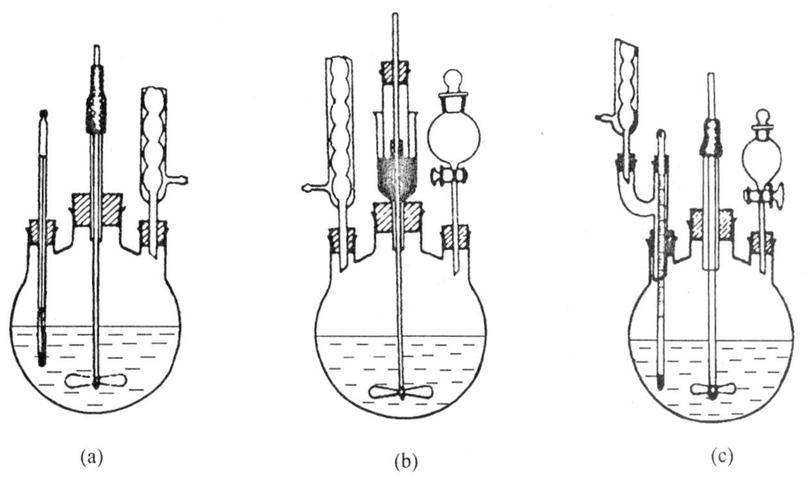

图 2.9.1　机械搅拌普通装置

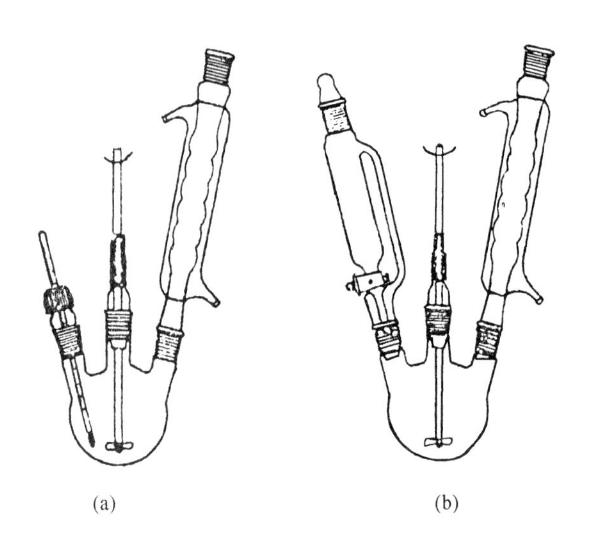

图 2.9.2 机械搅拌标准磨口装置

使整套仪器正直。开动搅拌器，试验运转情况。当搅拌棒和玻璃管间不发出摩擦时，才能认为仪器装配合格，否则，需要再进行调整。装上冷凝管和滴液漏斗(或温度计)，用铁夹夹紧。上述仪器要安装在同一个铁台上。再次开动搅拌器，如果运转情况正常，才能装入物料进行实验。

为了防止蒸气或反应中产生的有毒气体从玻璃管和搅拌棒间的间隙逸出，需要封口。在图 2.9.1(a)、(c)中，搅拌装置用一段厚壁软橡皮管封口。橡皮管的下端紧密地套在玻璃管的外面，上端松松地裹住搅拌棒(裹住的长度约为 10 mm)；橡皮管和搅拌棒间用少许甘油或凡士林润滑。在图 2.9.1(b)中，搅拌装置用封闭管封口。封闭管里面装的是液体石蜡、甘油或浓硫酸等(非特别需要，不用水银)。

搅拌的速度可根据实验需要来调节。

五、蒸馏

蒸馏是分离和提纯液态有机化合物的最常用的重要方法之一。应用这一方法，不仅可以把挥发性物质与不挥发性物质分离，还可以把沸点不同的物质以及有色的杂质分离。

在通常情况下，纯粹的液态物质在大气压力下有一定的沸点。如果在蒸馏过程中，沸点发生变动，那就说明物质不纯。因此可借蒸馏的方法来测定物质的沸点和定性地检验物质的纯度。某些有机化合物往往能和其他组分形成二元或三元恒沸混合物，它们也有一定的沸点。因此，不能认为沸点一定的物质都是纯物质。

1.蒸馏装置

蒸馏装置主要包括蒸馏烧瓶、冷凝管和接收器三部分。

蒸馏烧瓶是蒸馏时最常用的容器。选用蒸馏烧瓶的大小应由所蒸馏液体的体积来决定。通常所蒸馏的原料液体的体积应占蒸馏烧瓶容量的 1/3 ~ 2/3。如果装入的液体量过多，当加热到沸腾时，液体可能冲出，或者液体飞沫被蒸汽带出，混入馏出液中；如果装入的液体量太少，在蒸馏结束时，也会有较多液体残留在瓶内蒸不出来。

蒸馏装置的装配方法如下。选一个适合于蒸馏烧瓶瓶口的软木塞，钻孔，插入温度计。把装配有温度计的软木塞塞入瓶口，调整温度计的位置，以蒸馏时水银球能完全被蒸汽包围为度。这样才能正确地测量出蒸汽的温度。通常水银球的上端应恰好位于蒸馏烧瓶支管的底边所在的水平线上(图 2.10)。再选一个适合于冷凝管管口的软木塞,钻孔,然后把它紧密地套在蒸馏烧瓶的支管上。在铁台上,首先固定好蒸馏烧瓶的位置。之后在装其他仪器时,不宜再调整蒸馏烧瓶的位置,选一适合于接引管的软塞,钻孔,把冷凝管下端插入塞孔内。再在另一铁台上,用铁夹夹住冷凝管的中上部分,调整铁台和铁夹的位置,使冷凝管的中心线和蒸馏烧瓶支管的中心线成一直线,如图 2.10 所示。移动冷凝管,把蒸馏烧瓶的支管和冷凝管紧密地连接起来;蒸馏烧瓶的支管须伸入冷凝管大口部分的 1/2 左右,这时,铁夹应调节到正好夹在冷凝管的中央部分。再装上接引管和接收器(图 2.11.1)。在蒸馏挥发性小的液体时,也可不用接引管,亦可选用标准磨口蒸馏装置,如图 2.11.2 所示。

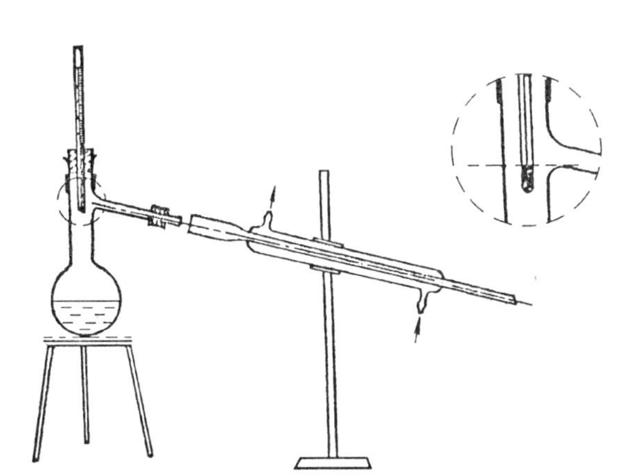

图 2.10　装配蒸馏装置

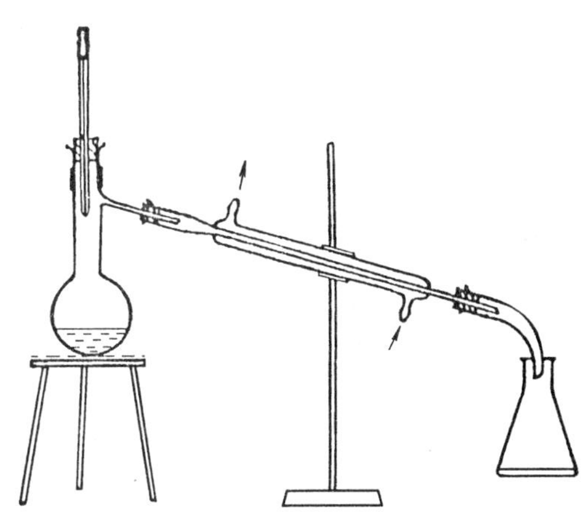

图 2.11.1　普通蒸馏装置

装配蒸馏装置时,应注意以下几点:

①首先应选定蒸馏烧瓶的位置,然后以它为基准,顺次地连接其他仪器。

②所用的软木塞必须大小合适,装配严密,以防止在蒸馏过程中有蒸汽漏出,而使产品受到损失或发生着火事故。

③避免铁器和玻璃仪器直接接触,以防夹破仪器。所用的铁夹必须用石棉布、橡皮等作衬垫。铁夹应该装在仪器的背面,夹在蒸馏瓶支管以上的位置和冷凝管的中央部分。

④常压下的蒸馏装置必须与大气相通。

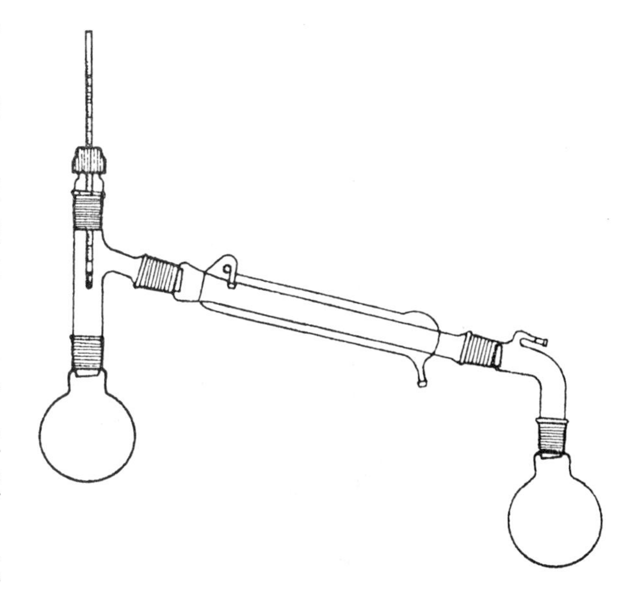

图 2.11.2　普通蒸馏装置(标准磨口仪器)

⑤在同一实验桌上装置几套蒸馏装置且相互间的距离较近时,每两套装置的相对位置必须或是蒸馏烧瓶对蒸馏烧瓶,或是接收器对接收器,避免使一套装置的蒸馏烧瓶与另一套装置的接收器紧密相邻,这样有着火的危

险。

如果蒸馏出的物质易受潮分解，可在接收器上连接一个氯化钙干燥管，以防止湿气的侵入；如果蒸馏的同时还放出有毒气体，则尚需装配气体吸收装置(图 2.12、2.13)。

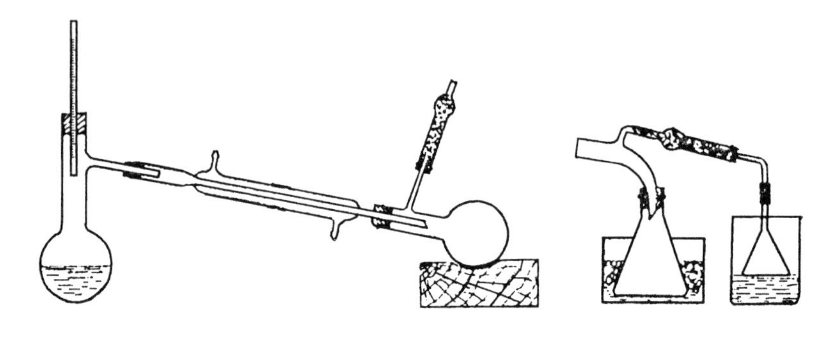

图 2.12　蒸馏装置

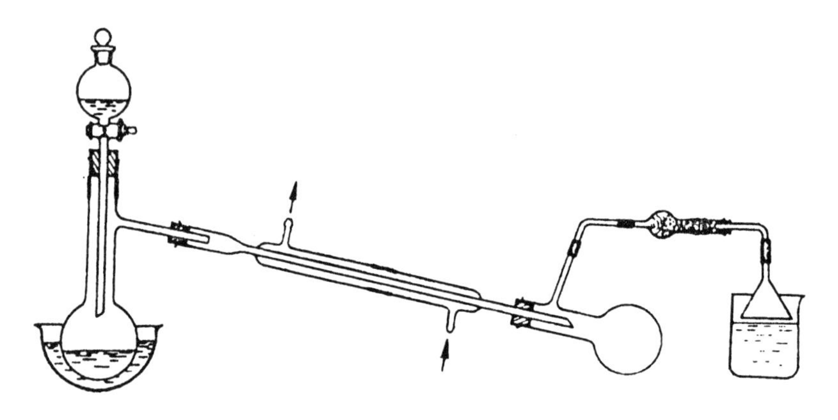

图 2.13　蒸馏装置

如果蒸馏出的物质易挥发、易燃或有毒，则可在接收器上连接一长橡皮管，通入水槽的下水管内或引出室外(图 2.14)。

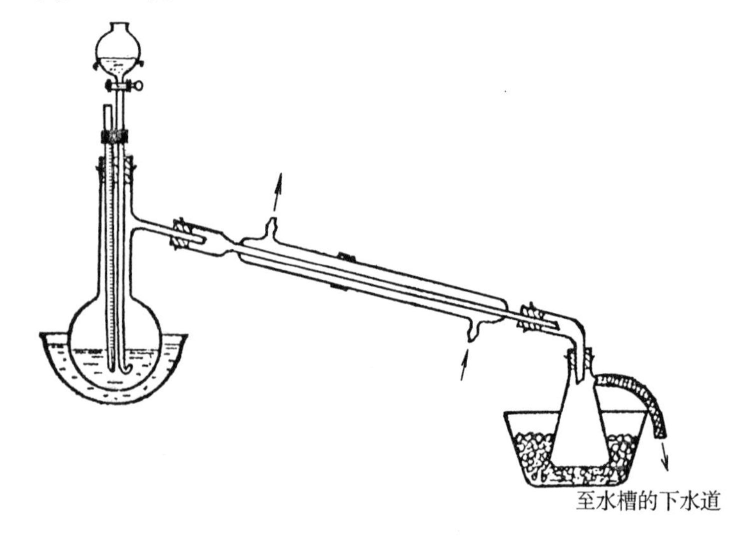

图 2.14　蒸馏装置

在用圆底烧瓶代替蒸馏烧瓶时，则可用一段约 75°的弯玻璃导管，或 75°连接管把圆底烧瓶和冷凝管连接起来(图 2.15)，亦可用滴加和蒸馏标准磨口装置(图 2.15.2)。

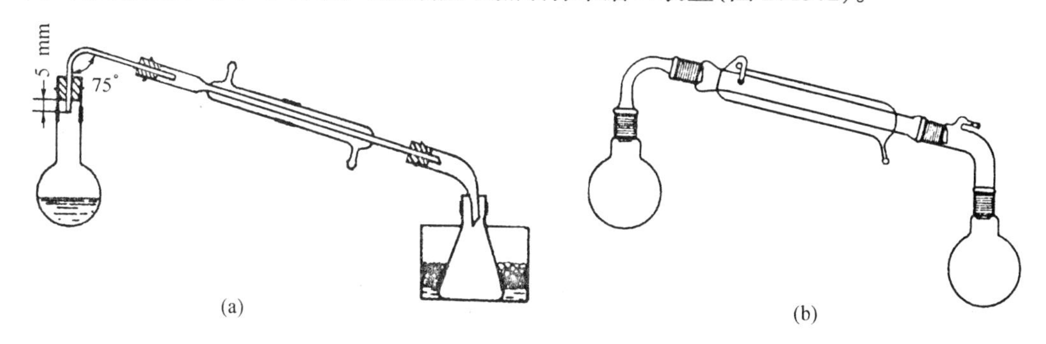

图 2.15.1　蒸馏装置

当蒸馏物质的沸点高于 140℃时，应该换用空气冷凝管(图 2.16)。

2.蒸馏操作

蒸馏装置装好后，把要蒸馏的液体经长颈漏斗倒入蒸馏烧瓶中。漏斗的下端须伸到蒸馏烧瓶支管的下面。若液体中有干燥剂或其他固体物质，应在漏斗上放滤纸，或一小撮松软的棉花或玻璃毛等，以滤去固体。也可把蒸馏烧瓶取下来，斜拿住，使支管略向上，把液体小心地沿器壁倒入瓶中。然后往蒸馏烧瓶中放入几根毛细管。毛细管的一端封闭，开口的一端朝下。毛细管的长度应足使其上端贴靠在烧瓶的颈部。也可投入 2～3 粒沸石以代替毛细管。沸石常用未上釉的瓷片敲碎成半粒米大小的小粒。毛细管和沸石的作用都是防止液体暴沸，使沸腾保持平稳。当液体加热到沸点时，毛细管和沸石均能产生细小的气泡，成为沸腾中心。在持续沸腾时，沸石(或毛细管)可以继续有效，一旦停止沸腾或中途停止蒸馏，则原有的沸石即可失效，在再次加热蒸馏前，应补加新的沸石。如果事先忘记加沸石，则绝不能在液体加热到近沸腾时补加，因为这样往往会引起剧烈的暴沸，使部分液体冲出瓶外，有时还易发生着火事故。应该待液体冷却一段时间后，再行补加。如果被蒸馏液体很黏稠或含有较多的固体物质，加热时很容易发生局部过热和暴沸现象，加入的沸石也往往失效。在这种情况下，可以选用适当的热浴加热。例如，可采用油浴。是选用合适的热浴加热，还是通过石棉铁丝网加热(烧瓶底部一般应贴在石棉铁丝网上)，要根据蒸馏液体的沸点、黏度和易燃程度等情况来决定。

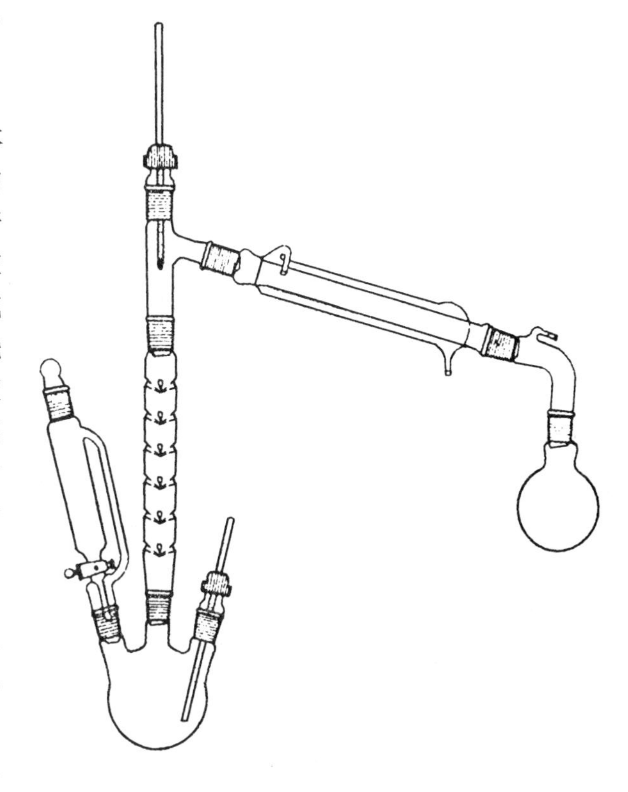

图 2.15.2　滴加和蒸馏标准磨口装置

加热前，应再次检查仪器是否装配严密，必要时，应作最后调整。开始加热时，可以让温度上升稍快些。开始沸腾后，应密切注意蒸馏烧瓶中发生的现象；当冷凝的蒸汽环由瓶颈逐渐上升到温度计水银球的周围时，温度计的水银柱就很快地上升。调节火焰或浴温，使从冷凝管流出液滴的速度约为 1～2 滴·s^{-1}。应当在实验记录本上记录第一滴馏出液滴入接收器时的温度。当温度计的读数稳定时，另换接收器集取。如果温度变化较大，须多换几个接收器集取。所用的接收器都必须洁净，且事先都须称量。记录每个接收器内馏分的温度范围和质量。若要集取馏分的温度范围已有规定，即可按规定集取。馏分的沸点范围越窄，则馏分的纯度越高。

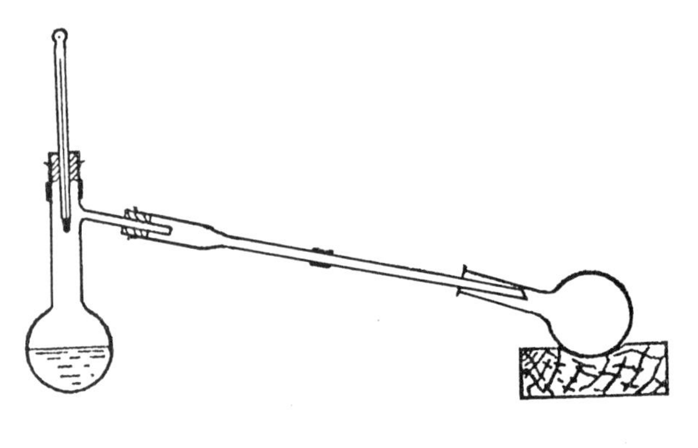

图 2.16 蒸馏装置

蒸馏的速度不应太慢，否则易使水银球周围的蒸汽短时间中断，致使温度计上的读数有不规则的变动。蒸馏速度也不能太快，否则易使温度计读数不准确。在蒸馏过程中，温度计的水银球上应始终附有冷凝的液滴，以保持气液两相的平衡。

蒸馏低沸点易燃液体时(例如乙醚)，附近应禁止有明火，绝不能用灯火直接加热，也不能用正在灯火上加热的水浴加热，而应该用预先热好的水浴。为了保持必需的温度，可以适时在水浴中添加热水。

当烧瓶中仅残留少量(0.5～1 ml)液体时，即应停止蒸馏。

六、分馏

液体混合物中的各组分，若其沸点相差很大，可用普通蒸馏法分离开；若其沸点相差不太大，用普通蒸馏法就难以精确分离，而应当用分馏的方法分离。

如果将两种挥发性液体的混合物进行蒸馏，在沸腾温度下，其气相与液相达成平衡，出来的蒸汽中则含有较多的易挥发物质的组分。将此蒸汽冷凝成液体，其组成与气相组成相同，即含有较多的易挥发物质的组分，而残留物中却含有较多的高沸点组分。这就是进行了一次简单的蒸馏。如果将蒸汽凝成的液体重新蒸馏，即又进行一次气液平衡，再度产生的蒸汽中所含的易挥发物质组分又有所增高，将此蒸汽再经过冷凝而得到的液体中易挥发物质的组成当然也高。通过多次重复蒸馏，最后可得到接近纯组分的两种液体。值得指出的是，这种蒸馏既浪费时间，又浪费能源，所以通常利用分馏来进行分离。

利用分馏柱进行分馏，实际上就是在分馏柱内使混合物进行多次汽化和冷凝。当上升的蒸汽与下降的冷凝液互相接触时，上升的蒸汽部分冷凝放出热量，使下降的冷凝液部分汽化，相互之间发生了热量交换。其结果，上升蒸汽中易挥发组分增加，而下降的冷凝液中高沸点组分增加。如果继续多次，就等于进行了多次的气液平衡，即达到了多次蒸馏的效果。这样，靠近分馏柱顶部易挥发物质的组分的比率高，而在烧瓶里高沸点组分的比率高。当分馏柱的效率足够高时，开始从分馏柱顶部出来的几乎是纯净的易挥发组分，而最后在烧瓶里残留的则几乎是纯净的高沸点组分。

实验室最常用的分馏柱如图 2.17.1(a)所示。分馏装置如图 2.17.1(b)所示。

分馏装置的装配原则及操作与蒸馏相似。分馏操作更应细心，柱身通常应保温。这种简单分馏，效率虽略优于蒸馏，但总的说来还是很差的，如果要分离沸点相近的液体混合物，还必

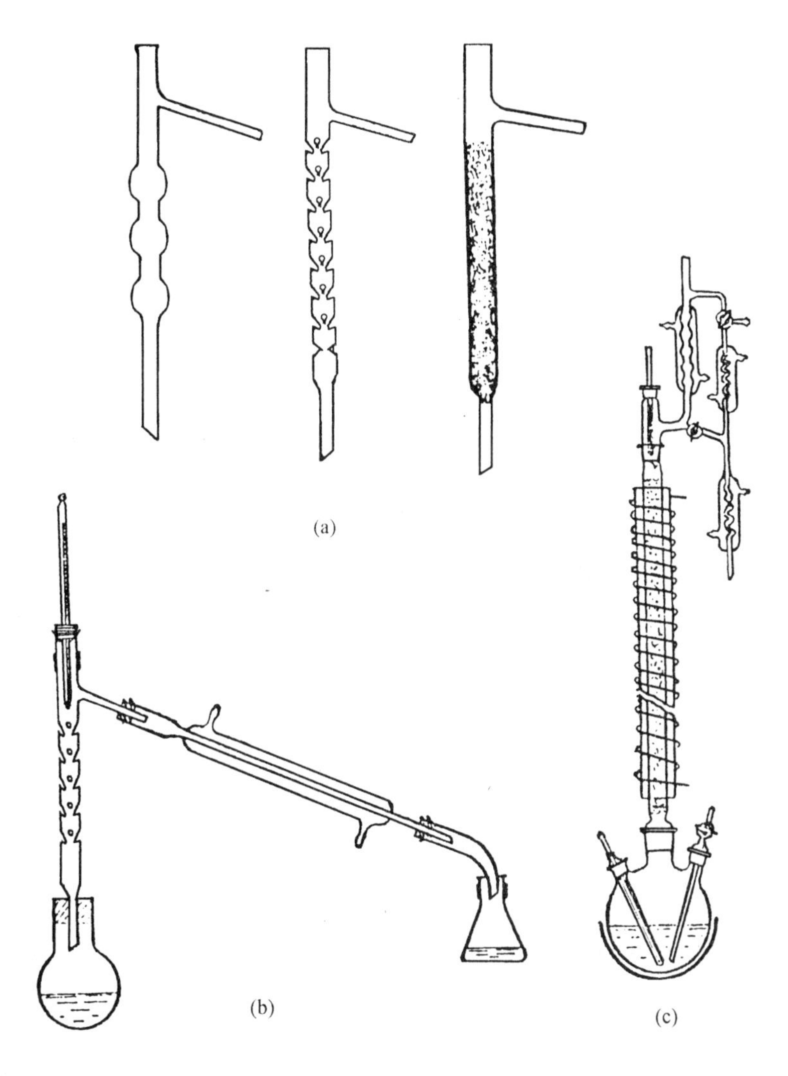

图 2.17.1　分馏装置

须用精密分馏装置。

精密分馏的原理与简单分馏完全相同。为了提高分馏效率,在操作上采取了两项措施:一是柱身装有保温套,保证柱身温度与待分馏的物质的沸点相近,以利于建立平衡。二是控制一定的回流比(上升的蒸汽在柱头经冷凝后,回入柱中的量和出料的量之比)。一般说来,对同一分馏柱,平衡保持得好,回流比大,则效率高。

精密分馏仪器如图 2.17.1(c)所示。在烧瓶中加入待分馏的物料,投入几粒沸石。柱头的回流冷凝器中通水,关闭出料旋塞(但不得密闭加热)。对保温套及烧瓶电炉或加热套通电加热,控制保温套温度略低于待分馏物料组分中最低的沸点。调节电炉温度使物料沸腾,蒸汽升至柱中,冷凝、回流而形成液泛(柱中保持有较多的液体,使上升的蒸汽受到阻塞,整个柱子失去平衡)。降低电炉温度,待液体流回烧瓶,液泛现象消除后,提高炉温,重复液泛 1 ~ 2 次,充分润湿填料。

经过上述操作后,调节柱温,使之与物料组分中最低沸点相同或稍低。控制电炉温度,使蒸汽缓慢地上升至柱顶,冷凝而全回流(不出料)。经一定时间后柱及柱顶温度均达到恒定,表示平衡已建立。此后逐渐旋开出料旋塞,在稳定的情况下(不液泛),按一定回流比连续出料,收集一定沸点范围的各馏分。记下每一馏分的沸点范围及质量。

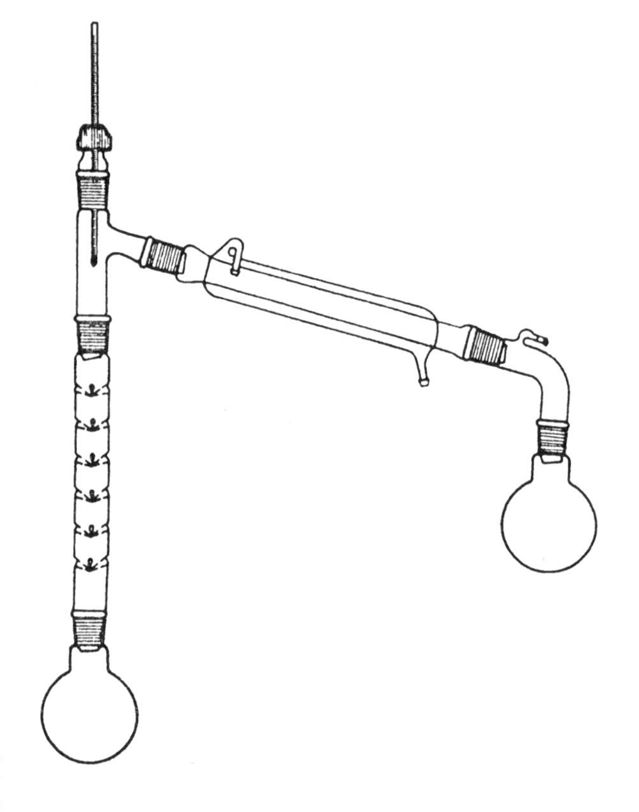

图 2.17.2　分馏标准磨口装置

七、水蒸气蒸馏

1.水蒸气蒸馏

水蒸气蒸馏操作是将水蒸气通入不溶或难溶于水但有一定挥发性的有机物质（100℃时，其蒸气压至少为 $1.332\ 5\times10^{5}$Pa）中，使该有机物质在低于 100℃的温度时随着水蒸气一起蒸馏出来的操作。

两种互不相溶的液体混合物质的蒸气压，等于两液体单独存在时的蒸气压之和。当组成混合物的两液体的蒸气压之和等于大气压力时，混合物就开始沸腾。互不相溶的液体混合物的沸点，要比每一物质单独存在时的沸点低。因此，在不溶于水的有机物质中，通入水蒸气进行水蒸气蒸馏时，在比该物质的沸点低得多的温（低于 100℃）就可使该物质蒸馏出来。

在馏出物中，随水蒸气一起蒸馏出的有机物质与水的质量（m_0 和 m_{H_2O}）之比，等于两者的分压（p_0 和 p_{H_2O}）分别和两者的相对分子质量（M_0 和 18）乘积之比，所以馏出液中有机物质与水的质量之比可按下式计算

$$\frac{m_0}{m_{H_2O}}=\frac{M_0\times p_0}{18\times p_{H_2O}}$$

例如，苯胺和水的混合物用水蒸气蒸馏时，苯胺的沸点是 184.4℃，苯胺和水的混合物在 98.4℃就沸腾。在这个温度下，苯胺的蒸气压是 $5.599\ 5\times10^{3}$Pa，水的蒸气压是 $9.572\ 5\times10^{4}$Pa，两者相加等于 $1.013\ 25\times10^{5}$Pa。苯胺的相对分子质量为 93，所以馏出液中苯胺与水的质量比等于

$$\frac{93\times5.599\ 5\times10^{3}}{18\times9.572\ 5\times10^{4}}=\frac{1}{3}$$

由于苯胺略溶于水，计算所得的仅是近似值。

水蒸气蒸馏是用以分离和提纯有机化合物的重要方法之一，常用于下列各种情况：

①混合物中含有大量的固体，通常的蒸馏、过滤、萃取等方法都不适用。

②混合物中含有焦油状物质，采用通常的蒸馏、萃取等方法非常困难。

③在常压下蒸馏会发生分解的高沸点有机物质。

水蒸气蒸馏装置和操作方法是：

水蒸气蒸馏装置如图 2.18.1 所示，主要由水蒸气发生器 A，与桌面成约 45°放置的长颈圆底烧瓶 D 和直形冷凝管 F 组成。发生器 A 通常是铁质的，也可用圆底烧瓶代替。器内盛水约

占其容量的1/2,可从其侧面的玻璃水位管查看器内的水平面。长玻璃管B为安全管,管的下端接近器底,根据管中水柱的高低,可以估计水蒸气压力的大小。长颈圆底烧瓶D应当用铁

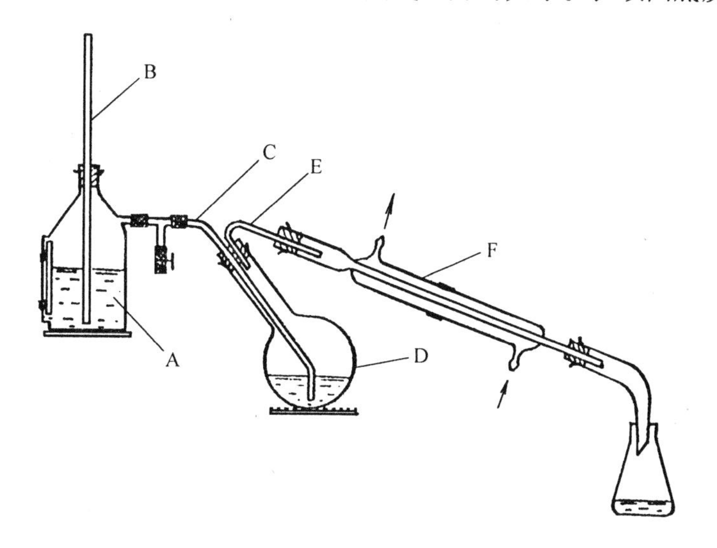

图2.18.1　水蒸气蒸馏装置

A—水蒸气发生器；B—安全管；C—水蒸气导管；D—长颈圆底烧瓶；E—馏出液导管；F—直形冷凝管

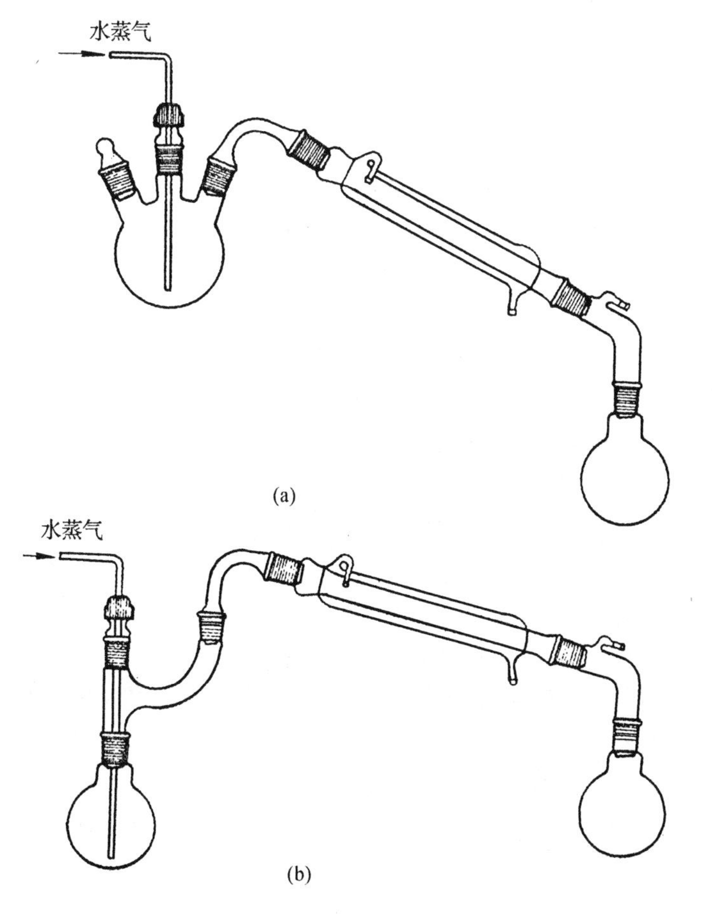

图2.18.2　水蒸气蒸馏标准磨口装置

夹夹紧，并应斜放，以免飞溅起的液沫被蒸气带进冷凝管中。瓶口配置双孔软木塞，一孔插入水蒸气导管 C，另一孔插入馏出液导管 E。导管 C 外径一般不小于 7 mm，以保证水蒸气畅通，其末端应接近烧瓶底部，以便水蒸气和蒸馏物质充分接触并起搅动作用。导管 E 应稍粗一些，其外径约为 10 mm，以便蒸汽能畅通地进入冷凝管中。若管 E 的直径太小，蒸汽的导出将会受到一定的阻碍，这会增加烧瓶 D 中的压力。导管 E 在弯曲处前的一段应尽可能短一些，插入双孔软木塞后露出约 5 mm，在弯曲处后一段则允许稍长一些，因它可起部分的冷凝作用。用长的直形水冷凝管 F 可以使馏出液充分冷却。由于水的蒸发潜热较大，所以冷却水的流速也宜稍大一些。发生器 A 的支管和水蒸气导管 C 之间用一个 T 形管相连接。在 T 形管的支管上套一段短橡皮管，用螺旋夹紧，用以除去水蒸气中冷凝下来的水分。在操作中，如果发生不正常现象，应立刻打开夹子，使之与大气相通。

将被蒸馏的物质倒入烧瓶 D 中，其量约为烧瓶容量的 1/3。操作前，水蒸气蒸馏装置应经过检查，必须严密不漏气。开始蒸馏时，先把 T 形管上的夹子打开，用电炉把发生器里的水加热到沸腾。当有水蒸气从 T 形管的支管冲出时，再旋紧夹子，让水蒸气通入烧瓶中，这时可以看到瓶中的混合物翻腾不息，不久在冷凝管中就出现有机物质和水的混合物。调节电炉温度，使瓶内的混合物不致飞溅得太厉害，并控制馏出液的速度为 2 ~ 3 滴·s^{-1}。为了使水蒸气不致在烧瓶内过多地冷凝，在蒸馏时通常也可缓慢加热烧瓶。在操作时，要随时注意安全管中的水柱是否发生不正常的上升现象，以及烧瓶中的液体是否发生倒吸现象，一旦发生这种现象应立刻打开夹子，停止加热，找出发生故障的原因，排除故障后，方可继续蒸馏。

当馏出液澄清透明不再含有有机物质的油滴时，即可停止蒸馏。

八、减压蒸馏

很多有机化合物，特别是高沸点的有机化合物，在常压下蒸馏往往发生部分或全部分解。在这种情况下，采用减压蒸馏方法最为有效。一般的高沸点有机化合物，当压力降低到 2.678×10^3 Pa时，其沸点要比常压下的沸点低 100 ~ 120℃。

1.减压蒸馏装置

减压蒸馏装置通常由蒸馏烧瓶、冷凝管、接收器、水银压力计、干燥塔、缓冲用的吸滤瓶和减压泵等组成。

若用水泵来减压，简易的减压蒸馏装置如图 2.19.1 所示。

减压蒸馏中所用的蒸馏烧瓶通常为克氏蒸馏烧瓶 A。它有两个瓶颈，带支管的瓶口插温度计，另一瓶口则插一根末端拉成毛细管的厚壁玻璃管 C；毛细管的下端要伸到离瓶底 1 ~ 2 mm处。在减压蒸馏时，空气由毛细管进入烧瓶，冒出小气泡，成为沸腾中心，同时又起一定的搅动作用。这样可以防止液体暴沸，使沸腾保持平稳，对减压蒸馏是非常重要的。

毛细管有两种：一种是粗孔；一种是细孔。使用粗孔毛细管时，在烧瓶外面的玻璃管的一端必须套一段短橡皮管，并用螺旋夹 D 夹住，以调节进入烧瓶的空气量，使液体保持适当程度的沸腾。为了便于调节，最好在橡皮管中插入一根直径约为 1 mm 的金属丝。使用细孔毛细管时，不用特别调节，但在使用前需要进行检验，检验方法是：把毛细管伸入盛少量乙醚或丙酮的试管里，从另一端向管内吹气，若能从毛细管的管端冒出一连串很小的气泡，就说明这根毛细管可以使用。

减压蒸馏装置中的接收器通常用蒸馏烧瓶、吸滤瓶或厚壁试管等如图 2.19.2，因为它们能耐外压，不可用锥形瓶作接收器。蒸馏时，若要集取不同的馏分而又要不中断蒸馏，则可用

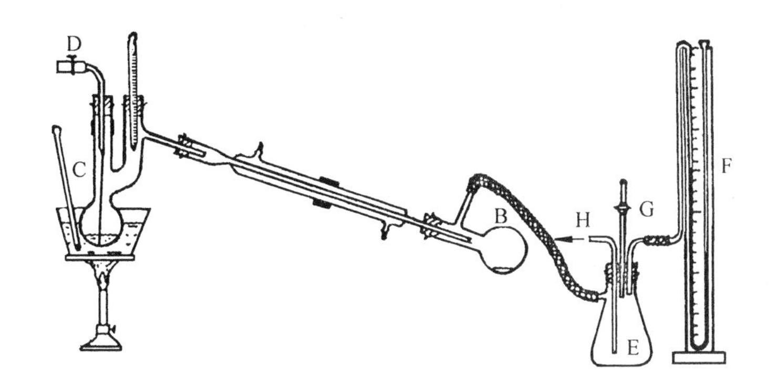

图 2.19.1　简易减压蒸馏装置
A—克氏蒸馏烧瓶；B—接收器；C—毛细管；D—螺旋夹；
E—缓冲用的吸滤瓶；F—水银压力计；G—二通旋塞；H—导管

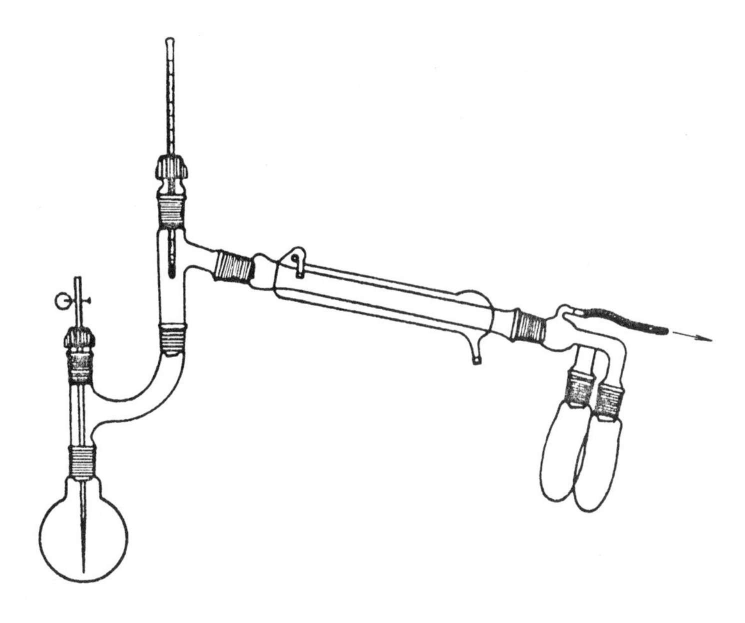

图 2.19.2　减压蒸馏标准磨口装置

多头接引管(图 2.20 给出的是两头接引管)；多头接引管的几个分支管用橡皮塞和接收器连接起来。多头接引管的上部有一个支管，仪器装置由此管抽真空。多头接引管要用涂有少许甘油或凡士林的橡皮塞与冷凝管的末端连接起来，以便转动多头接引管，使不同的馏分流入指定的接收器中。

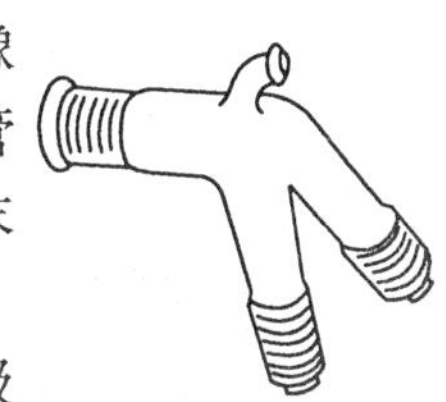

图 2.20　两头接引管

接引管(或带支管的接引管)用耐压的厚壁橡皮管与作为缓冲用的吸滤瓶 E 连接起来。吸滤瓶 E 的瓶口上装一个三孔橡皮塞，一孔连接水银压力计 F，一孔接二通旋塞 G，另一孔插导管 H。导管的下端应接近瓶底，上端与水泵相连接。

减压泵可用水泵或油泵。在水压力很大时，水泵可以把压力减小到 2.678×10^3 Pa 左右。这对一般减压蒸馏已经足够了。油泵可以把压力顺利地减小到 5.438×10^2 Pa 左右。使用油泵时，要注意防护保养，不使有机物质、水、酸等的蒸汽侵入泵内。易挥发有机物质的蒸汽可被泵内的油所吸收，污染泵油，这会严重地降低泵的效率；水蒸气凝结在泵里，会使油乳化，也会降低泵的效率;酸会腐蚀泵。为了保护油泵,应在泵前面装设的干燥塔(图 2.21)里面放粒状氢氧化钠(或碱石灰)和活性炭(或分子筛)等以吸收水蒸气、酸气和有机物蒸气。因此,用油泵进行减压蒸馏时,在接收器和油泵之间,应顺次装上水银压力计、干燥塔和缓冲用的吸滤瓶,其中缓冲瓶的作用是使仪器装置内的压力不发生太突然的变化和防止泵油的倒吸。

减压蒸馏装置内的压力,可用水银压力计来测定。一般用如图 2.19.1 中所示的水银压力计 F。装置中的压力是这样来测定的:先记录压力计 F 中两臂水银柱高度的差数(将 mmHg 换算为 Pa),然后从当时的大气压力数(将 mmHg 换算为 Pa)中减去这个差数,即得蒸馏装置内的压力,将其换算成 Pa。另外一种很常用的水银压力计是一端封闭的 U 形管水银压力计(图 2.22)。

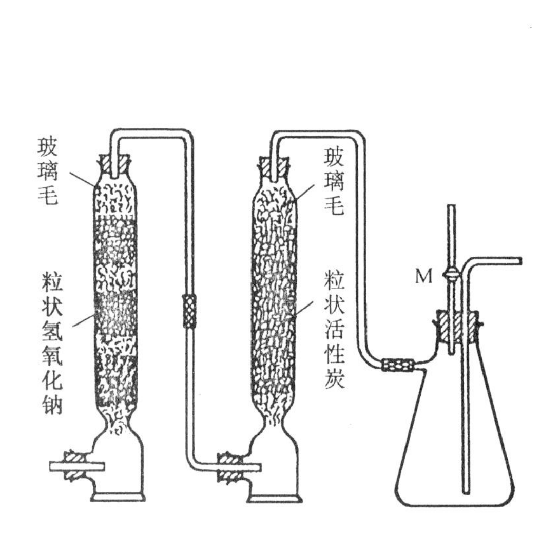

图 2.21　吸除酸气、水蒸气和有机物蒸气的干燥塔

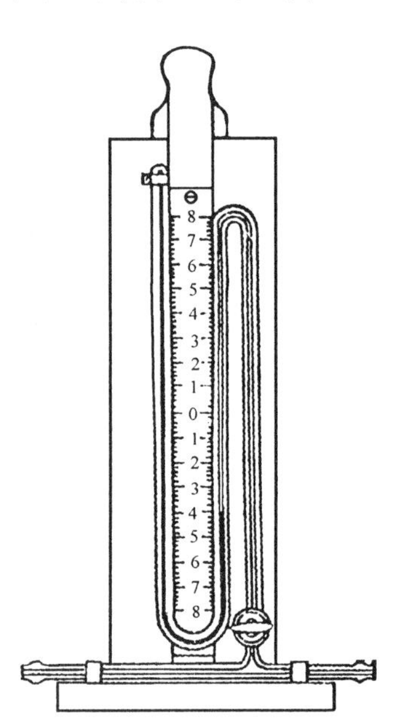

图 2.22　U 形管水银压力计

管后木座上装有可滑动的刻度标尺。测定压力时,通常把滑动标尺的零点调整到 U 形管右臂的水银柱顶端线上,根据左臂的水银柱顶端线所指示的刻度,可以直接读出装置内的压力。使用这种水银压力计时,不得让水和其他赃物进入 U 形管中,否则会严重地影响其效果。(为了保护 U 形管水银压力计,在蒸馏过程中,待系统内的压力稳定后,可经常关闭压力计上的旋塞,使其与减压系统隔绝。当需要观察压力时,再临时开启旋塞,记下压力计的读数)

若蒸馏少量液体,可不用冷凝管,而采用如图2.23所示的装置。克氏蒸馏烧瓶的支管直接插入蒸馏烧瓶(作为接收器)的球形部分。液体沸点在减压下低于 140 ~ 150℃时,可使水流到接收器上面进行冷却,冷却水经过下面的漏斗,由橡皮管引入水槽。

减压蒸馏装置中的连接处都要用橡皮塞塞紧,但若被蒸馏的物质特别容易和橡皮塞起作用,克氏蒸馏烧瓶上的橡皮塞可用优质软木塞代替,且软木塞和瓶口连接处应涂以火棉胶 、醋酸纤维、过氯乙烯树脂等。

2.操作方法

仪器装置完毕,在开始蒸馏以前,必须先检查装置的气密性,以及装置能减压到何种程度。在克氏蒸馏烧瓶中放入约占其容量 1/3 ~ 1/2 的蒸馏物质。先用螺旋夹 D 把套在毛细管 C 上的橡皮管完全夹紧,打开旋塞 M(或旋塞 G),然后开动泵。逐渐关闭旋塞 M,从水银压力计观

察仪器装置所能达到的减压程度①。

经过检查,如果仪器装置完全合乎要求,可开始蒸馏。加热蒸馏前,尚需调节旋塞 M,使仪器达到所需要的压力。如果压力超过所需要的真空度,可以小心地旋转旋塞 M,慢慢地引入空气,把压力调整到所需要的真空度。如果达不到所需要的真空度,可通过蒸气压温度曲线查出在该压力下液体的沸点,据此进行蒸馏。用油浴加热时,烧瓶的球形部分浸入油浴中应占其体积的 2/3,但注意不要使瓶底和浴底接触。逐渐升温,油浴温度一般要比被蒸馏液体的沸点高出 20℃左右。如果需要,调节螺旋夹,使液体保持平稳沸腾。液体沸腾后,再调节油浴温度,使馏出液流出的速度每秒钟不超过 1 滴。在蒸馏过程中,应注意水银压力计的读数,记录时间、压力、液体沸点、油浴温度和馏出液流出的速度等数据。

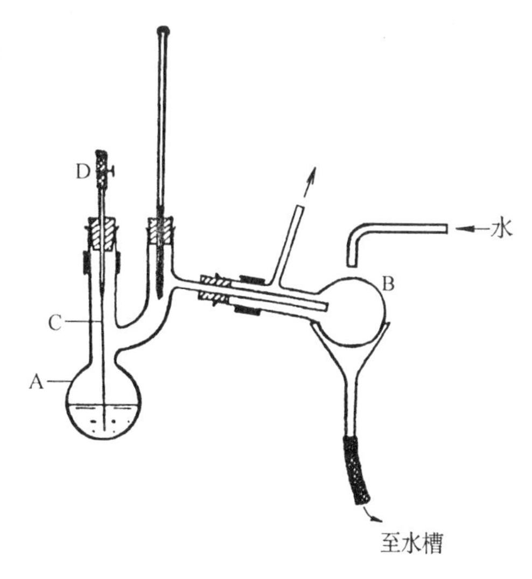

图 2.23　减压蒸馏装置

A—克氏蒸馏烧瓶; B—接收器; C—毛细管; D—螺旋夹

蒸馏完毕时,撤去油浴,并慢慢地打开旋塞 M,使仪器装置与大气相通(注意:这一操作须特别小心,一定要慢慢地打开旋塞,使压力计中的水银柱慢慢地回复到原状,如果引入空气太快,水银柱会很快上升,有冲破 U 形管压力计的可能),而后关闭油泵。待仪器装置内的压力与大气压力相等后,方可拆卸仪器。

九、干燥及干燥剂

1.液体的干燥

在精细化工实验中,在蒸掉溶剂和进一步提纯所提取的物质之前,常常需要除掉溶液或液体中含有的水分,一般可用某种无机盐或无机氧化物作为干燥剂来达到干燥的目的。

(1)干燥剂的分类

①和水能结合成水合物的干燥剂,如氯化钙、硫酸镁和硫酸钠等。

②和水起化学反应,形成另一种化合物的干燥剂,如五氧化二磷、氧化钙。

(2)干燥剂的选择

选择干燥剂时,首先必须考虑干燥剂和被干燥物质的化学性质。能和被干燥物质起化学反应的干燥剂,通常是不能使用的。干燥剂也不应该溶解在被干燥的液体里。其次还要考虑干燥剂的干燥能力、干燥速度和价格等。

下面介绍几种最常用的干燥剂:

无水氯化钙:由于它吸水能力强(在 30℃以下形成 $CaCl_2 \cdot 6H_2O$),价格便宜,所以在实验室中广泛地使用。但它的吸水速度不快,因而干燥的时间较长。

工业上生产的氯化钙往往还含有少量的氢氧化钙,因此这一干燥剂不能用于酸或酸性物质的干燥。同时氯化钙还能和醇、酚、酰胺、胺以及某些醛和酯等形成配合物,所以也不能用于

① 如果需要严格检查整个系统的气密情况,可以在泵与缓冲瓶之间接 1 个三通旋塞。检查时,先开动油泵,待达到一定的真空度后,关闭三通旋塞,这时螺旋夹 D 应完全夹紧(橡皮管内不插入金属丝),空气不能进入烧瓶内,使仪器装置与泵隔绝(此时泵应与大气相通)。如果仪器装置十分严密,则压力计上的水银柱高度应保持不变;如有变化,应仔细观察,并检查哪些地方有可能漏气。恢复常压后,才能进行修整。

这些化合物的干燥。

无水硫酸镁:是很好的中性干燥剂,价格不太贵,干燥作用快,可用于不能用氯化钙来干燥的许多化合物(如某些醛、酯等)。

无水硫酸钠:是中性干燥剂,吸水能力很强(在 32.4℃以下,形成 $Na_2SO_4 \cdot 10H_2O$),使用范围也很广。但它的吸水速度较慢,且最后残留的少量水分不易被它吸收。因此,这一干燥剂常适用于含水量较多的溶液的初步干燥。残留的水分再用强有力的干燥剂来进一步干燥。硫酸钠的水合物($Na_2SO_4 \cdot 10H_2O$)在 32.4℃就要分解而失水,所以温度在 32.4℃以上时不宜用它做干燥剂。

碳酸钾:吸水能力一般(形成 $K_2CO_3 \cdot 2H_2O$),可用于腈、酮、酯等的干燥,但不能用于酸、酚和其他酸性物质的干燥。

氢氧化钠和氢氧化钾:用于胺类的干燥比较有效。但由于氢氧化钠(或氢氧化钾)能和很多有机化合物反应(例如酸、酚、酯和酰胺等),也能溶于某些液体的有机化合物中,所以其使用范围很有限。

氧化钙:适用于低级醇的干燥。氧化钙和氢氧化钙均不溶于醇类,对热都很稳定,且均不挥发,故不必从醇中除去,即可对醇进行蒸馏。由于它具有碱性,所以它不能用于酸性化合物和酯的干燥。

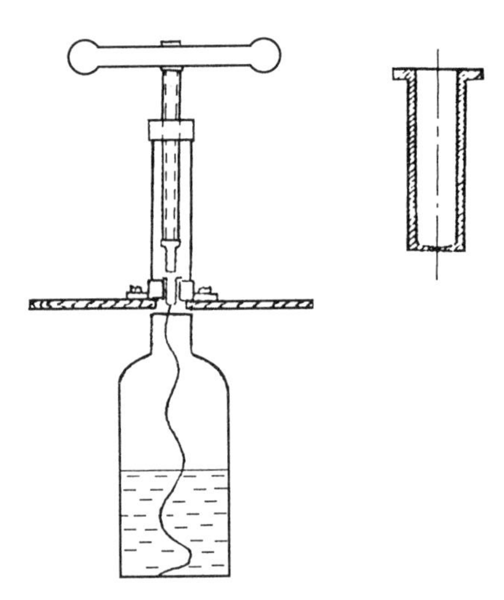

图 2.24　金属钠压丝机

金属钠:用于干燥乙醚、脂肪烃和芳烃等。这些物质在用金属钠干燥以前,首先要用氯化钙等干燥剂将其中的大量水分去掉。使用时,金属钠要用刀切成薄片,最好是用金属钠压丝机(图 2.24)把钠压成细丝后投入溶液,以增大钠和液体的接触面积。

各类有机化合物常用的干燥剂列于表 2.1 中。

(3)操作方法

将干燥剂放入溶液或液体里,一起振荡,放置一定时间,然后将溶液和干燥剂分离。干燥剂的用量不能过多,否则由于固体干燥剂的表面吸附,被干燥物质会有较多的损失;如果干燥剂用量太少,则加入的干燥剂便会溶解在所吸附的水中,在此情况下,可用吸管除去水层,再加入新的干燥剂。所用的干燥剂颗粒不要太大,但也不要呈粉状。颗粒太大,表面积减小,吸水作用不大;粉状干燥剂在干燥过程中容易成泥浆状,分离困难。温度越低,干燥剂的干燥效果越大。所以干燥宜在室温下进行。

表 2.1　有机化合物的常用干燥剂

有机化合物	干燥剂
烃	氯化钙、金属钠
卤代烃	氯化钙、硫酸镁、硫酸钠
醇	碳酸钾、硫酸镁、硫酸钠、氧化钙
醚	氯化钙、金属钠
醛	硫酸镁、硫酸钠
酮	碳酸钾、氯化钙(高级酮干燥用)
酯	硫酸镁、硫酸钠、氯化钙、碳酸钾
硝基化合物	氯化钙、硫酸镁、硫酸钠
有机酸、酚	硫酸镁、硫酸钠
胺	氢氧化钠、氢氧化钾、碳酸钾

在蒸馏之前,必须将干燥剂和溶液分离。

2.固体的干燥

固体在空气中自然晾干是最简便、最经济的干燥方法。把要干燥的物质先放在滤纸上面或多孔性的瓷板上面压干，再在一张滤纸上薄薄地摊开并覆盖起来，然后放在空气中慢慢地晾干。

烘干可以很快地使物质干燥。把要烘干的物质放在表面皿或蒸发皿中，放在水浴、砂浴或两层隔开的石棉铁丝网上层烘干。也可放在恒温烘箱中或用红外线灯烘干。在烘干过程中，要注意防止过热。容易分解或升华的物质，最好放在干燥器中干燥。

十、过滤

1.普通过滤

普通过滤通常用60°的圆锥形玻璃漏斗。放进漏斗的滤纸，其边缘应该比漏斗的边缘略低。先把滤纸润湿，然后过滤。倾入漏斗的液体，其液面应比滤纸的边缘低1 cm左右。

过滤有机液体中的大颗粒干燥剂时，可在漏斗颈部的上口轻轻地放少量疏松的棉花或玻璃毛，以代替滤纸。如果过滤的沉淀物粒子细小或具有黏性，应该首先使溶液静置，再过滤上层的澄清部分，最后把沉淀移到滤纸上，这样可以使过滤速度加快。

2.减压过滤(抽气过滤)

减压过滤通常使用瓷质的布氏漏斗，漏斗配以橡皮塞，装在玻璃的吸滤瓶上(图2.25)，吸滤瓶的支管用橡皮管与抽气装置连接。若用水泵，吸滤瓶与水泵之间宜连接一个缓冲瓶(配有二通旋塞的吸滤瓶；调节旋塞，可以防止水的倒吸)；若用油泵，吸滤瓶与油泵之间应连接吸收水气的干燥装置和缓冲瓶。滤纸应剪成比漏斗的内径略小，以能恰好盖住所有的小孔为度。

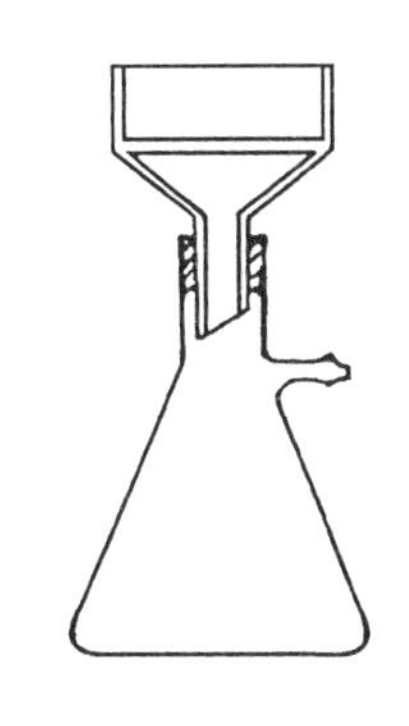

图2.25　布氏漏斗和吸滤瓶

过滤时，应先用溶剂将平铺在漏斗上的滤纸润湿，然后开动水泵(或油泵)，使滤纸紧贴在漏斗上。小心地把要过滤的混合物倒入漏斗中，使固体均匀地分布在整个滤纸面上，一直抽气到几乎没有液体滤出时为止。为了尽量把液体除净，可用玻璃瓶塞压挤过滤的固体——滤饼。

在漏斗上洗涤滤饼的方法：将滤饼尽量抽干、压干，调节旋塞，放空，使其恢复常压，把少量溶剂均匀地洒在滤饼上，使溶剂恰能盖住滤饼。静置片刻，使溶剂渗透滤饼，待有滤液从漏斗下端滴下时，重新抽气，再将滤饼尽量抽干、压干。这样反复几次，就可把滤饼洗净。切记：在停止抽滤时，应先调节旋塞，放空，然后再关闭抽气泵。

减压过滤的优点是：过滤和洗涤的速度快，液体和固体分离得较完全，滤出的固体容易干燥。

强酸性或强碱性溶液过滤时，应在布氏漏斗上铺上玻璃布或涤纶布、氯纶布来代替滤纸。

3.加热过滤

用锥形的玻璃漏斗过滤热的饱和溶液时，常在漏斗中或其颈部析出晶体，使过滤发生困难。这时可以用保温漏斗来过滤。保温漏斗的外壳是铜制的，里面插1个玻璃漏斗，在外壳与玻璃漏斗之间装水，在外壳的支管处加热，即可把夹层中的水烧热而使漏斗保温(图2.4(g))。

为了尽可能利用滤纸的有效面积，以加快过滤速度，在过滤热的饱和溶液时，常使用折叠式滤纸(图2.26)，其折叠的方法如下：

先把滤纸折成半圆形，再对折成圆形的1/4，展开如图(a)。再以1对4折出5，3对4折出6，1对6折出7，3对5折出8，如图(b)；然后以3对6折出9，1对5折出10，如图(c)；最后在1

和 10、10 和 5、5 和 7…9 和 3 间各反向折叠，如图(d)。把滤纸打开，在 1 和 3 的地方各向内折叠一个小叠面，最后做成如图(e)的折叠滤纸，就可以放入漏斗中使用。在每次折叠时，在折纹集中点处切勿对折纹重压，否则在过滤时滤纸的中央易破裂。

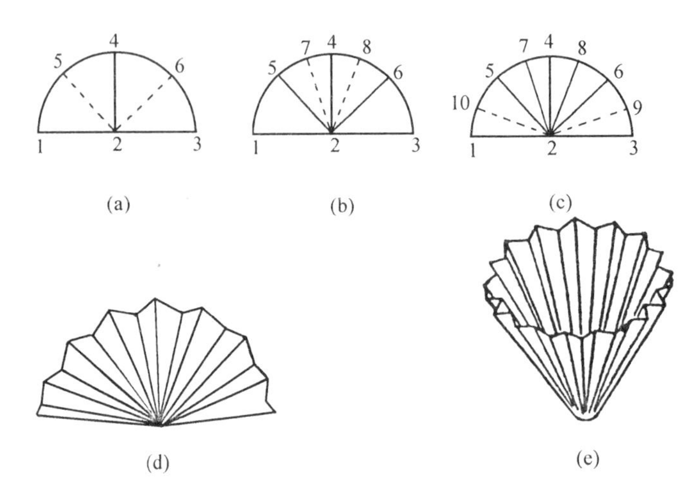

图 2.26　折叠式滤纸

过滤时，把热的饱和溶液逐渐地倒入漏斗中，在漏斗中的液体仍不宜积得太多，以免析出晶体，堵塞漏斗。

也可用布氏漏斗趁热进行减压过滤。为了避免漏斗破裂和在漏斗中析出结晶，最好先用热水浴或水蒸气浴，或在电烘箱中把漏斗预热，然后用来进行减压过滤。

十一、重结晶

通过有机合成方法制得的固体精细化学品中常含有少量杂质。除去这些杂质最有效的方法，就是用适当的溶剂进行重结晶。重结晶过程一般是使重结晶物质在较高的温度下溶在合适的溶剂里，在较低的温度下结晶析出，而使杂质遗留在溶液内。

1. 过饱和溶液的制法

过饱和溶液的制法有两种：

①把溶液的溶剂蒸发掉一部分。

②将加热下制得的饱和溶液加以冷却，此为常用方法。

2. 溶剂的选择

正确地选择溶剂，对重结晶操作有很重要的意义。在选择溶剂时，必须考虑被溶解物质的成分和结构。例如，含羟基的物质，一般都能或多或少地溶解在水中；高级醇(由于碳链的增长)相对于低级醇在水中的溶解度降低，而在碳氢化合物溶剂中的溶解度就增大。

溶剂必须要符合下列条件：

①不与重结晶的物质发生化学反应。

②在高温时，重结晶物质在溶剂中的溶解度较大，而在低温时则很小。

③能使溶解的杂质保留在母液中。

④容易和重结晶物质分离。

此外，也需适当考虑溶剂的毒性、易燃性和价格等。现将重结晶常用溶剂及其沸点列于表 2.2 中。

表 2.2　重结晶常用溶剂及其沸点

溶　剂	沸　点　/℃	溶　剂	沸　点　/℃	溶　剂	沸　点　/℃
水	100	乙酸乙酯	78	氯仿	61
甲醇	65	冰醋酸	118	四氯化碳	76
乙醇	78	二硫化碳	46.5	苯	80
乙醚	34	丙酮	56	粗汽油	90～150

为了选择合适的溶剂,除需要查阅化学手册外,有时还需要进行试验。其方法是:取几个小试管,各放入约 0.2 g 要重结晶的物质,分别加入 0.5～1 ml 不同种类的溶剂,加热到完全溶解。冷却后,能析出最多晶体的溶剂,一般可认为是最合适的。如果固体物质在 3 ml 热溶剂中仍不能全溶,可以认为该溶剂不适用于重结晶;如果固体在热溶剂中能溶解,而冷却后,无晶体析出,这时可用玻璃棒在液面下的器壁上摩擦,以促使晶体析出,若还得不到晶体,则说明此固体在该溶剂中的溶解度很大,这样的溶剂不适用于重结晶。如果物质易溶于某一溶剂而难溶于另一溶剂,且该两溶剂能互溶,那么就可以用二者配成的混合溶剂进行试验。常用的混合溶剂有乙醇与水、甲醇与乙醚、苯与乙醚等。

3.操作方法

通常在锥形瓶或烧杯中进行重结晶,因为这样便于取出生成的晶体。使用易挥发或易燃的溶剂时,为了避免溶剂的挥发和发生着火事故,把要重结晶的物质放入锥形瓶中,锥形瓶上安装回流冷凝管,溶剂可从冷凝管上口加入。先加入少量溶剂,加热到沸腾,然后逐渐地添加溶剂(加入后,再加热煮沸),直到固体全部溶解为止。但应注意,不要因为重结晶的物质中含有不溶解的杂质而加入过量的溶剂。除高沸点溶剂外,一般都在水浴上加热。切记:在加可燃性溶剂时,要先关闭热源。

所得到的热饱和溶液如果含有不溶的杂质,应趁热把这些杂质过滤除去。溶液中存在的有色杂质,一般可利用活性炭脱色。活性炭的用量,以能完全除去颜色为度。为了避免过量,应分成小量,逐次加入。要在溶液的沸点以下加活性炭,并不断搅动,以免发生暴沸。每加一次后,都须再把溶液煮沸片刻,然后用保温漏斗或布氏漏斗趁热过滤。过滤时,可用表面皿覆盖漏斗(凸面向下),以减少溶剂的挥发。

静置等待结晶时,必须使过滤的热溶液慢慢地冷却,这样,所得的结晶比较纯净。一般来说,溶液浓度较大、冷却较快时,析出的晶体较细,所得的晶体也不够纯净。热的滤液在碰到冷的吸滤瓶壁时,往往很快析出晶体,但其质量往往不好,常需把滤液重新加热,使晶体完全溶解,再让它慢慢冷却下来。有时晶体不易析出,则可用玻璃棒摩擦器壁或投入晶体(同一物质的晶体),促使晶体较快地析出。为了使晶体更完全地从母液中分离出来,最后可用冰水浴冷却盛溶液的容器。

晶体全部析出后,仍用布氏漏斗于减压下将晶体滤出。

十二、升华

固体物质具有较高的蒸气压时,往往不经过熔融状态就直接变成蒸气,蒸气遇冷,再直接变成固体。这种过程称为升华。

容易升华的物质含有不挥发性杂质时,可以用升华方法进行精制。用这种方法制得的产品,纯度较高,但损失较大。

把要精制的物质放入蒸发皿中。用一张穿有若干小孔的圆滤纸把锥形漏斗的口包起来，把此漏斗倒盖在蒸发皿上，漏斗颈部塞一团疏松的棉花，如图 2.27 所示。在砂浴或石棉铁丝网上将蒸发皿加热，逐渐地升高温度，使要精制的物质气化，蒸气通过滤纸孔，遇到漏斗的内壁，又复冷凝为晶体，附在漏斗的内壁和滤纸上。在滤纸上穿小孔可防止升华后形成晶体落回到下面的蒸发皿中。

较大量物质的升华，可在烧杯中进行。烧杯上放置一个通冷水的烧瓶，使蒸气在烧瓶底部凝结成晶体并附着在瓶底上(图 2.28)。升华前，必须将要精制的物质充分干燥。

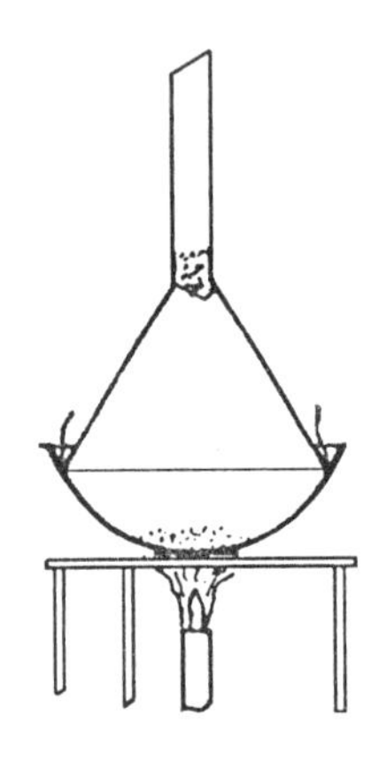

图 2.27　升华装置

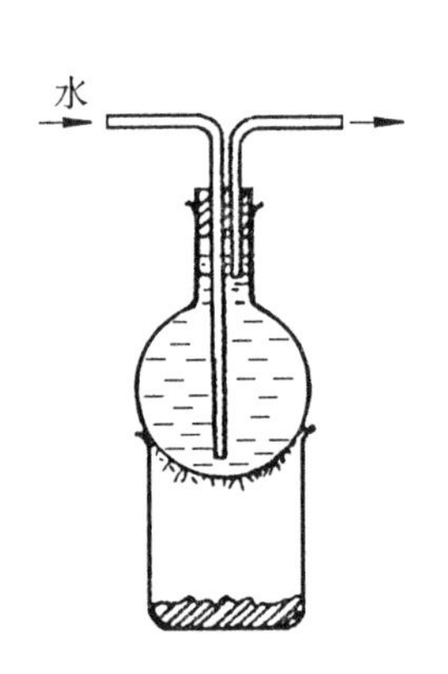

图 2.28　升华装置

十三、萃取

萃取和洗涤是根据物质在不同溶剂中的溶解度不同的原理来进行分离的操作。萃取和洗涤在原理上是一样的，只是目的不同。从混合物中抽取的物质，如果是我们所需要的，这种操作称为萃取或提取；如果是我们所不要的，这种操作称为洗涤。

1. 从液体中萃取

通常用分液漏斗来进行液体的萃取。必须事先检查分液漏斗的盖子和旋塞是否严密，以防分液漏斗在使用过程中发生泄漏而造成损失。(检查的方法通常是先用水试验)

在萃取或洗涤时，先将液体与萃取用的溶剂(或洗液)由分液漏斗的上口倒入，盖好盖子，振荡漏斗，使两液层充分接触。振荡的操作方法一般是先把分液漏斗倾斜，使漏斗的上口略朝下，如图 2.29 所示。右手捏住漏斗上口颈部，并用食指根部压紧盖子，以免盖子松开，左手握住旋塞。握持旋塞的方式，既要能防止振荡时旋塞转动或脱落，又要便于旋开旋塞。振荡后，让漏斗仍保持倾斜状态，旋开旋塞，放出蒸气或产生的气体，使内外压力平衡。若在漏斗内有易挥发的溶剂，如乙醚、苯等，可用碳酸钠溶液中和酸液，振荡后，更应注意及时旋开旋塞，放出气体。振荡数次以后，将分液漏斗放在铁环上(最好把铁环用石棉绳缠扎起来)静置，使乳浊液分层。有时有机溶剂和某些物质的溶液一起振荡，会形成较稳定的乳浊液。在这种情况下，应该避免急剧的振荡。如果形成乳浊液，且一时又不易分

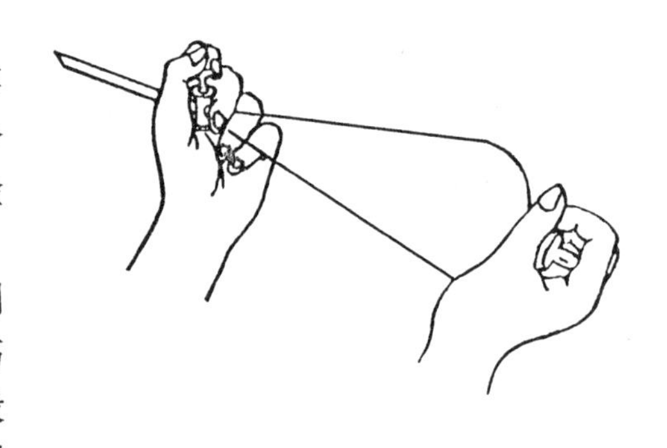

图 2.29　分液漏斗的使用

层,则可加入食盐,使溶液饱和,以降低乳浊液的稳定性。轻轻地旋转漏斗,也可使其加速分层。在一般情况下,长时间静置分液漏斗,可达到使乳浊液分层的目的。

分液漏斗中的液体分成清晰的两层以后,就可以进行分离,分离液层时,下层液体应经旋塞放出,上层液体应从上口倒出。如果上层液体也经旋塞放出,则漏斗旋塞下面颈部所附着的残液就会把上层液体弄脏。

先把顶上的盖子打开(或旋转盖子,使盖子上的凹缝或小孔对准漏斗上口颈部的小孔,以便与大气相通),让分液漏斗的下端靠在接收器的壁上。旋开旋塞,让液体流下,当液面间的界限接近旋塞时,关闭旋塞,静置片刻,这时下层液体往往会增多一些。再将下层液体仔细地放出,然后将剩下的上层液体从上口倒入另一个容器里。

在萃取或洗涤时,上下两层液体都应该保留到实验完毕。否则,如果中间的操作发生错误,便无法补救和检查。

在萃取过程中,将一定量的溶剂进行多次萃取,其效果要比一次萃取为好。

2.从固体混合物中萃取

从固体混合物中萃取所需要的物质,最简单的方法是把固体混合物先行研细,放在容器里,加入适当溶剂,用力振荡,然后用过滤或倾析的方法把萃取液和残留的固体分开。若被提取的物质特别容易溶解,可把固体混合物放在放有滤纸的锥形玻璃漏斗中,用溶剂洗涤。这样,所要萃取的物质就可以溶解在溶剂里,而被滤取出来。如果萃取物质的溶解度很小,用洗涤方法要消耗大量的溶剂和很长的时间。在这种情况下,一般用索氏(Soxhlet)提取器(图 2.30)来萃取,将滤纸做成与提取器大小相适应的套袋,然后把固体混合物放置在纸袋内,装入提取器内。溶剂的蒸气从烧瓶进入冷凝管中,冷凝后,回流到固体混合物里,溶剂在提取器内到达一定的高度时,就和所提取的物质一同从侧面的虹吸管流入烧瓶中。溶剂就这样在仪器内循环流动,把所要提取的物质集中到下面的烧瓶中。

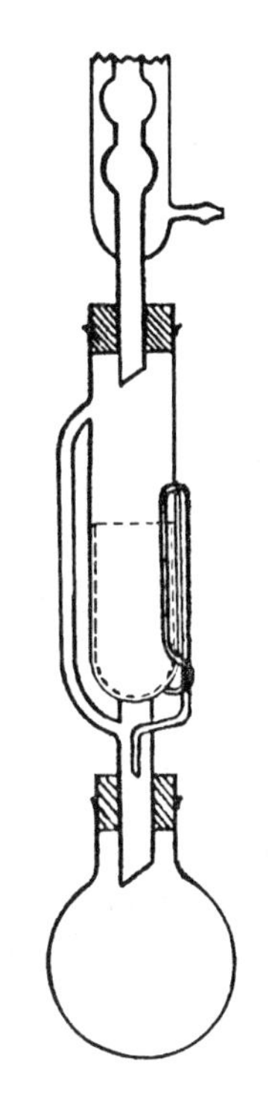

图 2.30　索氏提取器

十四、柱色谱法、纸色谱法和薄层色谱法

色谱分析是 20 世纪初在研究植物色素分离时发现的一种物理的分离分析方法,借以分离和鉴别结构与物理化学性质相近的一些有机物质。长期以来,经不断改进,已成功地发展为各种类型的色谱分析方法。由于它具有高效、灵敏、准确等特点,已广泛地应用在有机化学、生物化学的科学研究和有关的化工生产等领域内。

色谱分析是以相分配原理为基础,它基于分析试样各组分在不相混溶并作相对运动的两相(流动相和固定相)中溶解度的不同,或在固定相上的物理吸附程度的不同等,即在两相中分配的不同而使各组分分离。

分析试样可以是气体、液体或固体(溶于合适的溶剂中)。流动相可以是惰性载气、有机溶剂等。固定相则可以是固体吸附剂、水、有机溶剂或涂渍在担体表面上的低挥发性液体。

目前常用的色谱分析法有:①柱色谱法;②纸色谱法;③薄层色谱法;④气相色谱法。在本节中只介绍前三种。

1.柱色谱法

20世纪初,人们就开始应用柱色谱法来分离复杂的有机物。在分离较大量的有机物质时,柱色谱法在目前仍是有效的方法。

柱色谱法涉及被分离的物质在液相和固相之间的分配,因此可以把它看作是一种固-液吸附色谱法。固定相是固体。液体样品通过固体时,由于固体表面对液体中各组分的吸附能力不同而使各组分分离开。

柱色谱法是通过色谱柱(图2.31)来实现分离的。色谱柱内装有固体吸附剂(固定相),如氧化铝或硅胶。液体样品从柱顶加入,在柱的顶部被吸附剂吸附。然后从柱的顶部加入有机溶剂(作洗提剂)。由于吸附剂对各组分的吸附能力不同,各组分以不同的速率下移,被吸附较弱的组分在流动相(洗提剂)中的百分含量比被吸附较强的组分要高,以较快的速率向下移动。

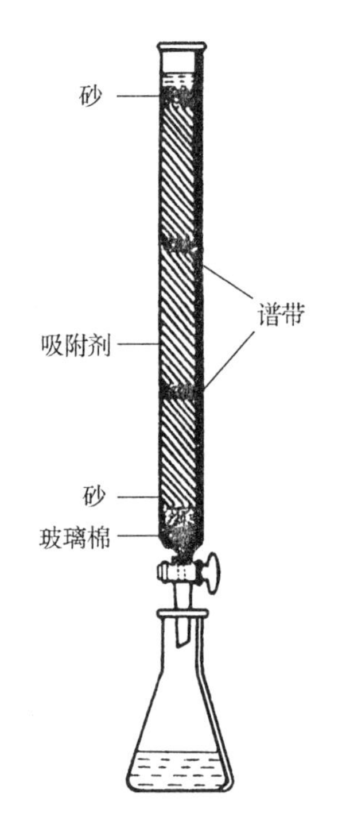

图2.31　色谱柱

各组分随溶剂按一定顺序从色谱柱下端流出,可用容器分别收集之。如各组分为有色物质,则可以直接观察到不同颜色的谱带,但如为无色物质,则不能直接观察到谱带。有时一些物质在紫外光照射下能发出荧光,则可用紫外光照射。有时则可分段集取一定体积的洗提液,再分别鉴定。如果有一个或几个组分移动得很慢,可把吸附剂推出柱外,切开不同的谱带,分别用溶剂萃取。

选择吸附剂时,需考虑以下几点:不溶于所使用的溶剂;与要分离的物质不起化学反应,也不起催化作用等;具有一定的组成;一般要求是无色的,颗粒大小均匀。颗粒越小,则混合物的分离程度越好,但溶液或溶剂流经柱子的速度也就越慢,因此要根据具体情况选择吸附剂。

最广泛使用的吸附剂是活性氧化铝,非极性物质通过氧化铝的速率较极性物质为快。有一些物质由于被吸附剂牢牢吸附,将不能通过。活性氧化铝不溶解于水,也不溶于有机溶剂,含水的与无水的物质都可使用这种吸附剂。

吸附剂的吸附能力不仅取决于吸附剂本身,也取决于在色谱分离中所用的溶剂,因此,对不同物质,吸附剂按其相对的吸附能力可粗略分类如下:

①强吸附剂:低水含量的氧化铝、活性炭。

②中等吸附剂:碳酸钙、磷酸钙、氧化镁。

③弱吸附剂:蔗糖、淀粉、滑石。

吸附剂的吸附能力取决于溶剂和吸附剂的性质。一般来说,先将要分出的样品溶在非极性或极性很小的溶剂中,把溶液放在柱顶,然后用稍有极性的溶剂使各组分在柱中形成若干谱带,再用更大极性的溶剂洗提被吸附的物质。例如,以石油醚作溶剂,用苯使谱带展开,再用乙醇洗提不同谱带。当然,也可以用混合溶剂,如石油醚-苯、苯-乙醇等洗提。

普通溶剂的极性增加顺序大致如下:

石油醚、四氯化碳、环已烷、二硫化碳、苯、乙醚、乙酸乙酯、丙酮、乙醇、水、吡啶、乙酸。

色谱柱的尺寸范围,可根据处理量决定,柱子的长径比例很重要,一般长:径=10:1比较合适。

将柱子洗净、干燥。在管的底部铺一层玻璃棉,在玻璃棉上覆盖约5 mm厚的沙子,然后

装入吸附剂。吸附剂必须装填均匀,不能有裂缝,空气必须严格排除。具体有两种装填方法:

①湿法:将玻璃棉和沙子用溶剂润湿,否则柱子里会有空气泡。将溶剂和吸附剂调好,倒入柱子中,使它慢慢流过柱子,使吸附剂装填均匀。也可以用铅笔或其他木棒敲打,使吸附剂沿管壁沉落。

②干法:加入足够装填 1 ~ 2 cm 高的吸附剂,用一个带有塞子的玻璃棒做通条来压紧,然后再加另一部分吸附剂,一直达到足够的高度。不论用哪种方法,装好足够的吸附剂以后,再加一层约 5 mm 厚的沙子,不断敲打,使沙子上层成水平面。在沙子上面放一片滤纸,其直径应与管子内径相当。

装好的柱子用纯溶剂淋洗,如果速度很慢,可以抽吸,使其流速大约为 0.25 滴·s^{-1},连续不断地加溶剂,使柱顶不变干。如果速度适宜,当在沙层顶部有 1 mm 高的一层溶剂时,即可将要分离的物质溶液加入,然后用溶剂洗提。

已经润湿的柱子不应再让其变干,因为变干后吸附剂可能从玻璃管壁离开而形成裂沟。

例如,甲基橙与亚甲基蓝的分离。

把 2.2 ml 质量分数 95%乙醇溶液(内含 1 mg 甲基橙和 5 mg 亚甲基蓝)倒入色谱柱内,当混合物液面与沙层顶部相近时,加入质量分数 95%乙醇,这时亚甲基蓝的谱带与被牢固吸附的甲基橙谱带分离。继续加足够量的质量分数 95%乙醇,使亚甲基蓝全部从柱子中洗提下来。待洗出液呈无色时,换水作洗提剂。这时甲基橙向柱子下部移动,用容器收集。

2.纸色谱法

20 世纪 50 年代,纸色谱在有机及生物学领域中曾是分离和鉴定微量物质的一种重要手段,自从出现薄层色谱之后,其应用范围有所缩小,但用于鉴定亲水性较强的化合物时,它的分离效果比薄层色谱好。因此,两者可以相互配合应用。

纸色谱是分配色谱的一种。样品溶液点在滤纸上,通过层析而相互分开。在这里滤纸仅是惰性载体;吸附在滤纸上的水作为固定相,而含有一定比例水的有机溶剂(通常称为展开剂)为流动相。展开时,被层析样品内的各组分由于它们在两相中的分配系数不同而可达到分离的目的。所以,纸色谱是液-液分配色谱。

纸色谱的优点是操作简便、便宜,所得色谱图可以长期保存。其缺点是展开时间较长,一般需要几小时,因为溶剂上升的速度随着高度增加而减慢。

纸色谱所用的滤纸与普通滤纸不同,两面要比较均匀,不含杂质。通常作定性试验时可采用国产 1 号层析滤纸。大小可根据需要自由选择。一般上行法所用滤纸的长度约为 10 ~ 15 cm,宽度视样品个数而定。

(1)点样

先将样品溶于适当的溶剂中(如乙醇、丙酮、水等),再用毛细管吸取试样点在事先已用铅笔画好的离纸底边 2 ~ 3 cm 处的起始线上,样点的直径为 0.1 ~ 0.3 cm,两个样点间隔为 1 cm。如果样品溶液过稀,可以在样点干燥后重复点样,必要时可反复数次。点好样之后,将滤纸放入已置有展开剂的密闭槽中(图 2.32),纸的下端浸入液面下 0.5 cm 左右。展开剂借毛细管作用沿纸条逐渐上升。待溶剂前沿接近纸上端时,将纸条取出,记下前沿位置,晾干。

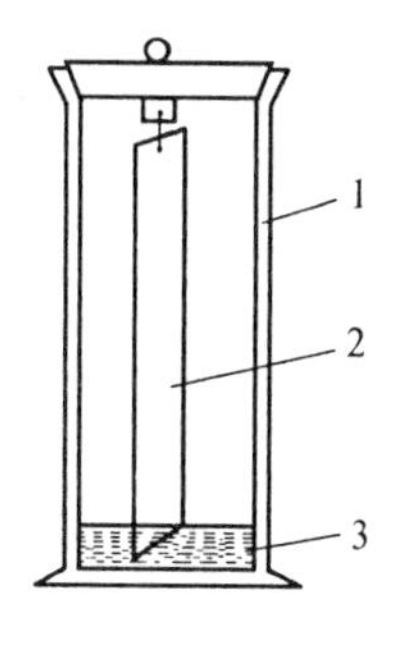

图 2.32　色谱柱

(2)展开剂

选用展开剂要根据被分离物质的极性而定。如试样与展开剂的极性相差甚远,则不可能得到良好的分离效果;这时被分离物质或是紧跟前沿移动,或是留在原点不动。实验时，一般可参考前人试验的结果选用。

展开剂往往不是单一的溶剂，如丁醇∶醋酸∶水 = 4∶1∶5，指的是将三种溶剂按体积比先在分液漏斗中充分混合，静置分层后再取上层丁醇溶液作为展开剂用。

(3)显色

被分离物质如果是有色组分，展开后滤纸上即呈现有色斑点。如果化合物本身无色，则可在紫外灯下观察有无荧光斑点；或是用碘蒸气熏的方法来显色。将纸条放入装有少量碘的密闭容器中，许多有机化合物都能和碘形成棕色斑点。但当色谱纸取出之后，在空气中碘逐渐挥发，纸上的棕色斑点就消失了。所以显色之后，要立即用铅笔将斑点位置画出。此外，还可以根据化合物的特性采用试剂进行喷雾显色，如芳族伯胺可与二甲氨基苯甲醛生成黄-红色的希夫(schiff)碱，羧酸可用酸碱指示剂显色等。

比移值(R_f值)：比移值是表示色谱图上斑点位置的一个数值(图2.33)。它可以按下式计算

$$R_f = \frac{a}{b}$$

式中　a——溶质的最高浓度中心至样点中心的距离；

　　b——溶剂前沿至样点中心的距离。

要实现良好的分离，R_f值应在0.15~0.75之间，否则应该调换展开剂重新展开。

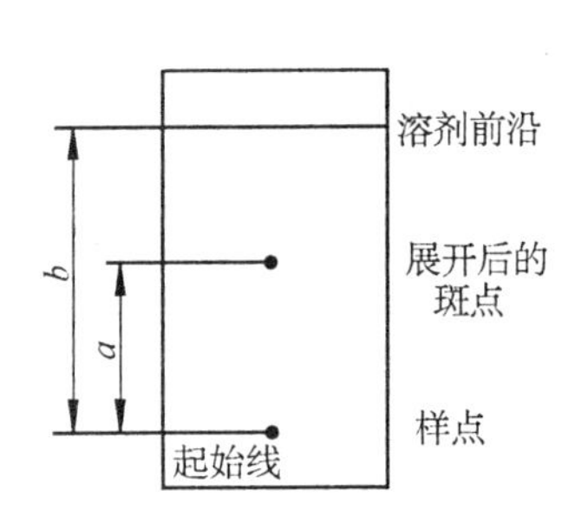

图2.33　纸色谱的鉴定

影响比移值的因素很多，如温度、滤纸和展开剂等。因此，它虽然是每个化合物的特性常数，但由于实验条件的改变而不易重复。所以在鉴定一个具体化合物时，经常采用已知标准试样在同样实验条件下作对比实验。

纸色谱的展开方法除上行法之外，还有下行法、径向法、双向层析法等，但其使用范围都不太广泛。

(4)实验

①对硝基苯胺及邻硝基苯胺的分析。

试样分别用乙醇溶解。

滤纸：1号层析滤纸(杭州产)。

展开剂：质量分数2%盐酸。

展开时间：45 min。

展开距离：10.5 cm。

显色方法：白底浅黄色斑点；用质量分数1%对二甲氨基苯甲醛的乙醇溶液显色之后生成黄色希夫碱，对位异构体的颜色较深。

R_f值：对位，0.66；邻位，0.77。

显色剂的配制：1 g对二甲氨基苯甲醛用90 ml乙醇溶解之，加入10 ml浓盐酸后即可使用。所用试剂及溶剂必须为化学纯等级。

②间苯二酚及β-萘酚的分析。

试样用乙醇溶解。

展开剂：正丁醇∶苯∶水 = 1∶19∶20。

显色剂：质量分数1%三氯化铁乙醇溶液。

注意：用显色剂喷雾或浸润后，需先在红外灯下烘烤(或用其他方法稍稍加热)，然后才能

显色。如果仅仅晾干,则不易看到色点。

斑点颜色,间苯二酚为紫色,β-萘酚为蓝色。

3.薄层色谱法

薄层色谱是一种微量、快速和简单的色谱方法。它可用于分离混合物,鉴定和精制化合物,是近代有机分析化学中用于定性和定量的一种重要手段。它兼有柱色谱和纸色谱的优点,它展开时间短,分离效率高(可达到300~4 000块理论塔板数),需要样品少(数微克)。如果把吸附层加厚,试样点成一条线时,又可用作制备色谱,用以精制样品。薄层色谱特别适用于挥发性小的化合物,以及那些在高温下易发生变化、不宜用气相色谱分析的化合物。

薄层色谱的原理和柱色谱类同,属于固-液吸附色谱。样品在涂于玻璃板上的吸附剂(固定相)和溶剂(移动相)之间进行分离。常用的吸附剂是硅胶和氧化铝。各种化合物的吸附能力各不相同,在展开剂上移时,它们进行不同程度的解吸,从而达到分离的目的。如果采用硅藻土和纤维素为支撑剂,则其原理为分配色谱。

薄层色谱的操作方法(如点样、展开、显色等)都和纸色谱基本相同。显色剂除能使用纸色谱的显色剂外,还可采用腐蚀性的显色剂,如浓硫酸、浓盐酸等。斑点位置亦以比移值表示。

(1)吸附剂

薄层色谱的吸附剂最常用的是硅胶和氧化铝,其颗粒大小一般为260目以上。颗粒太大,展开时溶剂移动速度快,分离效果不好;反之,颗粒太小,溶剂移动太慢,斑点不集中,效果也不理想。

国产硅胶有:硅胶G(含有煅石膏作黏合剂)、硅胶H(不含煅石膏,使用时需加入少量聚乙烯醇、淀粉等作黏合剂)和硅胶F_{254}(含有荧光物质),后者使用之后可在紫外光下观察,有机化合物在亮的荧光板上呈暗色斑点。硅胶常用于湿法铺层。

(2)铺层

实验室常用20 cm×5 cm、20 cm×10 cm、20 cm×20 cm的玻璃板来铺层。玻璃板要预先洗净擦干。铺层分湿法和干法两种。

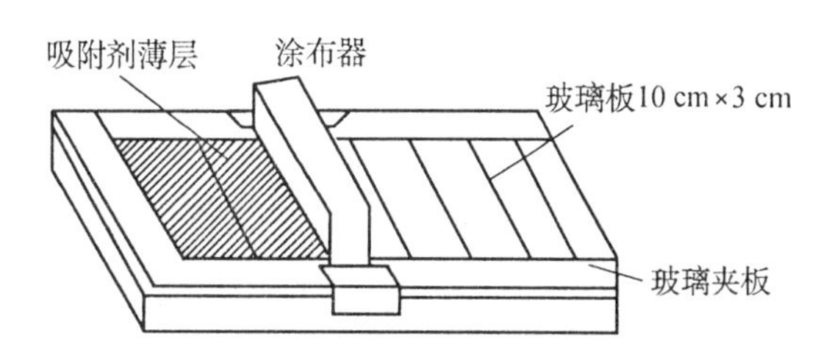

图2.34　薄层涂布器

湿法铺层:先将吸附剂调成糊状,例如,称取硅胶G 20~50 g,放入研钵中,加入水40~50 ml,调成糊状。此糊大约可涂5 cm×20 cm的板20块左右,涂层厚0.25 mm。注意,硅胶G糊易凝结,所以必须现用现配,不宜久放。

为了得到厚度均匀的涂层,可以用涂布器铺层。将洗净的玻璃板在涂布器中间摆好,夹紧,在涂布槽中倒入糊状物,将涂布器自左至右迅速推进,糊状物就均匀涂于玻璃板上(图2.34)。如果没有涂布器也可以进行手工涂布。将调好的糊状物倒在玻璃板上,用手摇晃,使其表面均匀光滑,但这样涂的板厚度不易控制。

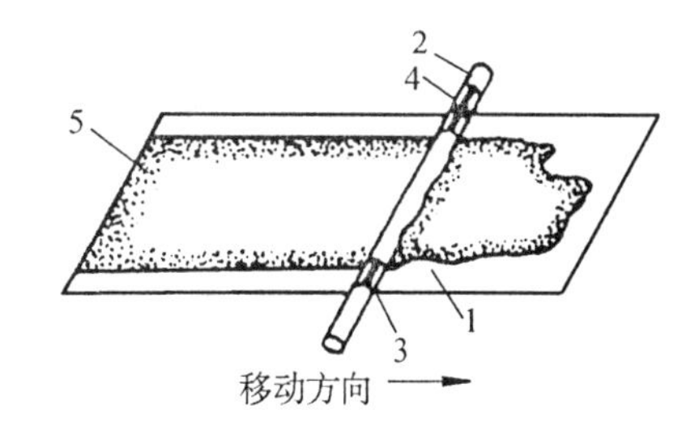

图2.35　干法铺层

1—玻璃板;2—玻璃棒;3—控制厚度的胶布;4—防止滑动的胶布;5—氧化铝

干法铺层:氧化铝可用于干法铺层。最简单的办法是取平整干净的玻璃板一块,水平放置,在玻璃板上撒上一层氧化铝。另取一根直径均匀的玻璃棒，其两端绕上几圈胶布，将棒压在玻璃板上，用手自一端推向另一端，氧化铝就在板的表面形成一层薄层(图 2.35)。

(3)活化

涂好的薄层板在室温晾干后，置于烘箱内加热活化。当温度到达 100℃后，硅胶板在 105 ~ 110℃保持 30 min。氧化铝板一般在 135℃活化 4 h。活化之后的板应放在干燥箱内保存。如果薄层吸附了空气中的水分，板就会失去活性，影响分离效果。硅胶板的活性可以用二甲氨基偶氮苯、靛酚蓝和苏丹红三个染料的氯仿溶液，以己烷:乙酸乙酯 = 9:1 为展开剂进行测定。

(4)展开

薄层色谱的展开需要在密闭的容器中进行。将选择好的展开剂放入展开缸中，使缸内空气先饱和几分钟，再将点好试样的板放入。干板宜用近水平式的方法展开(图2.37)，板的倾斜度以不影响板面吸附剂的厚度为原则，倾角一般为 10° ~ 20°。湿板通常都含有黏合剂，所以可用直立式的方法展开(图 2.36)。

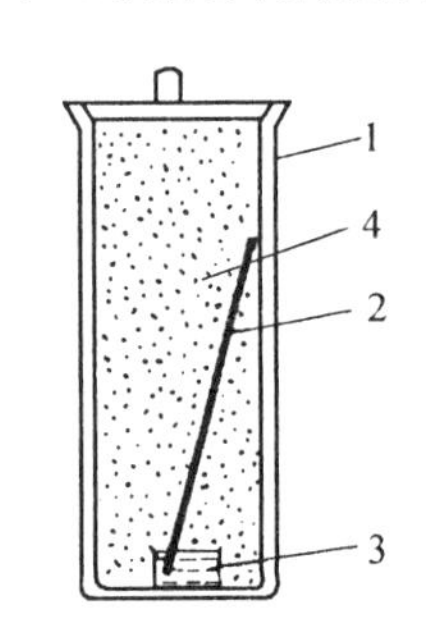

图 2.36　直立式展开

1—色谱缸；2—薄层板；3—盛展开剂小皿；4—展开剂蒸汽

薄层色谱展开剂的选择也要根据样品的极性、溶解度和吸附剂活性等因素来考虑，绝大多数采用有机溶剂。

由于薄层色谱操作简便，经常用来为柱色谱和高速液相色谱寻找试验条件(如展开剂)。

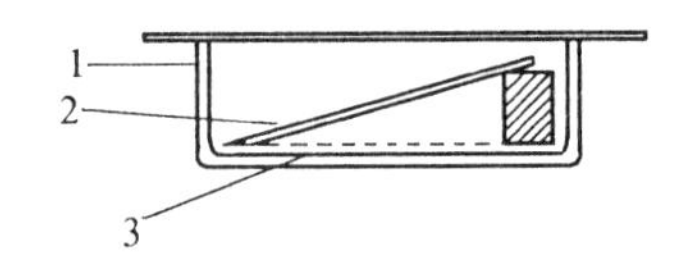

图 2.37　近水平式展开

1—色谱缸；2—薄层板；3—展开剂

(5)实验

①对硝基苯胺和邻硝基苯胺的分析。

试样分别用乙醇溶解。

吸附剂:硅胶 G(青岛产)。

展开剂:甲苯:乙酸乙酯 = 4:1。

展开时间:20 min。

展开距离:10.5 cm。

用紫外线灯观察棕色斑点。

R_f值:对位,0.66;邻位,0.44。

②圆珠笔芯油的分离。

将圆珠笔芯在点滴板上摩擦，然后用乙醇将残留在点滴板上的油溶解，点样。

吸附剂:硅胶 G(青岛产)。

展开剂:丁醇:乙醇:水 = 9:3:1。

展开时间:35 min。

展开距离:4.5 cm。

分离结果:按 R_f 值大小依次得到天蓝色(碱性艳蓝)、紫色(碱性紫)和翠蓝色(铜酞菁)三个斑点。

第三编　表面活性剂

表面活性剂是一类重要的精细化学品。近年来,石油化学工业的迅速发展,为表面活性剂的生产提供了丰富的原料,使世界表面活性剂的产量和品种迅速增加,其应用范围也越来越广,现已成为国民经济的基础工业之一。

表面活性剂直接或间接地具有润湿、分散、乳化、增溶、起泡、消光、洗涤、匀染、润滑、渗透、抗静电、防腐蚀、杀菌等多种作用和功能。除了大量应用于合成洗涤剂和化妆品工业外,还直接作为助剂广泛地用于纺织、造纸、皮革、医药、食品、石油开采、塑料、橡胶、农药、化肥、涂料、染料、信息材料、金属加工、选矿、建筑、环保、消防、化学、农业等各个领域。

随着科学技术的飞速发展,将会开发出更多的新型表面活性剂(目前国外市场表面活性剂的品种牌号已达万种以上),其应用领域也将会有更大的突破。

表面活性剂是指加入少量即能显著降低溶剂(一般为水)的表面张力或液－液界面张力,并具有形成胶束能力的一类物质。能使溶剂的表面张力降低的性质称为表面活性。

表面活性剂是一种有机化合物,其分子结构中含有两种不同性质的基团:一种是不溶于水的长碳链烷基,称为亲油基或疏水基(憎水基);另一种是可溶于水的基团,称为亲水基。正因为表面活性剂是由亲水基和亲油基组成的,所以它具有能吸附在水油界面的性质,还具有定向排列和生成胶束等基本性质,因而产生润湿、渗透、乳化、扩散、增溶、发泡(或消泡)、洗涤等作用。

表面活性剂的分类有多种方法,但最主要的是按其在水溶液中能否离解成离子和离子所带电荷的性质来分类,可分为离子型表面活性剂和非离子型表面活性剂两大类。在离子型表面活性剂中又分为阴离子型表面活性剂、阳离子型表面活性剂和两性离子型表面活性剂三类。

3.1　阴离子型表面活性剂

阴离子型表面活性剂是指溶于水后生成的亲水基团为带负电荷的原子团的表面活性剂。按亲水基的不同,又分为:

①羧酸盐类　R—COOM

②硫酸酯盐类　$R—OSO_3M$

③磺酸盐类　$R—SO_3M$

④磷酸酯盐类　$R—OPO_3M$

3.2　阳离子型表面活性剂

阳离子型表面活性剂是指溶于水后生成的亲水基团为带正电荷的原子团的表面活性剂。按其化学结构又分为:

胺盐:

①烷基伯胺盐　$RNH_3^+ \cdot X^-$

烷基仲胺盐　$R_2NH_2^+X^-$

烷基叔胺盐　$R_3NH^+ \cdot X^-$

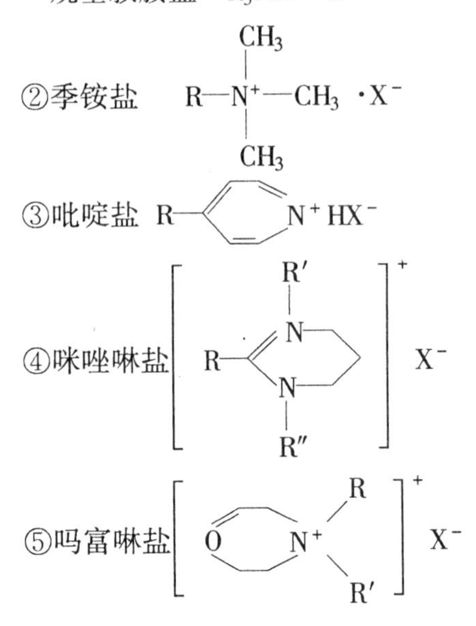

3.3　两性离子型表面活性剂

两性离子型表面活性剂是指溶于水后生成带正、负电荷两种离子的表面活性剂。此种表面活性剂在酸性溶液中呈阳离子表面活性，在碱性溶液中呈阴离子表面活性，在中性溶液中呈非离子表面活性。按其化学结构分为：

①氨基酸型　$R—NHCH_2CH_2COOH$

②甜菜碱型　$R—N^+(CH_3)_2—CH_2COO^-$

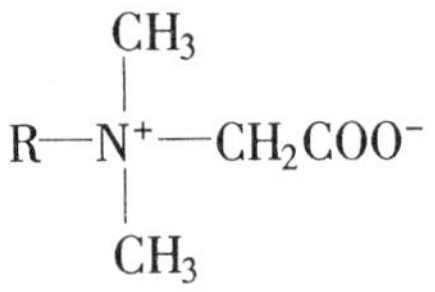

③咪唑啉型　（R—C(=N—CH₂—CH₂—)N⊕(A)(B) 环状结构）

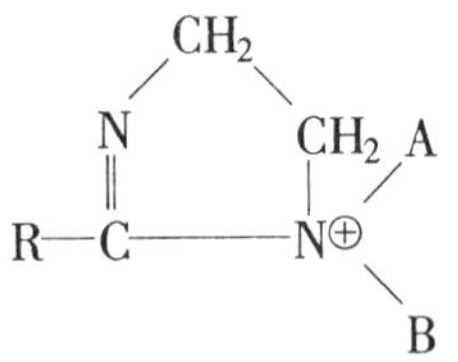

A：为咪唑啉环上引入的阴离子，一般为羧基

B：为羟烷基，一般多为羟乙基

3.4　非离子型表面活性剂

非离子型表面活性剂是指溶于水后不会解离成离子（自然也不带电荷）的表面活性剂。此种表面活性剂按化学结构又分为：

①醚类。脂肪醇聚氧乙烯醚　$R—O(CH_2CH_2O)_nH$

　　烷基酚聚氧乙烯醚　$R—C_6H_4—O(CH_2CH_2O)_nH$

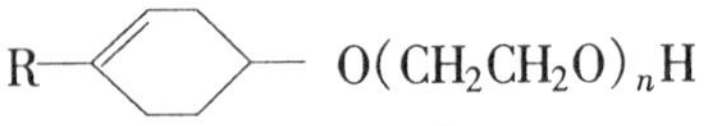

②酯类。脂肪酸聚氧乙烯酯　$R—COO(CH_2CH_2O)_nH$

　　羧酸酯　$R—COOR'$

③酰胺类。烷基醇酰胺 $R—CON(CH_2CH_2OH)_n$　$n=1$、2 或 3

聚氧乙烯烷基酰胺 $R—CON\begin{matrix}(CH_2CH_2O)_pH\\(CH_2CH_2O)_qH\end{matrix}$　$p+q=n$

④聚醚类高分子表面活性剂。

聚氧乙烯聚氧丙烯醚 $HO(CH_2CH_2O)_p—(\underset{CH_3}{\underset{|}{C}}HCH_2O)_m—(CH_2CH_2O)_qH$　$p+m+q=n$

烷基聚氧丙烯－聚氧乙烯醚 $R—O—(\overset{CH_3}{\overset{|}{C}}HCH_2O)_n—(CH_2CH_2O)_mH$

⑤氧化胺　$R—\underset{CH_3}{\underset{|}{\overset{CH_3}{\overset{|}{N}}}}—O$　$R=C_{12}\sim C_{16}$烷基

除此之外，还有一些特殊类型的表面活性剂，例如，氟表面活性剂、硅表面活性剂等。

本编主要安排了以下两个方面的实验内容：

①根据表面活性剂在各个工业部门的应用，选取代表性的产品，使学生通过实验了解各种表面活性剂的性质和用途，并掌握制备方法。

②表面活性剂和原料的主要物化性质测定实验，使学生通过实验熟悉并掌握表面活性剂主要物化性质的测定方法和表面活性剂的鉴定方法。

实验 1　十二烷基苯磺酸钠的合成

一、实验目的

①掌握十二烷基苯磺酸钠的合成原理和合成方法。

②了解烷基芳基磺酸盐类阴离子表面活性剂的性质和用途。

③学习溶液相对密度的测定方法。

二、实验原理

1.主要性质和用途

十二烷基苯磺酸钠(sodium dodecyl benzo sulfonate)又称石油磺酸钠，简称 LAS、ABS－Na，是重要的阴离子表面活性剂。本品为白色固体、易溶于水，在碱性、中性及弱酸性溶液中较稳定，在硬水中有良好的润湿、乳化、分散、起泡和去污能力。易生物降解，易吸水，遇浓酸分解，热稳定性较好。

本品主要用作洗涤剂，国内大都用于制洗衣粉，在纺织、印染行业用作脱脂剂、柔软剂、匀染剂等。

2.合成原理

主要的磺化剂为浓硫酸、发烟硫酸和三氧化硫等。用发烟硫酸作磺化剂，由烷基苯与磺化剂作用，然后用氢氧化钠中和制成，反应方程式为

① $C_{12}H_{25}-C_6H_5 + H_2SO_4 \cdot SO_3 \longrightarrow C_{12}H_{25}-C_6H_4-SO_3H + H_2SO_4$

② $C_{12}H_{25}-C_6H_4-SO_3H + NaOH \longrightarrow C_{12}H_{25}-C_6H_4-SO_3Na + H_2O$

用硫酸作磺化剂,反应中生成的水使硫酸浓度降低,反应速度减慢,转化率低。

用发烟硫酸作磺化剂,生成硫酸,该反应亦是可逆反应,为使反应向右移动,需加入过量的发烟硫酸,结果产生大量的废酸需处理。

用 SO_3 作磺化剂,反应可按化学计算量定量进行,无小分子物质生成。

三、主要仪器和药品

烧杯(100 ml、500 ml)、四口烧瓶(250 ml)、滴液漏斗(60 ml)、分液漏斗(250 ml)、量筒(100 ml)、温度计(0~50℃、0~100℃)、锥形瓶(150 ml)、托盘天平、碱式滴定管、滴定台、相对密度计、二孔水浴锅、电动搅拌器。

NaOH 溶液(质量分数 15%)、NaOH 溶液(0.1 $mol \cdot l^{-1}$)、NaOH(固体)、发烟硫酸、十二烷基苯、酚酞指示剂、pH 试纸。

四、实验内容

1.药品量取

用相对密度计分别测定烷基苯与发烟硫酸的相对密度,用量筒量取 50 g(换算为体积)烷基苯转移至干燥的预先称量的四口烧瓶中,用量筒量取 58 g 发烟硫酸倒入滴液漏斗中。

2.磺化

装配实验装置,在搅拌下将发烟硫酸逐滴加入烷基苯中,滴加时间 1 h。控制反应温度在 30~35℃,加料结束后停止搅拌,保温反应 30 min,反应结束后记下混酸质量。

3.分酸

在原实验装置中,按混酸:水=85:15(质量比)计算出需加水量,并通过滴液漏斗在搅拌下将水逐滴加到混酸中,温度控制在 45~50℃,加料时间为 0.5~1 h。反应结束后将混酸转移到事先称量的分液漏斗中,静止 30 min,分去废酸(待用),称量,记录。

4.中和值测定

用量筒取 10 ml 水加于 150 ml 锥形瓶中,并称取 0.5 g 磺酸于锥形瓶中,摇匀,使磺酸分散,加 40 ml 水于锥形瓶中,轻轻摇动,使磺酸溶解,滴加 2 滴酚酞指示剂,用 0.1 $mol \cdot l^{-1}$ NaOH 溶液滴定至出现粉红色,按下式计算出中和值 H。

$$H = \frac{cV}{m} \cdot \frac{40}{100}$$

式中　c——NaOH 溶液浓度,$mol \cdot L^{-1}$;

V——消耗 NaOH 溶液的体积,ml;

m——磺酸质量,g。

5.中和

按中和值计算出中和磺酸所需 NaOH 质量,称取 NaOH,并用 500 ml 烧杯配成质量分数 15%NaOH 溶液,置于水浴中,在搅拌下,控制温度 35~40℃,用滴液漏斗将磺酸缓慢加入,时间0.5~1 h。当酸快加完时测定体系的 pH 值,控制反应终点的 pH 值为 7~8(可用废酸和质量分数 15%~20%NaOH 溶液调节 pH 值)。反应结束后称量所得烷基苯磺酸钠的质量。

五、数据处理

将各段反应的物料及反应物质量、颜色记录于下表中。

1.磺化　　反应温度：　反应时间：

反应物	质　量/g	相对密度	体积/ml	生成物	颜色
烷基苯				混酸	
发烟硫酸					

2.分酸　　反应温度：　反应时间：

反应物	质　量/g	生成物	体积/ml	相对密度	质量/g	颜色
混酸		磺酸				
水		废酸				

3.中和　　反应温度：　反应时间：

反应物	质量/g	生成物	相对密度	色　状
磺酸		产品+烧杯		
氢氧化钠		（烧杯重）		
水		产品		

六、注意事项

①磺化反应为剧烈放热反应，需严格控制加料速度及反应液温度。
②分酸时应控制加料速度和温度，搅拌要充分，避免结块。
③发烟硫酸、磺酸、废酸、氢氧化钠均有腐蚀性，操作时切勿溅到手上和衣物上。

七、思考题

①磺化反应的反应温度如何确定？
②分酸时为什么要求混酸：水＝85：15？
③中和时温度为什么控制在35～40℃？
④烷基、芳基磺酸盐有哪些主要性质？

实验2　十二烷基硫酸钠的合成

一、实验目的

①掌握高级醇硫酸酯盐型阴离子表面活性剂的合成原理和合成方法。
②了解高级醇硫酸酯盐型阴离子表面活性剂的主要性质和用途。
③学习泡沫性能的测定方法。

二、实验原理

1.主要性质和用途

十二烷基硫酸钠(sodium dodecyl benzo sulfate,代号 AS)是重要的脂肪醇硫酸酯盐型阴离子表面活性剂。脂肪醇硫酸钠是白色至淡黄色固体,易溶于水。泡沫丰富,去污力和乳化性都比较好,有较好的生物降解性,耐硬水,适于低温洗涤,易漂洗,对皮肤刺激性小。

十二烷基硫酸钠是硫酸酯盐型阴离子表面活性剂的典型代表。熔点 180 ~ 185℃,185℃分解。易溶于水,有特殊气味,无毒。它的泡沫性能、去污力、乳化力都比较好,能被生物降解,耐碱、耐硬水,但在强酸性溶液中易发生水解,稳定性较磺酸盐差。可做矿井灭火剂、牙膏起泡剂、洗涤剂、高分子合成用乳化剂、纺织助剂及其他工业助剂。

2.合成原理

由月桂醇与氯磺酸或氨基磺酸作用后经中和而制得。其反应原理如下:

(1)用氯磺酸硫酸化

$$C_{12}H_{25}OH + ClSO_3H \longrightarrow C_{12}H_{25}OSO_3H + HCl\uparrow$$

$$C_{12}H_{25}OSO_3H + NaOH \longrightarrow C_{12}H_{25}OSO_3Na + H_2O$$

(2)用氨基磺酸硫酸化

$$C_{12}H_{25}OH + NH_2SO_3H \longrightarrow C_{12}H_{25}OSO_3NH_4$$

三、主要仪器和药品

电动搅拌器、电热套、研钵、托盘天平、氯化氢吸收装置、罗氏泡沫仪、四口烧瓶(250 ml)、滴液漏斗(60 ml)、烧杯(50 ml、250 ml、500 ml)、温度计(0 ~ 100℃、0 ~ 150℃)、量筒(10 ml、100 ml)。

月桂醇、氢氧化钠、尿素、氯磺酸、氨基磺酸、氢氧化钠溶液(质量分数 5%、30%)、氯仿、甲醇、硫酸硅胶 G、广泛 pH 试纸。

四、实验内容

1.用氯磺酸硫酸化

在装有氯化氢吸收装置、温度计、电动搅拌器和滴液漏斗的 250 ml 四口烧瓶中加入 62 g 月桂醇,控温 25℃,在充分搅拌下用滴液漏斗于 30 min 内缓慢滴加 24 ml 氯磺酸,滴加时温度不要超过 30℃,注意起泡沫,勿使物料溢出。加完氯磺酸后,于(30 ± 2)℃反应 2 h,反应中产生的氯化氢气体用质量分数 5%氢氧化钠溶液吸收。

硫酸化结束后,将硫酸化物缓慢地倒入盛有 100 g 冰和水的混合物的 250 ml 烧杯中(冰:水 = 2:1),同时充分搅拌,外面用冰水浴冷却。最后用少量水把四口烧瓶中的反应物全部洗出。稀释均匀后,在搅拌下滴加质量分数 30%氢氧化钠溶液进行中和至 pH 值为 7 ~ 8.5。取样作薄层层析。用 50 ml 烧杯取 2 g 样品测固形物质量分数和泡沫性能。

2.用氨基磺酸硫酸化

在装有电动搅拌器、温度计的 250 ml 四口烧瓶中加入 74 g 月桂醇。称取 40 g 氨基磺酸、8 g尿素放入研钵中研细,混合均匀。在 30 ~ 40℃时将研细的混合物分多次慢慢加入四口烧瓶中,同时充分搅拌,使混合物分散均匀,加完后升温至 105 ~ 110℃,反应 1.5 ~ 2 h。

反应结束后,加入 150 ml 水,搅拌均匀。趁热倒出,在搅拌下用质量分数 30%氢氧化钠中和至 pH 值为 7.0～8.5。取样作薄层层析。测固形物质量分数和泡沫性能。

3.薄层层析

用玻璃棒取少量样品放入试管中，配成约质量分数 2% 的溶液，用毛细管点样。

吸附剂：硅胶 G

展开剂：氯仿：甲醇（质量分数 5%0.05 $mol \cdot L^{-1} H_2SO_4$）= 80：20

展开高度：12 cm

本产品为白色或淡黄色固体，溶于水，呈半透明溶液。

五、注意事项

①氯磺酸遇水会分解，故所用玻璃仪器必须干燥。

②氯磺酸的腐蚀性很强，使用时要戴橡胶手套，在通风橱内量取。

③氯化氢吸收装置要密封好。

六、思 考 题

①硫酸酯盐型阴离子表面活性剂有哪几种？写出结构式。

②高级醇硫酸酯盐有哪些特性和用途？

③滴加氯磺酸时，温度为什么要控制在 30℃以下？

④产品的 pH 值为什么控制在 7.0～8.5？

实验 3　油酸正丁酯硫酸酯钠盐的合成

一、实验目的

①掌握油酸正丁酯硫酸酯钠盐的合成原理和合成方法。

②了解磺化油 AH 的主要性质和用途。

二、实验原理

1.主要性质和用途

油酸正丁酯硫酸酯钠盐（*n*-butyl oleate sodium sulfate），又称磺化油（sulphonating oil，简称 AH），是一种阴离子型表面活性剂。本品为棕红色油状透明液体，能溶于水，可燃，并具有润湿、乳化、分散、润滑、渗透、洗涤、匀染、助溶等功能。广泛用于纺织、制革、造纸、金属加工等行业，也用作农药乳化剂。

2.合成原理

油酸和正丁醇在硫酸催化下，生成油酸正丁酯。再与发烟硫酸作用进行磺化反应，然后经中和分离得产品。各步反应式为：

①酯化反应　$CH_3(CH_2)_7—CH═CH—(CH_2)_7COOH + C_4H_9OH \longrightarrow$

$$CH_3(CH_2)_7—CH═CH—(CH_2)_7COOC_4H_9 + H_2O$$

②磺化反应　$CH_3(CH_2)_7—CH═CH—(CH_2)_7COOC_4H_9 + H_2SO_4 \longrightarrow$

$$CH_3(CH_2)_7—\underset{\displaystyle |\atop \displaystyle OSO_3H}{CH}—CH_2—(CH_2)_7COOC_4H_9$$

③中和反应 $CH_3(CH_2)_7—CH(OSO_3H)—CH_2—(CH_2)_7COOC_4H_9 + NaOH \longrightarrow$

$$CH_3(CH_2)_7—\underset{\displaystyle OSO_3Na}{\underset{|}{CH}}—CH_2—(CH_2)_7COOC_4H_9 + H_2O$$

三、主要仪器和药品

分水器、电动搅拌器、托盘天平、四口烧瓶(250 ml)、球形冷凝管、直形冷凝管、蒸馏烧瓶(100 ml)、分液漏斗(250 ml)、烧杯(250 ml)、量筒(100 ml)、温度计(0~100℃、0~200℃)。

油酸、正丁醇、发烟硫酸(质量分数20%)、氢氧化钠(质量分数200%)、pH试纸。

四、实验内容

1.酯化反应

在装有温度计、电动搅拌器和球形冷凝管的250 ml四口烧瓶中,加入60 g油酸、20 g正丁醇和0.5 g硫酸,开动搅拌器,加热回流,通过分水器将正丁醇回流入四口烧瓶中,当温度升至140℃以上,分出水量达3.4 g后停止回流。将反应物倒入蒸馏烧瓶中,在145℃时蒸出过量的正丁醇。

2.磺化反应

在三口烧瓶中,加入60 g油酸丁酯,搅拌下,在0~5℃慢慢加入60 g质量分数20%发烟硫酸,加完后在搅拌下反应1 h。

3.中和反应

在250 ml烧杯中加100 ml水,冷却至20℃以下,在充分搅拌下加入磺化物,温度控制在30℃,加完磺化物后搅拌15 min。

将物料倒入分液漏斗中,静置过夜,分出下层废酸,将上层倒入烧杯中,在搅拌下用质量分数20%氢氧化钠中和至pH值为4~6。

五、实验结果记录

产品名称	产品质量/g	pH值	产品性质检验结果	备　注

本产品为微黄色至棕色液体,溶于乙醇和水,遇酸分解。

六、思考题

①酯化反应中为什么加入0.5 g硫酸?

②磺化反应的温度是如何控制的?

实验 4 N,N－二甲基十八烷基胺的合成

一、实验目的

①掌握 N,N－二甲基十八烷基胺的合成原理和合成方法。
②了解脂肪胺类阳离子表面活性剂中间体的性质和用途。

二、实验原理

1.主要性质和用途

N,N－二甲基十八烷基胺(N,N－dimethyl octadecyl amine)，又叫十八叔胺，是浅草黄软蜡质固体或浅棕色黏稠液体，凝固点 22.89℃，易溶于醇类，不溶于水。

本品用作季铵盐类阳离子表面活性剂的重要化学中间体。可与环氧乙烷、氯化苄等反应生成不同的季铵盐类阳离子表面活性剂。还可用作乳化剂、破乳剂、选矿剂、织物柔软剂、抗静电剂、染料固色剂、匀染剂、金属除锈剂、缓蚀剂等，在医药部门也有应用。

2.合成原理

本实验以十八胺为原料，与甲醛和甲酸经歧化反应制备 N,N－二甲基十八胺。其反应式为

$$C_{18}H_{37}NH_2 + 2HCHO + 2HCOOH \longrightarrow C_{18}H_{37}N(CH_3)_2 + 2H_2O + 2CO_2$$

三、主要仪器和药品

电动搅拌器、电热套、托盘天平、球形冷凝管、分液漏斗(125 ml)、量筒(100 ml)、温度计(0～100℃)、三口烧瓶(250 ml)。

十八胺、氢氧化钠(质量分数 30%)、pH 试纸、无水乙醇、甲醛、甲酸。

四、实验内容

二甲基十八胺的制备

在装有温度计、球形冷凝管和电动搅拌器的 250 ml 三口烧瓶中，加入 24 ml 无水乙醇和 28 g十八胺，加热溶解，开启搅拌，降温至 35℃时，加入 14 g 甲酸，控制温度在 50℃左右，加 20 g 甲醛。升温至 78～80℃，回流 2 h，用质量分数 30%氢氧化钠中和至 pH 值为 10～12。将反应物倒入分液漏斗中静置，分去水层。有机层减压脱除乙醇。

五、思考题

①反应中为什么加入乙醇？
②反应温度确定的依据是什么？

实验 5 十二烷基二甲基苄基氯化铵的合成

一、实验目的

①掌握季铵盐类阳离子表面活性剂的合成原理和合成方法。

②了解季铵盐类阳离子表面活性剂的性质和用途。

二、实验原理

1.主要性质和用途

十二烷基二甲基苄基氯化铵(dodecyl dimethyl benzyl ammonium chloride),又称匀染剂 TAN、DDP、洁尔灭、1227 表面活性剂等。产品为无色或淡黄色液体,易溶于水,不溶于非极性溶剂,抗冻、耐酸、耐硬水,化学稳定性好,属阳离子型表面活性剂。本品可作为阳离子染料和腈纶染色的缓染匀染剂、织物柔软剂、抗静电剂、医疗卫生和食品行业的消毒杀菌剂,循环冷却水的水质稳定剂等。

2.合成原理

本实验以十二烷基二甲基叔胺为原料、氯化苄为烷化剂来制备。其反应式为

$$C_{12}H_{25}-N(CH_3)-CH_3 + C_6H_5CH_2Cl \longrightarrow \left[C_{12}H_{25}-N(CH_3)_2-CH_2-C_6H_5 \right]^+ Cl^-$$

三、主要仪器和药品

电动搅拌器、电热套、温度计(0~100℃)、球形冷凝管、四口烧瓶(250 ml)、烧杯(25 ml、250 ml)、界面张力仪、罗氏泡沫仪。

十二烷基二甲基叔胺、氯化苄。

四、实验内容

1.合成

在装有搅拌器、温度计和球形冷凝管的 250 ml 四口烧瓶中,加入 44 g 十二烷基二甲基叔胺和 24 g 氯化苄,搅拌并升温至 90~100℃,恒温回流反应 2 h,成品为白色黏稠液体。

2.测定

测定其表面张力和泡沫性能。

五、注意事项

界面张力仪和罗氏泡沫仪均为精密仪器,使用时要特别注意操作方法。

六、思考题

①季铵盐型与铵盐型阳离子表面活性剂的性质有何区别?

②季铵盐型阳离子表面活性剂常用的烷化剂有哪些?

③试述季铵盐型阳离子表面活性剂的工业用途。

实验 6　月桂醇聚氧乙烯醚的合成

一、实验目的

①掌握非离子型表面活性剂月桂醇聚氧乙烯醚的合成原理和合成方法。

②了解月桂醇聚氧乙烯醚的性质和用途。

二、实验原理

1.主要性质和用途

月桂醇聚氧乙烯醚(polyoxyethylene lauryl alcohol ether)又称聚氧乙烯十二醇醚,代号 AE,属非离子型表面活性剂。非离子表面活性剂是一种含有在水中不解离的羟基(—OH)和醚键结构(—O—),并以它们为亲水基的表面活性剂。由于—OH 和—O—结构在水中不解离,因而亲水性极差。光靠一个羟基或醚键结构,不可能将很大的疏水基溶解于水,因此,必须要同时有几个这样的基团或结构才能发挥其亲水性。这一点与只有一个亲水基就能很好发挥亲水性的阳离子及阴离子表面活性剂大不相同。

聚氧乙烯醚类非离子表面活性剂,是用亲水基原料环氧乙烷与疏水基原料高级醇进行加成反应而制得的,产品为无色透明黏稠液体。

此类表面活性剂的亲水基,由醚键结构和羟基二者组成。疏水基上加成的环氧乙烷越多,醚键结合就越多,亲水性也越大,也就越易溶于水。

本品主要用于配制家用和工业用的洗涤剂,也可作为乳化剂、匀染剂等。

2.合成原理

高碳醇在碱催化剂(金属钠、甲醇钠、氢氧化钾、氢氧化钠等)存在下和环氧乙烷的反应,随温度条件不同而异。当反应温度在 130 ~ 190℃时,虽所用催化剂不同,但反应速度没有明显差异。而当温度低于 130℃时,则反应速度按催化剂不同,而有如下顺序,烷基醇钾 > 丁醇钠 > 氢氧化钾 > 烷基醇钠 > 乙醇钠 > 甲醇钠 > 氢氧化钠。这说明在不同的反应温度条件下,其反应机理不同。

聚氧乙烯化反应分两步进行,首先是一个 EO 加成到疏水物上,得到一元加成物,随后继续发生加成反应,直至生成目的产物。脂肪醇聚氧乙烯醚是非离子表面活性剂中最重要的一类产品。由于它具有低泡,能用于低温洗涤,有较好的生物降解性,价格低廉,所以得到广泛应用和迅速发展。

月桂醇聚氧乙烯醚是其中最重要的一种,它是由 1 mol 的月桂醇和 3 ~ 5 mol 的环氧乙烷加成制得,反应方程式为

$$C_{12}H_{25}OH + n\underset{\diagdown\ O\ \diagup}{CH_2—CH_2} \longrightarrow C_{12}H_{25}—O(CH_2CH_2O)_n—H$$

三、主要仪器和药品

电动搅拌器、电热套、四口烧瓶(250 ml)、球形冷凝管、温度计(0 ~ 200℃)。

月桂醇、液体环氧乙烷、氢氧化钾、氮气、冰醋酸、过氧化氢。

四、实验内容

取 46.5 g(0.25 mol)月桂醇、0.2 g 氢氧化钾加入四口烧瓶中，将反应物加热至 120℃，通入氮气，置换空气。然后升温至 160℃边搅拌边滴加 44 g(1 mol)液体环氧乙烷，控制反应温度在 160℃，环氧乙烷在 1 h 内加完。保温反应 3 h。冷却反应物至 80℃时放料，用冰醋酸中和至 pH 为 6，再加入反应物质量分数 1%过氧化氢，保温 0.5 h 后出料。

五、注意事项

①严格按照钢瓶使用方法使用氮气钢瓶。氮气通入量不要太大，以冷凝管口看不到气体为适度。

②本反应是放热反应，应注意控温。

六、思考题

①脂肪醇聚氧乙烯醚类非离子表面活性剂有哪些主要性质？用于洗涤剂工业是利用哪些性质？

②本实验成败的关键是什么？

实验 7　*N*，*N* - 双羟乙基十二烷基酰胺的合成

一、实验目的

①掌握烷基醇酰胺类非离子表面活性剂的合成原理和合成方法。

②了解烷基醇酰胺类非离子表面活性剂在工业上的应用。

③学习表面张力、泡沫性能和黏度的测定方法。

二、实验原理

1.主要性质和用途

N，*N* - 双羟乙基十二烷基酰胺(*N*，*N* - dihydroxyethyl dodecyl amide)，又名尼诺尔，代号 FFA，为非离子型表面活性剂。烷醇酰胺为无色或淡黄色黏稠液体，有许多特殊的性质，没有浊点，能使水溶液变稠，具有悬浮污垢的作用，脱脂力强，有一定的抗静电作用，对电解质敏感。

本品被广泛用作洗涤剂、钢铁防锈剂、除油脱脂清洗剂及纤维抗静电剂等。

2.合成原理

非离子表面活性剂是含有在水中不解离的羟基和醚键结合并以它们为亲水基的表面活性剂。由于羟基和醚键结合，在水中不解离，故亲水性极弱。因其在溶液中不是离子状态，所以稳定性高，不易受强电解质及酸、碱的影响；与其他类型的表面活性剂相容性好；与水和有机溶剂相溶性好。由于酰胺键的存在，耐水解性好。

N，*N* - 双羟乙基十二烷基酰胺是由 1 mol 月桂酸与 2 mol 二乙醇胺在氮气流保护下搅拌加热、脱水缩合而成。

$$C_{11}H_{23}COOH + 2HN(CH_2CH_2OH)_2 \longrightarrow C_{11}H_{23}CON(CH_2CH_2OH)_2—HN(CH_2CH_2OH)_2 + H_2O$$

反应中有 1 mol 二乙醇胺并未化合成酰胺，而是与已形成的酰胺配合，生成可溶于水的配

合物。

上述产品又称 1:2 型烷基醇酰胺，还有一种为 1:1 型，即 1 mol 月桂酸与 1 mol 二乙醇胺反应而得。

$$C_{11}H_{23}COOH + HN(C_2H_4OH)_2 \longrightarrow C_{11}H_{23}CON(C_2H_4OH)_2 + H_2O$$

三、主要仪器和药品

电动搅拌器、旋转黏度计、电热套、四口烧瓶(250 ml)、球形冷凝管、分水器、温度计(0～200℃)、罗氏泡沫仪、界面张力仪。

月桂酸、二乙醇胺、氮气。

四、实验内容

在装有搅拌器、温度计、球形冷凝管、分水器的 250 ml 四口烧瓶中加入 50 g 月桂酸和 26 g 二乙醇胺。反应物加热到 120℃，通入氮气，继续加热到 160℃，保温 4～6 h。当从分水器中放出反应生成水的量达 4 ml 时，即认为反应完成。冷却反应物至室温出料。测定其表面张力、泡沫性能和黏度。

五、注意事项

①严格按照钢瓶使用方法使用氮气钢瓶。

②本反应的温度较高，应注意防火。

③氮气流量不宜太大，以冷凝管口看不到气体为适度。

六、思考题

①本实验除主反应外，还可能发生哪些副反应？

②试述烷基醇酰胺的国内外商品名称是什么？

③烷基醇酰胺的用途有哪些？

④非离子表面活性剂有哪三大类？它们在结构上有什么不同。

实验 8　十二烷基二甲基甜菜碱的合成

一、实验目的

①掌握甜菜碱型两性离子表面活性剂的合成原理和合成方法。

②了解甜菜碱型两性离子表面活性剂的性质和用途。

③学习熔点的测定方法。

二、实验原理

两性离子表面活性剂是指同时携带正负两种离子的表面活性剂，它的表面活性剂离子的亲水基既具有阴离子部分，又具有阳离子部分，是两者结合在一起的表面活性剂。大多数情况下阳离子部分由铵盐或季铵盐作为亲水基，由铵盐构成阳离子部分叫氨基酸型两性表面活性剂；由季铵盐构成阳离子部分叫甜菜碱型两性表面活性剂。

1.主要性质和用途

十二烷基二甲基甜菜碱(dodecyl dimethyl betaine),又名 BS－12,本品为无色或浅黄色透明黏稠液体,有良好的去污、起泡、渗透和抗静电性能。杀菌作用温和,刺激性小。在碱性、酸性和中性条件下均溶于水,即使在等电点也无沉淀,不溶于乙醇等极性溶剂,任何 pH 值下均可使用。属两性离子表面活性剂。

本品适用于制造无刺激的调理香波、纤维柔软剂、抗静电剂、匀染剂、防锈剂、金属表面加工助剂和杀菌剂等。

2.合成原理

十二烷基二甲基甜菜碱是用 *N*,*N*－二甲基十二烷胺和氯乙酸钠反应合成的,反应方程式为

$$C_{12}H_{25}-N(CH_3)_2 + ClCH_2COONa \longrightarrow C_{12}H_{25}-N^+(CH_3)_2-CH_2COO^- + NaCl$$

三、主要仪器和药品

电动搅拌器、熔点仪、电热套、四口烧瓶(250 ml)、球形冷凝管、玻璃漏斗(ϕ90 mm)、温度计(0～100℃)。

N,*N*－二甲基十二烷胺、氯乙酸钠、乙醇、盐酸、乙醚。

四、实验内容

将四口烧瓶、温度计、电动搅拌器、冷凝管组装好,称取 10.7 g *N*,*N*－二甲基十二烷胺,放入四口烧瓶中,再称取 5.8 g 氯乙酸钠和 30 ml 质量分数 50%的乙醇溶液,倒入四口烧瓶中,在水浴中加热至 60～80℃,并在此温度下回流至反应液变成透明为止。

冷却反应液,在搅拌下滴加浓盐酸,直至出现乳状液不再消失为止,放置过夜。第二天,十二烷基二甲基甜菜碱盐酸盐结晶析出,过滤。每次用 10 ml 质量分数 50%乙醇溶液洗涤两次,粗产品用乙醚:乙醇＝2:1 溶液重结晶,得精制的十二烷基二甲基甜菜碱。

用熔点仪测其熔点。

五、注意事项

①玻璃仪器必须干燥。

②滴加浓盐酸至乳状液不再消失即可,不要太多。

③洗涤滤饼时,溶剂要按规定量加,不能太多。

六、思考题

①两性表面活性剂有哪几类?它在工业和日化方面有哪些用途?

②甜菜碱型与氨基酸型两性表面活性剂性质的最大差别是什么?

实验 9　十二烷基二甲基氧化胺的合成

一、实验目的

了解氧化胺类两性表面活性剂的合成和应用。

二、实验原理

1. 主要性质和用途

十二烷基二甲基氧化胺（dodecyl dimethyl amine oxide）是叔胺氧化生成的氧化胺，分子中含有$\equiv N\rightarrow O$基团，可与水形成氢键，该基团构成了氧化胺类表面活性剂的亲水基。氧化胺类表面活性剂是一类比较特殊的表面活性剂，有人把它划归为两性表面活性剂，结构式为

$$R-\underset{R^2}{\overset{R^1}{\underset{|}{\overset{|}{N}}}}-O \quad \text{或者} \quad R-\underset{R^2}{\overset{R^1}{\underset{|}{\overset{|}{N^{\oplus}}}}}-O^{\ominus}$$

（结构式Ⅰ）　　（结构式Ⅱ）

多数文献的写法是按结构式Ⅰ来表示氧化胺，因此许多人认为它是非离子表面活性剂，但在非离子表面活性剂的专著中几乎见不到这类表面活性剂。也许是因为原料来源的原因，在有些书中，它们被划归阳离子表面活性剂。在溶液中，当 $pH>7$ 时，十二烷基二甲基氧化胺是以结构式Ⅰ形式存在的，当 $pH<3$ 时，它是以阳离子形式存在的。

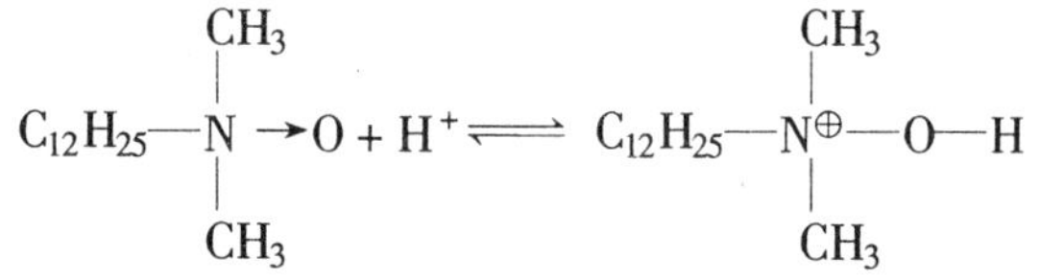

$$C_{12}H_{25}-\underset{CH_3}{\overset{CH_3}{\underset{|}{\overset{|}{N}}}}\rightarrow O+H^+ \rightleftharpoons C_{12}H_{25}-\underset{CH_3}{\overset{CH_3}{\underset{|}{\overset{|}{N^{\oplus}}}}}-O-H$$

氧化胺与各类表面活性剂有良好的配伍性。它是低毒、低刺激性、易生物降解的产品。在配方产品中，它具有良好的发泡性、稳泡性和增稠性能，常被用来代替尼诺尔用于香波、浴剂、餐具洗涤剂等产品。

2. 合成原理

此类产品的工业生产目前基本上都采用双氧水氧化叔胺的工艺路线。反应过程中，双氧水过量，反应后用亚硫酸钠将其除去，由于双氧水及氧化胺对铁等某些金属离子比较敏感，合成过程中体系内常加入少量螯合剂。反应方程式为

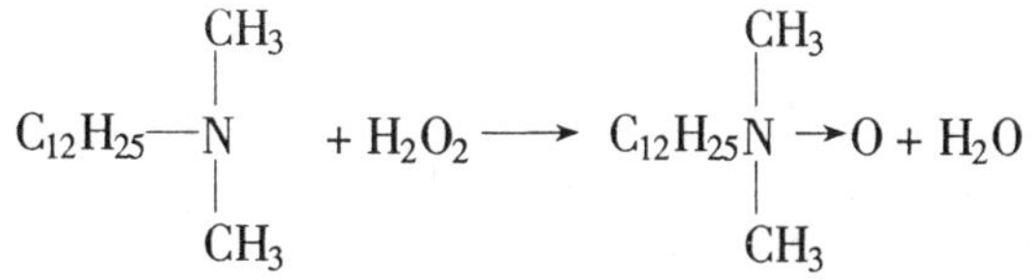

$$C_{12}H_{25}-\underset{CH_3}{\overset{CH_3}{\underset{|}{\overset{|}{N}}}} + H_2O_2 \longrightarrow C_{12}H_{25}\underset{CH_3}{\overset{CH_3}{\underset{|}{\overset{|}{N}}}}\rightarrow O+H_2O$$

反应温度通常控制在 60～80℃。由于产品的水溶液在高浓度时能形成凝胶，所以，其水溶液产品的活性物质量分数控制在 35%以下，加入异丙醇可以使产品的浓度更高一些。产品为无色或微黄色透明体，质量分数 1%水溶液的 pH 值为 6～8，游离胺质量分数不高于 1.5%。

三、主要仪器和药品

四口烧瓶(250 ml)、球形冷凝管、温度计(0～100℃)、滴液漏斗(60 ml)。

十二烷基二甲基胺、双氧水、异丙醇、柠檬酸、亚硫酸钠。

四、实验内容

在装有搅拌器、回流冷凝管、温度计和滴液漏斗的250 ml的四口烧瓶中加入42.6 g十二烷基二甲基胺和0.6 g柠檬酸,在滴液漏斗中加入27.2 g质量分数30%的双氧水。然后搅拌,升温到60℃,于40 min内将双氧水均匀滴入反应体系。然后将反应物升温至80℃,回流反应约4 h。在反应过程中,体系黏度不断增加,当搅拌状况不好时,将24 g水和20 g异丙醇的混合物加入搅拌均匀。反应物降温到40℃时,加入4 g亚硫酸钠,搅拌均匀后出料。

五、注意事项

①质量分数30%的双氧水对皮肤有腐蚀性,切勿溅到手上。

②双氧水滴加过快或滴加时反应温度低,易产生积累,使反应不平稳,造成逸料。

六、思考题

①典型的氧化胺类表面活性剂有哪些?

②举例说明氧化胺的主要用途?

实验10 酸值、碘值、皂化值的测定

一、实验目的

①掌握酸值、碘值、皂化值(简称"三值")的测定原理和方法。

②了解"三值"的应用。

二、实验原理

酸值、碘值、皂化值是评定油类、脂肪质量、属性的三个主要指标。

酸值是指中和1 g物料中的游离酸所需消耗氢氧化钾的毫克数。酸值的大小反映了脂肪中游离酸含量的多少。

碘值是指100 g物料与碘加成时所消耗碘的克数。碘值是用来测定油类或脂肪不饱和性的一个指标,并以此衡量油脂的属性。例如,干性油的碘值在130以上,半干性油的碘值在100～130之间,不干性油的碘值在100以下。

测定磺值的方法有多种,其中常用的是韦氏法,其反应过程为

$$R—HC═CHCH_2CH═CH—R' + ICl \longrightarrow R—\underset{I}{\underset{|}{C}}H\underset{Cl}{\underset{|}{C}}HCH_2\underset{I}{\underset{|}{C}}H\underset{Cl}{\underset{|}{C}}HR'$$

剩余的ICl与KI作用放出I_2,即

$$ICl + KI \rightleftharpoons KCl + I_2$$

$$I_2 + 2Na_2S_2O_3 \rightleftharpoons 2NaI + Na_2S_4O_6$$

一氯化碘－冰醋酸溶液加得过量,然后用碘量法以硫代硫酸钠溶液来滴定此过量的部分。

皂化值是指中和 1 g 物料完全皂化时,所消耗氢氧化钾的毫克数。皂化值通常用来指示油或脂肪的平均相对分子质量,表示在 1 g 油脂中游离的及化合在酯内的脂肪酸的含量。一般说来,游离的脂肪酸的数量较大时,皂化值也较高。例如棕榈红油内主要是月桂酸、豆蔻酸和油酸的甘油酯,其皂化值为 245～255,测量时,是在含有一定量的油脂溶液中,加过量的氢氧化钾乙醇溶液,加热充分皂化后,再用标准酸溶液反滴定,由所得结果统计计算即可得到皂化值。

三、实验内容

(一)酸值的测定

1.主要仪器和药品

锥形瓶(250 ml)、碱式滴定管(50 ml)、滴定台、分析天平、直形冷凝管、恒温水浴。

KOH 标准溶液(0.1 moL·L^{-1})、酚酞(质量分数 1%)、质量分数 95%乙醇－二甲苯混合液(两体积二甲苯与一体积质量分数 95%酒精组成,加 5 滴质量分数 1%酚酞,呈酸性时可加碱液中和)。

2.操作步骤

取两份 3～5 g 样品分别加入两只锥形瓶中,加 50 ml 二甲苯－乙醇混合液摇匀,加入 3 滴酚酞指示剂,用标准 KOH 溶液滴定至溶液呈粉红色。

3.结果计算

$$酸值 = \frac{V \cdot c \cdot 56.11}{m}$$

式中　V——消耗 KOH 标准溶液体积,ml;

c——KOH 标准溶液浓度,mol·L^{-1};

m——样品质量,g;

56.11——KOH 相对分子质量。

4.注意事项

①如油不溶解,可于水浴上摇动加热,瓶口加冷凝管回流,以防二甲苯酒精液蒸发。

②除指示剂外,每种物质均需精确量取或称取。

③每做完一个实验,仪器必需洗净烘干。

5.思考题

①为什么要使用中性的二甲苯酒精混合液?

②如何防止油脂皂化。

(二)碘值的测定

1.主要仪器和药品

滴定台、酸式滴定管(50 ml)、分析天平、碘量瓶(500 ml)、移液管(20 ml)、量筒(25 ml、100 ml)。

硫代硫酸钠标准溶液(0.1 mol·L^{-1})、淀粉指示剂(质量分数 0.5%)、碘化钾(质量分数 20%)、一氯化碘 17.5 g 溶于 1 000 ml 冰醋酸中,三氯乙烷。

2. 操作步骤

(1) 试样用量

根据碘值数值与试样用量范围参考表1。

表1 碘值数值与试样用量范围

碘价	试样用量范围/g	碘价	试样用量范围/g
20	0.846 1～1.586 5	120	0.211 5～0.264 4
40	0.634 6～0.793 5	140	0.181 3～0.226 6
60	0.423 1～0.528 8	160	0.158 7～0.198 3
80	0.317 3～0.396 6	180	0.141 0～0.176 2
100	0.253 8～0.317 3	200	0.126 9～0.158 6

(2) 操作步骤

准确称取两份样品(根据油的品种和碘值按表1取量)分别加入两个碘量瓶中,加入10 ml三氯甲烷,使样品溶解,并准确地用移液管量取20 ml一氯化碘－冰醋酸溶液,立即加塞(塞和瓶口均涂以碘化钾溶液,以防碘挥发),摇匀后,在(20±5)℃条件下,置暗处静置1 h(半干性油及不干性油静置0.5 h)。到时立即加入20 ml质量分数20%碘化钾溶液、100 ml蒸馏水摇匀,用0.1 $mol \cdot L^{-1}$硫代硫酸钠标准溶液滴定至红色临近消失时,加入3 ml质量分数0.5%淀粉指示剂,继续滴定至无色为终点。在相同条件下,做空白试验进行计算用。

3. 结果计算

$$碘值 = \frac{(V_2 - V_1)c \times 12.69}{m} \quad (1)$$

式中 V_1——试样用去的$Na_2S_2O_2$标准溶液体积,ml;

V_2——空白试验用去的$Na_2S_2O_2$标准溶液体积,ml;

c——$Na_2S_2O_2$标准溶液物质的量浓度,$mol \cdot L^{-1}$;

m——试样质量,g。

12.69—换算成相对于100 g试样的碘的物质的量。

允许误差:碘价在100以上不超过1;碘价在100以下不超过0.6。取其平均数,则为测定结果。测定结果取小数点后第一位。

4. 思考题

①样品可否用含水三氯甲烷溶解?

②样品与一氯化碘－冰醋酸液放置5 min的过程中是否发生了取代反应?

(三)皂化值的测定

1. 主要仪器和药品

多孔恒温水浴、球形冷凝管、锥形瓶(250 ml)、酸式滴定管、移液管(25 ml)、分析天平。

氢氧化钾乙醇标准溶液(0.5 $mol \cdot L^{-1}$)(乙醇要精制)、酚酞酒精溶液(质量分数0.1%)、盐酸标准溶液(0.5 $mol \cdot L^{-1}$)。

2. 操作步骤

取两份2 g样品分别加入两只锥形瓶中,加25 ml氢氧化钾－乙醇溶液(用移液管)并放一些沸石,回流煮沸1 h以上,不断摇动,取下冷凝管,加入酚酞指示剂,趁热用标准HCl溶液滴定,用同样方法做空白试验。

3.计算公式

$$皂化值=\frac{(V_2-V_1)c_{HCl}\times 56.11}{m}$$

式中　V_2——空白溶液消耗 HCl 标准溶液体积,ml;

V_1——样品消耗 HCl 标准溶液体积,g;

56.11——KOH 相对分子质量;

m——样品质量,g;

c_{HCl}——标准 HCl 溶液的浓度,$mol\cdot L^{-1}$。

4.注意事项

凡是计算公式中出现的物质均需准确量取或称取。

5.思考题

①影响皂化反应速度的因素有哪些?

②用皂化反应测定酯时,哪些化合物有干扰?写出反应式。

③空白实验是否需回流水解。

实验 11　表面活性剂表面张力及 *CMC* 的测定

一、实验目的

①掌握表面活性剂溶液表面张力的测定原理和方法。

②掌握由表面张力计算表面活性剂 *CMC* 的原理和方法。

二、实验原理

表面张力及临界胶团浓度(critical micelle-forming concentration,简称 *CMC*)是表面活性剂溶液非常重要的性质。若使液体的表面扩大,需对体系做功,增加单位表面积时,对体系做的可逆功称为表面张力或表面自由能,它们的单位分别是 $N\cdot m^{-1}$和 $J\cdot m^{-2}$。

表面活性剂在溶液中能够形成胶团时的最小浓度称临界胶团浓度,在形成胶团时,溶液的一系列性质都发生突变,原则上,可以用任何一个突变的性质测定 *CMC* 值,但最常用的是表面张力－浓度对数图法。该法适合各种类型的表面活性剂,准确性好,不受无机盐的影响,只是当表面活性剂中混有高表面活性的极性有机物时,曲线中出现最低点。

表面张力的测定方法也有多种,较为常用的方法有滴体积(滴重)法和拉起液膜法(环法及吊片法)。

1.滴体积(滴重)法

滴体积法的特点是简便而精确。若自一毛细管滴头滴下液体时,可以发现液滴的大小(用体积或质量表示)和液体表面张力有关:表面张力大,则液滴亦大,早在 1864 年,Tate 就提出了表示液滴质量(m)的简单公式

$$m=2\pi r\gamma \tag{1}$$

式中,r 为滴头的半径。此式表示支持液滴质量的力为沿滴头周边(垂直)的表面张力,但是此式实际是错误的,实测值比计算值低得多。对液滴形成的仔细观察揭示出其中的奥秘:图 3.1 是液滴形成过程的高速摄影的示意。由于液滴的细颈是不稳定的,故总是从此处断开,只有一

部分液滴落下,甚至可有 40%的部分仍然留在管端而未落下。此外,由于形成细颈,表面张力作用的方向与重力作用方向不一致,而成一定角度,这也使表面张力所能支持的液滴质量变小。因此,须对式(1)加以校正,即

$$m = 2\pi r\gamma f \tag{2}$$

$$\gamma = \frac{m}{2\pi rf} = \frac{m}{r}F \tag{3}$$

式中,f 为校正系数,$F = \frac{1}{2\pi f}$为校正因子。一般在实验室中,自液滴体积求表面张力更为方便,此时式(3)可变为

$$\gamma = \frac{V\rho g}{r} \cdot F \tag{4}$$

式中 V——液滴体积;
ρ——液体密度;
g——重力加速度常数。

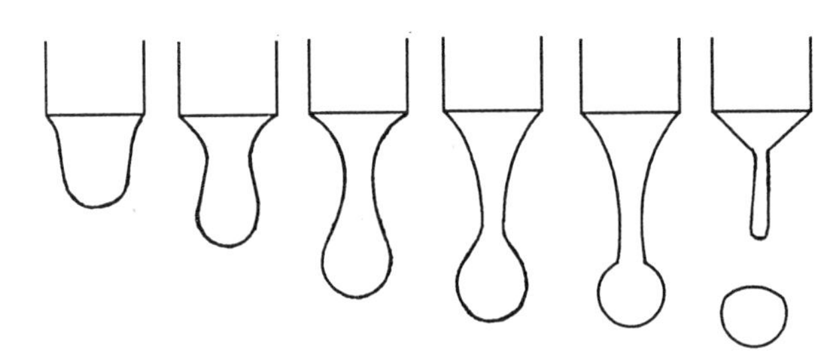

图 3.1 液滴的高速摄影(示意)

从滴体积数值,可根据式(4)计算表面张力。HarRins 和 Brown 自精确的实验与数学分析方法找出 f 值的经验关系,得出 f(或 F)是 $r/V^{\frac{1}{3}}$或 V/r^3 的函数。同时作出了 $f - r/V^{\frac{1}{3}}$的关系曲线,对于计算表面张力提供了校正因子数值。以后又经一系列改进和补充,逐步得出了较为方便而完全的校正因子,列于附表 2.29 中。

对于一般表面活性较高的表面活性剂水溶液,其密度与水相近,故用式(4)计算表面张力时,可直接以水的密度代替。

滴体积法对界面张力的测定亦比较适用。可将滴头插入油中(如油密度小于溶液时),让水溶液自管中滴下,按下式计算表面张力

$$\gamma_{1,2} = \frac{V(\rho_2 - \rho_1)g}{r} \cdot F \tag{5}$$

式中,$\gamma_{1,2}$表示界面张力,$(\rho_2 - \rho_1)$为两种不相溶液体的密度差,其他符号意义如前。

滴体积(滴重)法对于一般液体或溶液的表(界)面张力测定都很适用,但此法非完全平衡方法,故对表面张力有很长时间效应的体系不太适用。

2.环法

把一圆环平置于液面,测量将环拉离液面所需最大的力,由此可计算出液体的表面张力。假设当环被拉向上时,环就带起一些液体。当提起液体的质量 mg 与沿环液体交界处的表面张力相等时,液体质量最大。再提升则液环断开,环脱离液面。设环拉起的液体呈圆筒形(图 3.2),对环的附加拉力(即除去抵消环本身的重力部分)P 为

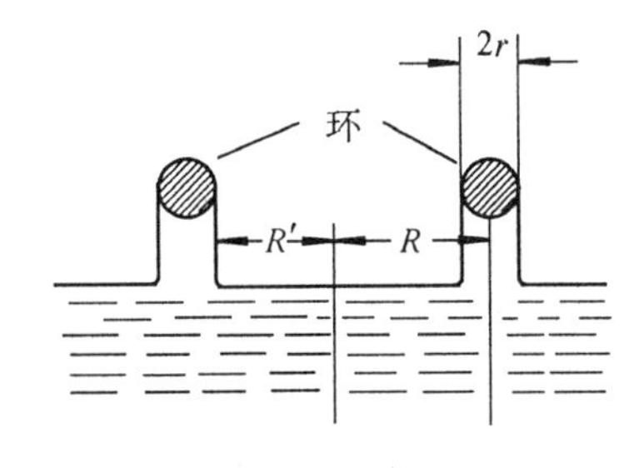

图 3.2 环法测表面张力理想情况

$$P = mg = 2\pi R'\gamma + 2\pi(R' + 2r)\gamma = 4\pi(R' + r)\gamma + 4\pi R\gamma \tag{6}$$

式中,m 为拉起来的液体质量,R' 为环的内半径,r 为环丝半径。实际上,式(6)是不完善的,因

为实际情况并非如此，而是如图 3.3 所示。因此对式(6)还需要加以校正。于是得

$$\gamma = \frac{P}{2\pi R} \cdot F \qquad (7)$$

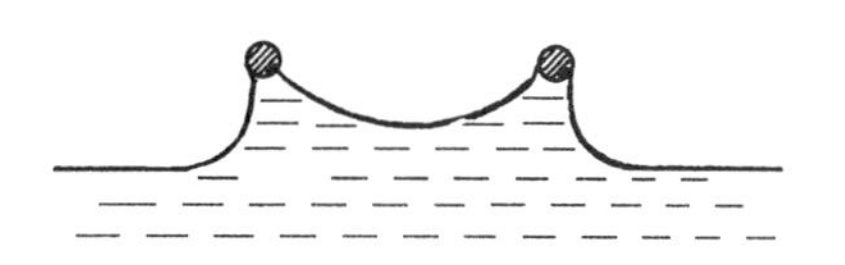

图 3.3　环法测表面张力实际情况

从大量的实验分析与总结，说明校正因子 F 与 R/r 值和 R^3/V 值有关（V 为圆环带起来的液体体积，可自 $P = mg = v\rho g$ 关系求出，ρ 为液体密度）。F 的数值相当繁杂，列于附录中。环法中直接测量的量为拉力 P，各种测量力的仪器皆可应用，一般最常用的仪器为扭力丝天平。

三、主要仪器和药品

表面张力仪、烧杯(50 ml)、移液管(15 ml)、容量瓶(50 ml)。

十二烷基硫酸钠(SDS)(用乙醇重结晶)、二次蒸馏水。

四、实验内容

取 1.44 g SDS，用少量二次蒸馏水溶解，然后在 50 ml 容量瓶中定容（浓度为 1.00×10^{-1} $mol \cdot L^{-1}$）。

从 $1.00 \times 10^{-1} mol \cdot L^{-1}$ 的 SDS 溶液中移取 5 ml，放入 50 ml 的容量瓶中定容（浓度为 $1.00 \times 10^{-2} mol \cdot L^{-1}$）。然后依次从上一浓度的溶液中移取 5 ml 稀释 10 倍，配制 $1.00 \times 10^{-1} L^{-1}$ ~ $1.00 \times 10^{-5} mol \cdot L^{-1}$ 五个浓度的溶液。

用滴体积法首先测定二次蒸馏水的表面张力，对仪器进行校正。然后从稀至浓依次测定 SDS 溶液，并计算表面张力，做出表面张力-浓度对数曲线，拐点处即为 *CMC* 值。如希望准确测定 *CMC* 值，在拐点处增加几个测定值即可实现。

用滴体积法测定表面活性剂水溶液的表面张力，按图 3.4 的装置操作最为简便，也是测定表面张力应用最广的方法。

测定时将配制好的不同浓度的表面活性剂溶液装于 B 管内，A 管用一橡皮塞（另有一孔使 B 管内外相通）安于 B 管之中。先将试样吸入 A 管，使液面高于最高刻度，提起 A 管，使 A 管下口在液面之上 1 ~ 2 cm，旋动挤压器的杆慢慢挤出液体，一滴落下后读取液面位置 V，再挤落 1 滴记取液面位置 V_2，$V_1 - V_2$ 即滴体积。液面位置应读取四位有效数字。为提高滴体积测定的准确性，可连滴数滴后再读 V_g 值，此时滴体积 = $(V_1 - V_g)$。

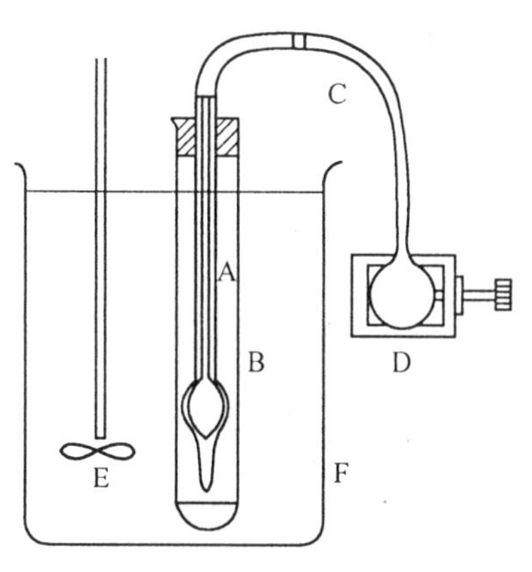

图 3.4　表面张力测定装置
A—滴体积管;样品管;
C—橡皮管;D—挤压器;
E—搅拌器;F—恒温水浴

计算

$$\gamma = F \cdot \frac{v\rho g}{R}$$

式中　γ——表面张力；

ρ——样品密度；

g——重力加速度；

R——管口半径；

F——校正参数。

F 是残留在玻璃管末端的部分液体的校正参数,可由赫金斯 - 布朗函数表求出,它是 V/R^3的函数(附表 2.29)。

五、注意事项

①SDS 的克拉夫特点为 15℃,测定温度要高于此温度。

②SDS 在溶解和定容过程中,要小心操作,尽量避免产生泡沫。

③在溶液配制及测定过程中,不要让不同浓度的溶液间产生相互影响,防止震动,注意灰尘及挥发性物质的影响。

4.阳离子表面活性剂溶液的表面张力可以用滴体积法测定,环法不适用。

六、思考题

①为什么表面活性剂表面张力 - 浓度曲线有时出现最低点?

②为什么环法不适用于阳离子表面活性剂表面张力的测定?

实验 12 显色法鉴别表面活性剂类型

一、实验目的

学习用指示剂和染料通过显色反应鉴别表面活性剂类型的原理和方法。

二、实验原理

表面活性剂按其在溶剂中的电离情况可分类为:阳离子表面活性剂;阴离子表面活性剂;非离子表面活性剂。鉴别表面活性剂离子类型的原理是:①表面活性剂与某些染料作用时,生成不溶于溶剂的带色的盐配合物;②表面活性剂胶束有吸附于指示剂上以降低胶束表面能的强烈趋势,而吸附的结果将引起指示剂染料平衡的变化,因此,由这种变化产生的"pH 变化"使指示剂染料的颜色发生变化。通过溶液颜色的变化情况,就可以鉴别出表面活性剂的类型。

三、主要仪器和药品

量筒(10 ml)、试管。

百里酚蓝(质量分数 0.1%)、间磺胺水溶液(质量分数 0.1%)、溴酚蓝(质量分数 0.1%)、指示剂溶液(由次甲基蓝、焦性儿茶酚磺基萘、醋酸乙酯、石油醚配制)、阴离子表面活性剂(质量分数 0.1%)、阳离子表面活性剂(质量分数 1%)、非离子表面活性剂(质量分数 1%)、醋酸缓冲溶液(pH = 4.6)、HCl(0.005 $mol \cdot L^{-1}$)、HCl (0.1 $mol \cdot L^{-1}$)、NaOH(0.1 $mol \cdot L^{-1}$)。

四、实验内容

1.阴离子表面活性剂的检出

取五支试管,分别加入 2 ml 0.005 $mol \cdot L^{-1}$的 HCl 和 1 ~ 2 滴百里酚蓝,再将待鉴定的五种表面活性剂各取 2 ml 加入试管,摇匀,颜色由带浅红的黄色变为紫红色为阴离子表面活性剂。

2.阳离子表面活性剂的检出

取四支试管,分别加入2 ml醋酸缓冲液,1~2滴溴酚蓝,将余下四种待检溶液各取2 ml分别加入四支试管中,摇匀,颜色由紫色变为纯蓝色,为阳离子表面活性剂。

3.非离子表面活性剂的检出

取三支试管,分别加入5 ml左右未检出样品,用0.1 $mol \cdot L^{-1}$的NaOH或HCl调节pH值为5~6,将5滴指示剂和5 ml石油醚分别加入样品中,放置使之分层。水相呈绿色,界面为乳白色的乳化层,则为非离子表面活性剂。

4.几种混合成分表面活性剂的鉴别

①阳离子与非离子表面活性剂的鉴别:在酸性条件下,与间胺磺作用,颜色由红变黄。

②阴离子与非离子表面活性剂的鉴别:在缓冲液存在下,溴酚蓝由蓝紫变绿。

③阴阳离子表面活性剂的确认。在pH值为5~6,加指示剂与石油醚,放置分层,水相呈黄色,界面深蓝色,石油醚相无色,为阴离子表面活性剂;水相蓝色,石油醚相无色,界面黄色,为阳离子表面活性剂。

五、补充说明

1.实验现象

①检验非离子表面活性剂时,若聚氧乙烯化程度低,则得到水相蓝绿、界面淡黄的弱阳离子表面活性剂现象,聚氧乙烯化程度高,则为非离子表面活性剂之结果。

②在确认阴、阳离子表面活性剂时,若出现黄绿色水相、淡蓝色界面,为弱阴离子表面活性剂;若蓝绿色水相、淡黄色界面,为弱阳离子表面活性剂。

2.指示剂配制

①质量分数0.1%百里酚蓝:0.1 g染料分散于2.15 ml 0.1 $mol \cdot L^{-1}$NaOH中,用蒸馏水稀释到100 ml。

②质量分数0.1%溴酚蓝:0.1 g染料分散于0.5 ml 0.1$mol \cdot L^{-1}$NaOH中,用蒸馏水稀释至100 ml。

③指示剂:次甲基蓝、焦性儿茶酚磺基萘分别在石油醚中煮沸,在乙酸乙酯中除去杂质,过滤,将滤出物干燥,再将两染料等物质的量混合,在玛瑙研钵中研细溶于重蒸馏水中,配成质量分数0.05%溶液。色为翡翠色,保存于棕色瓶中,2~3周内有效。

六、思考题

表面活性剂如何除去有机杂质和盐分?

第四编　日用化学品

日用化学品是人们日常生活中经常使用的精细化学品。其种类很多，主要包括化妆品、洗涤用品、人体清洁用品、家庭用精细化学品和香料香精等。香料香精列于第五编中。日用化学品的生产特点是：

一、原材料和辅料要求严格

日用化学用品是人们日常生活中经常使用的物品，其中有些制品如化妆品、洗涤用品和人体清洁卫生用品等是人们每天都要使用的物品，有的物品长期、连续与人的皮肤、器官等部位接触，因此对制品的质量和对人体的安全性以及环境卫生的要求是非常严格的。

二、生产设备要求经济、高效、安全、合理

日用化学品的生产大部分是小型生产，由于其产量小、品种多、质量要求严格，而且所用原材料和辅料比较复杂，所以选用设备时要考虑单机的通用性和效率。

三、生产工艺过程和操作条件要求严格控制

日用化学品大多是配制的产品，对产品的生产过程和操作条件的要求甚是严格。尤其是对化妆品和与人体接触时间较长的产品，其要求条件极为严格。

四、包装和装潢要精美

作为日用化学品在包装和装潢方面与一般工业制品应有所不同，要精心设计，给消费者以美好的感觉。

五、厂房和生产车间的配置要合理

日用化学品的特点是产量小、品种多、质量要求严格、经济效益高、生产过程短、厂房占地面积小，所以必须布局合理。

日用化学品中洗涤用品和化妆品占的比例较大。

洗涤是指以化学和物理作用并用的方法，将附着于被洗物表面上的不需要的物质或有害物质除掉，从而使物体表面洁净的过程。用于洗涤的制品称为洗涤用品。洗涤用品主要包括以下五类：①洗衣剂；②洗发香波；③浴用香波；④餐具洗涤剂；⑤硬表面清洗剂。

化妆品是指为了使人体清洁、美化、修饰容貌、增加魅力，或为了保持皮肤或毛发的健美，而在人体上涂抹、散布及采取与之类似的其他方法施加的对人体作用柔和的物品。化妆品主要包括以下四类：①护肤和护发化妆品；②美容化妆品；③美发化妆品；④药物化妆品。

洗涤用品在日用化学品中占的比例较大，其次是化妆品。本编主要介绍洗涤用品和化妆品的配制。

实验 13　化学卷发液原料巯基乙酸铵的制备

一、实验目的

①掌握巯基乙酸铵的制备原理和方法。

②学习巯基乙酸铵的定性鉴别方法。

二、实验原理

1.主要性质和用途

巯基乙酸铵(ammonium thioglycolate),分子式为 $HSCH_2COONH_4$。用硫脲 - 钡盐法生产的巯基乙酸铵的质量分数在 13%左右,为玫红色透明溶液。主要用于化学卷发液。市售化学卷发液商品的巯基乙酸铵质量分数一般在 7.5% ~ 9.5%。

2.制备原理

巯基乙酸铵有多种生产方法,硫脲 - 钡盐水解法是最经济的方法。它是用氯乙酸与碳酸钠中和后,再与硫脲、氢氧化钡、碳酸氢铵反应制得,其反应方程式为

① $2ClCH_2COOH + Na_2CO_3 \longrightarrow 2ClCH_2COONa + H_2O + CO_2\uparrow$

② $2ClCH_2COONa + 2NH_2CSNH_2 \longrightarrow 2\ (HN{=})(H_2N)CSCH_2COOH\downarrow + 2NaCl$

③ $2\ (HN{=})(H_2N)CSCH_2COOH + 2Ba(OH)_2 \longrightarrow Ba\begin{matrix}SCH_2COO\\SCH_2COO\end{matrix}Ba\downarrow + 2H_2NCONH_2$

④ $Ba\begin{matrix}SCH_2COO\\SCH_2COO\end{matrix}Ba + 2NH_4HCO_3 \longrightarrow 2HSCH_2COONH_4 + 2BaCO_3\downarrow$

三、主要仪器和药品

烧杯(100 ml、200 ml、250 ml)、电动搅拌器、电热套、吸滤瓶(500 ml)、布氏漏斗、移液管(2 ml、5 ml)、温度计(0 ~ 100℃)、量筒(100 ml)、托盘天平、玻璃水泵或真空泵、锥形瓶(250 ml)。

氯乙酸、硫脲、氢氧化钡、碳酸钠、碳酸氢铵、氨水(质量分数 10%)、醋酸(质量分数 100%)、醋酸镉(质量分数 10%)。

四、实验内容

①称取氯乙酸 20 g 于 100 ml 烧杯中,加入 40 ml 蒸馏水,搅拌使氯乙酸全部溶解,缓慢加入碳酸钠进行中和,待产生的泡沫减少时,注意测试溶液的 pH 值,使其控制在 7 ~ 8,静置、澄清。

②称取硫脲 25 g 于 200 ml 烧杯中,加入 100 ml 蒸馏水,加热到 50℃左右,搅拌待硫脲全部

溶解后，将澄清的氯乙酸钠溶液加入，在 60℃左右保温 30 min。抽滤，滤液弃去，沉淀用少量去离子水洗涤后抽滤。

③称取氢氧化钡 70 g 于 250 ml 烧杯中，加入 170 ml 去离子水，加热并间歇搅拌使之全部溶解，将上述粉状沉淀物慢慢加入，使料液在 80℃下保温 3 h，间歇搅拌，防止沉淀下沉，趁热过滤，含有脲素的碱性滤液经酸性氧化剂处理后排放。用去离子水洗涤沉淀物 3 ~ 5 次，抽滤吸干，得白色二硫代二乙酸钡白色粉状物。

④称取碳酸氢铵 40 g 于 200 ml 烧杯中，加入 100 ml 去离子水，开动电动搅拌器，同时将二硫代二乙酸钡分散投入，再搅拌 10 min，静置 1 h 后过滤，得到玫瑰红色滤液，即为巯基乙酸铵溶液。此时，巯基乙酸铵质量分数一般在 13% ~ 14%，可得 100 ~ 200 ml 产品。

⑤称取碳酸氢铵 30 g 于 200 ml 烧杯中，加入 40 ml 去离子水，将④的滤渣加入，搅拌 15 min，静置 1 h，过滤可得 40 ml 左右巯基乙酸铵溶液，质量分数 4% ~ 5%。

五、分析方法及结果处理

定性分析方法如下：

将 2 ml 样品加水稀释至 10 ml，加入 5 ml 质量分数 10% 醋酸，摇匀，加 2 ml 质量分数 10% 醋酸镉，摇匀。此时如果有巯基乙酸铵，则生成白色胶状物。加入质量分数 10% 氨水，摇匀，则白色胶状物溶解。

六、思考题

①硫酸 – 钡盐水解法制巯基乙酸铵需用哪些原料？写出制备主要工序的化学反应。

②所用的原料是否有腐蚀性和毒性？实验中如何对待？

实验 14　珠光剂乙二醇硬脂酸酯的合成

一、实验目的

①掌握乙二醇硬脂酸酯的合成方法。

②了解乙二醇硬脂酸酯的性质及用途。

二、实验原理

1. 主要性质和用途

乙二醇硬脂酸酯(glycol stearate)主要用作洗发香波的珠光剂，同时它对头发也有一定的调理作用。珠光是由于乙二醇硬脂酸酯在适当条件下形成的高折光指数的细小片状结晶产生的。产品的珠光效果不仅与加入量有关，而且与操作过程有关，在 60℃左右，减慢降温过程有助于形成较大的晶体。有些生产厂家也将产品配制成高浓度珠光浆出售。乙二醇单硬脂酸酯和双硬脂酸酯都能产生很好的珠光，因此，目前市场上这两种产品都作为珠光剂出售。乙二醇双硬脂酸酯是凝固点在 60 ~ 70℃的白色或淡黄色蜡状固体，乙二醇单硬脂酸酯的凝固点在

55 ~ 65℃。工业品乙二醇硬脂酸酯是单硬脂酸酯和双硬脂酸酯的混合物，只是哪一组分含量更高一些。据介绍乙二醇双硬脂酸酯比乙二醇单硬脂酸酯的性能好。产品指标包括外观(白色或淡黄色)、酸值(≤5 或 10 mg $KOH \cdot g^{-1}$)和凝固点。

2.合成原理

酯的合成方法很多，乙二醇硬脂酸酯 可以方便地由乙二醇和硬脂酸在酸催化下直接合成。由于是可逆反应，并且使用的醇、酸及产品的沸点都比水高得多，所以在反应过程中，可不断地将生成的水排出反应体系而加快反应进程，提高反应转化率。通 N_2 或减压，不但可以加速水分的排出，而且可以减少氧化等副反应。

乙二醇是二元醇，因此，在乙二醇与酸按近似等摩尔投料时，产物中的乙二醇单、双酯的摩尔比近似 2:1。反应方程式为

$$C_{17}H_{35}COOH + HOCH_2CH_2OH \xrightarrow{-H_2O} C_{17}H_{35}COOCH_2CH_2OH + C_{17}H_{35}COOCH_2CH_2OOCC_{17}H_{35}$$

反应温度一般控制在 160 ~ 180℃，常用的催化剂有浓硫酸或对甲基苯磺酸等，如使用浓硫酸，反应温度应低一些，否则可能有较多的副产物。

三、主要仪器和药品

三口烧瓶、分水器、球形冷凝管、温度计(0 ~ 200℃)、电动搅拌器、电热套、托盘天平。

硬脂酸、乙二醇、对甲基苯磺酸(PTSA)、氮气。

四、实验内容

在装有搅拌器、温度计、分水器和氮气导管的 250 ml 的三口烧瓶中，加入 80 g(0.28 mol)硬脂酸、18 g(0.29 mol)乙二醇、0.5 g PTSA，缓慢通 N_2，加热，物料熔化后，开动搅拌器，在 165 ~ 175℃下反应 2 ~ 3 h ，待酸值达到要求后，降温到 80℃，迅速出料，将产品倒入一浅盘中，凝固成蜡状固体。

五、注意事项

①原料应使用工业一级硬脂酸，其碘值在 2 以下，有助于得到浅色产品。

②由于反应温度接近乙二醇沸点(198℃)，如果在反应初期 N_2 流速很快，将使部分乙二醇带出。如果采用减压脱水，更要注意。

③使用对甲基苯磺酸和磷酸的 1:1 混合物为催化剂，效果也很好。但对甲基苯磺酸易从空气中吸水而潮解，潮解后用于反应，易使产品着色。

④也可在无 N_2 保护下进行，反应温度应适当降低(160℃)，并延长反应时间。

⑤产品可以进行水洗，洗去催化剂和未反应的乙二醇等水溶性物质，并有助于使产品颜色变浅。在反应降温到 90℃时(必须低于 100℃，否则将非常危险)，加入 50 ml 90℃的热水，快速搅拌几分钟，然后将混合物倒入适当的容器中，静置分层，产品在上层凝固后取出。在加水洗涤前也可加 2 ~ 3 ml 质量分数 30%的双氧水(应特别小心，要在老师指导下进行)洗涤。

六、思考题

①乙二醇硬脂酸酯还有哪些合成路线和合成方法？为什么工业上采用本实验的方法？

②乙二醇硬脂酸酯可以用于哪些产品配方？在配方中的主要作用是什么？

实验 15　洗发香波的配制

一、实验目的

①掌握配制洗发香波的工艺。

②了解洗发香波中各组分的作用和配方原理。

二、实验原理

1.主要性质和分类

洗发香波(shampoo)是洗发用化妆洗涤用品，是一种以表面活性剂为主的加香产品。它不但有很好的洗涤作用，而且有良好的化妆效果。在洗发过程中不但去油垢、去头屑，不损伤头发、不刺激头皮、不脱脂，而且洗后头发光亮、美观、柔软、易梳理。

洗发香波在液体洗涤剂中产量居第三位。其种类很多，所以其配方和配制工艺也是多种多样的。可按洗发香波的形态、特殊成分、性质和用途来分类。

按香波的主要成分表面活性剂的种类，可将洗发香波分成阴离子型、阳离子型、非离子型和两性离子型。

按不同发质可将洗发香波分为通用型、干性头发用、油性头发用和中性洗发香波等产品。

按液体的状态可分为透明洗发香波、乳状洗发香波、胶状洗发香波等。

按产品的附加功能，可制成各种功能性产品，如去头屑香波、止痒香波、调理香波、消毒香波等。

在香波中添加特种原料，改变产品的性状和外观，可制成蛋白香波、菠萝香波、草莓香波、黄瓜香波、啤酒香波、柔性香波、珠光香波等。

还有具有多种功能的洗发香波，如兼有洗发护发作用的“二合一”香波，兼有洗发、去头屑、止痒功能的“三合一”香波等。

2.配制原理

现代的洗发香波已突破了单纯的洗发功能，成为洗发、洁发、护发、美发等化妆型的多功能产品。

在对产品进行配方设计时要遵循以下原则:①具有适当的洗净力及柔和的脱脂作用。②能形成丰富而持久的泡沫。③具有良好的梳理性。④洗后的头发具有光泽、潮湿感和柔顺性。⑤洗发香波对头发、头皮和眼睑要有高度的安全性。⑥易洗涤、耐硬水，在常温下洗发效果应最好。⑦用洗发香波洗发，不应给烫发和染发操作带来不利影响。

在配方设计时，除应遵循以上原则外，还应注意选择表面活性剂，并考虑其配伍性良好。主要原料要求:①能提供泡沫和去污作用的主表面活性剂，其中以阴离子表面活性剂为主。②能增进去污力和促进泡沫稳定性，改善头发梳理性的辅助表面活性剂，其中包括阴离子、非离子、两性离子型表面活性剂。③赋予香波特殊效果的各种添加剂，如去头屑药物、固色剂、稀释剂、螯合剂、增溶剂、营养剂、防腐剂、染料和香精等。

3.主要原料

洗发香波的主要原料由表面活性剂和一些添加剂组成。表面活性剂分主表面活性剂和辅助表面活性剂两类。主剂要求泡沫丰富，易扩散、易清洗，去垢性强，并具有一定的调理作用。

辅剂要求具有增强稳定泡沫作用,洗后头发易梳理、易定型、光亮、快干,并具有抗静电等功能,与主剂具有良好的配伍性。

常用的主表面活性剂有:阴离子型的烷基醚硫酸盐和烷基苯磺酸盐,非离子型的烷基醇酰胺(如椰子油酸二乙醇酰胺等)。常用的辅助表面活性剂有:阴离子型的油酰氨基酸钠(雷米邦)、非离子型的聚氧乙烯山梨醇酐单酯(吐温)、两性离子型的十二烷基二甲基甜菜碱等。

香波的添加剂主要有:增稠剂烷基醇酰胺、聚乙二醇硬脂酸酯、羧甲基纤维素钠、氯化钠等。遮光剂或珠光剂硬脂酸乙二醇酯、十八醇、十六醇、硅酸铝镁等。香精多为水果香型、花香型和草香型。螯合剂最常用的是乙二胺四乙酸钠(EDTA)。常用的去头屑止痒剂有硫、硫化硒、吡啶硫铜锌等。滋润剂和营养剂有液体石蜡、甘油、聚氧乙烯山梨醇酰单酯、羊毛酯衍生物、硅酮等。还有胱氨酸、蛋白酸、水解蛋白和维生素等。

三、主要仪器和药品

电炉、水浴锅、电动搅拌器、温度计(0~100℃)、烧杯(100 ml、250 ml)、量筒(10 ml、100 ml)、托盘天平、玻璃棒、滴管。

脂肪醇聚氧乙烯醚硫酸钠(AES)、脂肪醇二乙醇酰胺(尼诺尔)、硬脂酸乙二醇酯、十二烷基苯磺酸钠(ABS-Na)、十二烷基二甲基甜菜碱(BS-12)、聚氧乙烯山梨醇酐单酯、羊毛酯衍生物、柠檬酸、氯化钠、香精、色素。

四、实验内容

1.配方

配方见表4.1,同学们可自选。

表4.1　洗发香波的参考配方　质量分数/%

名　称	活性物	配方1	配方2	配方3	配方4
脂肪醇聚氧乙烯醚硫酸钠(AES)	70	8.0	15.0	9.0	4.0
脂肪酸二乙醇酰胺(6501、尼诺尔)	70	4.0		4.0	4.0
十二烷基二甲基甜菜碱(BS-12)	30	6.0		12.0	
十二烷基苯磺酸钠(ABS-Na)	30				15.0
硬脂酸乙二醇酯				2.5	
聚氧乙烯山梨醇酐单酯(吐温)	50		90		
柠檬酸		适量	适量	适量	适量
苯甲酸钠		1.0	1.0		
NaCl		1.5	1.5		
色素		适量	适量	适量	适量
香精		适量	适量	适量	适量
去离子水		余量	余量	余量	余量
		调理香波	透明香波	珠光调理香波	透明香波

2.操作步骤

①将去离子水称量后加入250 ml烧杯中,将烧杯放入水浴锅中加热至60℃。

②加入AES控温在60~65℃,并不断搅拌至全部溶解。

③控温 60～65℃，在连续搅拌下加入其他表面活性剂至全部溶解，再加入羊毛酯、珠光剂或其他助剂，缓慢搅拌使其溶解。

④降温至 40℃以下加入香精、防腐剂、染料、螯合剂等，搅拌均匀。

⑤测 pH 值，用柠檬酸调节 pH 值为 5.5～7.0。

⑥接近室温时加入食盐调节到所需黏度，并用黏度计测定香波的黏度。

五、注意事项

①用柠檬酸调节 pH 值时，柠檬酸需配成质量分数 50%的溶液。

②用食盐增稠时，食盐需配成质量分数 20%的溶液。加入食盐的质量分数不得超过 3%。

③加硬脂酸乙二醇酯时，温度控制在 60～65℃，且慢速搅拌，缓慢冷却。否则体系则无珠光。

六、思考题

①洗发香波配方的原则有哪些？

②洗发香波配制的主要原料有哪些？为什么必须控制香波的 pH 值？

③可否用冷水配制洗发香波？如何配制？

七、附：洗发香波常用配方

1.透明液体香波

透明液体香波是最流行的一类香波，一般黏度较低，选择组分时，必须考虑在低温下仍能保持清澈透明。

配方 1：

名　　称	质量分数/%
质量分数 33%三乙醇胺月桂基硫酸盐	45
椰子单乙醇酰胺	2
香精、色素、防腐剂	适量
蒸馏水	加至 100%

配方 2：

名　　称	质量分数/%
月桂基氨基丙酸	10
质量分数 33%三乙醇胺月桂基硫酸盐	25
椰子油酸二乙醇酰胺	2.5
乳酸	调 pH 至 4.5～5.0
香精、色素、防腐剂	适量
蒸馏水	加至 100%

2.液露香波

液露香波也称为液体乳状香波，它与透明液体香波的主要区别是组成中含有一定量的不透明组分。如脂肪酸金属盐或乙二醇酯等。

配方 3：

名　　称	质量分数/%
月桂基硫酸钠	25
聚乙二醇(400)二硬脂酸酯	5
硬脂酸镁	2
脂肪酸烷醇酰胺、香精	适量
蒸馏水	加至 100

配方 4:

名　　称	质量分数/%
质量分数 30%月桂基硫酸钠	20
椰子油酸二乙醇酰胺	5
蛋黄	1
氯化钠	0.25
磷酸	调 pH 值为 7.5~8.0
香精、色素、防腐剂	适量
蒸馏水	加至 100

3. 儿童香波

儿童香波应采用极温和的表面活性剂，使其具有温和的除油污作用，不刺激皮肤和眼睛。常用两性表面活性剂和磺基琥珀酸衍生物，一般质量分数 10%，不加香，pH 值为 6.8~7.3。

配方 5:

名　　称	质量分数/%
质量分数 30%3-椰子酰胺基丙基二甲基甜菜碱	17.1
质量分数 65%三癸醚硫酸盐 4,4-E_tO	8.3
聚氧乙烯(100)山梨糖醇单月桂酸酯	7.5
色素、防腐剂	适量
蒸馏水	加至 100

4. 膏状香波及胶凝香波

常使用高浓度月桂基硫酸钠或其他在室温下难溶解、而高于室温又能溶解的表面活性剂。为增加稠度，需加少量硬脂酸钠或皂类。

配方 6:

名　　称	质量分数/%
月桂基硫酸钠	20
椰子单乙醇酰胺	1
单丙二醇硬脂酸酯	2
硬脂酸	5
苛性钠	0.75
香精、色素、防腐剂	适量
蒸馏水	加至 100

配方 7:

名　　称	质量分数/%
浓 MironolC_2M	15
质量分数 40%三乙醇胺月桂基硫酸盐	25

椰子二乙醇酰胺	10
羟丙基甲基纤维素	1
香精、防腐剂等	适量
蒸馏水	加至 100

5.抗头屑和药物香波

上述各类香波均可以添加适当药物,制成具有一定功效的药物香波。

配方 8:

名　　称	含量分数/%
三乙醇胺月桂基硫酸盐	15
月桂酸二乙醇酰胺	3
抗菌剂	0.5~10
色素、香精	适量
蒸馏水	加至 100

实验 16　护发素的配制

一、实验目的

①了解护发素的成分。

②掌握护发素的配制方法。

二、实验原理

1.主要性质

护发素(hair-protecting agent)又称护发剂润丝膏、膏状漂洗剂或头发调理剂,是一种发用化妆品,外观呈乳膏状。

2.配制原理

护发素主要组分是阳离子表面活性剂。阳离子表面活性剂能吸附于毛发表面,形成一层薄膜,从而使头发柔软,并赋予自然光泽,还能抑制静电产生,减少脱发和脆断作用,易于梳理。膏体应细腻,不分离,稀释液不刺激皮肤和眼睛。其基本配方如下:

名　　称	质量分数/%
1631(十六烷基三甲基溴化铵)	4
十八醇	2
硬脂酸单甘油酯	1
三乙醇胺	1
脂肪醇聚氧乙烯醚	1
甘油	3
香料	适量
去离子水	余量

三、主要仪器和药品

电炉、烧杯(200 ml)、玻璃棒、托盘天平。

1631、十八醇、硬脂酸单甘油酯、三乙醇胺、脂肪醇聚氧乙烯醚、香料、甘油。

四、实验内容

取 4 g 1631、2 g 十八醇、1 g 硬脂酸单甘油酯、88 ml 去离子水于 200 ml 烧杯中，搅拌溶解后，加入已经加热的 1 g 三乙醇胺，1 g 脂肪醇聚氧乙烯醚，3 g 甘油和少量香料，搅拌均匀，冷却即得产品。

五、注意事项

①溶解缓慢时可微热。
②产品同学们可带回试用。

六、思考题

护发素的护发原理是什么？

七、附：护发素配方

质量分数/%

名　称	配方 1	配方 2
烷基二甲基苄基氯化铵	5.0	
烷基二甲基氯化铵	3.0	3.0
丙二醇		4.5
十六醇		3.5
乙醇	5.0	
尼泊金甲酯	0.2	0.2
香精、色素	适量	适量
去离子水	加至 100	加至 100
	透明护发素	乳液护发素

实验 17　浴用香波的配制

一、实验目的

①掌握浴用香波的配方原理和配制方法。
②了解浴用香波各组分的作用。

二、实验原理

1. 主要性质

浴用香波(bathing shampoo)也叫沐浴液，属皮肤清洁剂的一种。

浴用香波有真溶液、乳浊液、胶体和喷雾剂型等多种产品。高档产品有称为浴奶、浴油、浴露、浴乳等。有时产品中还加入各种天然营养物质，还有的加入各种药物，使产品具有多种功能。

2.配制原理

浴用香波的主要原料是合成的低刺激的表面活性剂和一些泡沫丰富的烷基硫酸酯盐及烷基醇酰胺等表面活性剂。

大部分产品使用多种添加剂,以便得到满意的综合性能。常用的助剂主要有:①螯合剂(乙二胺四乙酸钠是最有效的螯合剂,除此之外还有柠檬酸、酒石酸等);②增泡剂(浴用香波要求有丰富和细腻的泡沫,对泡沫的稳定性也有较高的要求);③增稠剂;④珠光剂;⑤滋润剂;⑥缓冲剂;⑦维生素;⑧色素;⑨香精等。

浴用香波和洗发香波在配方结构和设计原则上有许多相似之处,但也有差别。例如,产品对人体的安全性仍然是第一位的原则。洗涤过程首先应不刺激皮肤、不脱脂。洗涤剂在皮肤上的残留物对人体不发生病变,没有遗传病理作用等。产品应有柔和的去污力和适度的泡沫。要求产品具有与皮肤相近的 pH 值,中性或微酸性,避免对皮肤的刺激。另外对产品要求既有去污作用又不脱脂是不可能的。所以在配方时不用脱脂性强的原料,最好加入一些对皮肤有加脂和滋润作用的辅料,使产品更加完美。还可添加一些具有疗效、柔润、营养性的添加剂,使产品增加功能,提高档次。香气和颜色也是一个重要的选择性指标,要求产品香气纯正、颜色协调,使其应用过程真正成为一种享受,用后留香并给人以身心舒适感。配方中还要考虑加入适量的防腐剂、抗氧剂、紫外线吸收剂等成分。总之,要综合考虑各种要求和相关因素,使配制的产品满足更多的消费者的需求。

三、主要仪器和药品

电炉、水浴锅、电动搅拌器、温度计(0~100℃)、烧杯(100 ml、250 ml)、量筒(10 ml、100 ml)、托盘天平、滴管、玻璃棒。

十二醇硫酸三乙醇胺盐(质量分数 40%)、醇醚硫酸盐(质量分数 70%)、月桂酰二乙醇胺、甘油-软脂酸酯、羊毛酯衍生物、丙二醇、椰子基二乙醇酰胺、柠檬酸、脂肪酰胺烷基甜菜碱、乙醇酰胺、壬基酚基醚(4)硫酸钠、双十八烷基二甲基氯化铵、尼诺尔。

四、实验内容

1.配方

配方见表 4.2。

2.操作步骤

按配方要求将去离子水加入烧杯中,加热使温度达到 60℃,边搅拌、边加入难溶的醇醚硫酸钠,待全部溶解后再加入其他表面活性剂,并不断搅拌,温度控制在 60℃左右。然后再加入羊毛酯衍生物,停止加热,继续搅拌 30 min 以上。等液温降至 40℃时加入丙二醇、色素、香精等。并用柠檬酸调整 pH 值为 5.0~7.5,待温度降至室温后用氯化钠调节黏度,即为成品。(这里没有固定所用药品,目的是让同学们根据实验条件设计配方)

按配方Ⅲ配制时不需加热,只按顺序加入水中,搅拌均匀即可。

表 4.2 给出的配方中,配方Ⅰ为盆浴浴剂,配方Ⅲ、Ⅳ为淋浴浴剂,配方Ⅱ既可盆浴用,也可淋浴用。

用罗氏泡沫仪测定香波的泡沫性能。

五、注意事项

①配方中高浓度表面活性剂的溶解，必须将其慢慢加入水中，而不是把水加入表面活性剂中，否则会形成黏度极大的团状物，导致溶解困难。

②产品同学们可带回试用。

表 4.2　浴用香波配方　质量分数/%

名　称	配方Ⅰ	配方Ⅱ	配方Ⅲ	配方Ⅳ
AES(质量分数 70%)	33.0	12.0	4.0	
尼诺尔(质量分数 70%)	3.0			
十二醇硫酸三乙醇胺盐(质量分数 40%)		20.0		
硬脂酸乙二醇酯		2.0	2.0	
月桂酰二乙醇胺		5.0		6.0
甘油软脂酸酯		1.0		
十二烷基二甲基甜菜碱(BS-12 质量分数 30%)			6.0	15.0
乙醇酰胺			1.5	
聚氧乙烯油酸盐			1.0	
双十八烷基二甲基氯化铵				2.5
壬基酚基醚(4)硫酸钠(质量分数 70%)			15.0	
羊毛酯衍生物(质量分数 50%)		2.0	5.0	
丙二醇		5.0		
柠檬酸(质量分数 20%)	适量	适量	适量	0.3
氯化钠	2.5	2.0	适量	适量
香精、防腐剂、色素	适量	适量	适量	适量
去离子水	加至 100	加至 100	加至 100	加至 100

六、思考题

①浴用香波各组分的作用是什么?

②浴用香波配方设计的主要原则有哪些?

实验 18　洗洁精的配制

一、实验目的

①掌握洗洁精的配制方法。

②了解洗洁精各组分的性质和配方原理。

二、实验原理

1.主要性质和用途

洗洁精(cleaning mixture)又叫餐具洗涤剂或果蔬洗涤剂，洗洁精是无色或淡黄色透明液体。主要用于洗涤碗碟和水果蔬菜。特点是去油腻性好、简易卫生、使用方便。洗洁精是最早出现的液体洗涤剂，产量在液体洗涤剂中居第二位，世界总产量为 2×10^6 kt·a^{-1}。

2.配制原理

设计洗洁精的配方结构时，应根据洗涤方式、污垢特点、被洗物特点及其他功能要求，具体可归纳为以下几条：

(1)基本原则

①对人体安全无害。

②能较好地洗净并除去动植物油垢，即使对黏附牢固的油垢也能迅速除去。

③清洗剂和清洗方式不损伤餐具、灶具及其他器具。

④用于洗涤蔬菜和水果时，无残留物，不影响其外观和原有风味。

⑤手洗时，产品发泡性良好。

⑥消毒洗涤剂能有效地杀灭有害菌，而不危害人的安全。

⑦产品长期贮存稳定性好，不发霉变质。

(2)配方结构特点

①洗洁精应制成透明状液体，要设法调配成适当的浓度和黏度。

②设计配方时，一定要充分考虑表面活性剂的配伍效应，以及各种助剂的协同作用。如阴离子表面活性剂烷基聚氧乙烯醚硫酸酯盐与非离子表面活性剂烷基聚氧乙烯醚复配后，产品的泡沫性和去污力均好。配方中加入乙二醇单丁醚，则有助于去除油污。加入月桂酸二乙醇酰胺可以增泡和稳泡，可减轻对皮肤的刺激，并可增加介质的黏度。羊毛酯类衍生物可滋润皮肤。调整产品黏度主要使用无机电解质。

③洗洁精一般都是高碱性，主要为提高去污力和节省活性物，并降低成本。但 pH 值不能大于 10.5。

④高档的餐具洗涤剂要加入釉面保护剂，如醋酸铝、甲酸铝、磷酸铝酸盐、硼酸酐及其混合物。

⑤加入少量香精和防腐剂。

(3)主要原料

洗洁精都是以表面活性剂为主要活性物配制而成的。手工洗涤用的洗洁精主要使用烷基苯磺酸盐和烷基聚氧乙烯醚硫酸盐，其活性物的质量分数为 10%～15%。

三、主要仪器和药品

电炉、水浴锅、电动搅拌器、温度计(0～100℃)、烧杯(100 ml、150 ml)、量筒(10 ml、100 ml)、托盘天平、滴管、玻璃棒。

十二烷基苯磺酸钠、脂肪醇聚氧乙烯醚硫酸钠、椰子油酸二乙醇酰胺、壬基酚聚氧乙烯醚、乙醇、甲醛、乙二胺四乙酸、三乙醇胺、香精、pH 试纸、苯甲酸钠、氯化钠、硫酸。

四、实验内容

1.配方

配方见表 4.3，同学们可自选。

2.操作步骤

①将水浴锅中加入水并加热，烧杯中加入去离子水加热至 60℃左右。

②加入 AES 并不断搅拌至全部溶解,此时水温要控制在 60~65℃。

③保持温度 60~65℃,在连续搅拌下加入其他表面活性剂,搅拌至全部溶解为止。

④降温至 40℃以下加入香精、防腐剂、螯合剂、增溶剂,搅拌均匀。

⑤测溶液的 pH 值,用硫酸调节 pH 值为 9~10.5。

⑥加入食盐调节到所需黏度。调节之前应把产品冷却到室温或测黏度时的标准温度。调节后即为成品。

表 4.3　洗洁精配方　　质量分数/%

名　　称	配方Ⅰ	配方Ⅱ	配方Ⅲ	配方Ⅳ
ABS-Na(质量分数 30%)		16.0	12.0	16.0
AES(质量分数 70%)	16.0		5.0	14.0
尼诺尔(质量分数 70%)	3.0	7.0	6.0	
OP-10(质量数 70%)		8.0	8.0	2.0
EDTA	0.1	0.1	0.1	0.1
乙醇		6.0	0.2	
甲醛			0.2	
三乙醇胺				4.0
二甲基月桂基氧化胺	3.0			
二甲苯磺酸钠	5.0			
苯甲酸钠	0.5	0.5		0.5
氯化钠	1.0			1.5
香精、硫酸	适量	适量	适量	适量
去离子水	加至 100	加至 100	加至 100	加至 100

五、注意事项

①AES 应慢慢加入水中。

②AES 在高温下极易水解,因此溶解温度不可超过 65℃。

六、思考题

①配制洗洁精有哪些原则。

②洗洁精的 pH 值应控制在什么范围?为什么?

实验 19　餐具洗涤剂脱脂力的测定

一、实验目的

①掌握餐具洗涤剂脱脂力的测定方法。

②了解餐具洗涤剂脱脂力的应用。

二、实验原理

脱脂力(洗净率)是餐具洗涤剂(简称餐洗剂)最主要的指标,通过脱脂力的测定,可帮助人们筛选餐洗剂的最佳配方。

将标准油污涂在已称重的玻璃载片上,用配好的一定浓度的餐洗剂溶液进行洗涤,干燥后称重,即可通过下式计算脱脂力(用质量分数表示)。

$$w = \frac{B - C}{B - A} \times 100\%$$

式中 A——未涂油污的载玻片质量,g;

B——涂油污后的载玻片质量,g;

C——洗涤后干燥载玻片质量,g。

三、主要仪器和药品

脱脂力测定装置(图 4.1)、玻璃载片(6 枚)、1/10 000 天平、称量瓶、载玻片支架、镊子、脱脂棉球、容量瓶(1 000 ml)、小烧杯(100 ml)。

标准油污(将植物油 20 g、动物油 20 g、油酸 0.25 g、油性红 0.1 g、氯仿 60 ml 混合均匀即可)、无水氯化钙、硫酸镁($MgSO_4 \cdot 7H_2O$)、无水乙醇、餐具净涤剂。

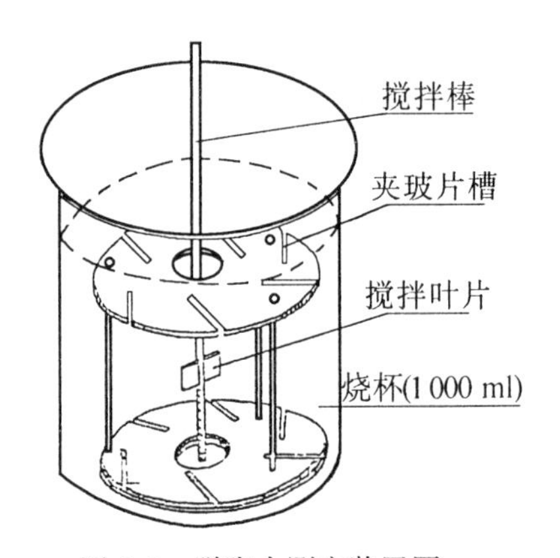

图 4.1 脱脂力测定装置图

四、实验内容

1.玻璃载片油污的涂制

将 6 枚载玻片用酒精洗净,待干燥后称重,准确到 0.000 1 g。

将每一枚载玻片浸入(20 ± 1)℃的油污中,至 55 mm 高处,约 3 s 取出,并将载玻片下沿附着积存的油污用滤纸吸净,立即放在玻片架上在(30 ± 2)℃条件下干燥 1 h,称重,准确到 0.000 1 g。

2.硬水的配制

根据我国水质情况,参照洗涤剂去污力测定方法,采用 250×10^{-6}的硬水,钙镁离子比为 6:4进行配制。

称取无水氯化钙 0.165 g、硫酸镁($MgSO_4 \cdot 7H_2O$)0.247 g,用蒸馏水稀释至 1 L,即为 250×10^{-6}的硬水。

3.洗涤剂溶液的配制

称取 10 g 洗涤剂,用 250×10^{-6}的硬水稀释至 1 L 待用。

4.脱脂实验

将制好的油污载玻片小心放入脱脂力测定装置的支架上。取 700 ml 配制好的洗涤剂溶液倒入测定仪的烧杯中,在(30 ± 2)℃(或室温下)的条件下,洗涤 3 min(搅拌转数控制在 250 $r \cdot min^{-1}$)。

倒出洗涤液,另取蒸馏水 700 ml,在相同条件下漂洗 1 min。

取出载玻片,挂在支架上,室温下干燥一昼夜,称重。准确到 0.000 1 g。

5.平均脱脂力计算

取六枚载玻片脱脂力的平均值即为该餐洗剂的平均脱脂力。

$$平均脱脂力 = \frac{\sum_{i=1}^{6}(w_i)}{6}$$

五、注意事项

①称量时应按顺序编号,以防混淆。

②洗涤温度应保持在(30±2)℃。

六、思考题

①操作过程中,能否用手指直接接触载玻片？为什么？

②经漂洗后的载玻片为什么要在室温下放置一昼夜后再称重？

实验20　通用液体洗衣剂的配制

一、实验目的

①掌握配制通用液体洗衣剂的工艺。

②了解各组分的作用和配方原理。

二、实验原理

1.主要性质和分类

通用液体洗衣剂(liquid detergent)为无色的或淡蓝色均匀的黏稠液体,是液体洗涤剂的一种,易溶于水。

液体洗涤剂是仅次于粉状洗涤剂的第二大类洗涤制品。因为液体洗涤剂具有诸多显著的优点,所以洗涤剂由固态向液态发展是一种必然趋势。最早出现的液体洗衣剂是不加助剂的或加很少助剂的中性液体洗衣剂,基本属于轻垢型,这类液体洗衣剂的配方技术比较简单。而后出现的重垢液体洗衣剂,其中虽有不加助剂的,但更多的是加洗涤助剂的。重垢型液体洗衣剂中的表面活性物含量比较高,加入的助剂种类也比较多,配方技术比较复杂。

液体洗衣剂除了上述两种外,还有织物干洗剂,它是无水洗衣剂,专门用于洗涤毛呢、丝绸、化纤等高档衣物。另外还有预去斑剂,用于衣物局部(如领口、袖口)的重垢洗涤。还有织物漂白剂、柔软整理剂、消毒洗衣剂等。

上述液体洗衣剂是按其用途分类设计的。其中用量最大的是重垢液体洗衣剂,其次是轻垢液体洗衣剂。本实验主要研究这两种类型的洗衣剂,我们称其为通用液体洗衣剂。

2.配方设计原理

设计这种洗衣剂时首先考虑的是洗涤性能,既要有较强的去垢力,还不得损伤衣物。其次要考虑的是经济性,既要工艺简单、配方合理,还要价格低廉。再次要考虑的是产品的适用性,既要适合我国的国情和人民的洗涤习惯,还要考虑配方的先进性等。总之要通过合理的配方设计,使制得的产品性能优良而成本低廉,且有广阔的市场。

液体洗衣剂的配方主要由以下几部分组成:

(1)表面活性剂

液体洗衣剂中使用最多的是烷基苯磺酸钠,但国外已基本上实现了液体洗衣剂原料向醇系表面活性剂的转向。以脂肪醇为起始原料的各种表面活性剂广泛用于衣用液体洗涤剂中,包括脂肪醇聚氧乙烯醚、脂肪醇硫酸酯盐、脂肪醇聚氧乙烯醚硫酸酯盐等。在阴离子表面活性剂中,α - 烯基磺酸盐被认为是最有前途的活性物。高级脂肪酸盐已是公认的液体洗衣剂原料。在非离子表面活性剂中,烷基醇酰胺也是重要的一种。

(2)洗涤助剂

液体洗衣剂常用的助剂主要有:①螯合剂。最常用的、性能最好的是三聚磷酸钠,但它的加入会使洗衣剂变浑浊,并会污染水体,近年来逐渐被淘汰。乙二胺四乙酸二钠对金属离子的螯合能力最强,而且可使溶液的透明度提高,但价格较高。②增稠剂。常用的有机增稠剂为天然树脂和合成树脂,聚乙二醇酯类等。无机增稠剂用氯化钠或氯化铵。③助溶剂。常用的增溶剂或助溶剂除烷基苯磺酸钠外还有低分子醇或尿素。④溶剂。常用的溶剂是软化水或去离子水。⑤柔软剂。常用的柔软剂主要是阳离子型和两性离子型(在一般洗衣剂中不用)。⑥消毒剂。目前大量使用的仍是含氯消毒剂,如次氯酸钠、次氯酸钙、氯化磷酸三钠、氯铵 T、二氯异氰尿酸钠等(一般洗衣剂中不用)。⑦漂白剂。常用的漂白剂有过氧酸盐类,如过硼酸钠、过碳酸钠、过碳酸钾、过焦磷酸钠等(一般洗衣剂中不用)。⑧酶制剂。常用的有淀粉酶、蛋白酶、脂肪酶等。酶制剂的加入可提高产品的去污力。⑨抗污垢再沉降剂。常用的有羧甲基纤维素钠、硅酸钠等。⑩碱剂。常用的有纯碱、小苏打、乙醇胺、氨水、硅酸钠、磷酸三钠等。⑪香精。⑫色素等。

我们可以根据上述各种表面活性剂和洗涤助剂的性能和配制产品的要求,选取不同的数量进行复配。

本实验设计了几个通用液体洗衣剂的配方,同学们可根据实验原材料和仪器情况,选做其中一个或两个。

三、主要仪器和药品

电炉、水浴锅、电动搅拌器、烧杯(100 ml、250 ml)、量筒(10 ml、100 ml)、滴管、托盘天平、温度计(0 ~ 100℃)。

十二烷基苯磺酸钠[ABS - Na(质量分数 30%)]、椰子油酸二乙醇酰胺[尼诺尔、FFA(质量分数 70%)]、壬基酚聚氧乙烯醚[OP - 10(质量分数 70%)]、食盐、纯碱、水玻璃[Na_2SiO_3(质量分数 40%)]、五钠(STPP)、香精、色素、pH 试纸、脂肪醇聚氧乙烯醚硫酸钠[AES(质量分数 70%)]、硫酸(质量分数 10%)。

四、实验内容

1.配方

配方见表 4.4。

2.操作步骤

①按配方将蒸馏水加入 250 ml 烧杯中,再将烧杯放入水浴锅中,加热使水温升到 60℃,慢慢加入 AES,并不断搅拌,至全部溶解为止。搅拌时间约 20 min,在溶解过程中,水温控制在 60 ~ 65℃。

②在连续搅拌下依次加入 ABS-Na、OP-10、尼诺尔等表面活性剂，一直搅拌至全部溶解为止，搅拌时间约 20 min，保持温度在 60~65℃。

③在不断搅拌下将纯碱、二甲苯磺酸钾、荧光增白剂、STPP、CMC 等依次加入，并使其溶解，保持温度在 60~65℃。

④停止加热，待温度降至 40℃以下时，加入色素、香精等，搅拌均匀。

⑤测溶液的 pH 值，并用磷酸调节反应液的 pH≤10.5。

⑥降至室温，加入食盐调节黏度，使其达到规定黏度。本实验不控制黏度指标。

表 4.4 液体洗衣剂配方 质量分数/%

名 称	A	B	C	D
ABS-Na（质量分数 30%）	20.0	30.0	30.0	10.0
OP-10（质量分数 70%）	8.0	5.0	3.0	3.0
尼诺尔（质量分数 70%）	5.0	5.0	4.0	4.0
AES(质量分数 70%）			3.0	3.0
二甲苯磺酸钾			2.0	
BS-12				2.0
荧光增白剂			0.1	0.1
Na_2CO_3	1.0		1.0	
Na_2SiO_3(质量分数 40%）	2.0	2.0	1.5	
STPP		2.0		
NaCl	1.5	1.5	1.0	2.0
色素	适量	适量	适量	适量
香精	适量	适量	适量	适量
CMC（质量分数 5%）				5.0
去离子水	加至 100	加至 100	加至 100	加至 100

五、注意事项

①按次序加料，必须使前一种物料溶解后再加后一种。

②温度按规定控制好，加入香精时的温度必须小于 40℃，以防挥发。

③制得的产品由同学带回试用。

六、思考题

①通用液体洗衣剂有哪些优良的性能?

②通用液体洗衣剂配方设计的原则有哪些?

③通用液体洗衣剂的 pH 值是怎样控制的? 为什么?

实验 21 洗衣膏的制备

一、实验目的

①掌握洗衣膏的配制方法。

②了解洗衣膏中各组分的作用。

二、实验原理

1.主要性质

洗衣膏(detergent paste)又名浆状洗涤剂，是一种膏状洗衣用品。洗衣膏外观为白色或着色细腻膏体，要求固体物质量分数在 50% ~ 60%，贮存稳定性好，40℃以下贮存 48 h 不分层，质量分数 1%水溶液 pH≤10.5，去污力大于指标洗衣粉。由于洗衣膏生产设备简单、节约能源、使用方便而受到很大重视，产品发展较快。

2.配制原理

洗衣膏由起降低表面张力及起渗透、乳化等作用的表面活性剂和助洗剂组成，助洗剂有抗污垢再沉积剂、PVP、CMC、CMS、软水剂、三聚磷酸钠、柠檬酸钠、Na_2SiO_3、$NaHCO_3$、Na_2CO_3、NaCl 等组成。硅酸钠与碳酸氢钠反应产生胶态二氧化硅，使膏体黏稠，无机盐吸收水分对膏体黏度也有很重要的作用。典型配方如下：

名 称	质量分数/%
烷基苯磺酸	10
脂肪醇聚氧乙烯醚(AEO_9)	3
脂肪醇硫酸钠(K12)	2
NaOH(质量分数 30%)	6
羧甲基纤维素(CMC)	2
水玻璃(Na_2SiO_3)	15
$NaHCO_3$	3
Na_2CO_3	5
三聚磷酸钠(五钠)	15
NaCl	3
水	36

三、主要仪器和药品

烧杯(50 ml、200 ml)、水浴锅、温度计(0 ~ 100℃)、托盘天平、电动搅拌器。

烷基苯磺酸、脂肪醇聚氧乙烯醚、脂肪醇硫酸钠(质量分数 30%)、氢氧化钠、羧甲基纤维素、水玻璃、碳酸氢钠、碳酸钠、三聚磷酸钠、氯化钠、K12。

四、实验内容

1.CMC 的溶解

将 2 g CMC、15 g 水加入 200 ml 烧杯中，浸泡 30 min，搅拌均匀，待用。

2. K12 的溶解

另取 50 ml 烧杯，加入 2 g K12、17 g 去离子水，放入水浴锅中加热溶解。

3. 洗衣膏的配制

将 10 g 烷基苯磺酸、3 g AEO_9 加入配制好的 K12 溶液中，在水浴锅上加热并搅拌溶解，控温在(60 ± 5)℃，加入 6 g NaOH、配好的 CMC 溶液、15 g 水玻璃、3 g $NaHCO_3$(注意 $NaHCO_3$ 要分批少量加入，并不断搅拌)、15 g 三聚磷酸钠、3 g NaCl 搅匀，在搅拌下冷却到室温即得成品。

4. 质量标准

质量分数 1% 产品水溶液 pH≤10.5，泡沫≥150 mm，去污力大于指标洗衣粉。贮藏稳定性好，在 40℃以下贮存 48 h 不分层。白色或着色膏体，泡沫丰富，无异味。

五、思考题

①洗衣膏中各组分有什么作用？

②$NaHCO_3$ 可否在加水玻璃前加入？为什么？

③洗衣膏的膏体黏稠靠什么？

4. 影响洗衣膏膏体稳定的因素有哪些？

附：洗衣膏配方

名　　称	质量分数/%	
	配方 1	配方 2
烷基苯磺酸钠	14.0	10.0
脂肪醇聚氧乙烯醚	—	2.0
脂肪酸单乙醇胺缩合物	—	1.0
烷基酚聚氧乙烯醚	—	1.0
三聚磷酸钠	14.0	14.0
碳酸钠	3.5	3.0
醇醚硫酸钠	—	1.0
硅酸钠	4.5	4.0
羧甲基纤维素	1.0	15
乙醇	1.0	1.0
香精、色素	适	适
氯化钠	2.5	2.5
水	余	余

实验 22　雪花膏的制备

一、实验目的

①了解雪花膏的配制原理和各组分的作用。

②掌握雪花膏的配制方法。

二、实验原理

1. 主要性质

雪花膏(vanishing cream)是白色膏状乳剂类化妆品。乳剂是指一种液体以极细小的液滴分散于另一种互不相溶的液体中所形成的多相分散体系。雪花膏涂在皮肤上,遇热容易消失,因此,被称为雪花膏。

2. 配制原理和护肤机理

雪花膏通常是以硬脂酸皂为乳化剂的水包油型乳化体系。水相中含有多元醇等水溶性物质,油相中含有脂肪酸、长链脂肪醇、多元醇脂肪酸酯等非水溶性物质。当雪花膏被涂于皮肤上,水分挥发后,吸水性的多元醇与油性组分共同形成一个控制表皮水分过快蒸发的保护膜,它隔离了皮肤与空气的接触,避免皮肤在干燥环境中由于表皮水分过快蒸发导致的皮肤干裂。也可以在配方中加入一些可被皮肤吸收的营养性物质。

多年来,雪花膏的基础配方变化不大,它包括硬脂酸皂(质量分数 3.0% ~ 7.5%)、硬脂酸(质量分数 10% ~ 20%)、多元醇(质量分数 5% ~ 20%)、水(质量分数 60% ~ 80%)。配方中,一般控制碱的加入量,使皂的质量分数占全部脂肪酸的质量分数 15% ~ 25%。

我国轻工业部雪花膏的标准是:理化指标要求包括膏体耐热、耐寒稳定性,微碱性 pH≤8.5,微酸性 pH 值为 4.0 ~ 7.0;感官要求包括色泽、香气和膏体结构(细腻,擦在皮肤上应润滑、无面条状、无刺激)。

三、主要仪器和药品

烧杯(250 ml)、电动搅拌器、温度计、显微镜、托盘天平、电炉、水浴锅。

硬脂酸、单硬脂酸甘油酯、十六醇、白油、丙二醇、氢氧化钠、香精、防腐剂、精密 pH 试纸。

四、实验内容

1. 配方

名称	质量分数/%
硬脂酸	15.0
单硬脂酸甘油酯	1.0
白油	1.0
十六醇	1.0
丙二醇	10.0
KOH	0.6
NaOH	0.05
香精	适量
防腐剂	适量
水	加至 100

2. 配制

按配方中的量分别称量硬脂酸、单硬脂酸甘油酯、白油、十六醇和丙二醇,将称量好的原料加入 250 ml 烧杯中，水和碱称量后加入另一 250 ml 烧杯中。分别加热至 90℃，使物料熔化、溶解均匀。装水的烧杯在 90℃下保持 20 min 灭菌。然后在搅拌下将水慢慢加入油相中，继续搅拌，当温度降至 50℃时，加入防腐剂。降温至 40℃后，加入香精，搅拌均匀。静置、冷却至室温。调整膏体的 pH 值，使其在要求的范围内。

五、注意事项

①加入少量 NaOH，有助于增大膏体黏度，也可以不加。

②降温至 55℃以下，继续搅拌使油相分散更细，加速皂与硬脂酸结合形成结晶，出现珠光现象。

③降温过程中，黏度逐渐增大，搅拌带入膏体的气泡不易逸出，因此，黏度较大时，不易过分搅拌。

④使用工业一级硬脂酸，可使产品的色泽及储存稳定性提高。

六、思考题

①配方中各组分的作用是什么？

②配方中硬脂酸的皂化百分率是多少？

③配制雪花膏时，为什么必须两个烧杯中药品分别配制后再混合到一起？

附：雪花膏配方

名　称	质量分数/%	
原料名称	配方 1	配方 2
硬脂酸	20.0	13.0
鲸蜡醇	0.5	1.0
硬脂醇	—	0.9
甘油硬脂酸单酯	—	1.0
矿物油	—	0.5
橄榄油	—	1.0
甘油	8.0	4.0
尼泊金异丙酯	适量	0.2
苛性钠	0.36	—
苛性钾	—	0.4
三乙醇胺	1.20	—
香料	适量	适量
蒸馏水	加至 100	加至 100

第五编　香　　料

香料多为具有令人愉快之香气的有机化合物，属于精细化学品范畴。精细有机合成的发展，不仅引起香料合成方法的变革，也促进了香料工业的不断发展。香料由于其原料来源广，合成、提取的方法和工艺多，应用面宽，所以其品种非常之多。到目前为止，世界上香料的品种已达 5 000 种，常用品种有 500 种左右。我国已能生产的香料品种也已有 500 种之多，但经常生产的只有 200 多种，其中有 50 多种出口并在国际市场上享有较高声誉。

香料的分类方法有多种，按其来源可分为天然香料和人造香料。使用物理的或化学的方法从天然植物中分离出的香料混合物称为天然香料；由天然的或化学的原料经过物理 - 化学反应改变原料的组成和结构合成的，或通过物理 - 化学方法分离出来的具有芳香气味的化合物称为人造香料。

天然香料通常是含有多种芳香成分的混合物，其主要成分有：萜烯类、芳香烃类、醇类、醛类、酮类、醚类、酯类和酚类等。天然香料根据原料不同，又分为植物性香料和动物性香料两类。天然香料可以直接使用，也可进一步加工成人造香料。

人造香料包括单离香料和合成香料两类。单离香料是从天然香料中用物理和化学方法分离出来的，具有固定化学结构的成分。合成香料是以某些单体为原料，通过化学方法合成的香料。人造香料是单体香料，必须经过调配后才能使用。

香料的香气在很大程度上取决于它的分子碳架结构。分子中不饱和键的存在，对香气质量有很大影响。带正构碳链的香料和带碳支链的同系物不同，有叔碳原子存在时尤为明显。

香料分子中官能团的存在和位置对香气类型和强弱有影响。引入羟基常会使化合物的香气减弱。香料分子的异构体对香气强度有很大的影响。

在合成香料的制造过程中经常涉及诸如氧化、还原、氢化、酯化、醇解（酯交换）、硝化、缩合、烷基化、氢卤化、水合、脱水、异构化等一些有机合成单元反应。

本编将通过一些有机合成单元反应，合成几种工业上应用较多的香料：苯甲醇、肉桂醛、乙酸苄酯、β - 萘甲醚、香豆素等。

实验 23　苯甲醇的合成

一、实验目的

①掌握由氯苄水解制苯甲醇的合成原理和合成方法。

②掌握苯甲醇的分离方法及真空蒸馏方法。

③学习用阿贝折光仪测定产品折光率的方法。

二、实验原理

1. 主要性质和用途

苯甲醇（benzyl alcohol），别名苄醇，结构式为 $C_6H_5-CH_2OH$ 。本品为无色液体，具有微弱的花香，沸点 205℃，密度 1.041 9(20℃)，折光率 1.539 2(20℃)。

苯甲醇是一种极有用的定香剂，是茉莉、月下香等香型调制时不可缺少的香料。既可用于配制香皂、日用化妆香料，又可供药用和合成化学工业用。由于苯甲醇能缓慢地自然氧化，一部分生成苯甲醛和苄醚，故不宜久存。市售产品常带有杏仁香味，即一部分苄醇已氧化为苯甲醛。

2.合成原理

苯甲醇的合成方法较多，本实验采用苯氯甲烷水解的方法制备苯甲醇，反应式如下：

主反应

$$2\,C_6H_5CH_2Cl + K_2CO_3 + H_2O \longrightarrow 2\,C_6H_5CH_2OH + 2KCl + CO_2\uparrow$$

副反应

①由于苯氯甲烷中有二氯化物杂质存在，在水解时生成苯甲醛

$$C_6H_5CHCl_2 + K_2CO_3 + H_2O \longrightarrow C_6H_5CHO + 2KCl + CO_2\uparrow$$

②苯氯甲烷和苯甲醇在碱存在下相互作用生成二甲苯醚

$$C_6H_5CH_2Cl + C_6H_5CH_2OH \xrightarrow{OH^-} C_6H_5CH_2-O-CH_2C_6H_5 + HCl$$

三、主要仪器和药品

三口烧瓶(250 ml)、电动搅拌器、温度计(0～100℃、0～200℃)、球形冷凝管、真空蒸馏装置、滴液漏斗(60 ml)、电热套、阿贝折光仪、分液漏斗。

苯氯甲烷、碳酸钾、四乙基溴化铵水溶液(质量分数 50%)、亚硫酸氢钠、乙醚。

四、实验内容

在装有电动搅拌器的三口烧瓶中加入 100 ml 碳酸钾水溶液(11 g 碳酸钾溶于 100 ml 去离子水中)和 2 ml 质量分数 50%的四乙基溴化铵水溶液，加几粒沸石，装上球形冷凝管和滴液漏斗，在滴液漏斗中装 10.1 g 苯氯甲烷。开动搅拌器，用电热套加热至回流，并将苯氯甲烷滴入三口烧瓶中。滴加完毕后，继续搅拌加热回流，直至油层不再沉到瓶底(暂停搅拌观察)，此时苯氯甲烷的气味消失，则可认定反应已完成①。

停止加热，冷却到 30～40℃②，将反应液转移到分液漏斗中，分出油层。将碱液层用 30 ml 乙醚分三次萃取。萃取液和粗苯甲醇溶液合并后加入 0.7 g 亚硫酸氢钠，稍加搅拌，并用去离子水洗涤数次至不呈碱性为止。分去水层，得到粗苯甲醇。再用无水硫酸镁或碳酸钾除去粗苯甲醇中所混有的水分。

① 反应时间在 1.5～2.0 h，若不加相转移催化剂(四乙基溴化铵)，反应需 6～8 h 完成。
② 温度过低，碱析出，给分离带来困难。

在真空蒸馏装置中加入无水透明的苯甲醇－乙醚溶液。先在热水浴上常压蒸出乙醚，取33～35℃馏分。然后进行减压蒸馏，在 1.333×10^3 Pa(10 mmHg)下，收集(90±3)℃的馏分即为所制备的苯甲醇产品。用阿贝折光仪测产品的折光率。

五、注意事项

①因苯氯甲烷可溶解橡胶，水解装置各接口应为玻璃磨口。
②真空蒸馏装置必须密闭，不得漏气。
③水泵连接要牢固，以防损坏。
④苯氯甲烷有强烈的催泪作用，流泪时不能揉搓，应尽快脱离环境。

六、思考题

①还有哪些合适的方法制苯甲醇？写出反应方程式。
②本实验用碳酸钾作为苯氯甲烷的碱性水解试剂，有何优点？
③粗苯甲醇中为什么加亚硫酸氢钠？写出反应方程式。

实验 24　肉桂醛的合成

一、实验目的

①学习由苯甲醛和乙醛在碱性条件下经 Claissn－Schmidr 缩合反应制取肉桂醛的原理和方法。
②进一步熟悉减压蒸馏的基本操作。

二、实验原理

1.主要性质和用途

肉桂醛(Cinnamaldehyde)，学名苯丙烯醛，桂醛，桂皮醛，其结构式为 C_6H_5—CH═CHCHO。肉桂醛是淡黄色油状液体，具有强烈的新鲜肉桂、药辛香气；在空气中易氧化成桂酸。熔点－7.5℃，沸点 253℃，相对密度 1.0497(20℃/4℃)，折光率 1.619 5，溶于醇、醚。氯仿，微溶于水。

肉桂醛是重要的合成香料，主要用于调制素馨、铃兰、玫瑰等日用香精，也用于食品香料，除用于调味品类、甜酒等，还用于苹果、樱桃等香精。同时还是医药的中间体。

2.合成原理

肉桂醛的合成方法是由苯甲醛和乙醛在稀碱条件下经 Claissn-Schmidr 缩合反应制得。化学反应式为

$$C_6H_5\text{—CHO} + CH_3CHO \xrightarrow{OH^-} C_6H_5\text{—CH═CHCHO}$$

从上式可以看出，原料和产品都是醛类，若反应控制不好，在碱性条件下，这三种各自或彼

此之间都会发生缩合、聚合等副反应,主要有:①合成肉桂醛再与乙醛缩合产生高沸点物5-苯基-2,4-戊二烯醛,所以要少加乙醛来加以防止,如若有少许产生,可以在分馏时除去。②苯甲醛或肉桂醛的自身缩合或聚合,这些高沸点物也可分馏掉。③只有乙醛自身缩合生成4个或8个以上碳原子的化合物,其沸点高低不同,分布很广,难以用分馏除去,所以应严格控制反应条件,尽量降低这类缩合聚合物的生成。

三、主要仪器和药品

四口烧瓶(250 ml)、球形冷凝管、减压蒸馏装置、电动搅拌机、温度计(0~200℃)、滴液漏斗(60 ml)、分液漏斗(250 ml)、烧杯(100 ml、250 ml)等。

苯甲醛、乙醛(质量分数33%)、氢氧化钠(质量分数50%)、苯。

四、操作步骤

在装有电动搅拌机、球形冷凝管、滴液漏斗和温度计的250 ml四口烧瓶中,加入26.6 g苯甲醛和50 ml水,于20℃加入20 ml质量分数50%的氢氧化钠溶液,加入10 ml苯,在剧烈搅拌下,从滴液漏斗中快速滴加13 ml质量分数33%的乙醛溶液。控温20℃快速搅拌反应4 h。将反应物倒入分液漏斗中,静止分层,将水层放掉,苯层加少量浓盐酸中和至pH值为7,分出水层。苯层减压蒸馏,蒸出苯和苯甲醛,收集130℃(20 mmHg)馏分,得肉桂醛。

用阿贝折光仪测定产品的的折光率。

五、注意事项

①温度要控制在20℃,必要时可用冰水冷却。

②滴加乙醛溶液时要快速加完。

③反应应快速搅拌。

六、思考题

①为什么反应的温度要控制在20℃?

②反应快速搅拌的目的是什么?

③用苯甲醛和乙醛在碱性条件下制备肉桂醛的反应,还有哪些副反应发生?

实验25 乙酸苄酯的合成

一、实验目的

①学习乙酸苄酯合成的原理和合成方法。

②掌握乙酸苄酯的分离技术和分离方法。

③学习用阿贝折光仪测定折光率来确定产品的名称和纯度的方法。

二、实验原理

1.主要性质和用途

乙酸苄酯(benzyl acetate),别名醋酸苯甲酯或苯甲酸乙酯,结构式为

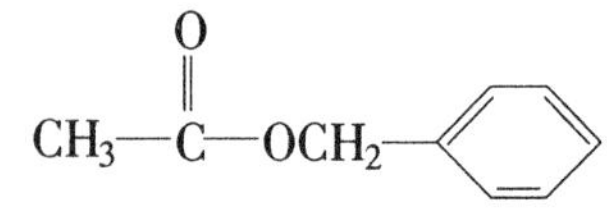

$$CH_3-\overset{\overset{O}{\|}}{C}-OCH_2-C_6H_5$$

乙酸苄酯是一种无色液体，具有水果香和茉莉花香气，气味清甜。密度 1.056 3(18℃)，沸点 216℃，折光率 1.503 2(20℃)，可作皂用和其他工业用香精，对花香和幻想型香精的香韵具有提升作用，故常在茉莉、白兰、月下香、水仙等香精中大量使用，也可少量用于生梨、苹果、香蕉、桑葚子等食用香精中。

2. 合成原理

酯化反应是醇和羧酸相互作用以制取酯类化合物的重要方法之一。

$$ROH + R'COOH \xrightleftharpoons{H^+} R'COOR + H_2O$$

此法又称直接酯化法。一般需要在少量催化剂存在的条件下，将醇和羧酸加热回流，常用的酸性催化剂有硫酸、盐酸等。但是，这个反应进行得很慢，为提高酯的产率，必须使反应向右进行，一般用恒沸法或加合适的脱水剂把反应中所生成的水去掉；另一方法是在反应时加过量的醇或酸，以改变反应达到平衡时反应物和产物的组成。

乙酸苄酯合成的反应式为

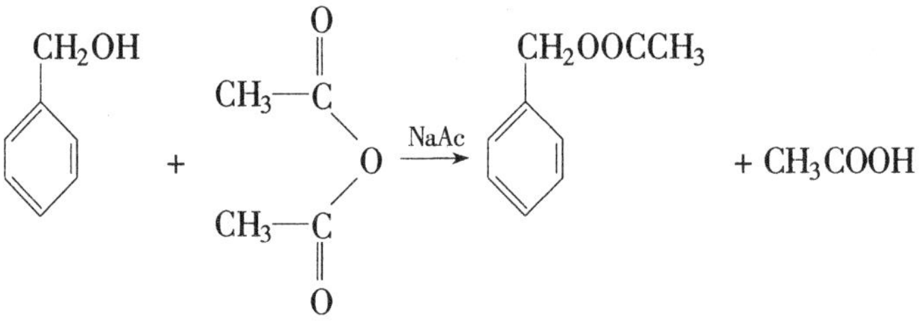

$$C_6H_5CH_2OH + (CH_3CO)_2O \xrightarrow{NaAc} C_6H_5CH_2OOCCH_3 + CH_3COOH$$

三、主要仪器和药品

四口烧瓶(250 ml)、电动搅拌器、温度计(0～200℃)、球形冷凝器、真空蒸馏装置、阿贝折光仪、电热套、分离漏斗(125 ml)。

苯甲醇、乙酸酐、碳酸钠(质量分数 15%)、无水醋酸钠、无水氯化钙、氯化钠(质量分数 15%)、硼酸。

四、实验内容

在 250 ml 四口烧瓶中加入 30 g 苯甲醇、30 g 乙酸酐和 1 g 无水醋酸钠，搅拌升温至 110 ℃，回流 4～6 h。反应物降温后，在搅拌下慢慢加入质量分数 15%的碳酸钠，直至无气泡放出为止，然后将有机相用质量分数 15%的氯化钠洗涤至中性。分出有机相，用少量无水氯化钙干燥粗产品。

在粗产品中加入少量硼酸减压(1.87 kPa)蒸馏，收集 98～100℃的馏分，即得产品。产品称重，计算产率，并测其折光率进行检验。

五、注意事项

①乙酸酐有强烈的腐蚀性和刺激性，操作时要小心。

②用碳酸钠溶液洗涤粗产品时要在搅拌下慢慢加入，以免大量 CO_2 放出，冲料。

六、思考题

①乙酸苄酯的合成方法有哪几种，试比较各种方法的优缺点。
②减压蒸馏操作中应注意哪些问题。

实验 26　β－萘甲醚的合成

一、实验目的

①学习制取烷基芳基醚的合成原理和合成方法。
②掌握固态物质减压蒸馏和重结晶等分离的原理和提纯技术。

二、实验原理

1. 主要性质和用途

β－萘甲醚（β－naphthol methyl ether），别名：甲基－β－萘基醚、2－甲氧基萘、2－萘甲醚、橙花醚。其结构式为（2-萘基—O—CH_3）。本品是一种白色片状晶体，具有浓郁的橙花香气。熔点 72～73℃，沸点 274℃，易升华。它广泛用于花香型香精中，尤其在皂用香精和花露水中常常使用。

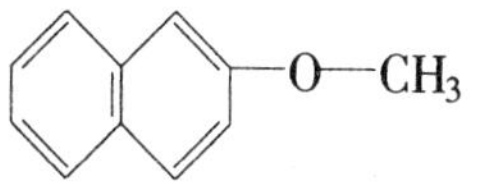

2. 合成原理

醚可以看作是两分子醇之间失去一分子水生成的化合物，因而也可以说是羟基化合物（醇、酚、萘酚等）中羟基的氢被烃基取代的衍生物。若醚中的两个基团相同，则该醚称为单醚或对称醚；若两个基团不同，则称为混醚或不对称醚。

醚的制备方法有三种：

①威廉森（A. W. Willamson）合成法，此法是指醇盐和卤代烷的反应，其反应式为

$$ROM + R'X \longrightarrow R—O—R' + MX$$

式中　R、R′——烷基或芳基；
X——I、Br、Cl；
M——K、Na。

②在酸催化下醇分子间失水，即指在浓硫酸作用下，由醇制备对称醚的方法，如

$$2ROH \xrightarrow{H_2SO_4} R—O—R + H_2O$$

③烷氧汞化——去汞法。

本实验采用方法②，即在硫酸存在下，由β－萘酚和甲醇相互作用而得。

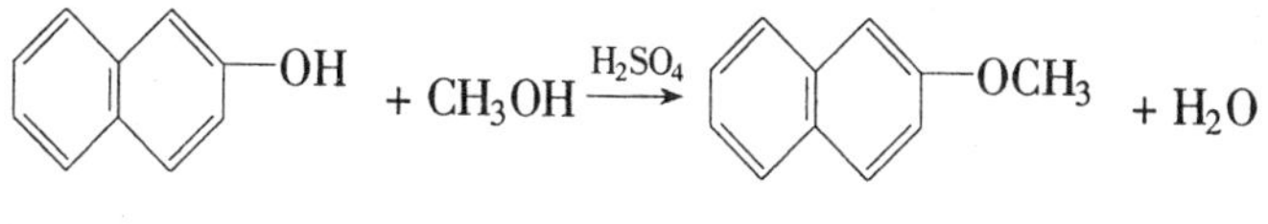

$$\text{(2-萘基)—OH} + CH_3OH \xrightarrow{H_2SO_4} \text{(2-萘基)—OCH}_3 + H_2O$$

三、主要仪器和药品

四口烧瓶（250 ml）、温度计（0～200℃）、球形冷凝管、布氏漏斗、吸滤瓶、真空蒸馏装置、空气冷凝管、电吹风机、电热套、玻璃水泵或真空泵、烧杯（200 ml）、滴液漏斗（60 ml）。

β－萘酚、甲醇、浓 H_2SO_4、氢氧化钠溶液(质量分数 10%)。

四、实验内容

在装有温度计、球形冷凝管、滴液漏斗的 250 ml 四口烧瓶中加入 30 ml 无水甲醇和24.2 g β－萘酚，微热。待 β－萘酚溶解后，用滴液漏斗滴入5.4 ml 的浓硫酸，从滴加开始注意三口烧瓶内温度的变化。当浓硫酸加完后，加热回流，从回流开始每 5 min 记录一次温度(注意回流的气液面高度要一致)。当回流到 4～6 h，回流温度变化较小时，即可认为反应结束。此时，将反应液倒入已经预热到 50℃左右的盛 90 ml 质量分数 10%的氢氧化钠溶液的烧杯中，在热的碱水中物料呈油状物，在冷却过程中，要用玻璃棒充分搅拌，尤其是当一出现凝固的沙粒状时，要快速搅拌，否则固体的颗粒过大。将凝固成均匀沙粒状的反应混合物冷至室温，用抽滤瓶抽滤。然后用 90 ml 质量分数 10%氢氧化钠溶液冲洗沙粒状固体，并用去离子水冲洗，抽滤至滤液呈中性，然后将固体放在小烧杯中在 40～45℃下干燥(温度较高时，固体熔化)。

将充分干燥的粗产品放入连有空气冷凝管的 50 ml 蒸馏烧瓶中，进行减压蒸馏，收集沸点 160～180℃/2.66×10^3 Pa(20 mmHg)的馏分。注意用热风机吹空气冷凝管。馏出液凝固后为带有浅黄色固体，用 100 ml 乙醇重结晶，精制得白色片状晶体。称重，并计算产率。

五、注意事项

①甲醇毒性大，操作要注意。

②易燃药品要注意安全。

③浓硫酸加入要缓慢，并使之均匀。

④无论用乙醇还是甲醇，加热的温度都要在沸点以下。

⑤未反应的 β－萘酚可以部分回收。将分出粗产品后的碱性滤液用硫酸小心酸化至刚果红试纸变紫色(此时呈酸性)，析出 β－萘酚的沉淀，过滤、干燥，称重，并从原料中减去。

六、思考题

①制备 β－萘甲醚还有哪些方法？写出反应式。

②后处理为什么用热的氢氧化钠溶液？其目的何在？

③为什么用热风机吹空气冷凝管？

④回收未反应的 β－萘酚对产率是否有影响？

实验 27　香豆素的合成

一、实验目的

①掌握珀金(W.Perkin)反应原理和芳香族羟基内脂的制备方法。

②进一步掌握真空蒸馏的原理、操作技术及空气冷凝管的使用方法。

③熟练掌握重结晶的操作技术。

二、实验原理

1. 主要性质和用途

香豆素（coumarin），学名邻羟基桂酸内脂（1，2 – benzopyrone），可买林，其结构式为 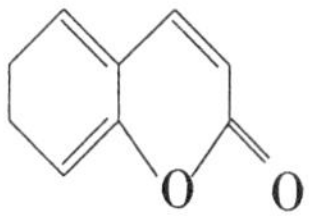 。本品是一种具有黑香豆浓重香味及巧克力气息的白色结晶物。密度 0.935（20℃），熔点 68 ~ 70℃，沸点 297 ~ 299℃。

香豆素常用在紫罗兰、素心兰、葵花、兰花等日用化妆品及香皂、香精中。不溶于冷水，溶于热水、乙醇、乙醚和氯仿中。

2. 合成原理

芳香醛与脂肪酸酐在碱性催化剂作用下进行缩合，生成 β – 芳基丙烯酸类化合物的反应，称为珀金缩合成应。所使用的碱催化剂一般是与所用脂肪酸酐相应的脂肪酸碱金属盐。香豆素最初就是利用珀金缩合反应，用水杨醛与醋酸酐在醋酸钠存在下一步反应得到的，它是香豆酸的内酯

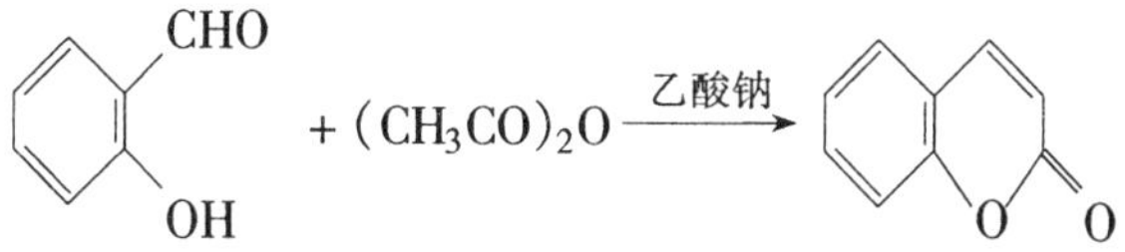

$$\text{(水杨醛)} + (CH_3CO)_2O \xrightarrow{\text{乙酸钠}} \text{(香豆素)}$$

要注意这个内脂是由顺式的香豆酸反应得到的。一般在香豆酸反应中，产物总是产生反式的，两个大的集团 HOC_6H_4—和—COOH，它们分别置于双键的两侧，但是反式的不能生成内脂，因此环内脂的形成可能是促使产生顺式异构体的一个原因。事实上在本反应中，也得到少量反式香豆酸，但不能进行内脂环化

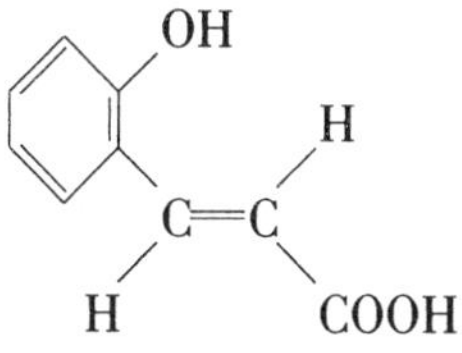

反式香豆酸 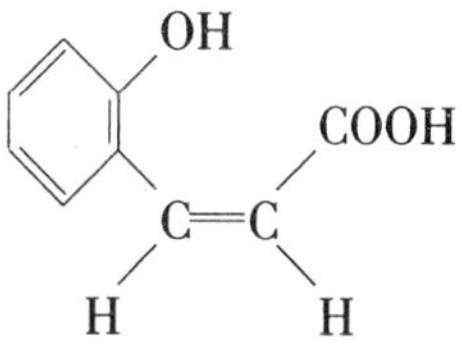　　　　顺式香豆酸

其反应历程为

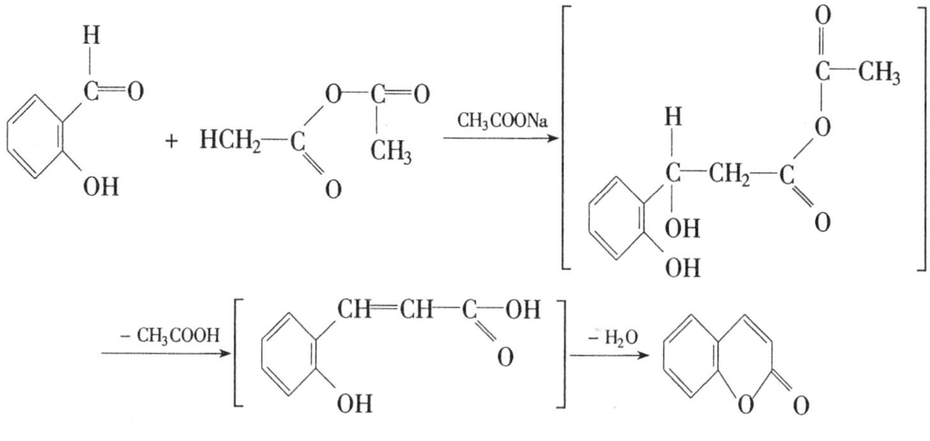

$$\text{(水杨醛)} + HCH_2—C(=O)—O—C(=O)—CH_3 \xrightarrow{CH_3COONa} [\,C_6H_4(OH)—CH(OH)—CH_2—C(=O)—O—C(=O)—CH_3\,]$$

$$\xrightarrow{-CH_3COOH} [\,C_6H_4(OH)—CH{=}CH—C(=O)—OH\,] \xrightarrow{-H_2O} \text{(香豆素)}$$

三、主要仪器和药品

三口烧瓶(250 ml)、电动搅拌器、温度计(250℃)、直形冷凝管、米格分馏柱、滴液漏斗(50 ml)、真空蒸馏装置,空气冷凝管,电吹风机,烧杯(200 ml)、真空泵、布氏漏斗、抽滤瓶等。

水杨醛(质量分数 58%)、乙酸酐、碳酸钾、碳酸钠(质量分数 10%)。

四、操作步骤

在装有电动搅拌器、温度计、米格分馏柱(和其相连的直形冷凝管)的 250 ml 三口烧瓶中加入 30 ml 质量分数 58%水杨酸溶液、50 g 乙酸酐、2 g 碳酸钠及沸石后加热至沸,控制馏出物温度在 120 ~ 125℃之间,此时反应物温度在 180℃左右。当无馏出物时,将体系稍冷再分三次加入 25 g 乙酸酐后加热,馏出温度仍控制在 120 ~ 125℃,继续加热,当反应物温度升至 210℃时停止加热,反应结束,趁热将反应物倒入烧杯,用质量分数 10 碳酸钠洗至产物的 pH = 7。

在真空蒸馏装置中加入上述粗品,进行真空蒸馏,先蒸出前馏分,然后在 1.33×10^3 ~ 1.9998×10^3 Pa(10 ~ 15 mmHg)条件下取 140 ~ 150℃馏分,即为香豆素。再将香豆素用 1:1 热乙醇水溶液重结晶两次,得白色晶体即为纯品。称重,并计算产率。

五、注意事项

①实验前玻璃仪器要烘干。

②空气冷凝管要短,并用电吹风机吹。

六、思考题

①制香豆素有几种方法?

②反应物温度对产物有何影响?

③副反应产生什么物质?

④用什么方法可提高香豆素的产率?

第六编　农　　药

农药是重要的精细化学品，它在保护农作物，防治病虫、草害，消灭卫生害虫（蚊、蝇、鼠），改善人类生存环境，控制疾病，提高高质量产品等方面发挥着重要作用。

农药是指用于防治农作物病虫害的杀菌剂、杀虫剂、杀鼠剂、除草剂和植物生长调节剂。家具用的和非农耕地用的杀虫剂、杀鼠剂及杀菌剂也都属于农药。能消灭病、虫、草害的化学物质很多，但可以作为农药使用的，必须是对人、畜、作物、水生生物和昆虫天敌是无害的，而且要求使用方便、质量稳定、价格适宜。

衡量一种农药质量优劣有多项标准，但最主要的是安全性和药效，而安全性是首要的，故新农药在注册登记时，必须提交一整套有关安全性的资料。如日本农药，申请注册登记时，必须提交以下资料：

①药效、药害试验结果必须提出 1 种作物 1 种害虫在三个地方 2 年以上（合计 6 地以上）的试验结果。

②毒性、代谢方面，要求提交：a.2 种动物的经口、经皮、皮下（及肌肉）、静脉（及腹腔）投药的急性毒性试验结果；b.亚急性毒性试验结果；c.2 种动物一生中大部分时间的经口投药的慢性毒性试验（同时进行致癌性调查）；d.下一代所受影响的试验结果；e.致突变试验结果；f.农药在生物体内运转变化的试验结果；g.为复查其他安全性而做的试验结果。

③残留试验方面，要求提交：作物残留试验结果；2 处 33 种作物的不同施药时间和次数的组合结果；2 处以上的田间试验及容器内试验（半衰期试验）结果。

④关于对环境的影响试验——对于鱼（鲤鱼、水蚤）、蜜蜂、鸟等的影响试验。

⑤制剂分析法及其研究结果。

⑥注册登记样品及样品检验书。

⑦关于化学成分的资料，包括原药及制剂的物理化学性状等。

由此可见，要达到安全性的要求，开发新品种农药，需要做大量的工作，而且需要有农学、生物、医学、化学、化工等多个学科的协作，才能完成。

6.1　杀虫剂

杀虫剂按其作用方式，可分为胃毒剂、触杀剂、熏蒸剂和内吸性杀虫剂四类。胃毒剂要待昆虫食后中毒死亡。触杀剂要在药剂（固体或乳液、悬浮液）与虫体接触时，才能将昆虫毒死。熏蒸剂应具有足够高的蒸气压，靠其蒸气将昆虫毒死。内吸性杀虫剂一般是相对分子质量不太高、水溶性足够大的药剂，它们能够从作物的叶、茎、根等的表面渗入作物体内，并被传导到害虫栖息的部位。当害虫以刺吸式口器吮吸汁液时，就会中毒死亡。

杀虫剂按结构分类，可分为氯代烃类、磷酸酯类、氨基甲酸酯类和拟除虫菊酯类等。虽上述各类杀虫剂的毒理不尽相同，但都是通过破坏神经系统的生理机能而起作用的。例如，磷酸酯类和氨基甲酸酯类能与胆碱酯酶反应，使胆碱酯酶失去原来的活性。众所周知，乙酰胆碱在传导神经波至末梢神经或随意肌中起重要作用。当副交感神经受到刺激时，末梢神经放出乙酰胆碱,使器官或肌肉受到感应。作用完后,乙酰胆碱在胆碱酯酶的催化下,水解失效,于是器官或肌肉恢复正常,当胆碱酯酶失活时,乙酰胆碱不能水解而积蓄起来,引起神经过度刺激,发生肌肉抽搐而死亡。在人和动物体内,都存在一种对杀虫剂有一定分解能力的解毒酶。当某种杀虫剂的结构适当时,人和高等动物体内的解毒酶对于该杀虫剂的解毒活性,就有可能比在昆虫体内的解毒酶高得多。因此可通过构效关系的研究和筛选试验,开发高效低毒的杀虫剂。

自20世纪40年代开始使用有机合成杀虫剂以来,新开发的杀虫剂迅速增加。实际投放使用的杀虫剂品种逐步更新,有害健康或残留污染严重的品种被淘汰,高效、低毒、低残留或不残留的品种在杀虫剂总消费量中所占的比重不断上升。目前,经常使用的杀虫剂有200多种。

不少杀虫剂在使用了一段时间之后,一定程度上使昆虫产生"抗药性",表现为药效下降。产生抗药性的原因之一,可能是在一个昆虫种群之中,对药剂抵抗力弱的个体,经连年施药后被淘汰,抵抗力强的个体则残存下来,它们互相交配,于是把它们的耐药能力遗传给下一代,使其后代体内的解毒酶的活性不断提高,抗药性也随之增强。采用轮换品种施药和使用复配剂等方法可在一定程度上解决抗药性问题,但在弄清抗药性机理、影响规律及找出有效解决办法之前,对付抗药性问题的权宜之计只能是不断提供新药。因此,无论从保护环境还是保护作物的角度来看,不断开发新的杀虫剂总是很有必要的。

6.2 杀菌剂

农用杀菌剂是指对病原菌起抑菌或杀菌作用,能防治农作物病害的药剂。杀菌剂应对寄主植物无不良影响,对人畜无害,而且在日晒雨淋的自然条件下能保持一段时间的功效。

虫害较易被人及时发现,而病害是多种多样的,且在病害潜伏期间较易被人忽视。当作物发生严重病害时,不仅造成产量的巨大损失,而且使收获物的质量变坏,种子退化。为了防治各种病害,使用了多种多样的杀菌剂。

杀菌剂按其作用效果,可分为保护性杀菌剂、治疗性杀菌剂和铲除性杀菌剂。保护性杀菌剂的作用是抑制病原菌的生长。在病原菌侵入之前,先施药于寄主植物的表面以防感染。治疗性杀菌剂的作用是当病原菌侵入植物后,在病害潜伏期内施药,使菌体的繁殖中断或不能形成新的孢子。铲除性杀菌剂的作用是杀灭已形成的孢子或菌丝体。

杀菌剂又可按它渗入植物体内和传导到其他部位的性能,分为内吸性和非内吸性杀菌剂。内吸性杀菌剂具有内吸、传导的特点,对侵入作物体内或种子胚乳中的病害防治效果较好。但它易诱发抗性菌株,成本较高,对藻菌纲的真菌防效不佳。非内吸性杀菌剂不能或极少能被作物吸收或传导,一般对作物有保护作用兼具疗效。这类抗菌剂不易产生抗性,价格较低廉。

杀菌剂的施药方法,可因防治病害的部位和药剂的性能而不同,例如可采用拌种、喷洒、沟施等方法。

6.3 除草剂

蔓生的杂草使农作物失去大部分的阳光和养分,对农业收成的危害不亚于病虫害。1941年发现2,4-二氯氧乙酸(2,4-D)具有杀草活性之后,经10多年的研究,又陆续开发了一些选择性除草剂如2－甲基－4－氯苯氧乙酸(简称2甲4氯)、敌稗、百草枯等。由于使用除草剂比用机械方法除草节省了大量的劳力,经济效果显著,故从60年代前后开始,除草剂的发展逐步加快。到1979年,除草剂实际应用的品种已在260种以上,全世界除草剂的销售量占各类农药销售总额的40%,成为第一大类农药。

目前对除草剂的作用机理还了解得不够。但可以肯定,现有的除草剂一般是通过对植物的正常生长过程或对光合作用过程的干扰而起作用的。在开发一个新的除草剂时,应尽可能掌握动物和不同种属的植物的生理、代谢过程和细胞组分等方面的知识,利用有关对象生理上的差异,设计出供试验用的目标化合物。

多数除草剂的施药日期距收获期甚远,在环境中较易分解,因此使人畜中毒的危险性相对较低。虽然如此,某些长效除草剂的慢性毒性和残留污染的问题仍然存在。突出的例子是在越南战争期间,美军在南越撒下240 t落叶剂[2,4,5－T(2,4,5－三氯苯氧乙酸)]。两年后发现当地婴儿畸形事件显著增多,这是由于工业产品2,4,5－T中含有剧毒的杂质2,3,7,8－四氯二苯并二噁烷所致。现还发现了一些除草剂有问题,如灭草隆(致癌)、五氯苯酚(鱼毒太高)、阿特拉津、氟乐灵(对土壤有不良影响)、敌草隆(影响下一茬作物的产量)等。目前,为了达到更高效(由每亩施药量数十克以上降至数克)、更高选择性和更安全的目的以及为了解决少数杂草尚无药可除的问题,研制除草剂新品种的工作正在积极进行中。

6.4 植物生长调节剂

植物生长调节剂具有调节植物某些生理机能、改变植物形态、控制植物生长的功能,最终达到增产、优质或有利于收获和贮藏的目的。因此,不同的植物生长调节剂作用于不同的作物可分别达到增进或抑制发芽、生根、花芽分化、开花、结实、落叶或增强植物抗寒、抗旱、抗盐碱的能力,或有利于收获、贮存等目的。

植物生长调节剂的研制开发,一般先从天然产物入手,通过分离某种活性成分和确定化学结构,然后进行合成,或合成一系列结构与已知活性成分相似的化合物,从中筛选出优良的品种。

已经报道的植物生长调节剂的新品种很多,但其中已大规模商品化的为数却很少,除了由于生产成本过高之外,也由于它们在不同气候、土壤等自然条件下药效差别很大的缘故。尽管这样,利用新的植物生长调节剂使农业大幅度增产的潜力还是很大的。

实验28 有机磷杀虫剂对硫磷的合成

一、实验目的

①了解对硫磷的杀虫机理。

②学习用乙醇－酚钠法合成对硫磷的原理和方法。

二、实验原理

1.主要性质和用途

对硫磷(phosphorothionic acid)也叫 1605,其结构为

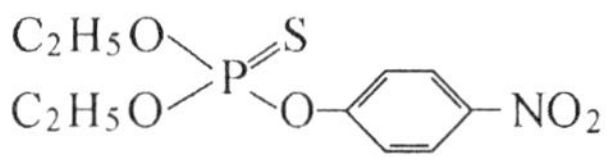

$$\begin{array}{l} C_2H_5O \\ C_2H_5O \end{array} \!\!> P(=S) - O - C_6H_4 - NO_2$$

无色油状液体,工业品带黄色,并略带蒜臭味;不溶于水,可溶于多种有机溶剂;在碱性介质中迅速分解,在中性或微酸性溶液中较稳定,对紫外光和空气均不稳定;熔点 6℃,沸点 375℃,相对密度 1.265 6(25/4℃),折光率 1.537 0(25℃)。

对硫磷为广谱性杀虫剂,具有触杀、胃毒和熏蒸作用,无内吸传导作用,但能渗入植物体内,对植物无药害,残效期约一周。杀虫效果好,高温时杀虫作用显著加快。可用于防治棉花、苹果、柑橘、梨等果树害虫和水稻螟虫、叶蝉等,还可用于拌种防治地下害虫。

2.杀虫机理

有机磷杀虫剂能抑制虫体内的胆碱酯酶。有机磷杀虫剂与胆碱酯酶作用时,主要是与胆碱酯酶的羰基部位发生作用,先生成中间复合物,而后分解生成磷酰酶,其反应为

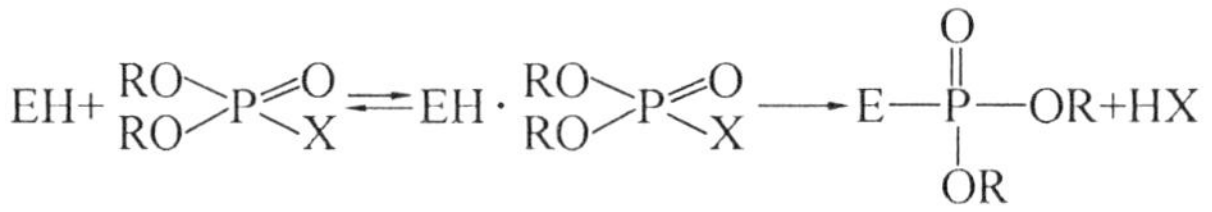

$$EH + \begin{array}{l} RO \\ RO \end{array} \!\!> P \!\! \begin{array}{l} =O \\ \diagdown X \end{array} \rightleftharpoons EH \cdot \begin{array}{l} RO \\ RO \end{array} \!\!> P \!\! \begin{array}{l} =O \\ \diagdown X \end{array} \longrightarrow E - \overset{\overset{O}{\|}}{\underset{\underset{OR}{|}}{P}} - OR + HX$$

磷酰酶水解生成酶和无毒的磷酸酯类,被抑制的酶得到复活。

但生成的磷酰酶比较稳定,所以酶无法复活,使害虫中毒而死。

3.合成原理

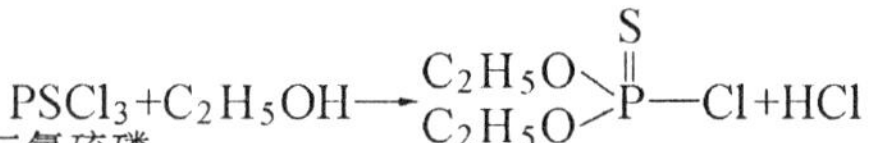

$$\underset{\text{三氯硫磷}}{PSCl_3} + C_2H_5OH \longrightarrow \underset{\text{二乙基硫代磷酰氯}}{\begin{array}{l} C_2H_5O \\ C_2H_5O \end{array} \!\!> \overset{\overset{S}{\|}}{P} - Cl} + HCl$$

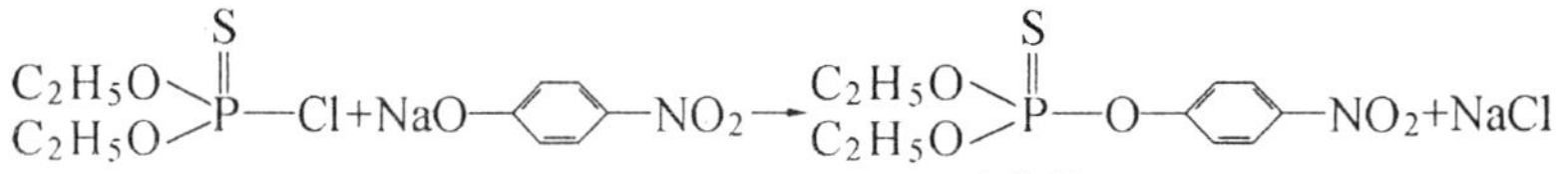

$$\begin{array}{l} C_2H_5O \\ C_2H_5O \end{array} \!\!> \overset{\overset{S}{\|}}{P} - Cl + NaO - C_6H_4 - NO_2 \longrightarrow \underset{\text{对硫磷}}{\begin{array}{l} C_2H_5O \\ C_2H_5O \end{array} \!\!> \overset{\overset{S}{\|}}{P} - O - C_6H_4 - NO_2} + NaCl$$

三、主要仪器和药品

四口烧瓶(100 ml)、球形冷凝管、分液漏斗(125 ml)、电动搅拌机、恒压滴液漏斗(60 ml)、温度计(0~100℃)、烧杯(250 ml、800 ml)、量筒(50 ml、100 ml)、布氏漏斗、抽滤瓶(500 ml)、真空泵或循环水泵。

三氯硫磷、无水乙醇、氢氧化钠、三甲胺、对硝基酚钠、盐酸、二甲苯。

四、实验内容

1.二乙基硫代磷酰氯的制备

于 100 ml 已干燥的四口烧瓶中加入 17.5 ml 无水乙醇和 20.3 ml 三氯硫磷,加热控温 25~30℃反应 35 min 后,缓慢加入固体碱粉(氢氧化钠),控制反应温度为 0~5℃,待 pH 值达到 9~10 时再反应 30 min。产物倾入 125 ml 分液漏斗中,用 100 ml 水分两次洗涤产物,分去洗水后,产物用少量无水硫酸镁干燥,得二乙基硫代磷酰氯。

2.对硫磷的制备

向 100 ml 四口烧瓶中加入 15 g 对硝基酚钠和水 15 ml，用盐酸调整 pH 值为 9～10，控温 35℃，加入 21 ml 二乙基硫代磷酰氯，然后用滴液漏斗于 20 min 滴加 3 ml 质量分数 30%的三甲胺溶液，保持温度 35～45℃，反应 1 h。将产物转入分液漏斗中，加入 5 ml 二甲苯振荡后再用 120 ml 80℃热水分两次洗涤产物，分水后得对硫磷原油。

五、注意事项

①合成二乙基硫代磷酰氯时，加入碱粉时要缓慢，否则 pH 值无法控制，同时必须控温。

②合成对硫磷时，加入对硝基酚钠和水后要搅拌溶解，若 pH 值在 9～10 时，可不加酸调 pH 值。

六、思考题

①简述对硫磷类有机磷杀虫剂杀虫的原理。

②二乙基硫代磷酰氯合成中要加入碱粉，为什么此时要控制温度为 0～5℃，用什么方法来控温。

③对硫磷合成后，加入二甲苯的作用是什么？

实验 29 有机硫杀菌剂代森锌的合成

一、实验目的

①学习二硫代氨基甲酸酯类农药的合成原理，并掌握代森锌合成方法。

②了解代森锌杀菌剂的主要用途。

二、实验原理

1.主要性质和用途

代森锌，学名乙撑双二硫代氨基甲酸锌(Zinc ethylene－1,2－bicdithiocarbamate)。本品为白色或淡黄色粉末，室温下在水中的溶解度为 10^{-5}，不溶于大多数有机溶剂，溶于二硫化碳和吡啶，对光、热、湿不稳定，易分解放出二硫化碳。

代森锌为叶面保护性杀菌剂，主要用于防治大田作物、果树和蔬菜及烟草等多种作物的真菌病害。

2.合成原理

先合成代森钠(乙撑双二硫代氨基甲酸钠)，再用氯化锌进行取代反应，制得代森锌，反应为

$$\begin{array}{l} CH_2-NH_2 \\ | \\ CH_2-NH_2 \end{array} + 2CS_2 + 2NaOH \longrightarrow \begin{array}{l} CH_2-NH-C(=S)-SNa \\ | \\ CH_2-NH-C(=S)-SNa \end{array} + ZnCl_2 \longrightarrow \begin{array}{l} CH_2-NH-C(=S)-S \\ | \qquad\qquad\qquad\qquad\quad \rangle Zn \\ CH_2-NH-C(=S)-S \end{array} + 2NaCl$$

三、主要仪器和药品

四口烧瓶(100 ml)、球形冷凝管，电动搅拌机、烧杯(250 ml、800 ml)、试管(10 mm × 150 mm)、点滴板、抽滤瓶(500 ml)、布氏漏斗、滤纸、广泛 pH 试纸等。

乙二胺、二硫化碳、氯化锌、氢氧化钠、盐酸等。

四、实验内容

1. 代森钠的合成

向四口烧瓶中加入 6 ml 乙二胺和 20 ml 水，搅拌溶解后，加热控温 20 ~ 25℃，用滴液漏斗于 20 min 滴加 10 ml 二硫化碳，滴完后升温至(30 ± 2)℃，搅拌下向反应液中缓慢滴加质量分数 20%的氢氧化钠溶液约 30 ml、滴加氢氧化钠溶液时要不断检测反应液的 pH 值，控制pH值为 9 ~ 10。加完后继续反应，每 10 min 测试一次，直至反应产物溶于水后无油滴，即表示反应已达终点。

2. 代森锌的合成

取已制得的代森钠溶液 10 ml 和水 37 ml，加入四口烧瓶中，搅拌 10 min 后用质量分数 3%盐酸调 pH 值为 6。反应中产生的硫化氢气体可用质量分数 5%的氢氧化钠溶液吸收。

向四口烧瓶中加入 22 ml 质量分数 10%的氯化锌水溶液，搅拌并将液温升至 40 ~ 45℃，反应 1 h。

将样品抽滤，滤液用质量分数 10%的氯化锌水溶液检查有否白色沉淀，如无白色沉淀，即表示已达反应终点。

将产物用水多次洗涤抽滤，滤饼于 60℃烘干后称重，计算产率。

五、思考题

①代森锌农药的主要用途有哪些?

②如何确定代森纳合成反应的终点？为什么?

实验 30　除草剂西玛津的合成

一、实验目的

①了解三嗪类内吸传导型选择性除草剂的主要性能和用途。

②学习三聚氯氰发生取代反应的原理。

③掌握西玛津的合成方法。

二、实验原理

1. 主要性质和用途

西玛津学名 2 - 氯 - 4,6 - 二乙氨基 - 1,3,5 - 三嗪

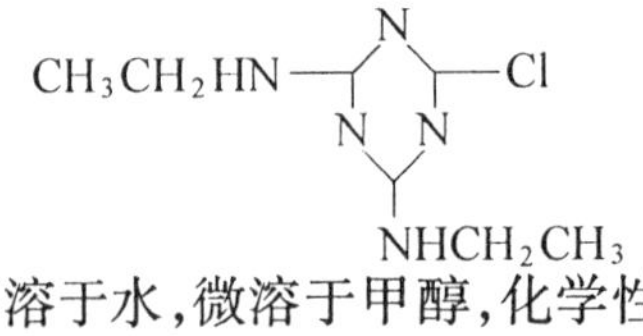

CH_3CH_2HN—(N, N, N 三嗪环)—Cl

$NHCH_2CH_3$

为白色结晶，熔点 226 ~ 227℃，不溶于水，微溶于甲醇，化学性质稳定，无腐蚀性。三嗪类除草剂是内吸性传导型选择性除草剂，具有用量少、药效高、杀草范围广、残效期长等特点。主要用于玉米、高粱和其他作物的除草，能有效地杀死阔叶杂草，对人、畜、鱼的毒性较低。

西玛津除用于大田作物外，还可用于甘蔗、茶园、果园等由种子繁殖的一年生和越年生阔

叶杂草、多数单子叶杂草的防除。

2.合成原理

由于三聚氯氰分子内 C═N 不饱和键的影响，氰原子较活泼，易发生亲核取代反应，可被氨基、羟基、烷氧基、巯基取代。当有给电子基与三聚氯氰相连时，要求反应条件越来越高，当一个氯被取代时，一般控制在较低温度如 - 5 ~ 5℃较好。当取代二个氯时，反应温度要提高到 20 ~ 60℃，并同时加入缚酸剂（如 NaOH、胺、$NaHCO_3$ 等）。

如果以水为反应介质，加料温度控制在 0℃左右，然后在 70℃保温搅拌反应 2 h。若反应在三氯乙烯等溶剂中进行，则反应温度应在 30 ~ 50℃。西玛津的合成反应为

$$\text{(三聚氯氰)} + 2C_2H_5NH_2 \xrightarrow[0\sim5^\circ C]{\text{水介质}} \text{(2,4-二氯-6-乙氨基-1,3,5-三嗪)} + C_2H_5NH_2\cdot HCl$$

$$\text{(2,4-二氯-6-乙氨基-1,3,5-三嗪)} + C_2H_5NH_2\cdot HCl + NaOH \xrightarrow[50\sim70^\circ C]{\text{水介质}} \text{(西玛津，Cl, } C_2H_5NH\text{, } NHC_2H_5\text{)} + 2NaCl + 2H_2O$$

三、主要仪器和药品

四口烧瓶（100 ml）、球形冷凝管、电动搅拌机、温度计（ - 30 ~ 100℃）、布氏漏斗（ϕ90）、抽滤瓶（500 ml）、分液漏斗（125 ml）、真空循环水泵、烧杯（100 ml、250 ml、500 ml）、滤纸、台天平、量筒（10 ml、100 ml）、电热套。

三聚氯氰、乙胺、氢氧化钠、冷冻盐水、农乳 100。

四、实验内容

在装有电动搅拌机、球形冷凝管、滴液漏斗和温度计的 100 ml 四口烧瓶中加入 30 ml 去离子水和 2 g op 型乳化剂（农乳 100），用冷冻盐水控温 0℃以下，将三聚氯氰 10 g 缓慢加入（5 min），搅拌乳化均匀，保温 0 ~ 1℃，搅拌 15 min，用滴液漏斗将 7.5 ml 乙胺于 15 min 滴加完，控温 0 ~ 3℃，加完后减少冷冻盐水，使反应温度在 15 min 内升至 5℃，并保温 15 min。于 50 min 内滴加 12.5 ml 质量分数 10%氢氧化钠溶液，控温低于 30℃。滴完后用水浴加热反应物，使温度在 1 h 内缓慢升至 68 ~ 70℃，保温反应 2 h。再于 1 h 内使反应液降温至 30℃。停止搅拌，将反应物倒入分液漏斗中，静止数小时后，分出水溶液，上层漂浮物抽滤，滤饼多次水洗至无氯离子，将滤饼用滤纸吸干水分后晾干或低温烘干，得产品西玛津白色结晶物。

五、注意事项

①严格按反应条件控制温度。

②各种物料加入时要均匀滴加。

六、思考题

①津类除草剂有哪些优良性能？主要用于何种作物杂草的防除？

②简述西玛津的合成原理。

第七编　胶　黏　剂

胶黏剂是指能使一物体的表面与另一物体的表面相粘接的物质，故又称黏结剂（或黏合剂）。

胶黏剂多为混合物，其组成主要包括基料（粘料）、固化剂（硬化剂、熟化剂、变定剂）、填料、增塑剂、稀释剂、偶联剂、稳定剂和防霉剂等。

胶黏剂广泛用于国民经济的各个领域。据文献报道：目前世界胶黏剂的品种已达 5 000 余种，总产量已超过 1 000 万吨，并且还以 5% 的年增长速度增长。工业胶黏剂应用市场构成：纸、包装及其有关应用领域为 35%；建筑和工程为 24%；汽车等运输业为 10%；其他 10%。工业胶黏剂类型市场构成：水系胶 45%；热溶胶 20%；溶剂胶 15%；反应型胶 10%；其他 10%。

胶黏剂有多种分类方法：

按其形态可分为水基胶黏剂（又分为天然胶黏剂、纤维衍生物类胶黏剂、合成聚合物类水溶性胶黏剂）、溶剂型胶黏剂（又分为热塑性树脂胶黏剂、热固性树脂胶黏剂、橡胶类胶黏剂）、乳液型和胶乳型胶黏剂、无溶剂型胶黏剂、膜状胶黏剂、热熔型胶黏剂六类。

按其化学结构可分为热塑性树脂胶黏剂（又分为聚乙酸乙烯均聚物、聚乙酸乙烯共聚物、聚乙烯醇、聚乙烯醇缩醛、氯乙烯系、丙烯酸系、α－氰基丙烯酸酯和厌氧黏合剂等）、热固性树脂胶黏剂（又分为酚醛系树脂、间苯二酚树脂、二甲苯树脂、脲醛系树脂、环氧树脂、聚氨酯（聚异氰酸酯）树脂等）、橡胶类胶黏剂（又分为天然橡胶、合成橡胶等）、无机胶黏剂（又分为水溶性硅酸钠、陶瓷胶黏剂、磷酸盐胶黏剂、水固化性胶黏剂等）、天然胶黏剂（又分为天然橡胶、改性橡胶及再生胶、沥青类胶黏剂、松香（松脂）、淀粉类、动物骨胶、皮胶、蛋白胶等）五类。

按其性能可分为压敏胶黏剂（又分为溶剂活性型胶黏剂、热活性型胶黏剂、压敏胶黏剂）、再湿胶黏剂、瞬干胶黏剂、厌氧胶黏剂（又分为聚醚型、酯型）、耐高温和耐低温胶黏剂（又分为有机类耐高温胶黏剂、无机类耐高温胶黏剂、耐低温胶黏剂）、微胶囊胶黏剂六类。

按用途可分为结构用胶黏剂、非结构用胶黏剂、木材用胶黏剂、金属用胶黏剂、塑料用胶黏剂、纸张和包装用胶黏剂、纤维用胶黏剂、橡胶用胶黏剂、土木建筑用胶黏剂、玻璃用胶黏剂、车辆用胶黏剂、飞机和船舶用胶黏剂、电气和电子工业用胶黏剂、生物体及医疗用胶黏剂十四类。

最新发展的胶黏剂还有：无污染胶黏剂、第二代丙烯酸酯类胶黏剂、光固化和电子射线固化胶黏剂、导电胶黏剂等四类。

胶黏剂主要以天然或合成聚合物为基料，但也有由无机化合物构成的。从形态来看，有水溶液、溶剂溶液、乳液和固体等。固体胶黏剂有薄膜状或颗粒状，需加热熔融使用。从化学结构来看，胶黏剂可分为热塑性树脂、热固性树脂、橡胶（天然或合成）等。无机胶黏剂有早已应用的水玻璃、陶瓷粘料等。天然胶黏剂有天然橡胶、沥青、松香、明胶和酪素胶等。

从性能来看，实际应用的有压敏、再湿、瞬干、厌氧性、耐高温和耐低温等胶黏剂或微胶囊胶黏剂。从用途来看，可大体分为结构用和非结构用两种。具体说，可粘接木材、金属、塑料、纸张、纤维、橡胶、水泥以及玻璃等材料。

实际上，胶黏剂已广泛应用于土木建筑、各种车辆、飞机、船舶、电气、电子工业、生物体和医疗等当今产业社会的各个方面，而且作为家庭用品也已相当普及。

胶黏剂的开发和生产，首先有个无公害化的问题。对酚醛树脂等热固性树脂胶黏剂中的甲醛或溶解热塑性树脂胶黏剂用的溶剂等所引起的公害问题，现在正在进行各种研究，以便做到无公害化。这方面已开发出的有乳液型胶黏剂，或不用溶剂而用紫外线、电子射线固化的胶黏剂等。

胶黏剂新用途的开发动向首先是胶黏剂在尖端技术领域的应用，尤其是微电子设备领域所用的导电型和高热导型胶黏剂。正在研制的高热导型胶黏剂对集成电路(IC)和大规模集成电路(LSI)等元件的散热有良好效果。耐高温胶黏剂对航天飞机的开发正在发挥着积极的作用。胶黏剂的黏弹性质和减振性能可在音响部件上应用。以往的胶黏剂的粘接强度，常温固化型不及热固化型。现在上市的环氧、改性丙烯酸酯、第二代和第三代丙烯酸酯胶黏剂(SGA)、聚氨酯、氰基丙烯酸酯、厌氧、需氧、有机硅等胶黏剂，与原有的室温固化型比较，是一种高性能的反应型胶黏剂。

①环氧树脂。现已研制出环氧工程胶黏剂，抗剥离强度达 10 kg(宽度 25 mm)，一定程度地解决了以往在抗剥离强度上存在的问题。

②聚氨酯树脂。在湿木材的粘接、机车车辆面板的准结构粘接等方面的用量正在稳步增长。

③氰基丙烯酸酯。可用于多孔材料的、耐冲击性好的新产品，已经研制成功。

④厌氧胶黏剂。厌氧胶黏剂是一种隔断空气而固化的胶黏剂。除目前主要用作密封材料外，还可望利用其固化原理开发新的应用领域。

⑤有机硅树脂。现在主要作密封材料和浇注封装材料。能有效利用其弹性特性的用途也正在逐步开发中。

目前胶黏剂的发展方向主要集中在：

(1) 需氧胶黏剂

“需氧”胶黏剂气味小、毒性低、不燃烧、对氧不敏感、变定及固化速度快，仅 10 ~ 60 s，粘接强度高。

(2) 功能胶黏剂

①光学功能。聚酯树脂和环氧树脂正在取代过去用于光电子学的香脂。和过去一样，聚乙烯醇缩丁醛增塑剂膜仍然作为胶黏剂，用于汽车和建筑物的安全玻璃上。此外，还用于中空安全玻璃。这种玻璃是在一定的层隙之间充以惰性气体制成的。

②各种新功能。已开发出必要时可以剥离的胶黏剂，即所谓有剥离性的胶黏剂。用于标签、地毯等的粘接。机械作业中临时装配用的胶黏剂、过滤设备用的透水性胶黏剂也已研究成功。另外，人们还期待着一种再生时可被除掉的胶黏剂，这是一种可在废纸再生过程中被除掉的胶黏剂。

生物体方面也是今后可期待的一个领域，例如人们期望一种能粘接机体组织，但组织愈合后即可分解排出体外的胶黏剂。汽车工业和宇航事业要求做到轻量化，是厌氧性、氰基丙烯酸酯、有机硅、聚氨酯以及环氧树脂等各种胶黏剂可以大显身手的领域。随着微电脑的发展，电子工业领域对导电胶黏剂的需求正在与日俱增。为了满足全社会对胶黏剂多样化的要求，今后发展的动向是开发多功能的胶黏剂。为了节约能源，保护环境，今后开发的重点是热熔型、活性液体、粉末、胶膜和胶条。有机溶剂将被水所取代。

实验 31　水溶性酚醛树脂胶的制备

一、实验目的

①学习酚醛树脂胶黏剂的合成原理。

②掌握水溶性酚醛树脂胶的制备方法。

③学习和掌握黏度计的使用方法。

二、实验原理

1.主要性质和用途

水溶性酚醛树脂胶(water-soluble phenol formaldehyde resin glue)为棕色黏稠状透明液体,碱度小于3.5%,游离酚质量分数小于2.5%,树脂质量分数(45 ± 2)%。此胶以水代替有机溶剂,成本低、污染小,且游离酚含量低,对人体危害小。

水溶性酚醛树脂主要用于制造高档胶合板,黏合泡沫塑料和其他多孔性材料,还可用作铸造胶黏剂。

2.合成原理

酚醛树脂胶是最早用于胶黏剂工业的合成树脂之一。它是由苯酚(或甲酚、二甲酚、间苯二酚)与甲醛在酸性或碱性催化剂存在下缩聚而成的。随着苯酚、甲醛用量配比和催化剂的不同,可生成热固性酚醛树脂和热塑性酚醛树脂两类。热固性酚醛树脂是用苯酚与甲醛以小于1 mol 比的用量在碱性催化剂存在下(氨水、氢氧化钠)反应制成的,一般能溶于酒精和丙酮中。为了降低价格,减少污染,可配制成水溶性酚醛树脂。热固性酚醛树脂经加热可进一步交联固化成不熔不溶物。热塑性酚醛树脂(又称线性酚醛树脂)是用苯酚与甲醛以大于1 mol 比的用量在酸性催化剂(如盐酸)存在下反应制得的,可溶于酒精和丙酮当中。由于它是线性结构,所以虽然加热也不固化,使用时必须加入六次甲基四胺等固化剂,才能使之发生交联,变为不熔不溶物。

未改性的热固性酚醛树脂胶黏剂的品种很多,现在国内通用的有三种,钡酚醛树脂胶是用氢氧化钡为催化剂制取的甲阶酚醛树脂,可以在石油磺酸的强酸作用下于室温固化,缺点是游离酚质量分数高达20%左右,对操作者身体有害。同时由于含有酸性催化剂,粘接木材时会使木材纤维素水解,胶接强度随时间增长而下降。醇溶性酚醛树脂是以氢氧化钠为催化剂制取的甲阶酚醛树脂,也可用酸作催化剂室温固化,性能与钡酚醛树脂相同,但游离酚质量分数在5%以下,水溶性酚醛树脂胶在这三种中是最重要的,因游离酚质量分数低于2.5%,对人体危害较小。同时以水为溶剂可节约大量有机溶剂。

反应式为

$$n\,C_6H_5OH + nCH_2O \rightarrow HOC_6H_4{-}CH_2{-}[\,C_6H_3(OH){-}CH_2\,]_n{-}C_6H_4OH + (n-1)H_2O$$

三、主要仪器和药品

四口烧瓶(250 ml)、温度计(100℃)、量筒(100 ml)、烧杯(200 ml)、水浴锅或电热套、电动搅拌器、球形冷凝管、托盘天平。

氢氧化钠、苯酚、甲醛(质量分数 37%)。

四、实验内容

将 50 g 苯酚及 25 ml 质量分数 40%NaOH 溶液加入四口烧瓶中,搅拌并升温至 40 ~ 45℃,保温 20 ~ 30 min,控温在 42 ~ 45℃,并在 30 min 内滴加 50 ml 甲醛,此时温度逐渐升高,至 1.5 h 时将升至 87℃,继续在 25 min 内将反应物的温度由 87℃升至 94℃,保温 20 min 后,降温至 82℃,恒温 15 min,再加入 10 ml 甲醛和 10 ml 水,升温至 90 ~ 92℃,反应 20 min 后取样测黏度,至符合要求止,冷却至 40℃,出料,即得产品。

五、注意事项

①注意控制温度和反应时间。

②实际加水量应包括甲醛和氢氧化钠溶液中的含水量。

③黏度控制在 0.1 ~ 0.2 Pa·s(20℃)。

六、思考题

①在整个反应过程中,为什么要控制升降温度?

②热固性酚醛树脂和热缩性酚醛树脂在甲醛和苯酚的配比上有何不同?各用什么做催化剂。

实验 32 脲醛树脂胶的制备

一、实验目的

①学习脲醛树脂胶的合成原理。

②掌握脲醛树脂胶的合成方法。

二、实验原理

1.主要性质和用途

脲醛树脂胶(urea-formal dehyde resin adhesives)又名尿素甲醛树脂胶,是无色到浅色(与原料的纯度、来源和制备工艺有关)的流体或固体,由尿素和甲醛缩聚而成。液体脲醛树脂胶是乳白色或微黄色的黏稠液体,固体质量分数 53% ~ 57%,黏度 60 ~ 80 s(涂 4# 杯,25℃),pH 值 7.5 ~ 8.0,游离甲醛质量分数小于等于 2.5%。可溶于水,可以水代替有机溶剂,成本低,环境污染较小。其特点是粘接力较强,可在室温或加热时固化,使用方便,工艺性能良好,耐光性好,价格便宜;但耐水性较差,性脆,强度较酚醛树脂胶低,贮存期短。

主要用于竹木胶接,胶合板制造,细木工板和中、高密度板及刨花板等木制品粘合。

2.合成原理及固化机理

(1)合成原理

由于尿素与甲醛的反应相当复杂,脲醛树脂的形成机理目前尚无定论。一般认为与酚醛树脂相似,先由尿素与甲醛在中性或弱碱性介质中进行亲核加成反应生成羟甲脲

$$N_2N\overset{\overset{O}{\|}}{C}—NH_2 + HCHO \xrightarrow{\text{碱性或中性介质}} H_2N\overset{\overset{O}{\|}}{C}—NHCH_2OH(\text{一羟脲}) + HOCH_2NH\overset{\overset{O}{\|}}{C}—NHCH_2OH(\text{二羟甲脲})$$

反应是放热的,pH 值以 7.5~8.0 为宜,pH>9,则加快甲醛的歧化反应。

$$HCHO \xrightarrow{OH^-} CH_3OH + HCOOH$$

加成反应生成的一羟甲脲、二羟甲脲在酸性介质中互相缩聚成线型结构的初期脲醛树脂

$$\begin{matrix} NHCH_2OH \\ | \\ C{=}O \\ | \\ NH_2 \end{matrix} + \begin{matrix} HNHCH_2OH \\ | \\ C{=}O \\ | \\ NH_2 \end{matrix} \xrightarrow{-H_2O} \begin{matrix} NHCH_2—NCH_2OH \\ | \qquad\quad | \\ C{=}O \quad C{=}O \\ | \qquad\quad | \\ NH_2 \qquad NH_2 \end{matrix} \xrightarrow{-H_2O}$$

$$\begin{matrix} NH_2 \qquad NHCH_2—NH \\ | \qquad\quad | \qquad\quad | \\ C{=}O \quad C{=}O \quad C{=}O \\ | \qquad\quad | \qquad\quad | \\ NHCH_2—NH \qquad NHCH_2OH \end{matrix}$$

(2)固化机理

脲醛树脂胶的固化是在酸性条件下进行的,而酸性条件往往是加入酸性催化剂后形成的,可用作酸性催化剂的有硫酸、盐酸、甲酸、氯化铵、硫酸铵等。硫酸、盐酸对木材的纤维素有破坏作用,很少使用,最常使用的是氯化铵,氯化铵在水中可水解或与游离甲醛反应产生微量的 H^+,因此使体系呈酸性。

$$NH_4Cl + H_2O \longrightarrow NH_3 \cdot H_2O + HCl$$

$$NH_4Cl + HCHO \longrightarrow (CH_2)_6N_4 + HCl + H_2O$$

$$NH_4Cl \longrightarrow NH_3 + HCl$$

在酸性介质中,这种线型树脂还可进一步缩合成体型结构的树脂,这就是脲醛树脂胶黏剂的固化过程,固化产物可简示为

$$\begin{matrix} \qquad\qquad\quad | \qquad\qquad\qquad\qquad | \\ —N—CH_2—N—CH_2—N—CH_2—N—CH_2— \\ | \qquad\qquad\qquad\quad | \\ C{=}O \qquad\qquad\quad C{=}O \\ | \qquad\qquad\qquad\quad | \\ —N—CH_2—N—CH_2—N—CH_2—N—CH_2— \\ \qquad\qquad | \qquad\qquad\qquad\quad | \\ \qquad\qquad C{=}O \qquad\qquad\quad C{=}O \\ \qquad\qquad | \qquad\qquad\qquad\quad | \\ CH_2—N—CH_2—N—CH_2—N—CH_2— \\ \qquad\qquad\qquad\qquad | \end{matrix}$$

三、主要仪器和药品

四口烧瓶(250 ml)、温度计(0~100℃)、量筒(100 ml)、烧杯(50 ml、200 ml)、水浴锅、电动搅

拌机、球形冷凝管、滴液漏斗(60 ml)、托盘天平、电热套等。

氢氧化钠、尿素、甲醛(质量分数37%)、氯化铵、甲酸。

四、实验内容

将56 g甲醛加入四口烧瓶中,边搅拌、边用氢氧化钠或甲酸调节pH值为6.9~7.1,加入21 g尿素(质量分数75%),于1 h内升温至93~96℃,保温反应30 min后,用氯化铵调整pH值至4.7,继续反应30 min,用滴液漏斗于30 min内滴加尿素溶液(总质量分数的20%,5.6 g尿素用4 g水溶解),观察黏度的变化和测定反应的终点,其测定方法是,用小烧杯盛一定量的蒸馏水,滴入少量反应物后,如产生白色的雾状黏丝时,视为终点已到。用氯化铵调整pH值为6.8~7.0;在真空度为0.08 MPa左右脱水至相对密度1.25~1.26,冷却;待胶液温度降至60℃时,加入最后1.4 g尿素;待尿素溶解完全后,调整pH值为7.0~7.5;胶液降温至40℃以下出料。

五、注意事项

①严格控制合成时体系的pH值。

②缩聚时的反应温度应严格控制,不能过高。

③要想制得游离甲醛含量低的脲醛树脂胶、尿素与甲醛的物质的量比应在0.55~0.60之间,这样才能制得游离甲醛质量分数低于2.5%的脲醛树脂胶。

④脲醛树脂胶的固化时间与尿素、甲醛的物质量的比有关,控制尿素与甲醛的物质量的比在0.55~0.60之间,可得到固化时间为90~120 s和150~180 s的脲醛树脂胶。

六、思考题

①根据脲醛树脂的合成原理,说明体系的pH值对产物性能的影响。

②为什么要严格控制合成反应的温度?温度过高有什么影响?

③脲醛树脂胶中游离甲醛含量与什么有关?如何降低游离甲醛的含量?他对人体的危害是什么。

实验33　双酚A型低相对分子质量环氧树脂的合成及其胶黏剂的配制

一、实验目的

①学习并掌握双酚A型低相对分子质量环氧树脂的合成原理和合成方法。

②学习环氧树脂的固化原理,并掌握配制环氧树脂胶黏剂的方法。

二、实验原理

1.主要性质和用途

双酚A型低相对分子质量环氧树脂(bisphenol epoxy resin),学名为双酚A二缩水甘油醚,E型环氧树脂,为黄色或棕色透明黏性液体(或固体),易溶于二甲苯、甲乙酮等有机溶剂。

本品主要用作黏结剂,可粘接各种金属和非金属材料。用于层压材料,浇注电动机中的定子、电动机外壳和变压器。还大量用于浇注层压模具,泡沫材料,可用作绝热、吸音、防震和漂浮材料等。

2.合成原理

双酚 A 和环氧氯丙烷合成环氧树脂的反应,为逐步的聚合反应。一般认为它们在氢氧化钠存在的条件下会不断地进行环氧基开环和闭环的反应。反应式为

$$HO-C_6H_4-C(CH_3)_2-C_6H_4-OH + \underset{\diagdown O \diagup}{CH_2-CH}-CH_2Cl \xrightarrow{NaOH}$$

$$HO-C_6H_4-C(CH_3)_2-C_6H_4-O-CH_2-\underset{OH}{\underset{|}{CH}}-CH_2Cl$$

$$HO-C_6H_4-C(CH_3)_2-C_6H_4-O-CH_2-\underset{OH}{\underset{|}{CH}}-CH_2Cl + NaOH \longrightarrow$$

$$HO-C_6H_4-C(CH_3)_2-C_6H_4-O-CH_2-\underset{\diagdown O \diagup}{CH-CH_2} + NaCl + H_2O$$

$$HO-C_6H_4-C(CH_3)_2-C_6H_4-O-CH_2-\underset{\diagdown O \diagup}{CH-CH_2} + HO-C_6H_4-C(CH_3)_2-C_6H_4-OH \xrightarrow{NaOH}$$

$$HO-C_6H_4-C(CH_3)_2-C_6H_4-O-CH_2-\underset{OH}{\underset{|}{CH}}-CH_2-O-C_6H_4-C(CH_3)_2-C_6H_4-OH$$

继续反应下去,即得到长链分子,其通式为

$$\underset{\diagdown O \diagup}{CH_2-CH}-CH_2-\left[-O-C_6H_4-C(CH_3)_2-C_6H_4-O-CH_2-\underset{OH}{\underset{|}{CH}}-CH_2-\right]_n-O-C_6H_4-C(CH_3)_2-C_6H_4-O-CH_2-\underset{\diagdown O \diagup}{CH-CH_2}$$

环氧树脂本身一般不能直接做胶黏剂使用,因为它是热塑性的线型分子,平时呈液态或固态,必须用固化剂使线型分子交联成网状结构的体型分子,成为不溶也不熔的硬化产物。黏结剂的配制就是利用了这个原理。胺类是最常用的固化剂。例如可用三乙烯四胺作固化剂,其反应式为

$$H_2N—CH_2—CH_2—\underset{\displaystyle H}{\underset{|}{N}}—CH_2—CH_2—\underset{\displaystyle H}{\underset{|}{N}}—CH_2—CH_2—NH_2 + 6\underset{\diagdown\,O\,\diagup}{CH_2—CH}—CH_2\sim\sim\sim$$

$$\longrightarrow \begin{matrix} \sim\sim\underset{|}{\overset{OH}{\overset{|}{CH}}}—CH_2 \\ \sim\sim\underset{OH}{\underset{|}{CH}}—OH_2 \end{matrix} \gt N—CH_2—CH_2—\underset{\underset{\underset{\wr}{CH—OH}}{\underset{|}{CH_2}}}{\underset{|}{N}}—CH_2—CH_2—\overset{\overset{\overset{\wr}{CH—OH}}{\overset{|}{CH_2}}}{\overset{|}{N}}—CH_2—CH_2—N \lt \begin{matrix} CH_2—\overset{OH}{\overset{|}{CH}}\sim\sim \\ CH_2—\underset{OH}{\underset{|}{CH}}\sim\sim \end{matrix}$$

此反应主要利用线型环氧树脂上两头的环氧基和胺上的活泼氢发生反应,从而使线型分子链交联起来。

三、主要仪器和药品

四口烧瓶(250 ml)、球形冷凝管、直形冷凝管(300 mm)、接液管、锥形瓶(250 ml)、滴液漏斗(60 ml)、分液漏斗(250 ml)、温度计(0~200℃)、量筒(100 ml)、移液管(2 ml、15 ml)、碱式滴定管(50 ml)、烧杯(50 ml、800 ml)、电热套、电动搅拌器、托盘天平、分馏烧瓶(200 ml)。

双酚 A、环氧氯丙烷、氢氧化钠、苯、盐酸、丙酮、标准氢氧化钠溶液($0.1\ mol\cdot L^{-1}$)、乙醇、酚酞(质量分数 0.1%)、三乙烯四胺、粗石蜡油、玻璃条、塑料片。

四、实验内容

1.环氧树脂的合成

将 22.8 g 双酚 A 和 28 g 环氧氯丙烷加入三口烧瓶中,加热并搅拌,待温度升到 60~70℃时,保温 30 min,使双酚 A 全部溶解。然后用滴液漏斗滴加碱液(将 8 g 氢氧化钠溶于 40 ml 水中),开始要慢滴,以防止反应物局部浓度太大而形成固体,难以分散。此时温度不断升高,可暂撤电热套,再调节滴加 NaOH 溶液速度,控制瓶内温度为 70℃左右。滴加过程约在 40 min 内完成。在 70~75℃回流 2 h,此时液体呈乳黄色。加入 30 ml 蒸馏水、60 ml 苯,搅拌均匀,倒入分液漏斗,静止分层后,分去下层水液,再重复加入 30 ml 水和 60 ml 苯洗涤有机物一次。最后用 60~70℃水再洗一次。将上层有机物液体倒入分馏烧瓶中,加热蒸馏除去溶剂和未反应完的单体,控制蒸馏的最终温度为 120℃,最后得到淡棕色黏稠树脂。所得树脂倒入已称重的小烧杯中,于(110±2)℃的烘箱中烘 2~4 h,称重,计算产率。

2.环氧值的测定

环氧值定义为 100 g 树脂中所含环氧基的摩尔数。相对分子质量越高,环氧基团间的分子链也越长,环氧值就越低。一般低相对分子质量树脂的环氧值在 0.50~0.57 之间。本实验采用盐酸-丙酮法测定环氧值。反应为

$$\sim\sim\underset{\diagdown\,O\,\diagup}{CH—CH_2} + CH_3—\underset{O}{\underset{\|}{C}}—CH_3 + HCl \longrightarrow \sim\sim\underset{OH}{\underset{|}{CH}}—\underset{Cl}{\underset{|}{CH_2}} + CH_3—\underset{O}{\underset{\|}{C}}—CH_3$$

①用移液管将密度为 1.19 的 1.6 ml 浓盐酸转入 100 ml 的容量瓶中,以丙酮稀释至刻度,

配成 0.2 mol·L^{-1}的盐酸丙酮溶液(现用现配,不需标定)。

②在锥形瓶中准确称取 0.3 ~ 0.5 g 样品,准确吸取 15 ml 盐酸丙酮溶液。将锥形瓶盖好,放在阴凉处(约 15℃的环境中)静置 1 h。然后加入 2 滴酚酞指示剂,用 0.1 mol·L^{-1}的标准 NaOH 溶液滴定至粉红色,做平行试验,并做空白对比。

③按下式计算环氧值

$$\text{环氧值}\ E = \frac{(V_1 - V_2)M_{NaOH}}{m} \times \frac{100}{1\,000}$$

式中 M_{NaOH}——NaOH 溶液的物质的量浓度,mol·L^{-1};

V_1——对照实验消耗的 NaOH 体积,ml;

V_2——试样消耗的 NaOH 体积,ml;

m——样品质量,g。

3.黏结剂的配制和应用

①按下式确定胺的用量

$$G = \frac{M}{H} \times E$$

式中 G——每 100 g 环氧树脂所需要的胺量,g;

M——胺的相对分子质量;

E——环氧值;

H——胺中活泼氢原子的数目。

②将混凝土条试样用清水洗涤烘干,或玻璃条试样在洗液中浸一下再用水洗净烘干。

③在塑料瓶盖里放入 2 g 环氧树脂,按上述公式计算的三乙烯四胺的质量分数再增加 5% ~ 10%,与环氧树脂用玻璃棒调匀后涂于试样粘接处,胶层必须薄而均匀(约 0.1 mm),固定好,于室温或 120℃下固化。

五、注意事项

NaOH 溶液的滴加速度要缓慢,以防局部过量而结块。

六、思考题

①环氧树脂合成时用什么做催化剂?催化剂加入的快慢对合成有无影响?

②合成后环氧树脂为什么要分馏?分馏控制在什么温度?

③环氧树脂用于粘接时为什么要加入固化剂?固化剂用量怎样控制?

实验 34 聚醋酸乙烯乳液的合成

一、实验目的

①了解自由基型加聚反应的原理。

②掌握聚醋酸乙烯乳液的合成原理和合成方法。

二、实验原理

1.主要性质和用途

聚醋酸乙烯(polyvinyl acetate,简称 PVAC)乳液别名白乳胶,化学式为

$$\left[CH_2-\underset{\substack{| \\ O-\underset{\substack{\| \\ O}}{C}-CH_3}}{CH} \right]_n$$

本品为乳白色黏稠浓厚液体。具有优良的粘接能力,可在 5 ~ 40℃的温度范围内使用。具有良好的成膜性,且无毒、无臭、无腐蚀性。但耐水性差。

本品主要用于木材、纸张、纺织等材料的粘接以及掺入水泥中提高强度,也用作醋酸乙烯乳胶涂料的原料。

2.合成原理

醋酸乙烯很容易聚合,也很容易与其他单体共聚。可以用本体聚合、溶液聚合、悬浮聚合或乳液聚合等方法聚合成各种不同的聚合体,用于各个方面。

醋酸乙烯单体的聚合反应是自由基型加聚反应,属连锁聚合反应,整个过程包括链引发、链增长和链终止三个基元反应。

链引发就是不断产生单体自由基的过程。常用的引发剂如过氧化合物和偶氮化合物,它们在一定温度下能分解生成初级自由基,它与单体加成产生单体自由基,其反应式为

$$R-R \longrightarrow 2R\cdot$$

$$R\cdot + CH_2=\underset{\substack{| \\ X}}{CH} \longrightarrow R-CH_2-\underset{\substack{| \\ X}}{\dot{C}H}$$

链增长反应就是极为活泼的单体自由基不断迅速地与单体分子加成,生成大分子自由基。链增长反应的活化能低,故速度极快。其反应式为

$$R-CH_2-\underset{\substack{| \\ X}}{\dot{C}H} + CH_2=\underset{\substack{| \\ X}}{CH} \longrightarrow R-CH_2-\underset{\substack{| \\ X}}{CH}-CH_2-\underset{\substack{| \\ X}}{\dot{C}H} \longrightarrow \cdots \longrightarrow$$

$$R-CH_2-\underset{\substack{| \\ X}}{CH}\left[CH_2-\underset{\substack{| \\ X}}{CH} \right]_n-CH_2-\underset{\substack{| \\ X}}{\dot{C}H}$$

链终止反应是两个自由基相遇,活泼的单电子相结合而使链终止。终止反应有两种方式:

偶合终止

$$\sim\sim CH_2-\underset{\substack{| \\ X}}{\dot{C}H} + \underset{\substack{| \\ X}}{\dot{C}H}-CH_2\sim\sim \longrightarrow \sim\sim CH_2-\underset{\substack{| \\ X}}{CH}-\underset{\substack{| \\ X}}{CH}-CH_2\sim\sim$$

歧化终止

$$\sim\sim CH_2-\underset{\substack{| \\ X}}{\dot{C}H} + \underset{\substack{| \\ X}}{\dot{C}H}-CH_2\sim\sim \longrightarrow \sim\sim CH_2-\underset{\substack{| \\ X}}{CH_2} + \underset{\substack{| \\ X}}{CH}=CH\sim\sim$$

通常本体聚合、溶液聚合和悬浮聚合都用过氧化苯甲酰和偶氮二异丁腈为引发剂,而乳化

聚合则都用水溶性的引发剂过硫酸盐和过氧化氢等。悬浮聚合和乳液聚合都是在水介质中聚合成醋酸乙烯的分散体，但两者之间有明显的区别。

悬浮聚合一般用来生产相对分子质量较高的聚醋酸乙烯，用少量聚乙烯醇为分散剂，用过氧化苯甲酰等能溶解于单体的引发剂，聚合反应是在分散的单体的液滴中进行的，一般制得颗粒为 0.2 ~ 1.0 mm 的聚合物珠体，所以也称为珠状聚合。

乳液聚合是借助于乳化剂的作用把单体分散在介质中进行聚合，用水溶性引发剂。乳化剂以阴离子型和非离子型表面活性剂为主，阴离子型表面活性剂有 SDS、LAS 等，用量为单体质量分数 0.5% ~ 2%；制得的乳液黏度较低，与盐混合时稳定性差。非离子型乳化剂如环氧乙烷的各种烷基醚或缩醛，用量较多，一般为单体质量分数的 1% ~ 5%，制得的乳液黏度大，与盐类、颜料等配合稳定性好。乳液聚合也可以在保护胶体的作用下进行，一般以聚乙烯醇作保护胶体。保护胶体还有提高乳液稳定性和调节乳液黏度的作用。

三、主要仪器和药品

四口烧瓶（250 ml）、球形冷凝管、滴液漏斗（60 ml）、温度计（0 ~ 100℃）、量筒（10 ml、100 ml）、玻璃棒、烧杯（200 ml）、电热套、电动搅拌机等。

醋酸乙烯、聚乙烯醇 1799、乳化剂 OP – 10、邻苯二甲酸二丁酯、过硫酸钾、碳酸氢钠。

四、实验内容

1. 聚醋酸乙烯乳液的配方

名　称	质量分数/%	名　称	质量分数/%
醋酸乙烯单体	46	邻苯二甲酸二丁酯	5
聚乙烯醇	2.5	蒸馏水	45.76
乳化剂 OP – 10	0.5	过硫酸钾	0.09
		碳酸氢钠	0.15

2. 制备工艺

将聚乙烯醇与蒸馏水加入四口烧瓶中加热至 90℃，搅拌 1 h 左右溶解完全。加乳化剂搅拌溶解均匀。之后加入醋酸乙烯单体质量分数的 20% 与过硫酸钾质量分数 40%，加热升温。当温度升至 60 ~ 65℃时停止加热，通常在 66℃时开始共沸回流，待温度升至 80 ~ 83℃且回流减少时，开始以每小时加入总量 20% 左右的速度连续加入醋酸乙烯单体，控制在 3 ~ 4 h 将单体加完。控制反应温度在 78 ~ 82℃，每小时加入过硫酸钾质量分数的 15% ~ 20%。加完单体后加入余下的过硫酸钾，因放热体系温度升至 90 ~ 95℃，保温 30 min。冷至 50℃以下加入质量分数 10% 的碳酸氢钠水溶液，调整 pH = 6，再加入邻苯二甲酸二丁酯，搅拌 30 min，冷却即为成品。

3. 残余单体含量测定

在 250 ml 碘量瓶中称取 3 ~ 10 g 乳液（准确至 0.000 2 g），加入 60 ~ 80 ml 蒸馏水，摇动使样品完全溶解，再准确加入 10 ml 碘 – 酒精溶液，在 20 ~ 30℃条件下放置 20 ~ 30 min，用 0.1 $mol \cdot L^{-1}$ 硫代硫酸钠溶液滴定未反应的碘，乳液由棕色变为浅黄色，充分摇动，滴定至白色即为终点，同时做空白实验。为使终点明显，在滴定前可加入 10 ml 体积分数 90% 酒精溶液。

计算
$$w(\text{醋酸乙烯单体}) = \frac{c(V_{\text{空}} - V_{\text{样}})}{G} \times 100\%$$

式中　w——醋酸乙烯单体的质量分数；

c——硫代硫酸钠的物质的量浓度，mol·L^{-1}；

$V_{空}$、$V_{样}$——空白和样品消耗硫代硫酸钠溶液的体积，ml；

G——称样量，g。

五、注意事项

①过硫酸钾在每次加入时用水溶解成质量分数10%的水溶液。

②醋酸乙烯单体必须是新精馏过的，因醛类和酸类有显著的阻聚作用，聚合物的相对分子质量不易增大，使聚合反应复杂化。

③乳液聚合中都用水溶性引发剂，如过硫酸盐和过氧化氢，本实验用过硫酸钾。

④聚乙烯醇是聚醋酸乙烯乳液聚合的最常用的乳化剂，能降低单体和水的表面张力，提高单体在水中的溶解度。

⑤在按上述配方操作时，开始反应时加入过硫酸盐作引发剂，由于聚合反应过程中回流和连续缓慢加入单体，温度可在一段时间内无需加热或冷却即可保持在80℃左右。反应继续进行，需补加少量过硫酸钾，以维持反应温度不下降。经过反复试验，就能在不同的设备条件下摸索出最适宜的加单体的速度、回流大小、每小时补加过硫酸钾的数量等操作控制条件，使反应温度稳定在78～82℃之间，使聚合反应能平稳地进行。所以在实际操作过程中需要很好地控制热量平衡。操作时如果反应剧烈，温度上升很快，则应少加或不加过硫酸钾，并适当加快单体加入速度。如温度偏低，则就要稍多加些过硫酸钾，并适当减慢单体的加入速度。反应时如果回流很小，可以加快醋酸乙烯的加入速度，反之就要适当减慢加入单体的速度，甚至暂时停止片刻，待回流正常后再继续加入单体。

单体加完后加入较大量的引发剂，使温度升至90～95℃，并保温30 min，目的是要尽可能地减少最后未反应的剩余单体量，这对乳液的稳定性和乳胶的质量是有利的。因为游离单体在存放中会水解而产生醋酸和乙醛，使乳液的pH值降低，影响乳液和乳胶的稳定性。采取在9×10^4 Pa真空下抽1～2 h的方法，能使残余单体质量分数减少至1%以下。

将乳化剂水溶液先和单体一起搅拌乳化，再加入引发剂引发聚合虽也可以，但在诱导期过后反应十分激烈，要做成质量好的乳液十分困难。因此可以先将乳化好的乳液放一部分在反应器内，加入部分引发剂引发聚合，然后慢慢连续加入乳化好的乳化液，并定时补加一定量的引发剂。

六、思考题

①聚醋酸乙烯单体的聚合是什么反应？

②为什么聚醋酸乙烯聚合的单体必须新精馏？

③本实验用什么作引发剂？为什么要分期加入？

④聚乙烯醇在聚醋酸乙烯乳液聚合反应中起什么作用？

实验35 环氧树脂胶黏剂的配制及应用

一、实验目的

①了解环氧树脂胶黏剂的组成、结构及相对分子质量与粘接性能的关系。

②学习环氧树脂胶黏剂的固化机理。

③掌握环氧树脂胶黏剂的配制方法和粘接工艺。

二、实验原理

1.主要性质和用途

环氧树脂是分子中至少带有两个环氧端基的线型高分子化合物。环氧树脂胶黏剂(cycloweld)是浅黄色或棕色高黏稠透明液体或固体,可不用溶剂直接粘接,具有粘接强度高、固化收缩小、耐高温、耐腐蚀、耐水、电绝缘性能高、易改性、毒性低、适用范围广等优点,所以得到了广泛的应用。如在航空、宇航、导弹、造船、兵器、机械、电子、电器、建筑、轻工、化工、农机、汽车、铁路、医疗等领域都有应用,有“万能胶”之称。

2.粘接和固化机理

环氧树脂分子结构中含有脂肪羟基($\underset{\displaystyle OH}{\underset{|}{—CH—}}$)、醚键(—O—)、环氧基($—\underset{\diagdown\;O\;\diagup}{CH——CH_2}$)。这些极性基团的存在,能与被粘接物表面产生较强的结合力。羟基能和一些非金属元素形成氢键,环氧基可与一些金属表面产生化学键,因此,黏附性能好,胶接强度高。其他一些基团能使环氧树脂具有耐热性、耐化学腐蚀性、柔软性、强韧性、与其他树脂的相溶性、电绝缘性等优良性能。

环氧树脂是线型结构的热固性树脂。环氧树脂黏合剂是以环氧树脂和固化剂为主要成分配制而成的。为改善胶的性能和工艺要求,可加入适量的填充剂、稀释剂及增韧剂等,以便适合于各种用途。固化剂的种类很多,详见表7.1。

表7.1 固化剂的分类与典型实例

总类	分类		典型实例
加成型	胺类	脂肪伯、仲胺	二乙烯三胺、多乙烯多胺、乙二胺
		芳香伯胺	间苯二胺、二氨基二苯甲烷
		脂环胺	六氢吡啶
		改性胺	105、120、590、703
		混合胺	间苯二胺与DMP-30的混合物
	酸酐类	酸酐	顺丁烯二酸酐、苯二甲酸酐、聚壬二酸酐
		改性酸酐	70、80、308、647
	聚合物		低分子聚酰胺
	潜伏型		双氰双胺、酮亚胺、微胶囊
催化型	咪唑类	咪唑	咪唑、2-乙基4-甲基咪唑
		改性咪唑	704、705
	三级胺	脂肪	三乙胺、三乙醇胺
		芳香	DMP-30、苄基二甲胺
	酸催化	无机盐	氯化亚锡
		络合物	三氟化硼络合物

环氧树脂在固化剂的作用下,交联成网状的热固型结构称为固化或硬化。

不同的固化剂按照不同的机理固化,有的固化剂与环氧树脂加成后,构成固化产物的一部分即完成固化;有的固化剂则通过催化作用使环氧树脂本身开环聚合而固化。

关于环氧树脂胶的固化机理,目前还不十分清楚,大致可归为转移加成和催化开环,或者是二者兼具。

伯、仲胺的固化机理:

伯胺和仲胺含有活泼的氢原子,很容易与环氧基发生亲核加成反应,使环氧树脂交联固化。固化过程可分为三个阶段:

①伯胺与环氧树脂反应,生成带仲胺基的大分子

$$2\underbrace{CH_2-CH}_{O}\sim\sim\sim\underbrace{CH-CH_2}_{O} + H_2N-R-NH_2 \longrightarrow$$

$$\underbrace{CH_2-CH}_{O}\sim\sim\sim\underset{|\atop OH}{CH}-CH_2-NH-R-NH-CH_2-\underset{|\atop OH}{CH}\sim\sim\sim\underbrace{CH-CH_2}_{O}$$

②仲胺基再与另外的环氧基反应,生成含叔胺基的更大分子

$$\underbrace{CH_2-CH}_{O}\sim\sim\sim\underset{|\atop OH}{CH}-CH_2-NH-R-NH-CH_2-\underset{|\atop OH}{CH}\sim\sim\sim\underbrace{CH-CH_2}_{O} +$$

$$2\underbrace{CH_2-CH}_{O}\sim\sim\sim\underbrace{CH-CH_2}_{O} \longrightarrow$$

$$\underbrace{CH_2-CH}_{O}\sim\sim\sim\underset{|\atop OH}{CH}-CH_2-\underset{|\atop CH_2-\underset{|}{C}(OH)\sim\sim\sim\underbrace{CH-CH_2}_{O}}{N}-R-\underset{|\atop CH_2-\underset{|}{C}(OH)\sim\sim\sim\underbrace{HC-CH_2}_{O}}{N}-CH_2-\underset{|\atop OH}{CH}\sim\sim\sim\underbrace{CH-CH_2}_{O}$$

③剩余的胺基、羟基与环氧基发生反应

$$\sim\sim\sim\underset{|\atop OH}{CH}\sim\sim\sim + \underbrace{CH_2-CH}_{O}\sim\sim\sim \longrightarrow \begin{array}{c}\sim\sim\sim CH\sim\sim\sim\\ |\\ O\\ |\\ CH_2-\underset{|\atop OH}{CH}\sim\sim\sim\end{array}$$

醚化反应

三、主要仪器和药品

砂浴或电炉、蒸发皿(20 ml)、聚乙烯瓶盖、托盘天平、玻璃棒、温度计(200℃)、粘接用的零件、吹风机、铁夹。

(618#、6101#、604#)聚酚氧环氧树脂、650#聚酰胺树脂、三乙烯四胺、邻苯二甲酸二丁酯、

汽油、乙醇、丙酮、石英粉(200 目)、氧化铝粉(300 目)、铝片、砂纸、铝材的化学处理液(重铬酸钠 1 ~ 4 g)、浓硫酸。

四、实验内容

1.材料的表面处理

为保证黏合剂与被粘接件界面有良好的黏附作用,被粘接材料须经过表面处理,以除去油污等杂质。预清洗(用汽油擦洗欲胶接件,清洗材料表面的灰尘、污垢)、除油(用乙醇或丙酮除油,也可用质量分数 15% NaOH 溶液除油)、机械处理(砂纸打磨除掉金属表面的旧氧化皮并形成粗糙表面)、水冲洗、化学处理(不同的材料用不同的处理液,对铝材可用上述的化学处理液,66 ~ 68℃处理 10 min),蒸馏水冲洗,热风吹干,自然冷却至室温。

2.配制黏结剂

配方Ⅰ:

将 4 g 6011# 环氧树脂与 3.2 g 604# 环氧树脂混合加热熔化后,加入 0.6 g 聚酚氧继续加热至 180℃融熔,然后冷却到 100℃时加入 0.8 g 618# 环氧树脂,不断搅拌待冷却至室温得Ⅰ号胶。

配方Ⅱ:

将 4 g 618# 环氧树脂、4 g 650# 聚酰胺树脂、1.6 g 石英粉(200 目),搅拌均匀得Ⅱ号胶。

配方Ⅲ:

称取 2 g 618# 环氧树脂、0.4 g 邻苯二甲酸二丁酯、2 g 氧化铝粉(300 目)、0.2 g 三乙烯四胺,搅拌均匀得Ⅲ号胶。

配方Ⅳ(901 导电胶):

甲:6011# 环氧树脂 1.7 份,丙酮 0.3 份。乙:三乙烯四胺。丙:银粉。甲:乙:丙 = 2:0.5:4.5(总量自定),将甲、乙、丙搅拌均匀得Ⅳ号胶。

固化条件:①涂胶:被粘件涂胶后常温晾置片刻后黏合;②固化:120℃烘烤 2 h 或室温放置 48 h;③应用:可粘合电子元件、组件,修补印制电路、厚膜电路、代替原焊接工艺。

3.涂黏合剂

将表面处理好的待黏合件涂上适当厚度(0.1 mm)的黏合剂,注意不要有气泡及缺胶。然后将黏合面合在一起,用夹具夹紧,使粘接层紧密贴合。

4.室温晾置固化

Ⅰ号胶——热熔涂胶,室温即成型。

Ⅱ号胶——涂胶后室温放置 72 h,完全固化。

Ⅲ号胶——涂胶后室温放置 48 h,完全固化。

Ⅳ号胶——做演示用。

五、注意事项

①粘接前粘合件要处理干净,晾干。

②粘合件学生自备,可用格尺、笔杆、眼镜、塑料片、金属片等。

六、思考题

①热熔胶与一般固化胶有何区别?它们各有什么特点(主要从结构、性质及粘接性能等方

面考虑)?

②什么是增韧剂和固化剂?用环氧树脂进行粘接时,加入固化剂的目的是什么?

③为什么环氧树脂有良好的粘接性能?

实验36 α-氰基丙烯酸乙酯快干胶的制备

一、实验目的

①学习α-氰基丙烯酸酯类胶黏剂的合成原理和固化机理。

②掌握α-氰基丙烯酸乙酯胶的合成方法。

③了解α-氰基丙烯酸乙酯胶的性能和使用方法。

二、实验原理

1.主要性质和用途

α-氰基丙烯酸乙酯快干胶(α-cyano ethyl acrylate quick-drying adhesive),又名502胶,它的主要成分是α-氰基丙烯酸乙酯,分子式为$C_6H_7O_2N$,相对分子质量为125,是无色透明黏稠液体,沸点60℃(400 Pa)或65℃(800 Pa),相对密度d_4^{20}1.056 5,冰点为-25~-20℃,折光率n_D^{20}1.439 1,黏度2~100 mPa·s(25℃),可溶于丙酮、二甲基甲酰胺等有机溶剂,遇水发生聚合反应,生成高分子化合物,在空气中被水蒸气催化,固化,在无水状态下可被自由基引发聚合。α-氰基丙烯酸乙酯聚合物可溶于丙酮、甲乙酮、二甲基甲酰胺、硝基甲烷等溶剂,对酸较稳定,遇碱即被催化,发生阴离子聚合反应而固化。粘接速度快,黏度低,透明度好。

α-氰基丙烯酸乙酯对大多数塑料和橡胶都有极好的粘接力,但其耐潮性较差,耐久性也不够理想。主要用于临时性粘接和非结构粘接,不易大面积使用。对金属、玻璃、陶瓷等都有较高的粘接强度。

2.合成原理

氰乙酸乙酯与甲醛在碱性催化剂存在下进行加成,缩合成氰乙酸乙酯低聚物,然后高温裂解成α-氰基丙烯酸乙酯,基本反应为

$$\underset{\displaystyle CH_2COOC_2H_5}{\overset{CN}{|}} + HCHO \xrightarrow{OH^-} \overset{\displaystyle CN}{\underset{|}{|}}\!\!\begin{array}{l}CHCOOC_2H_5\\ |\\ CH_2OH\end{array}$$

$$\begin{array}{l}CN\\|\\CHCOOC_2H_5\\|\\CH_2OH\end{array} + \begin{array}{l}CN\\|\\CH_2COOC_2H_5\\ \\ \end{array} \longrightarrow \begin{array}{lll}CN & & CN\\| & & |\\CH & -CH_2- & CH\\| & & |\\COOC_2H_5 & & COOC_2H_5\end{array} + H_2O$$

$$\begin{array}{lll}CN & & CN\\| & & |\\CH & -CH_2- & CH\\| & & |\\COOC_2H_5 & & COOC_2H_5\end{array} + HCHO \longrightarrow \begin{array}{llll}CN & & CN & \\| & & | & \\CH & -CH_2- & C & -CH_2OH\\| & & | & \\COOC_2H_5 & & COOC_2H_5 & \end{array}$$

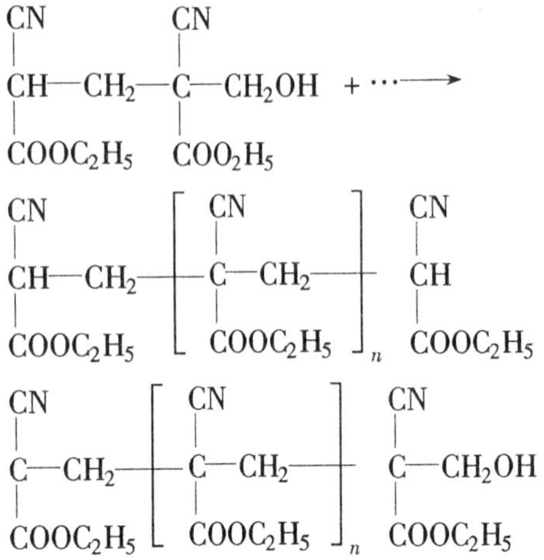

$$\underset{COOC_2H_5}{\overset{CN}{CH}}-CH_2-\underset{COO_2H_5}{\overset{CN}{C}}-CH_2OH + \cdots\longrightarrow$$

$$\underset{COOC_2H_5}{\overset{CN}{CH}}-CH_2-\left[\underset{COOC_2H_5}{\overset{CN}{C}}-CH_2\right]_n-\underset{COOC_2H_5}{\overset{CN}{CH}} \quad + \qquad (\text{I})$$

$$\underset{COOC_2H_5}{\overset{CN}{C}}-CH_2-\left[\underset{COOC_2H_5}{\overset{CN}{C}}-CH_2\right]_n-\underset{COOC_2H_5}{\overset{CN}{C}}-CH_2OH \qquad (\text{II})$$

它们经加热裂解都可得到单体,但副产物不一样。前者为氰乙酸乙酯,后者为水。

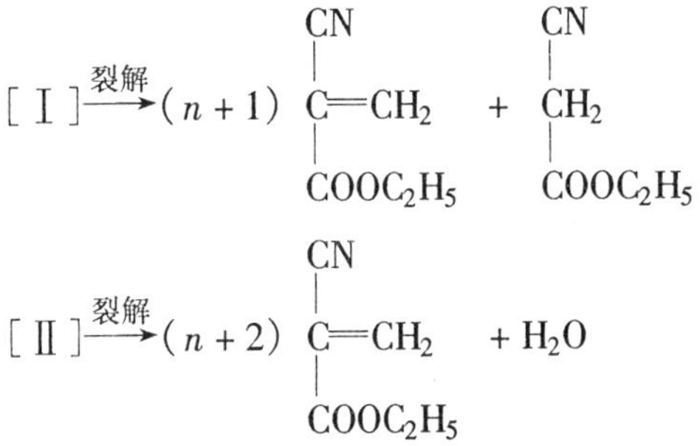

$$[\text{I}]\xrightarrow{\text{裂解}}(n+1)\ \underset{COOC_2H_5}{\overset{CN}{C}}=CH_2 \ + \ \underset{COOC_2H_5}{\overset{CN}{CH_2}}$$

$$[\text{II}]\xrightarrow{\text{裂解}}(n+2)\ \underset{COOC_2H_5}{\overset{CN}{C}}=CH_2 \ + H_2O$$

根据甲醛与氰乙酸乙酯配比不同,缩合产物端基有两种类型:当甲醛不足时,缩合产物Ⅰ多于Ⅱ,裂解成单体后副产氰乙酸乙酯。α-氰基丙烯酸乙酯产率低。当甲醛过剩时,缩聚产物难以裂解,必导致产率下降,控制氰乙酸乙酯与甲醛的摩尔比。保持甲醛摩尔数稍低于氰乙酸乙酯,缩合产物主要为Ⅱ。裂解副产物为水,可获得最大产率的 α-氰基丙烯酸乙酯。

3.固化机理

α-氰基丙烯酸酯的碳碳双键上连有氰基与酯基两个带有Ⅱ键的吸电子基团,对碳阴离子有很强的稳定作用,因而极弱的碱或碱水即可较快地催化 α-氰基丙烯酸酯的阴离子聚合反应而使胶黏剂固化。

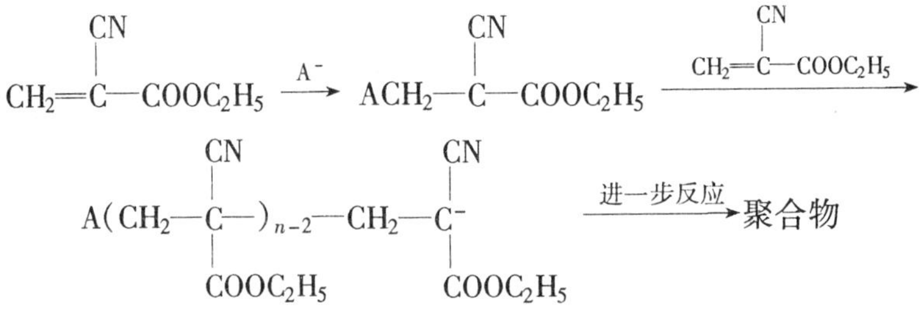

$$CH_2=\overset{CN}{C}-COOC_2H_5 \xrightarrow{A^-} ACH_2-\overset{CN}{C}-COOC_2H_5 \xrightarrow{CH_2=\overset{CN}{C}-COOC_2H_5}$$

$$A(CH_2-\underset{COOC_2H_5}{\overset{CN}{C}}-)_{n-2}-CH_2-\underset{COOC_2H_5}{\overset{CN}{C^-}} \xrightarrow{\text{进一步反应}} \text{聚合物}$$

三、主要仪器和药品

四口烧瓶(250 ml)、球形冷凝管,直形冷凝管、滴液漏斗(60 ml)、分水器、烧杯(200 ml)、锥形瓶(150 ml)、水浴锅,电热套,电动搅拌机、托盘天平、量筒(10 ml、100 ml)、温度计(0~100℃,0~250℃)、真空泵、减压蒸馏装置等。

氯乙酸乙酯,甲醛(质量分数 37%)、六氢吡啶、邻苯二甲酸二丁酯、乙酐、五氧化二磷、对苯二酚、对甲苯磺酸等。

四、实验内容

在装有搅拌器、分水器和滴液漏斗的 250 ml 四口烧瓶中加入氰乙酸乙酯 63 g、二氯乙烷 50 ml。加热至温度达到 70℃后暂停加热。边搅拌边通过滴液漏斗缓慢地加入 41 g 甲醛水溶液与 0.2 ml 六氢吡啶的混合物。滴加速度以使反应体系的温度保持在恰巧稍低于回流温度为宜，约 15 min 内加完。待不放热后继续加热至剧烈回流，通过分水器分水，约 1 h 之后分出水 35～36 ml。加入邻苯二甲酸二丁酯 20 ml、对甲基苯磺酸 0.5 g。再继续回流分水，直至蒸汽温度超过 83℃。蒸去二氯乙烷。冷却至内温降到 60～70℃后。加入五氧化二磷 2.5 g、对苯二酚 1 g，搅拌均匀。然后换成减压蒸馏装置，在 133.3 Pa 压力下进行裂解，收集沸点 90～180℃的粗产物，接收瓶中装有五氧化二磷 1 g、对苯二酚 0.25 g。将粗产物再进行一次减压蒸馏，收集 80～90℃/2 666 Pa 馏分得 44～47 g 产品。

五、注意事项

①缩合反应进行过程中必须不断搅拌。

②反应设备应密封，而且要注意充分冷却。

③要严格控制氰乙酸乙酯与甲醛的物质的质量比，甲醛过多或不足都会造成缩合产率下降。甲醛多时产品固化速度快，存放时间短，甲醛过少时产品粘接性能下降。二者比例严格控制是缩合成功的关键。

④脱水必须完全。如果在裂解前还有水存在的话，水分将同裂解产品一同蒸出，并促进 α－氰苯丙烯酸乙酯的聚合，降低了产品的质量，使产品存放期缩短，严重时，在蒸馏过程中固化造成堵塞。

⑤裂解的关键是真空度，尽可能在较高的真空度下裂解，裂解的温度不必过高，时间也不易太长。

六、思考题

①缩合反应进行时为什么要不断搅拌？

②反应设备为什么必须密封？

③缩合反应中为什么要严格控制 α－氰基乙酸乙酯和甲醛的比例？

④裂解前脱水的目的是什么？

实验 37　丙烯酸系压敏胶的制备

一、实验目的

学习丙烯酸系压敏胶的制备方法。

二、实验原理

1.主要性质和用途

丙烯酸系压敏胶（pressure-sensitive adhesive of acrylic acid system）是丙烯酸酯的聚合物，具有橡胶类聚合物压敏胶所没有的耐候性和耐油性等优良性能。

丙烯酸类压敏胶有溶剂型和水系乳液型。溶剂型为丙烯酸类压敏胶的技术基础，具有优良内聚性能和黏附性能。乳液型虽内聚性能也好，但其黏附性能欠佳。

丙烯酸系压敏胶在现代工业和日常生活中应用广泛，大量用于包装、电气绝缘、医疗卫生、粘贴标签，用于遮蔽不要喷漆和电镀的部位，用于防止管道的电化学腐蚀，用于某些产品、器具等防止刮伤或玷污等。丙烯酸类压敏胶有优良的耐候性，用途比橡胶类的更广泛，特别适合北方寒冷地区使用。

2.丙烯酸系压敏胶的基本成分和作用

丙烯酸系压敏胶大致有三种基本成分，即起黏附作用的碳原子数为4~12的丙烯酸烷基醇，其聚合物的玻璃化温度(T_g)为-20~-70℃。这类单体一般要占到压敏胶的50%以上。起内聚作用的低烷基团的丙烯酸烷基酯、甲基丙烯酸烷基酯、丙烯腈、苯乙烯、醋酸乙烯、偏氯乙烯等。内聚成分可以提高内聚力，提高产品的黏附性、耐水性、工艺性和透明度。起改性作用的官能团成分，如丙烯酸、甲基丙烯酸、*N*-羟甲基丙烯酰胺等单体。改性成分能起到交联作用，提高内聚强度和粘接性能，以及聚合物的稳定性等。以上三成分是丙烯酸压敏胶的基础。

黏附成分、内聚成分和官能团成分是构成丙烯酸压敏胶的基本成分，凡能使黏附性能、内聚性能与粘接性能三物理性能保持平衡的配方均可采用。但这三者之间具相反倾向，因此采用多种单体共聚。溶剂型压敏胶在溶剂中进行单体共聚得到产品。乳液型在水中以乳化剂将单体乳化进行共聚得乳液态产品。从降低公害和能源消耗等来说，水乳型是发展的方向。

本实验介绍乳液型丙烯酸压敏胶的制备工艺。

三、主要仪器和药品

四口烧瓶(250 ml)、球形冷凝管，直形冷凝管、滴液漏斗(60 ml)，烧杯(200 ml、500 ml)、温度计(0~100℃)、量筒(10 ml、100 ml)、电动搅拌机、托盘天平、水浴锅、电热套等。

丙烯酸2-乙基己酯、丙烯酸甲酯、醋酸乙烯、丙烯酸、氢化松香甘油酯、十二烷基硫酸钠、过硫酸铵、碳酸氢钠、正丁基硫醇、乙醇胺、*N*-羟甲基丙烯酰胺。

四、实验内容

乳液型丙烯酸压敏胶的制备。

1.配方设计

水系乳液型丙烯酸类压敏胶单体的组成，一般还是由起黏附作用的丙烯酸异辛酯、丙烯酸丁酯，起内聚作用的丙烯酸甲酯、甲基丙烯酸甲酯、丙烯酸乙酯、醋酸乙烯酯等和起改性作用的官能团单体如丙烯酸、丙烯酸羟乙酯或丙酯、衣原酸等组成。只有在三组分配比合理的情况下，才能使黏附性能、内聚性能、粘接性能保持平衡，获得性能良好的压敏胶。

①配方

名　称	质量/g
丙烯酸2-乙基己酯	86
丙烯酸甲酯	5
醋酸乙烯酯	4
丙烯酸	3
氢化松香甘油酯	2
十二烷基硫酸钠	0.5

过硫酸铵	0.3
碳酸氢钠	0.3
正丁基硫醇	0.1
水	120.5
N－羟甲基丙烯酰胺	3

②单体乳化。在装有搅拌器的反应锅中，加入一定量的十二烷基硫酸钠与去离子水，加入丙烯酸，搅拌均匀。加入1/2数量的丙烯酸2－乙基己酯、丙烯酸甲酯和醋酸乙烯酯，搅拌均匀。再加入剩下的1/2丙烯酸2－乙基己酯、丙烯酸甲酯和醋酸乙烯酯液和正丁基硫醇，充分搅拌，形成具有一定黏度的乳液。

③聚合。在有搅拌器、冷凝器、温度计和滴液漏斗的四口瓶中，加入剩下的(1/5)十二烷基硫酸钠乳化剂和碳酸氢钠，以及一定量的去离子水。开始以80～120 $r\cdot min^{-1}$的速度进行搅拌，同时加热升温，当温度升至84℃左右，加上述乳液约1/10，加过硫酸铵总量的1/2左右。过硫酸铵宜配成质量分数10%的溶液使用。当溶液出现蓝色萤光共聚物时，开始均匀地、慢慢地加剩下的乳液和过硫酸铵溶液，控制在2～3 h加完，控温78～85℃。加完料后保温1 h。然后加入单体质量分数1%左右乙醇胺，在常温搅拌6 h以上，脱去游离单体，达到除臭之目的。最后在常温下加入*N*－羟甲基丙烯酰胺，搅拌均匀，以80～100目的滤网过滤即为压敏胶黏剂。

五、注意事项

严格按加料顺序加料，并控制加料速度。

六、思考题

①什么叫压敏胶？丙烯酸乳液压敏胶有哪些优点？
②为什么必须按顺序加料？加入速度过快有什么缺点？
③反应最后加入乙醇胺的目的是什么？

附：目前广泛使用的双向拉伸聚丙烯(BOPP)压敏胶带所用水乳型丙烯酸酯压敏胶的原料配比和合成方法为

名　　称	质量/g	名　　称	质量/g
丙烯酸丁酯(BA)	50～80	乳化剂B(阴离子)	0.1～1.0
丙烯酸－2－乙基己酯(2－EHA)	10～30	过硫酸铵	0.1～0.8
甲基丙烯酸甲酯(MMA)	5～20	碳酸氢钠	0～1
丙烯酸(AA)	1～4	十二烷基硫醇	0～0.2
丙烯酸 β－羟丙酯(HPA)	0.5～5	氨水	适量
乳化剂A(非离子型)	1～5	蒸馏水	80

合成方法：在装有电动搅拌器、回流冷凝器、温度计及滴液漏斗的250 ml的四口烧瓶中，加入已配制好的乳化剂混合液(乳化剂A、乳化剂B、碳酸氢钠、过硫酸铵、十二烷基硫醇、蒸馏水)的1/3。另将单体混合液(BA、2－EHA、MHA、AA、HPA)与余下的乳化剂混合液在另一三口瓶中于室温下快速搅拌乳化15 min，取其4/5注入滴液漏斗中，同时将余下的1/5注入四口烧瓶内。开动搅拌并升温，控制搅拌速度约120 $r\cdot min^{-1}$，在80℃下反应0.5 h后，开始滴加乳化单体混合液，控制在1.5 h内滴完，继续在80～85℃下反应1～1.5 h。降温至60℃以下，用少许氨水调节其pH值至9后出料；放置过夜或数天后会自然地下降至pH值为7.2左右。

第八编　涂　　料

涂料是指应用于物体表面能结成坚韧保护膜之材料的总称。这层保护膜称为涂膜,又叫漆膜或涂层。其作用和用途如下:

①保护作用。可保护金属、木材等材料不受水分、气体、微生物、紫外线等的侵蚀,延长寿命,同时还可防止材料磨损。

②装饰作用。可给物体一个美丽的涂层、给人以美的感觉,以改善人类的生活环境。

③色彩、标志作用。在国际上用涂料的色彩作标志已逐渐标准化。不同的机械设备,不同的化学品、危险品的容器及管道,交通运输的车辆等都用色彩涂料做标志。

④特殊作用。特种涂料有其独特的作用。如导电涂料、绝缘涂料、防火涂料、防腐蚀涂料、保温涂料、抗紫外线涂料、吸收或反辐射涂料等。

由于涂料的种类和作用不同,所以有广泛的用途。目前,各种涂料已在工业、国防及人们的日常生活中得到极为广泛的应用。

涂料作为一个工业部门,虽然只有几百年的历史,但由于其应用范围广、作用大,所以其品种和产量发展很快。目前,国际上涂料品种已达上千种,产量已突破 3×10^7t。其中合成树脂涂料已占主导地位。

涂料的种类繁多,目前国际上的分类有以下几种方法:

第一种方法是按用途分类。如建筑用涂料、船舶用涂料、电气绝缘用涂料、汽车用涂料等等。而建筑涂料又分室内用、室外用、木材用涂料、金属用涂料、混凝土用涂料等多种。

第二种方法是按其成膜物质分类。可分为:①油性涂料;②油基涂料;③酚醛树脂涂料;④沥青涂料;⑤醇酸树脂涂料;⑥氨基树脂涂料;⑦纤维素涂料;⑧乙烯树脂涂料;⑨丙烯酸树脂涂料;⑩聚酯树脂涂料;⑪环氧树脂涂料;⑫聚氨酯树脂涂料;⑬有机硅树脂涂料;⑭橡胶涂料等。

第三种方法是按溶剂来分类。可分为粉末涂料、水溶性涂料和溶剂涂料等。

涂料的组成按其功能可归纳为成膜物质、颜料、溶剂和助剂等。成膜物质能够黏附于物体的表面形成连续的膜,所以是涂料的基体。以前多使用植物油和天然树脂,现在多使用各种合成树脂,从而使涂料在品种、性能和质量等方面得到迅速发展。颜料,通常都是固体粉末,它始终留在涂膜中,起着色、增厚、改善性能等作用。无机颜料如钛白粉(二氧化钛)、氧化铁红、碳酸钙等;有机颜料如酞菁蓝、耐晒黄、甲苯胺红等。溶剂,它起溶解和稀释的作用,以降低成膜物质的黏稠度,便于施工,而得到均匀而连续的涂膜。常用的溶剂如汽油、甲苯、二甲苯、酯类、酮类等。它们最终全部挥发掉而不留在干结的涂膜中。这样既浪费了资源,又污染了环境,同时还给生产和施工现场留下火灾和爆炸的隐患。因此,少溶剂或无溶剂涂料、水乳胶涂料以及粉末涂料等得到了迅速的发展。

目前,以合成树脂为成膜物质的涂料已占主导地位。合成树脂一般都是高分子化合物,主要是通过加聚反应或缩聚反应制得。

烯类单体的自由基型加聚反应属连锁聚合反应,其活性中心是自由基。整个过程包括链引发、链增长和链终止三个基元反应。

链引发就是不断产生单体自由基的过程。常用的引发剂,如过氧化合物和偶氮化合物,它们在一定温度下能分解生成初级自由基,并引发单体生成单体自由基。

链增长反应的活化能低,所以反应速度极快,反应中极活泼的单体的自由基不断迅速地与单体分子加成,生成大分子自由基。

链终止主要是通过双基结合和双基歧化两种方式。两个自由基相互作用而使链反应终止。

除此之外还有由于链的转移而终止,即大分子自由基有可能从单体、溶剂或引发剂分子上夺取一个原子而终止。链转移的结果是聚合物分子量降低,但自由基数目不变。若转移所产生的自由基的活性与原自由基相同,则聚合总速率不变;若活性减弱或失去活性,则会出现缓聚或阻聚现象。

若聚合体系中含有两种或两种以上单体时,它们大多能一起参与聚合反应,生成含有两种或更多单体单元的共聚物,这种反应又称共聚反应。

丙烯酸酯类、醋酸乙烯酯、氯乙烯等各种烯类单体的均聚物和共聚物,已广泛应用于涂料工业。

缩聚反应是由含多官能团的单体,经多次重复的缩合反应,同时伴随小分子产物的放出,而形成聚合物的过程。由双官能团的单体可以得到线型的高分子化合物

$$n\mathrm{HOOC{-}R{-}COOH} + n\mathrm{HO{-}R'{-}OH} \rightleftharpoons \mathrm{H}\left[\mathrm{O{-}R'{-}OOC{-}R{-}CO}\right]_n\mathrm{{-}OH} + (2n-1)\mathrm{H_2O}$$

$$n\mathrm{HOOC{-}R{-}OH} \rightleftharpoons \mathrm{HO}\left[\mathrm{{-}OC{-}R{-}O}\right]_n\mathrm{{-}H} + (n-1)\mathrm{H_2O}$$

如果反应中包含有三官能团的单体,例如邻苯二甲酸酐与甘油,则可生成支化和网状的高分子化合物。

缩聚反应属逐步聚合反应,由单体转变成高分子的过程中反应是逐步进行的。反应初期,单体很快缩合成二聚体、三聚体等低聚物,随后低聚物相互继续反应,分子量不断增大。许多缩聚反应的平衡问题是必须考虑的,如何设法打破平衡使反应向高聚物方向进行的问题相当重要。就是说要采取各种措施,排除缩聚反应中产生的小分子副产物。

在涂料工业中,产量很大的醇酸树脂以及氨基树脂、酚醛树脂、聚酯树脂等树脂都是通过缩聚反应来制备的。

实验 38　醇酸树脂的合成和醇酸清漆的配制

一、实验目的

①掌握缩聚反应的原理和醇酸树脂的合成方法。

②了解醇酸清漆的配制和漆膜干燥的过程。

二、实验原理

1. 主要性质和用途

醇酸树脂涂料(alkyd resin paint)又称醇酸树脂清漆或醇酸清漆,为淡黄色透明黏稠液体,可溶于甲苯、二甲苯、松节油、乙酸乙酯等有机溶剂,有优良的耐久性、光泽和保色保光性、硬度和柔软性。

醇酸树脂涂料是应用较早、使用面较广的一种涂料,主要应用于木制建筑物和木制家具的

表面涂饰,也可用于铁制家具的涂饰及铁制建筑物和设备的防腐保护。

2. 合成原理

(1)醇酸树脂的合成原理

醇酸树脂是指以多元醇、多元酸与脂肪酸为原料制成的树脂。邻苯二甲酸和甘油以等摩尔反应时,反应到后期会发生凝胶化,形成网状交联结构的树脂。若加入脂肪酸或植物油,使甘油先变成甘油一酸酯 $R{-}\overset{\overset{\large O}{\|}}{C}{-}O{-}CH_2{-}\overset{\overset{\large OH}{|}}{CH}{-}CH_2OH$,这是二官能团化合物,再与苯酐反应就是线型缩聚了,不会出现凝胶化。如果所用脂肪酸中含有一定数量的不饱和双键,则所得的醇酸树脂能与空气中的氧发生反应,而交联成不溶不熔的干燥漆膜。

合成醇酸树脂通常先将植物油与甘油在碱性催化剂存在下进行醇解反应,以生成甘油一酸酯

$$\begin{matrix} CH_2OOCR \\ | \\ CHOOCR' \\ | \\ CH_2OOCR'' \end{matrix} + 2\begin{matrix} CH_2OH \\ | \\ CHOH \\ | \\ CH_2OH \end{matrix} \longrightarrow \begin{matrix} CH_2OH \\ | \\ CHOH \\ | \\ CH_2OOCR \end{matrix} + \begin{matrix} CH_2OH \\ | \\ CHOOCR' \\ | \\ CH_2OH \end{matrix} + \begin{matrix} CH_2OH \\ | \\ CHOH \\ | \\ CH_2OOCR'' \end{matrix}$$

然后加入苯酐进行缩聚反应,同时脱去水,最后生成醇酸树脂

$$\sim\sim O{-}\overset{\overset{O}{\|}}{C}{-}C_6H_4{-}\overset{\overset{O}{\|}}{C}{-}O{-}CH_2{-}\underset{\underset{O-\underset{\underset{O}{\|}}{C}-R'}{|}}{CH}{-}CH_2{-}O{-}\overset{\overset{O}{\|}}{C}{-}C_6H_4{-}\overset{\overset{O}{\|}}{C}{-}O{-}CH_2{-}\underset{\underset{O-\underset{\underset{O}{\|}}{C}-R'}{|}}{CH}{-}CH_2{-}O\sim\sim$$

(2)醇酸清漆的配制原理

醇酸树脂一般情况下主要是线型聚合物,但由于所用的油如亚麻油、桐油等的脂肪酸根中含有许多不饱和双键,当涂成薄膜后与空气中的氧发生反应,逐渐转化成固态的漆膜,这个过程称为漆膜的干燥。其机理是相当复杂的,主要是氧在邻近双键的—CH_2—处被吸收,形成氢过氧化物,这些氢过氧化物再发生引发聚合,使分子间交联,最终形成网状结构的干燥漆膜。现以 ROOH 代表脂肪酸根中的氢过氧化物、RH 代表未被氧化的脂肪酸根,则机理大致如下式

$$ROOH \longrightarrow RO\cdot + \cdot OH$$
$$2ROOH \longrightarrow RO\cdot + ROO\cdot + H_2O$$
$$RO\cdot + RH \longrightarrow ROH + R\cdot$$
$$RH + \cdot OH \longrightarrow R\cdot + H_2O$$
$$R\cdot + \cdot R \longrightarrow R-R$$
$$RO\cdot + R\cdot \longrightarrow R-O-R$$
$$RO\cdot + RO\cdot \longrightarrow R-O-O-R$$

这个过程在空气中进行得相当缓慢,但某些金属如钴、锰、铅、锌、钙、锆等的有机酸皂类化合物对此过程有催化加速的作用,这类物质称作催干剂。

醇酸清漆主要是由醇酸树脂、溶剂如甲苯、二甲苯、溶剂汽油以及多种催干剂组成。

三、主要仪器和药品

四口烧瓶(250 ml)、球形冷凝管、温度计(0 ~ 200℃、0 ~ 300℃)、分水器、电热套、电动搅拌

器、烧杯(100 ml、200 ml)、漆刷、胶合板或木板、量筒(10 ml、100 ml)、电热干燥箱,分析天平。

亚麻油、甘油、苯酐、氢氧化锂、二甲苯、溶剂汽油、甲苯、乙醇、0.1 mol·L^{-1}氢氧化钾、环烷酸钴(质量分数4%)、环烷酸锌(质量分数3%)、环烷酸钙(质量分数2%)和溶剂汽油。

四、实验内容

1. 醇酸树脂的合成

(1)亚麻油醇解

在装有电动搅拌器、温度计、球形冷凝管的250 ml四口烧瓶中加入84 g亚麻油和26 g甘油。加热至120℃,然后加入0.1 g氢氧化锂。继续加热至240℃,保持醇解30 min,取样测定反应物的醇溶性。当达到透明时即为醇解终点;若不透明,则继续反应,每隔20 min测定一次,到达终点后将其降温至200℃。

(2)酯化

在三口烧瓶与球形冷凝管之间装上分水器,分水器中装满二甲苯(到达支管口为止,这部分二甲苯未计入配方量中)。将53.2 g苯酐用滴液漏斗加入三口烧瓶中,温度保持180~200℃,约在30 min内加完。然后加入8 g二甲苯,缓慢升温至230~240℃,回流2~3 h。每隔20 min取样测定酸值,酸值小于20时为反应终点。冷却后,加入150 g溶剂汽油稀释,得米棕色醇酸树脂溶液,装瓶备用。

(3)终点控制及成品测定

醇解终点测定:取0.5 ml醇解物加入5 ml质量分数95%乙醇,剧烈振荡后放入25℃水浴中,若透明,说明终点已到,混浊则继续醇解。

测定酸值:取样2~3 g(精确称至0.1 mg),溶于30 ml甲苯-乙醇的混合液中(甲苯:乙醇=2:1),加入4滴酚酞指示剂,用氢氧化钾-乙醇标准溶液滴定。然后用下式计算酸值

$$\text{酸值} = \frac{c(\text{KOH}) \times 56.1}{m(\text{样品})} \times V(\text{KOH})$$

式中　$c(\text{KOH})$——KOH的浓度,mol·L^{-1};

$m(\text{样品})$——样品的质量,g;

$V(\text{KOH})$——KOH溶液的体积,ml。

测定固体质量分数:取样3~4 g,烘至恒重(120℃约2 h),计算固体的质量分数。

$$w(\text{固体}) = \frac{m(\text{固体})}{m(\text{溶液})} \times 100\%$$

测定黏度:用溶剂汽油调整固体50%后测定(测定方法见附录1)。

2. 醇酸清漆的调配

将42 g自制的质量分数50%亚麻油醇酸树脂、0.23 g质量分数4%环烷酸钴、0.18 g质量分数3%环烷酸锌、1.2 g质量分数2%环烷酸钙和6.4 g溶剂汽油放入烧杯内,用搅拌棒调匀。

(1)成品要求

外观:透明无杂质。

不挥发组分质量分数45%。

干燥时间:25℃,表干≤6 h;实干≤18 h。

(2)干燥时间的测定

用漆刷均匀涂刷三合板样板,观察漆膜干燥情况,用手指轻按漆膜直至无指纹为止,即为

表干时间。

五、注意事项

①本实验必须严格注意安全操作，防止着火。

②各升温阶段必须缓慢均匀，防止冲料。

③加苯酐时不要太快，注意是否有泡沫升起，防止溢出。

④加二甲苯时必须熄火，并注意不要加到烧瓶的外面。

⑤调配清漆时必须仔细搅匀，但搅拌不能太剧烈，防止混入大量空气。

⑥涂刷样板时要涂得均匀，不能太厚，以免影响漆膜的干燥。

⑦工作场所必须杜绝火源。

六、思考题

①为什么反应要分成两步，即先醇解后酯化？是否能将亚麻油、甘油和苯酐直接混合在一起反应？

②缩聚反应有何特点？加入二甲苯的作用是什么？

③为什么用反应物的酸值来决定反应的终点？酸值与树脂的相对分子质量有何联系？

④调漆时为什么要同时加入多种催干剂？

⑤涂刷样板时，为什么涂得太厚会影响漆膜的干燥？

实验 39 聚醋酸乙烯酯乳胶涂料的配制

一、实验目的

①进一步熟悉自由基聚合反应的特点。

②了解乳胶涂料的特点，掌握配制方法。

二、实验原理

1. 主要性能和用途

聚醋酸乙烯酯乳胶涂料（polyvinyl acetate latex paint）为乳白色黏稠液体，可加入各色色浆配成不同颜色的涂料。主要用于建筑物的内外墙涂饰。该涂料以水为溶剂，所以具有安全无毒、施工方便的特点，易喷涂、刷涂和滚涂，干燥快、保色性好、透气性好，但光泽较差。

2. 配制原理

聚醋酸乙烯乳胶的合成原理在胶黏剂编中已叙述，这里不再重复。

传统涂料（油漆）都要使用易挥发的有机溶剂，例如汽油、甲苯、二甲苯、酯、酮等，以帮助形成漆膜。这不仅浪费资源，污染环境，而且给生产和施工场所带来危险性，如火灾和爆炸。而乳胶涂料的出现是涂料工业的重大革新。它以水为分散介质，克服了使用有机溶剂的许多缺点，因而得到了迅速发展。目前乳胶涂料广泛用作建筑涂料，并已进入工业涂装的领域。

通过乳液聚合得到聚合物乳液，其中聚合物以微胶粒的状态分散在水中。当涂刷在物体表面时，随着水分的挥发，微胶粒互相挤压形成连续而干燥的涂膜。这是乳胶涂料的基础。另外，还要配入颜料、填料以及各种助剂如成膜助剂、颜料分散剂、增稠剂、消泡剂等，经过高速搅拌、均质而成乳胶涂料。

三、主要仪器和药品

四口烧瓶(250 ml)、电动搅拌器、温度计(0~100℃)、球形冷凝管、滴液漏斗(60 ml)、电炉、水浴锅、高速均质搅拌机、砂磨机、搪瓷或塑料杯、调漆刀、漆刷、水泥石棉样板。

醋酸乙烯酯、聚乙烯醇、乳化剂 OP-10、去离子水、过硫酸铵、碳酸氢钠、邻苯二甲酸二丁酯、六偏磷酸钠、丙二醇、钛白粉、碳酸钙、磷酸三丁酯。

四、实验内容

1. 聚醋酸乙烯酯乳液的合成

①聚乙烯醇的溶解。在装有电动搅拌器、温度计和球形冷凝管的 250 ml 四口烧瓶中加入 30 ml 去离子水和 0.35 g 乳化剂 OP-10,搅拌,逐渐加入 2 g 聚乙烯醇。加热升温,至 90℃保温 1 h,直至聚乙烯醇全部溶解,冷却备用。

②将 0.2 g 过硫酸铵溶于水中,配成质量分数 5%的溶液。

③聚合。把 17 g 蒸馏过的醋酸乙烯酯和 2 ml 质量分数 5%过硫酸铵水溶液加至上述四口烧瓶中。开动搅拌器,水浴加热,保持温度在 65~75℃。当回流基本消失时,温度自升至 80~83℃时用滴液漏斗在 2 h 内缓慢地、按比例地滴加 23 g 醋酸乙烯酯和余下的过硫酸铵水溶液,加料完毕后升温为 90~95℃,保温 30 min 至无回流为止。冷却至 50℃,加入 3 ml 左右质量分数 5%碳酸氢钠水溶液,调整 pH 值为 5~6。然后慢慢加入 3.4 g 邻苯二甲酸二丁酯。搅拌冷却 1 h,即得白色稠厚的乳液。

2. 聚醋酸乙烯酯乳胶涂料的配制

①涂料的配制。把 20 g 去离子水、5 g 质量分数 10%六偏磷酸钠水溶液以及 2.5 g 丙二醇加入搪瓷杯中,开动高速均质搅拌机,逐渐加入 18 g 钛白粉、8 g 滑石粉和 6 g 碳酸钙,搅拌分散均匀后加入 0.3 g 磷酸三丁酯,继续快速搅拌 10 min,然后在慢速搅拌下加入 40 g 聚醋酸乙烯酯乳液,直至搅匀为止,即得白色涂料。

②成品要求:

外观:白色稠厚流体。

固体质量分数:50%

干燥时间:25℃表干 10 min,实干 24 h。

③性能测定。涂刷水泥石棉样板,观察干燥速度,测定白度、光泽,并作耐水性试验。制备好做耐湿擦性的样板,做耐湿擦性试验。

五、注意事项

①聚乙烯醇溶解速度较慢,必须溶解完全,并保持原来的体积。如使用工业品聚乙烯醇,可能会有少量皮屑状不溶物悬浮于溶液中,可用粗孔铜丝网过滤除去。

②滴加单体的速度要均匀,防止加料太快发生暴聚冲料等事故。过硫酸铵水溶液数量少,注意均匀,按比例与单体同时加完。

③搅拌速度要适当,升温不能过快。

④瓶装的试剂级醋酸乙烯酯需蒸馏后才能使用。

⑤在搅匀颜料、填充料时,若黏度太大难以操作,可适量加入乳液至能搅匀为止。

⑥最后加乳液时,必须控制搅拌速度,防止产生大量泡沫。

六、思考题

①聚乙烯醇在反应中起什么作用?为什么要与乳化剂 OP－10 混合使用?

②为什么大部分的单体和过硫酸铵用逐步滴加的方式加入?

③过硫酸铵在反应中起什么作用?其用量过多或过少对反应有何影响?

④为什么反应结束后要用碳酸氢钠调整 pH 值为 5～6?

⑤试说出配方中各种原料所起的作用。

⑥在搅拌颜料、填充料时为什么要高速均质搅拌?用普通搅拌器或手工搅拌对涂料性能有何影响?

附:聚醋酸乙烯乳胶涂料常用配方及色浆配方。

表 8.1　内用平光聚醋酸乙烯酯乳胶涂料常用配方举例　　质量分数/%

物　料　名　称	配方一	配方二	配方三	配方四
聚醋酸乙烯酯乳液(质量分数 50%)	42	36	30	26
钛　白	26	10	7.5	20
锌钡白	—	18	7.5	—
碳酸钙	—	—	—	10
硫酸钡	—	—	15	—
滑石粉	8	8	5	—
瓷　土	—	—	—	9
乙二醇	—	—	3	—
磷酸三丁酯	—	—	0.4	—
一缩乙二醇丁醚醋酸脂	—	—	—	2
羧甲基纤维素	0.1	0.1	0.17	—
羟乙基纤维素	—	—	—	0.3
聚甲基丙烯酸钠	0.08	0.08	—	—
六偏磷酸钠	0.15	0.15	0.2	0.1
五氟氯酚钠	—	0.1	0.2	0.3
苯甲酸钠	—	—	0.17	—
亚硝酸钠	0.3	0.3	0.02	—
醋酸苯汞	0.1	—	—	—
水	23.27	27.27	30.84	32.3
基料:颜料	1:1.62	1:2	1:2.33	1:3

配方一颜料用量较大而体质颜料用量较小,颜料中全部用金红石型钛白,乳液用量也较大,因此涂料的遮盖力强,耐洗刷性也好,用于一般要求较高的室内墙面涂装,也能作为一般的外用平光涂料使用。如果增加聚醋酸乙烯乳液的用量,能得到有微光的涂膜,但一般的聚醋酸乙烯乳液很难制得半光以上的涂膜。

配方二用部分锌钡白代替钛白,遮盖力比配方一要差些,是比较经济的一般室内平光墙面涂料,耐洗刷性也差些。如钛白用金红石型的话,也仅能勉强用于室外要求不高的场合。

配方三颜料用量较低,体质颜料用量增加很多,乳液用量也少,所以遮盖力、耐洗刷性能都要差些,是一种较为经济的室内用涂料。

配方四颜料的比例较大,主要是用于室内要求白度遮盖力较好、而对洗刷性要求不高的场合。

配方中所列举不同的助剂及不同用量,说明乳胶涂料在不同配方中可以使用不同品种的助剂,可根据不同的要求和生产成本等因素综合考虑。

乳胶涂料的生产一般可以用球磨机、快速平石磨、高速分散机等设备,如加入有效的消泡剂且配方恰当的话,也可以用砂磨机。先将分散剂、增稠剂的一部分或全部、防锈剂、消泡剂、防霉剂等溶解成水溶液和颜料、体质颜料一起加入球磨机或用上述其他设备研磨,使颜料分散到一定程度,然后在搅拌下加入聚醋酸乙烯乳液,搅拌均匀后再慢慢加入防冻剂、增稠剂的一部分和成膜助剂,最后加入氨水、氢氧化钾或氢氧化钠,调 pH 值至呈微碱性。

如果配制色涂料,则在最后加入各色色浆配色,表 8.2 列出三种色浆的配方。色浆用的各种颜料必须先研磨分散得很好,否则在配色时不能得到均匀的色彩。如颜料分散不好,色浆加入乳胶涂料中后,用手指研磨颜色会变深,这种情况在将来施工涂刷时,涂刷次数多少或方向不同时会出现颜色不均一的情况。颜料分散不好,加入乳胶漆后在存贮过程中有时会产生凝聚现象,使涂料的颜色发生变化,影响乳胶涂料的贮藏稳定性。有机颜料所用的表面活性剂(润湿剂)有乳化剂 OP-10 等。将乳化剂 OP-10 溶于水中,加入各色颜料后,用砂磨机研磨数次,至颜料分散至相当程度。在配方中可以加入部分乙二醇,在研磨时泡沫较易消失,而且色浆也不易干燥和冰冻。

表 8.2 色浆常用配方举例 质量分数/%

	黄色浆	蓝色浆	绿色浆
耐晒黄 G	35	—	—
酞菁蓝	—	38	—
酞菁绿	—	—	37.5
乳化剂 OP-10	14	11.4	15
水	51	50.6	47.5

大量的润湿剂加入乳胶涂料中会对涂膜的耐水性带来影响,但由于乳胶涂料绝大多数是白色和浅色的,如果上述有机颜料分散得很好的话,着色力也是相当好的,一般情况下色浆的用量都不会太多,对乳胶涂料耐水性带来的影响也不会很大。

实验 40 聚丙烯酸酯乳胶涂料的配制

一、实验目的

①熟悉聚丙烯酸酯乳液的合成方法,进一步熟悉乳液聚合的原理。

②了解聚丙烯酸酯乳胶涂料的性质和用途。

③掌握聚丙烯酸酯乳胶涂料的配制方法。

二、实验原理

1. 主要性能和用途

聚丙烯酸酯乳胶涂料(polyacrylate latex paint)为黏稠液体。其耐候性、保色性、耐水性、耐碱性等性能均比聚醋酸乙烯乳胶涂料好。聚丙烯酸酯乳胶涂料是主要的外墙用乳胶涂料。由于聚丙烯酸酯乳胶涂料有许多优点,所以近年来品种和产量增长很快。

2. 合成乳液配制及涂料的原理

(1)聚丙烯酸酯乳液

聚丙烯酸酯乳液通常是指丙烯酸酯、甲基丙烯酸酯,有时也有用少量的丙烯酸或甲基丙烯酸等共聚的乳液。丙烯酸酯乳液比醋酸乙烯酯乳液有许多优点:对颜料的粘接能力强,耐水性、耐碱性、耐光性、耐候性均比较好,施工性能优良。在新的水泥或石灰表面上用聚丙烯酸酯乳胶涂料比用聚醋酸乙烯乳胶涂料好得多。因丙烯酸酯乳胶的涂膜遇碱皂化后生成的钙盐不溶于水,能保持涂膜的完整性。而醋酸乙烯乳液皂化后的产物是聚乙烯醇,是水溶性的,其局部水解的产物是高乙酰基聚乙烯醇,水溶性更大。

各种不同的丙烯酸酯单体都能共聚,也可以和其他单体(如苯乙烯和醋酸乙烯等)共聚。乳液聚合一般和前述醋酸乙烯乳液相仿,引发剂常用的也是过硫酸盐。如用氧化还原法(如过硫酸盐 - 重亚硫酸钠等),单体可分 3 ~ 4 次分批加入。

表面活性剂也和聚醋酸乙烯相仿,可以用非离子型或阴离子型的乳化剂。操作也可采取逐步加入单体的方法,主要是为了使聚合时产生的大量热能很好地扩散,使反应均匀进行。在共聚乳液中也必须用缓慢均匀地加入混合单体的方法,以保证共聚物的均匀。

常用的乳液单体配比可以是丙烯酸乙酯质量分数 65%、甲基丙烯酸甲酯质量分数 33%、甲基丙烯酸质量分数 2%,或者是丙烯酸丁酯质量分数 55%、苯乙烯质量分数 43%、甲基丙烯酸质量分数 2%。甲基丙烯酸甲酯或苯乙烯都是硬单体,用苯 乙烯可降低成本;丙烯酸乙酯或丙烯酸丁酯两者都是软性单体,但丙烯酸丁酯要比丙烯酸乙酯软些,其用量也可以比丙烯酸乙酯用量少些。

在共聚乳液中,加入少量丙烯酸或甲基丙烯酸,对乳液的冻融稳定性有帮助。此外,在生产乳胶涂料时加氨或碱液中和也起增稠作用。但在和醋酸乙烯共聚时,如制备丙烯酸丁酯质量分数 49%、醋酸乙烯质量分数 49%、丙烯酸质量分数 2% 的碱增稠的乳液时,单体应分两个阶段加入,在第一阶段加入丙烯酸和丙烯酸丁酯,在第二阶段加入丙烯酸丁酯和醋酸乙烯,因为醋酸乙烯和丙烯酸共聚时有可能在反应中有酯交换发生,产生丙烯酸乙烯,它能起交联作用而使乳液的黏度不稳定。

(2)聚丙烯酸酯乳胶涂料

聚丙烯酸酯乳胶涂料的配制和聚醋酸乙烯酯乳胶涂料一样,除了颜料以外要加入分散剂、增稠剂、消泡剂、防霉剂、防冻剂等助剂,所用品种也基本上和聚醋酸乙烯酯乳胶涂料一样。

聚丙烯酸酯乳胶涂料由于耐候性、保色性、耐水耐碱性都比聚醋酸乙烯酯乳胶涂料要好些,因此主要用作制造外用乳胶涂料。在外用时钛白就需选用金红石型,着色颜料也需选用氧化铁等耐光性较好的品种。

分散剂都用六偏磷酸钠和三聚磷酸盐等,也有介绍用羧基分散剂如二异丁烯顺丁烯二酸酐共聚物的钠盐。增稠剂除聚合时加入少量丙烯酸、甲基丙烯酸与碱中和后起一定增稠作用外,还加入羧甲基纤维素、羟乙基纤维素、羟丙基纤维素等作为增稠剂。消泡剂、防冻剂、防锈剂、防霉剂和聚醋酸乙烯酯乳胶涂料一样,但作为外用乳胶涂料,防霉剂的量要适当多一些。

三、主要仪器和药品

四口烧瓶(250 ml)、球形冷凝管、温度计(0 ~ 100℃)、电动搅拌器、滴液漏斗(60 ml)、电热套、烧杯(250 ml、800 ml)、水浴锅、点滴板。

丙烯酸丁酯、甲基丙烯酸甲酯、甲基丙烯酸、过硫酸铵、非离子表面活性剂、丙烯酸乙酯、亚硫酸氢钠、苯乙烯、丙烯酸、十二烷基硫酸钠、金红石型钛白粉、碳酸钙、云母粉、二异丁烯顺丁烯二酸酐共聚物、烷基苯聚磺酸钠、环氧乙烷、羟乙基纤维素、羧甲基纤维素、消泡剂、防霉剂、乙二醇、松油醇、丙烯酸酯共聚乳液(质量分数 50%)、碱溶丙烯酸共聚乳液(质量分数 45%)、氨水、颜料。

四、实验内容

1. 聚丙烯酸酯乳液合成

下面介绍两个不同配方乳液的合成工艺。

例 1 纯丙烯酸酯乳液

名　称	质量分数/%	名　称	质量分数/%
丙烯酸丁酯	33	水	63
甲基丙烯酸甲酯	17	烷基苯聚醚磺酸钠	1.5
甲基丙烯酸	1	过硫酸铵	0.2

操作:乳化剂在水中溶解后加热升温到 60℃,加入过硫酸铵和质量分数 10% 的单体,升温至 70℃,如果没有显著的放热反应,逐步升温直至放热反应开始,待温度升至 80 ~ 82℃,将余下的混合单体缓慢而均匀加入,约 2 h 加完,控制回流温度,单体加完后,在 30 min 内将温度升至 97℃,保持 30 min,冷却,用氨水调 pH 值为 8 ~ 9。

例 2 苯丙乳液

名　称	质量分数/%	名　称	质量分数/%
苯乙烯	25	过硫酸铵	0.2
丙烯酸丁酯	25	十二烷基硫酸钠	0.25
丙烯酸	1	烷基酚聚氧乙烯醚	1.0
水	50		

操作:用烧杯将表面活性剂溶解在水中加入单体,在强力的搅拌下,使之乳化成均匀的乳化液,取 1/6 乳化液放入三口烧瓶中,加入引发剂的 1/2,慢慢升温至放热反应开始,将温度控制在 70 ~ 75℃之间,慢慢连续地加入乳化液,并补加部分引发剂控制热量平衡,使温度和回流速度保持稳定,反应 2 h 后升温为 95 ~ 97℃,恒温 30 min,或抽真空除去未反应的单体,冷却,用氨水调 pH 值为 8 ~ 9。

例 3 用甲基丙烯酸甲酯为硬性单体,用丙烯酸丁酯为塑性单体,例 2 用苯乙烯硬性单体代替甲基丙烯酸甲酯,价格可便宜很多,基本上也能达到外用乳胶漆的要求。也可以采用其他不同的单体,调整其配比来达到相近的质量要求。

操作工艺也不同。例 2 的工艺用连续加单体方法将单体和乳化剂水溶液先乳化,再通过连续加乳化液的方法进行乳液聚合,这样乳液的颗粒度比较均匀,但增加一道先乳化的工序。

2. 聚丙烯酸酯乳胶涂料的配方和配制

表 8.3 给出了几个聚丙烯酸酯乳胶涂料的典型配方。

配方的原则与前述聚醋酸乙烯酯乳胶涂料相同,钛白的用量视对遮盖力高低的要求来变动,内用的考虑白度遮盖力多些,颜料含量高些;外用的要考虑耐候性,乳液的用量相对要大些。在木材表面,要考虑木材木纹温湿度不同时胀缩很厉害,因此颜料含量要低些,多用些乳液。

聚丙烯酸酯乳胶涂料的配制与聚醋酸乙烯乳胶涂料配制方法相同,此不赘述。

表 8.3 聚丙烯酸酯乳胶涂料配方举例 质量分数/%

	底漆泥子	白色内用面漆	外用水泥表面用漆	外用水器底漆
金红石型钛白	7.5	36	20	15
碳酸钙	20	10	20	16.5
云母粉				2.5
二异丁烯顺丁烯二酸酐共聚物	0.8	1.2	0.7	0.8
烷基苯基聚环氧乙烷	0.2	0.2	0.2	0.2
羟乙基纤维素				0.2
羧甲基纤维素			0.2	
消泡剂	0.2	0.5	0.3	0.2
防霉剂	0.1	0.1	0.8	0.2
乙二醇		1.2	2.0	2.0
松油醇				0.3
丙烯酸酯共聚乳液(质量分数 50%)	34	24	40	40
碱溶丙烯酸酯共聚乳液(质量分数 45%)	2.8	1.5		
水	34.4	25.3	15.8	22.1
氨水调 pH 至	8~9	8~9	8~9	9.4~9.7
基料:颜料	1:1.5	1:3.6	1:2	1:1.7

五、注意事项

①乳液配制时要严格控制温度和反应时间。

②加入单体时要缓慢滴加,否则要产生暴聚而使合成失败。

③乳液的 pH 值一定要控制好,否则乳液不稳定。

④涂料的配方与聚醋酸乙烯酯乳胶涂料相仿。所不同的是碱溶丙烯酸酯共聚乳液必须用少量水冲淡后加氨水调 pH 值为 8~9,才能溶于水中。可在磨颜料浆时作为分散剂一起加入。

六、思考题

①聚丙烯酸酯乳胶涂料有哪些优点?主要应用于哪些方面?

②影响乳液稳定的因素有哪些?如何控制?

实验 41 有光乳胶涂料的配制

一、实验目的

①了解有光乳胶涂料各组分的作用。

②掌握有光乳胶涂料的配制方法。

二、实验原理

1. 主要性质和用途

有光乳胶涂料(luminescent latex paint)除具有一般乳胶涂料具有的节约油脂和溶剂、安全无毒、施工方便、干燥快、保色性好和透气性好等六大优点外,还具有光泽好、耐候性好等优良性能。该涂料适用于建筑物室内外墙面及木质面的粉刷和装饰,是一种较高档的流行的装饰材料,其应用面逐步扩大,产量增长幅度很大,很有发展前途和市场竞争力。

2. 配制原理

有光乳胶涂料和其他乳胶涂料一样,须先合成胶乳。其胶乳主要是聚醋酸乙烯乳液、丙烯酸酯乳液、丁苯胶乳及聚偏氯乙烯胶乳等。所不同的是，要求乳液的粒子越小越好，一般在0.2 μm左右或更小些。然后在合成的胶乳中再加入颜料、体质颜料以及保护胶体、增塑剂、润湿剂、防冻剂、消泡剂、防锈剂、防霉剂等辅助材料后，经研磨或分散处理而制成。

有光乳胶涂料不但要求乳液的粒子要小，而且还要求粒子的粒度均匀和稳定。这样就对有光乳胶涂料的原料提出了较高的要求。醋酸乙烯作单体要制成较小的粒子和有关的涂膜是比较困难的，因为它在水中有一定的溶解性，当加入表面活性剂后溶解度增加，使乳液中溶质的粒度多数在 0.5 μm 以上，要想减小粒度可用加入部分丙烯酸酯使其共聚来实现。除此之外，以丙烯酸酯为主或加入部分苯乙烯共聚的乳液及偏氯乙烯为主的乳液均可做有光乳胶涂料的乳液。

要想使乳液的粒度均匀和稳定，还要在选择表面活性剂及表面活性剂的复配工艺上做文章。采用阴离子和非离子型表面活性剂并用，或加入如苯乙烯顺丁烯二酸酐共聚物的钠盐或聚甲基丙烯酸的钠盐等作分散剂及在连续加单体的操作工艺上，表面活性剂要和引发剂一样，在开始时先加入一部分，然后采用隔一定时间和引发剂一起陆续加入的办法可达到上述要求。

除此之外还要加入如聚丙烯酸铵、碱溶聚丙烯酸酯乳液或碱溶聚丙烯酸酯醋酸乙烯共聚体等增稠剂来帮助分散颜料，提高胶乳的稳定性。颜料的用量对涂膜的光泽影响很大，质量分数一般控制在 16% ~ 20%。白色颜料主要是用金红石型钛白，分散剂用三聚磷酸盐，也可用聚丙烯酸铵和碱溶丙烯酸酯共聚体。颜料不但要求研细，而且还要求具有分散的稳定性。

加入如丙二醇、己二醇、溶纤剂、丁基溶纤剂、丁基溶纤剂醋酸酯、松油醇等成膜助剂可增加有光乳胶涂料的光泽。

有光乳胶涂料主要有三种：

醋酸乙烯和丙烯酸酯共聚乳液虽然价格便宜，但制备有光乳胶涂料的技术难度大；丙烯酸酯乳液制备有光乳胶涂料较容易，但价格高，将其与苯乙烯单体共聚后不但成本低、效果也较好，所以目前有光乳胶涂料多以此作乳液；偏氯乙烯乳液效果也很好，主要缺点是涂膜易泛黄，可通过引入其他单体共聚的方法来解决。

三、主要仪器和药品

四口烧瓶(250 ml)、球形冷凝管、温度计(0 ~ 100℃)、电动搅拌器、均质乳化机、滴液漏斗(60 ml)、玻璃水泵、烧杯(250 ml)、量筒(10 ml、100ml)、电热套或调温水浴锅等。

醋酸乙烯、丙烯酸丁酯、丙烯酸、十二烷基硫酸钠、净洗剂 TX－10、苯乙烯顺丁烯二酸酐共聚物钠盐、过硫酸钾、苯乙烯、烷基联苯二磺酸钠或十二烷基苯磺酸钠、金红石型钛白粉、磷酸三丁酯、聚醋酸乙烯乳液(质量分数 60%)、乙基溶纤剂、碱溶丙烯酸酯醋酸乙烯共聚体(质量分数 26%溶液)、三聚磷酸钠(质量分数 25%)、丙二醇、丁基溶纤剂、防霉剂、氨水、消泡剂、聚丙烯酸酯乳液(质量分数 50%)、颜料浆、丁二酸二异辛基磺酸钠(质量分数 64%)、碱溶聚丙烯酸酯乳液(质量分数 40%)、偏氯乙烯共聚乳液(质量分数 50%)、聚丙烯酸铵等。

四、实验内容

1. 有光乳胶涂料胶乳的制备

例 1

名 称	质量分数/%	名 称	质量分数/%
醋酸乙烯	79	净洗剂 TX－10	1.2

丙烯酸丁酯	20	苯乙烯顺丁烯二酸酐共聚物钠盐(质量分数20%溶液)	2.8
丙烯酸	1	过硫酸钾	0.4
水	100		
十二烷基硫酸钠	0.6		

操作：于装有球形冷凝管和滴液漏斗及电动搅拌机的四口烧瓶中，加入水，再将苯乙烯顺丁烯二酸酐共聚物钠盐及2/5的净洗剂TX－10和十二烷基硫酸钠溶解于水中，加入混合单体量的1/7，以及过硫酸钾量的1/2，一起升温至70℃左右，保温至液体呈蓝色，开始滴加混合单体，并不断搅拌，控制温度在70～72℃之间，单体在3.5～4 h内加完，每30 min补加部分余下的乳化剂和引发剂，以控制温度和使反应稳定，加完单体后，抽真空用30 min除去游离单体。冷却，加氨水调pH值为8～9。

例2

名　称	质量分数/%	名　称	质量分数/%
丙烯酸丁酯	23.80	烷基联苯二磺酸钠	0.25
苯乙烯	24.80	净洗剂TX－10	0.75
丙烯酸	21.00	过硫酸钾	0.20
水	50.00		

操作：将乳化剂溶解于水中，加入混合单体在激烈搅拌下使之乳化均匀，将乳化液的1/5加入装有球形冷凝管和滴液漏斗的三口烧瓶中，加入过硫酸钾量的1/2，升温至70～72℃，保温至液体呈蓝色，开始缓慢滴加混合单体乳化液于3 h内加完，每30 min补加部分引发剂保持温度稳定，单体乳化液加完后升温至95℃保持30 min，再抽真空除去未反应单体，冷却，加入氨水调pH值为8～9。

2.有光乳胶涂料配方举例

例1　聚醋酸乙烯有光乳胶涂料。

名　称	质量分数/%	名　称	质量分数/%
金红石型钛白	22	聚醋酸乙烯乳液(质量分数60%)	46.8
碱溶丙烯酸酯醋酸乙烯共聚体(质量分数26%溶液)	30.5	乙基溶纤剂	0.5
磷酸三丁酯	0.2	基料:颜料	1:0.6
		高分子乳液:碱溶共聚体	3.5:1

例2　聚丙烯酸酯有光乳胶涂料。

颜料浆：

名　称	质量/g
水	10
三聚磷酸钾(质量分数25%)	10
丙二醇	21
丁基溶纤剂	32
防霉剂	1

球磨机研磨后配漆：

名　称		质量/g
聚丙烯酸酯乳液(质量分数50%)		690
颜料浆	预混合	329
丙二醇		100
水	预混合	96.5
聚丙烯酸增稠剂		1.5

氨水(质量分数25%)	1	丁二酸二异辛基磺酸钠盐(质量分数64%)	2
金红石型钛白	250		
消泡剂	4	颜料体积百分数	18

例3　聚偏氯乙烯有光乳胶涂料。

名　称		名　称	质量分数/%
碱溶聚丙烯酸酯乳液(质量分数40%)			8.5

在高速均质乳化机搅拌下慢慢加入以下混合物：

名　称	质量分数/%	名　称	质量分数/%
己二醇	2.7	水	3.5
氨水(相对密度0.88)	0.25		

再加入以下混合物：

名　称	质量分数/%
偏氯乙烯共聚乳液(质量分数50%)	20
溶解成透明溶液后加入金红石型钛白(质量分数20%)	54

增加转速使钛白分散到细度25 μm,降低转速加入：

名　称	质量分数/%	名　称	质量分数/%
丙二醇	10	聚丙烯酸铵	0.25
氨水(相对密度0.88)	0.8	基料:颜料	1:0.65
共聚乳液:碱溶共聚体	8:1		

上述配方都用金红石型钛白,颜料含量均较少,基料:颜料在1:0.6左右,颜料体积分数在16%～18%之间,可以得到光泽80%～85%的涂膜。

有光乳胶涂料的配制工艺与乳光涂料相同。

五、注意事项

①合成胶乳时要遵守聚醋酸乙烯胶乳配制的程序和原则。

②合成胶乳时,单体的连续加入一定要和表面活性剂、引发剂一样慢慢陆续补加,这样才能制得均匀稳定的胶乳。

六、思考题

①叙述有光乳胶涂料 配制的要点及关键工艺技术。

②为什么有光乳胶涂料发展较快?

实验42　透明隔热涂料的制备及其性能表征

一、实验目的

①了解隔热涂料的相关知识。

②学习隔热涂料的制备及材料表征方法。

③了解隔热涂料性能的测试方法。

二、实验原理

1.隔热涂料的用途

太阳通过辐射传递给地球巨大的能量,太阳辐射的能量主要集中在波长为 0.2 ~ 2.5 μm 的范围内,具体能量分布如下:紫外区为 0.2 ~ 0.4 μm,占总能量的 5%;可见光区为 0.4 ~ 0.72 μm,占总能量的 45%;近红外区为 0.72 ~ 2.5 μm,占总能量的 50%。巨大的能量给人类的生存和生活提供了必要的条件,但强烈的太阳辐射也会给工业生产和日常生活带来诸多问题和不便。炎热的夏天,过多的太阳辐射增加了电扇、空调的用电量,消耗更多的能源。

普通玻璃虽然透明性好,但是对红外线的隔绝不够,给许多需要隔绝热辐射的场合带来巨大的能量损失。在普通玻璃上涂覆透明隔热涂料,能够过滤部分太阳光中的辐射能,从而达到隔热降温的目的。

2.实验原理

本实验中的透明隔热涂料(transparent thermal - insulating coating material)的成膜树脂为透明的丙烯酸树脂,隔热功能粉体为掺锑锡氧化物(ATO)。透明隔热涂料的制备方法是首先制备 ATO 粉体及丙烯酸树脂,然后采用共混法将二者制成透明隔热涂料。

(1)丙烯酸树脂的制备方法

丙烯酸树脂是由丙烯酸酯类和甲基丙烯酸酯类及其他烯属单体共聚制成的树脂,通过选用不同的树脂结构、不同的配方、生产工艺及溶剂组成,可合成不同类型、不同性能和不同应用场合的丙烯酸树脂。根据结构和成膜机理的差异,丙烯酸树脂又可分为热塑性丙烯酸树脂和热固性丙烯酸树脂。

本实验在四口烧瓶中加入醋酸丁酯和单体丙烯酸(AA),然后将混合均匀的甲基丙烯酸甲酯(MMA)、丙烯酸丁酯(BA)和引发剂偶氮二异丁腈(AIBN),在一定时间内滴加到四口烧瓶中,最后加热搅拌保温,即可得到具有一定黏度的透明聚丙烯酸酯。丙烯酸树脂的制备工艺流程如图 8.1 所示。

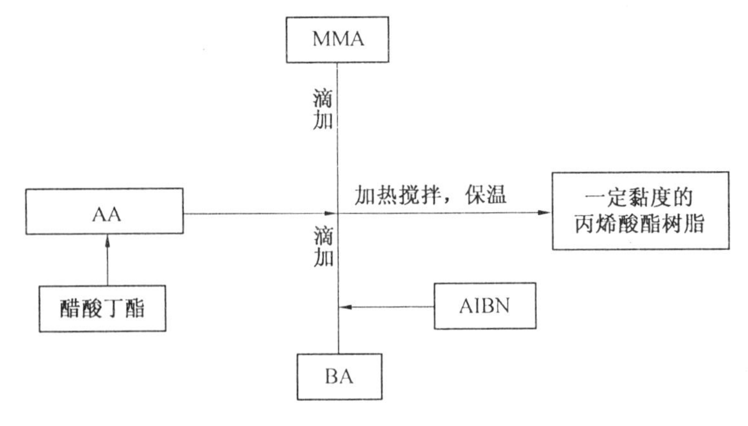

图 8.1 丙烯酸酯树脂制备工艺流程

(2)ATO 粉体的制备方法

由氧化锡和氧化锑成分构成的无机纳米粒子 ATO(掺锑锡氧化物)是一种宽禁带 n 型半导体,它能有效地阻止红外辐射和紫外线辐射,阻隔红外效果达 80%以上,阻隔紫外效果达 65%以上。纳米 ATO 粉体对可视光(380 ~ 780 nm)的吸收率极弱,该特性使得 ATO 纳米粉体加入涂料中不会影响基体材料的原有色泽。同时纳米 ATO 粉体还具有耐高温、耐化学腐蚀等优良特性。

ATO 粉体采用溶胶-凝胶法制备。所谓溶胶-凝胶法是指将前驱体(如正硅酸乙酯和甲醋、烷氧金属、金属盐等)和有机聚合物在共溶剂体系中，用酸、碱或中性盐催化前驱体水解缩合成溶胶(Sol)，然后经溶剂挥发或热处理使溶胶转化成网状结构的凝胶(Gel)的过程。本实验采用的溶胶前驱体为 $SnCl_2 \cdot 2H_2O$ 和 $SbCl_3$。ATO 溶胶的制备工艺流程如图 8.2 所示。

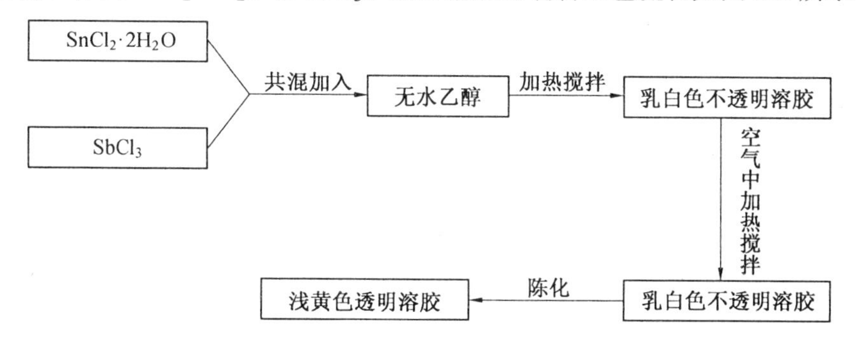

图 8.2　ATO 溶胶合成工艺流程

利用 $SnCl_2 \cdot 2H_2O$ 和 $SbCl_3$ 在无水乙醇中的水解聚合反应制得浅黄色的透明纳米 ATO 溶胶，其反应方程式为

$$SnCl_2 + EtOH \longleftrightarrow Sn(OEt)Cl + HCl \longleftrightarrow Sn(OEt)_2 + HCl \quad (\text{金属卤盐进行醇解})$$

$$SbCl_3 + EtOH \longleftrightarrow Sb(OEt)_xC1_{3-x} + HCl \longleftrightarrow Sb(OEt)_3 + HCl \quad (\text{金属卤盐进行醇解})$$

$$Sn(OC_2H_5)_2 + Sb(OC_2H_5)_3 + H_2O \longleftrightarrow H_5C_2O - Sn - OH + HO - Sb - (OC_2H_5)_2 + 2C_2H_5OH$$

(醇盐胶粒水解反应)

$$H_5C_2O - Sn - OH + HO - Sb - (OC_2H_5)_2 \longleftrightarrow H_5C_2O - Sn - O - Sb - (OC_2H_5)(OH) + C_2H_5OH$$

(锡醇盐胶粒之间的缩聚反应)

$$H_5C_2O - Sn - OH + HO - Sb - (OC_2H_5)_2 \longleftrightarrow H_5C_2O - Sn - O - Sb - (OC_2H_5)_2 + H_2O$$

(锡醇盐胶粒与锑醇盐胶粒之间的缩聚反应)

(3)共混法

共混法是直接将纳米粉体或其分散液与聚合物或其溶液进行混合的一种物理方法，也是目前获得含纳米粒子的复合材料的一种比较简便的制备方法，它通过物理方法使纳米粒子直接均匀分散到成膜物中。

共混法中纳米粒子的制备与材料的制备是分步进行的，纳米粒子的形态、尺寸均可控制，但由于无机纳米微粒具有较高的表面自由能，易于自发团聚，在采用直接分散法制备纳米粒子/聚合物复合材料过程中不可避免地出现纳米粒子的团聚现象，导致纳米粒子在聚合物中分散不均匀，造成纳米粒子丧失或部分丧失其特有的功能和作用。该法的优点是易于控制粒子的尺寸和形态，不足之处是难以解决纳米粒子的团聚问题，即难以保证纳米粒子在聚合物基料中的均匀分散。

本实验将 ATO 粉体及丙烯酸树脂进行共混，得到透明隔热涂料。

三、主要仪器和药品

磁力搅拌器、电子天平(精度 ±0.001 g)、真空干燥箱、电加热套、红外加热仪、KQ-100 型超声清洗器、马弗炉。

$SnCl_2 \cdot 2H_2O$、$SbCl_3$、甲基丙烯酸甲酯(MMA)、丙烯酸丁酯(BA)、丙烯酸(AA)、偶氮二异丁腈、无水乙醇、醋酸丁酯。

四、实验内容

1.丙烯酸树脂的制备

①称量:称量单体。单体 MMA、BA 与 AA 的质量比为 30:15:1;称取醋酸丁酯,质量为单体总量的 55%;称取引发剂,质量为单体总量的 1%;量取乙醇溶液 20 ml。

②聚合反应:首先将醋酸丁酯、乙醇和单体丙烯酸(AA)加入四口烧瓶中,然后给四口烧瓶装上搅拌装置、球形冷凝管、温度计及滴液漏斗,滴液漏斗中加入 MMA、BA 和引发剂,混合均匀;加热,中速搅拌,球形冷凝管中出现回流蒸气;温度计显示烧瓶内蒸气温度为 80℃时开始滴加滴液漏斗中的单体,在 2 h 内滴加完毕,并搅拌保温 3 h,得到具有一定黏度的丙烯酸树脂。

2.ATO 粉体的制备

①称量。用天平称量 0.075 mol 的 $SnCl_2 \cdot 2H_2O$、0.007 5 mol 的 $SbCl_3$。

②制备溶胶。将 $SnCl_2 \cdot 2H_2O$、$SbCl_3$加入 100 ml 无水乙醇中,用红外加热仪升温至 79℃后保温,回流搅拌 4 h,得到乳白色不透明溶胶。然后在空气中敞口加热搅拌 40 min,同时蒸发溶胶体系中 30% ~ 40%的溶剂无水乙醇,得到乳白色不透明溶胶。

③陈化。经过 200 h 陈化,得到浅黄色的透明 ATO 溶胶。

④烧结。将溶胶放入马弗炉中,升温速率为 2℃/min,在 500℃下焙烧 2 h。得到 ATO 粉体。

3.透明隔热涂料的制备

将制备的丙烯酸树脂和 ATO 粉体(与丙烯酸树脂单体质量比为 1%)加入超声分散仪中,并加入适量的醋酸丁酯调节黏度,超声分散 60 min,得到透明隔热涂料。

4.透明隔热涂层的制备

①基片处理。将经水洗干燥的基片浸泡于无水乙醇中,超声震荡 20 min,置于 70℃烘箱中烘干约 20 min。

②涂层:用毛刷将透明隔热涂料刷在玻璃基片表面,室温放置 24 h 后成膜。

5.透明隔热涂料的表征及性能测试

(1)X 射线衍射分析

X 射线衍射是一种重要的固体物相分析手段,一般只对晶体材料具有分析作用。通过分析 ATO 晶体的衍射图谱,可以获得 ATO 晶体材料的成分、晶体结构和晶胞参数等信息。图8.3为 500℃下煅烧所得 ATO 的 XRD 图。参照 SnO_2的标准 XRD 谱图可知,图 8.3 中的 2θ 为 26.56°、33.62°、51.72°的衍射峰分别对应 SnO_2的(110)、(101)、(211)晶面。

(2)激光粒度仪测试

激光粒度仪是采用散射原理,通过检测颗粒的散射谱来测定颗粒群粒度分布的专用仪器。将制得的 ATO 溶胶用纳米粒度及 Zeta 电位分析仪(ZS90)对其进行粒度分析,测试其粒径大小和分布。图 8.4 为制备的 ATO 溶胶粒径分布曲线。

(3)扫描电子显微镜表征

扫描电子显微镜(SEM)主要用于分析材料的微观结构、表面形貌和化学成分等信息,是一

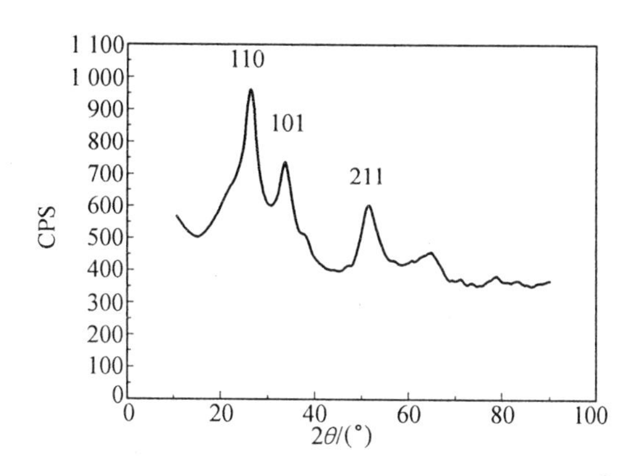

图 8.3　500℃条件下煅烧成的纯 ATO 粉末 XRD 图

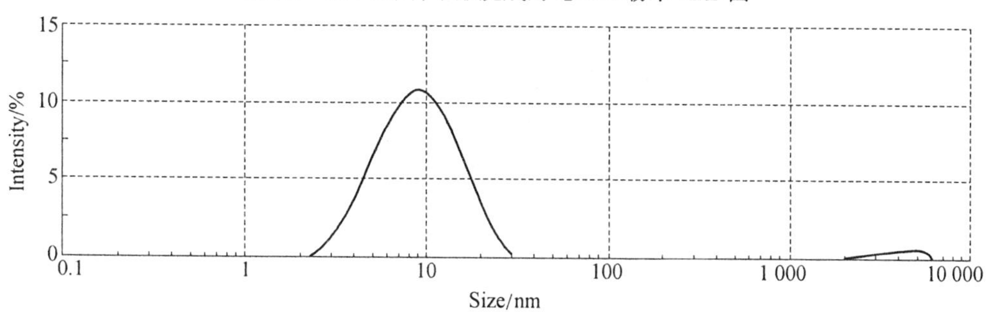

图 8.4　ATO 溶胶粒径分布曲线

种常用的物理分析手段。扫描电子显微镜可以对透明隔热涂层材料的表面形貌和涂层中的ATO 粉体的形貌进行表征。

(4)紫外 - 可见 - 近红外光谱分析

此方法是根据物质分子对波长在 200 ~ 1 100 nm 范围的电磁波的吸收特性所建立起来的一种定性、定量和结构分析方法。在经过处理的玻璃基片滚涂上隔热透明涂料,使其干燥固化成膜,采用紫外 - 可见 - 近红外光谱来表征光线的透过率。图 8.5 所得透明隔热涂料涂膜的紫外 - 可见 - 近红外光谱图,其中 a 为普通玻璃的透过率,b 为涂覆了隔热透明涂料玻璃的透过率。

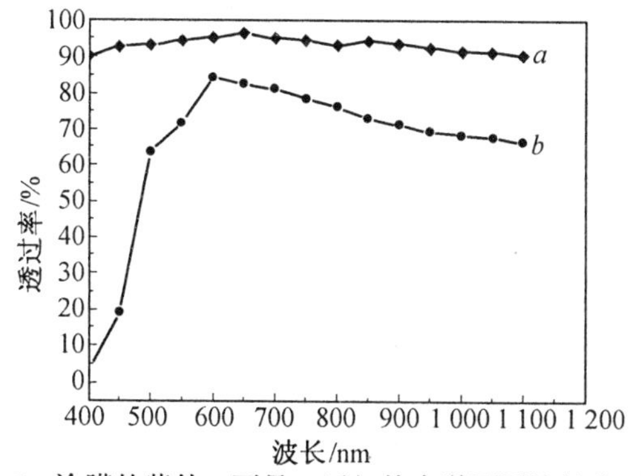

图 8.5　涂膜的紫外 - 可见 - 近红外光谱图隔热性能测试

采用自组装的隔热性能测试装置进行测试。自组装隔热测试装置实物照片如图 8.6 所示。

将经过表面涂膜并干燥处理的玻璃基片放入泡沫的底部凹槽处，将温度计插入泡沫空腔中一定高度。然后打开红外加热仪，每隔 2.5 min 记录一次泡沫空腔中的温度，并将记录的数据绘制成曲线。通过同样的方法测定普通玻璃和朝向红外加热仪的外表面涂覆了隔热透明涂料的玻璃(朝向红外加热仪的外表面涂覆)的隔热数据。两者对比可知透明涂料的隔热性能。

图 8.6　自组装隔热测试装置实物照片

6.注意事项

①在聚合反应过程，球形冷凝管一定要出现回流蒸气后，方可进行滴加；

②ATO 粉体制备的(1)、(2)步，要在通风橱中进行；

③在测试隔热涂料时，隔热涂料要涂刷在玻璃朝向红外加热仪的外表面。

五、思考题

①隔热涂料中添加 ATO 粉体的作用是什么?

②请思考如将 ATO 溶胶直接均匀混入丙烯酸树脂中，然后在玻璃表面涂膜，该涂膜的隔热效果较此法制得之涂膜的隔热效果是好还是差。

第九编　新型功能材料

材料是人类生产和生活必需的物质基础，材料科学是现代科学的三大支柱(材料科学、信息科学、生物与生命科学)之一。当前，一个国家研究和使用材料的品种和数量已不以人们意志为转移地成为衡量其科学技术和经济发展的重要标准。

材料按其应用目的可分为结构材料和功能材料。与结构材料不同，功能材料更加注重其在声、光、电等方面的物理效应。功能材料从组成上可分为有机功能材料和无机功能材料。从形态上可分为陶瓷材料、单晶材料和复合材料。

陶瓷材料是研究最多、应用最广的一类功能材料，其特点是组分可在较大范围内变化，其性能亦可在较大范围内调整。在功能陶瓷材料中，压电陶瓷是最重要的一类，已广泛地用于制作各种电容器、滤波器、PTC 电阻、铁电存储器等器件，在国防及民用领域中得到了广泛应用。陶瓷材料亦可以利用各种方法做成薄膜，从而实现器件的集成化，减小设备体积，降低能耗。

超细粉体技术是近十几年发展起来的一项高新技术。它通常是指颗粒尺寸在 1 ~ 100 mm 的固体颗粒材料。超细微粒子存在着表面效应和体积效应。表面效应是指超细微粒子的表面原子数与总原子数之比随粒径的变小而急剧增大。表面原子的晶场环境、结合能与内部原子不同，表面原子的周围缺少相邻的原子，有许多悬空键，具有不饱和性质，使得超细微粒子表面具有很大的化学活性，表面能大大增加。体积效应是指由于超细微粒子所包含的原子数减少而使能带中能级间隔加大，从而使超细微粒子的电、磁、热等物理性质发生变异。因而，使得超细微粉体具有许多独特的性能。纳米技术的发展为陶瓷材料的研究注入了新的活力，该技术可以使组分在分子水平上混合，所得纳米陶瓷的组分更均匀、结构更致密、性能更优良，从而使得陶瓷材料在高精尖设备中的应用成为可能。另外，纳米粒子具有更大的比表面积和更高的活性，在催化剂、敏感材料方面的应用更显出其优越性。

单晶材料按其物理性能可分为压电晶体和光敏晶体，压电晶体与压电陶瓷一样可制作声表面波(SAW)滤波器和延迟线，用于精密制导雷达、卫星高度计和电视接收系统中。光学晶体又可分为电光晶体、非线性光学晶体和闪烁晶体。利用晶体的电光效应，可以制作激光调制器、Q 开关，从而实现激光的高能脉冲输出。非线性光学晶体是研究最多应用最广的一类晶体材料，利用非线性光学晶体可以实现激光输出的二倍频和三倍频，扩大激光束的波长范围。利用非线性光学晶体还可以实现光学图像及数字信号的存储处理，这对于实现全光学信息处理具有重要的价值。闪烁晶体可以将核辐射光能转变为可见光，用于新粒子探测及新的高能物理现象的研究。有机非线性光学晶体的研究近年来令人瞩目，其特点是非线性极化比率高，可以做成二维材料，用于光学元件的集成。

复合材料一般是指无机陶瓷多晶材料与高分子非晶材料复合而成的功能材料，其特点是各自保持了原有的优点，同时又克服了不足之处，是一类很有开发价值的新型功能材料。

本编安排了无机晶体、有机晶体、无机晶须、无机薄膜、纤维陶瓷、纳米陶瓷、纳米粉、有机无机杂化材料的制备等 16 个实验(供各校根据自己的条件选做)，旨在使学生通过这些实验了解功能新材料的制备方法，从而进一步提高学生的精细化工实验技术。其中的许多实验属提高实验，可供应用化学、材料化学、化学工程与工艺专业本科生和研究生选做。

实验 43　无机晶体铌酸锂的生长与极化处理

一、实验目的

①了解铌酸锂晶体的主要性质和用途。
②熟悉铌酸锂晶体的生长设备。
③掌握铌酸锂晶体的生长工艺方法。

二、实验原理

1. 主要性质和用途

铌酸锂(lithium niobate, $LiNbO_3$, 简称 LN)是无色或淡黄色的透明晶体,熔点为 1 260℃,莫氏硬度为 6,属三方晶系,3m 点群。由于该晶体不具有对称中心,所以具有压电性能和非线性光学性能,广泛地用于制作声表面波器件、激光调制器、倍频器、Q 开关和参量振荡器等,是目前最常用的三种(其他两种为石英和钽酸锂)声表面波基质材料之一。

2. 制备原理

本实验采用熔盐提拉法生长 LN 晶体,原料是 Li_2CO_3 和 Nb_2O_5,反应式为

① $Li_2CO_3 \xrightarrow{700℃} Li_2O + CO_2\uparrow$

② $Li_2O + Nb_2O_5 \xrightarrow{1\ 150℃} LiNbO_3$

从反应式看,Li_2CO_3 和 Nb_2O_5 的化学计量比为 1:1,但 $Li_2O - Nb_2O_5$ 体系相图表明,只有采用 $Li_2CO_3:Nb_2O_5 = 48.6:51.4$(物质的量比)的配料生长晶体时,生长体系才没有分凝效应。而偏离此配比,将使某组分相对过剩,此过剩部分的原料如同加入杂质,将改变两组分的分凝系数,给晶体生长带来困难,出现组分过冷,产生网络结构,也使晶体性能变差。因此,纯 LN 晶体生长应采用固液同成分配比,并按下式计算原料量

$$m(Li_2CO_3) = \frac{m(Nb_2O_5)}{M(Nb_2O_5)} \times \frac{48.6}{51.4} \times M(Li_2CO_3)$$

式中　$m(Nb_2O_5)$——Nb_2O_5 的质量;
$M(Nb_2O_5)$、$M(Li_2CO_3)$——Nb_2O_5 和 Li_2CO_3 的摩尔质量;
$m(Li_2CO_3)$——Li_2CO_3 的质量。

三、主要仪器和药品

配有浮秤的单晶炉、DWK－702 自动控制仪、Pt 坩埚(ϕ80 mm)、Al_2O_3 籽晶杆(ϕ5 mm×1 500 mm)、混料瓶、分析天平、电阻箱、直流稳压电源、电流表。

碳酸锂(4N)、五氧化二铌(4N)、C 轴铌酸锂籽晶。

四、实验内容

1. 原料预烧

将用分析天平称量好的 100 g Li_2CO_3 和(　)g Nb_2O_5(请计算)置于洁净(用去离子水洗净后烘干)的混料瓶中,充分混匀后倒入洁净的铂坩埚中。将装好原料的铂坩埚放在单晶炉的坩

埚托上，并加罩管。将 LN 籽晶用细铂丝固定在籽晶杆上，调整籽晶位置，使其与籽晶杆同心后，通过固定螺丝与提拉部分连接好。将浮秤调至平衡状态，并通过电阻箱将浮秤灵敏度调至 $0.015\sim0.030\ \text{mV}\cdot\text{g}^{-1}$。确认籽晶在坩埚的正中上方后，盖盖，加水冷，并按下述工艺预烧

$$\text{室温}\xrightarrow[\text{升温}]{1\ \text{h}}700℃\xrightarrow[\text{恒温}]{1\ \text{h}}700℃\xrightarrow[\text{升温}]{1.5\ \text{h}}1\ 150℃\xrightarrow[\text{恒温}]{1\ \text{h}}\begin{cases}1\ 150℃\xrightarrow[\text{断电}]{}\text{室温}\\ \text{或}\\ \xrightarrow[\text{升温}]{}\text{溶化后进行下步的晶体生长}\end{cases}$$

2.晶体生长

晶体生长在如图 9.1 所示的单晶炉中进行。接电源，开 702 自动控制仪，开冷却水，手动缓慢升温至约 100℃后，快速升温使预烧好的原料熔化（亦可预烧至 1 150℃后直接熔化）。在此过程中应手动提拉部分的丝杠手柄，使籽晶逐次缓慢地向坩埚移动，直至接近熔体液面，烤晶 10 min，待籽晶与熔体的温度接近后手动下晶，并仔细观察籽晶的变化。若籽晶即刻熔掉（“吃”掉一截），则应降低下晶温度，再行下晶。若籽晶即刻生长，则应提高下晶温度，再次下晶。一般以下晶后 5～10 min 不长为宜。籽晶见长后，以 $0.001\ \text{mV}\cdot\text{min}^{-1}$（此为大体情况，温梯不同，降温的速度亦应不同，应视具体情况决定降温速率）的降温速率“放肩”。待肩部长到与模拟体相匹配的尺寸后，“挂秤”，并以 $4\ \text{mm}\cdot\text{h}^{-1}$的速率提拉。同学们应根据原料量和晶体尺寸估算提拉时间，待原料基本拉完（剩 30 g左右）时，“摘秤”，手动拉脱（提起 4～6 mm，提拉部分的丝杠手柄向右旋 2～3 圈），并以 $80\sim120℃\cdot\text{h}^{-1}$的降温速率降至 500℃左右，关机。待炉温降至室温后，取出晶体，称重，计算出晶率，并通过晶体的颜色、等径度以及有无生长条纹和云层等确定晶体的表观质量。

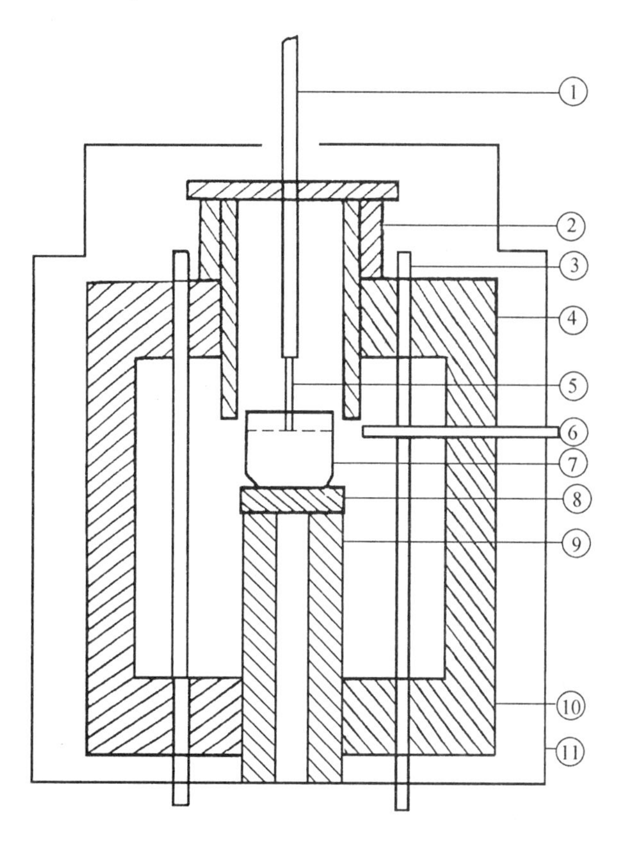

图 9.1　浮力单晶炉炉体结构示意图

①—籽晶杆；②—后热罩管；③—硅碳棒；④—保温石棉毡；⑤—籽晶；⑥—热电偶；⑦—铂坩埚；⑧—底托；⑨—套管；10—炉主体；11—铁壳

3.晶体的后处理

(1)晶体的极化和退火

LN 单晶体属位移型（或一维型）高温铁电体，刚生长出的晶体系多畴体，虽在某一温度下存在自发极化，但在不同的小区域中，自发极化的方向不同。我们把小区域称为“畸区”，不同的“畸区”靠“畴壁”分开。作为光学晶体，当激光束垂直于极轴入射时，将在畴壁处发生散射，因此，必须对晶体进行单畴化处理（极化处理），使其自发极化在一个方向。这一过程只有通过外加电场使电矢翻转来完成（作为压电晶体，也要进行极化处理）。同时为了消除晶体生长过程中的热应力，还要对晶体进行退火处理，以防开裂，本实验采取极化退火一步完成的简便工

艺。极化退火在极化炉中进行。极化炉如图 9.2 所示,显见极化炉和单晶炉的炉体部分类似,只是温梯较小,保温要好。晶体极化前要切头去尾,并用金刚砂在玻璃板上磨平,上下两面均与铂片接触。为充分接触,晶体两头都用乙醇拌 LN 粉所得糊状物紧密吻合,铂片通过铂丝引出电极线,详见图 9.3。极化电流密度为 $3\sim5\ mA\cdot cm^{-2}$,通电时间为 30 min。本实验采取的极化退火工艺为

$$\text{室温}\xrightarrow[10\sim12\ h]{\text{升温}}1\ 160℃\xrightarrow[8\ h]{\text{恒温}}\xrightarrow[30\ min]{3\sim5\ mA\cdot cm^{-2}}1\ 160℃\xrightarrow[30\sim40℃\cdot h^{-1}]{3\sim5\ mA\cdot cm^{-2}\text{降温}}1\ 000\ ℃\text{左右}\xrightarrow[60℃\cdot h^{-1}]{\text{降温}}700℃\xrightarrow[80℃\cdot h^{-1}]{\text{降温}}400℃\xrightarrow{\text{关机}}\text{自然冷却到室温}$$

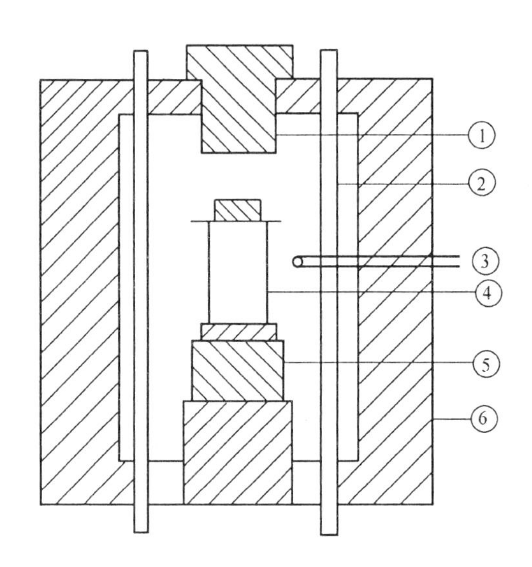

图 9.2　极化炉示意图

①—保温盖;②—硅碳棒;③—热电偶;④—晶体;⑤—垫块;⑥—炉主体

(2)晶体的加工

极化后的晶体经过定向切割和抛光后才能使用。因而,晶体定向是否准确,抛光是否能达到精度,将会较大程序地影响其性能指标。

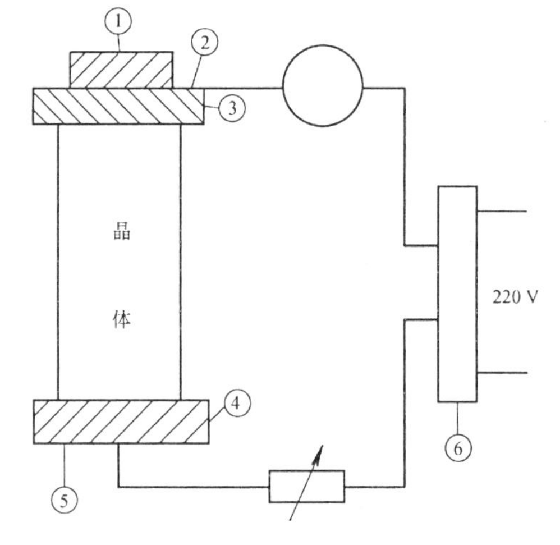

图 9.3　极化装置线路图

①—LN 压块;②、⑤—铂片,③、④—LN 陶瓷,⑥—整流器

五、注意事项

①铌酸锂与三氧化二铝陶瓷在高温下极易反应,故在操作过程中要防止原料撒在坩埚托上。

②熔料时,702 自动控制仪的电流表指示不得超过 40 A,以防损坏发热体(硅碳棒)。

③下晶温度的确定应采取:“升↔降”温度法摸索。

④下晶时应特别谨慎,以防炉温过高,将籽晶全部熔掉。

⑤在拉晶过程中,要注意观察电流表(或电压表)指针是否均匀摆动,若不摆动,说明浮秤不起作用或灵敏度过低;若摆动过大(大起大落),说明控制系统运行不正常。这两种情况都会引起拉晶事故,应停拉检查。

六、思考题

①铌酸锂晶体有哪些主要性能和用途?

②为什么铌酸锂晶体的固液同成分比偏离化学计量比?

③原料预烧时,为什么要在 700℃和 1 150℃下分别恒温 1 h?

④拉晶时为什么不能将原料全部拉光?

⑤铌酸锂晶体颜色深时,说明什么?
⑥铌酸锂晶体使用或测试性能前为什么进行极化?
⑦铌酸锂晶体为什么要进行退火处理?
⑧你是如何理解极化退火一步完成之工艺的?

实验 44　有机晶体 TGS 的生长

一、实验目的

①了解水溶液法生长晶体的基本设备。
②掌握 TGS 晶体的制备方法。

二、实验原理

1. 主要性质和用途

硫酸三甘肽(triglycine sulfate,$(NH_2CH_2COOH)_3 \cdot H_2SO_4$,简称 TGS)晶体是一种具有优良热释电性能的有机功能材料。

2. 制备原理

TGS 晶体的制备通常采用水溶液降温法,而水溶液降温法是从溶液中培养晶体的一种最常用的方法。这种方法适用于溶解度和温度系数较大的物质,并需要一定的温度区间,这一温度区间的限制是:温度上限由于溶剂蒸发量大而不宜过高;当温度下限太低时,对晶体生长不利。一般来讲,比较合适的起始温度为 50 ~ 60℃,降温区间以 15 ~ 20℃为宜。降温法的基本原理是利用溶质较大的正溶解度温度系数,在晶体生长的过程中逐渐降低温度,使析出的溶质不断在晶体上生长,用这种方法生长的物质的溶解度温度系数最好不低于 1.5 g/(1 000 g 溶液·℃),表 9.1 列出了符合此要求的一些物质的数据。

表 9.1　40℃时,一些物质的溶解度及其温度系数

物　　质	溶解度 [g·(1 000 g 溶液)$^{-1}$]	溶解度温度系数 [g·(1 000 g 溶液·℃)$^{-1}$]
明矾 $K_2SO_4 \cdot Al_2(SO_4)_3 \cdot 24H_2O$	240	+9.0
ADP $NH_4H_2PO_2$	360	+4.9
TGS $(NH_2CH_2COOH)_3 \cdot H_2SO_4$	300	+4.6
KDP KH_2PO_2	250	+3.5
EDT $(CH_2NH_2)_2C_4H_4O_8$	598	+2.1

TGS 晶体生长装置如图 9.4 所示。在晶体生长的整个过程中,必须严格控制温度,并按一定程序降温。微小的温度波动足以在生长的晶体中造成某些不均匀区域。为提高晶体生长的完整性,要求控温精度尽可能高,本实验装置中水浴槽内的控温精度可达 ±0.05℃。

为使溶液温度均匀,使各个晶面在过饱和溶液中能得到均匀的溶质供应,要求晶体对溶液做相对运动,通常采用转晶法(晶体在溶液中自转或公转)。为克服此法所造成的某些晶面总是迎液流而动,而某些晶面总是背向液流的缺点,转动方向需定时改变。

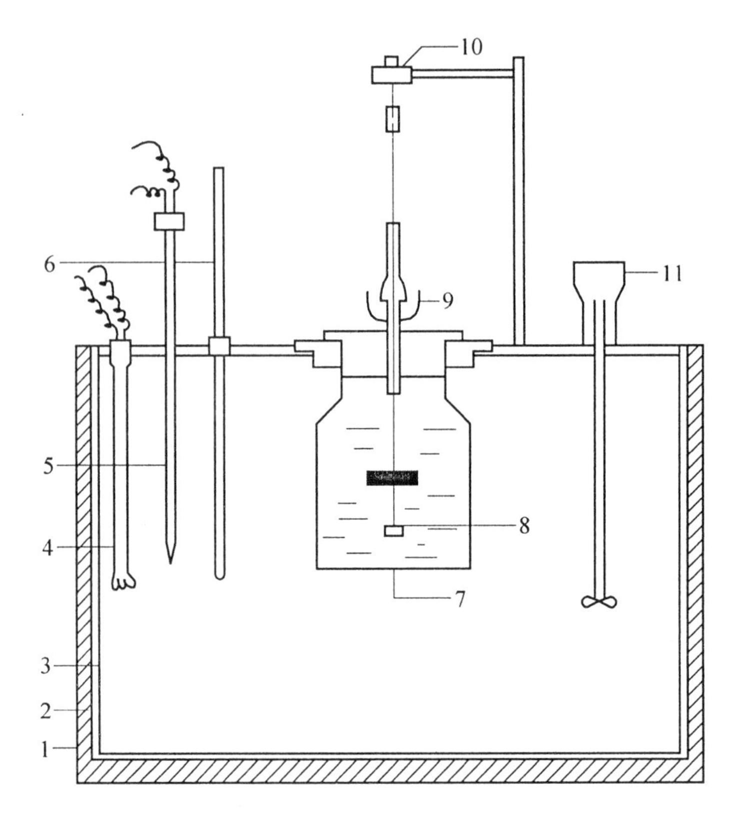

图 9.4　水浴育晶装置

1—外壳；2—保温层；3—玻璃水浴；4—加热器；5—接触温度计；
6—温度计；7—育晶瓶；8—晶种；9—液封；10—晶转装置；11—搅拌装置

三、主要仪器和药品

pH 计、吹风机、电炉、电热干燥箱、程序控温装置、水浴育晶装置、广口瓶、温度计、烧杯、量筒、漏斗。

硫酸(分析纯)、甘氨酸(生化试剂)。

四、实验内容

1. TGS 晶体原料的合成

用硫酸和甘氨酸制备 TGS 晶体的反应式为

$$3NH_2CH_2COOH + H_2SO_4 = (NH_2CH_2COOH)_3 \cdot H_2SO_4$$

根据上式可知，硫酸三甘肽是由甘氨酸与硫酸按物质的量 3∶1 合成的。具体做法是，先将称取的甘氨酸(生化试剂)溶于适量去离子水中。然后在不断搅拌下缓慢加入 1∶1 的 H_2SO_4(分析纯，用量需事先计算好)。一般溶液经过滤后即可使用，但为了培养出低位错的晶体，将合成好的原料重结晶是很有必要的。

2. TGS 母液的配制及 pH 值的测定

根据所需育晶液之体积及 TGS 的溶解度曲线，称取一定量的上述合成原料溶于适量去离子水中(需适当加热)。然后用 pH 计测定其 pH 值，放入电热干燥箱中保温(高于饱和点 5～6℃)数小时，然后趁热过滤，待用。

3. TGS 母液饱和点的测定

溶液饱和点的测定方法很多,本实验采用浓度涡流法。所谓浓度涡流法,是用细线将一小块晶体悬在其接近饱和温度的溶液中,仔细观察晶体及其附近的液流情况。如果溶液是不饱和的,则晶体棱角变得圆滑,靠近晶体表面的溶液,由于晶体的溶解,其浓度较周围溶液浓度大,因而变得较重而向下运动,形成一股向下的液流,称为溶解涡流。如果溶液是过饱和的,则晶体呈生长现象,晶面“发雾”,棱线明显,在晶体附近的溶液由于溶质在晶体上析出,其浓度较其周围溶液小,因而变得较轻而向上运动,形成一股向上的液流,称为生长涡流。涡流是浓差造成的对流运动。距饱和温度越远,涡流越明显;离饱和温度越近,涡流越微弱;在饱和温度下,涡流完全消失。因此,可以利用涡流现象来测定饱和点。测定时,可以从不饱和状态开始,逐渐降低温度,找出涡流消失时的温度,即为不饱和点。此方法的精确度为 0.1 ~ 0.5℃(与观察者熟练程度有关)。使用该方法时,溶液需搅拌均匀。

4. TGS 晶体的生长

培养晶体首先要选晶种,长成晶体的好坏和利用率与所选籽晶的质量关系极大。一般来说,较为理想的籽晶应该是同一物质在结构与成分上都较为完整的小晶体,籽晶可通过饱和溶液自然降温冷却来得到,也可从长成的晶体上切割选取。将选好的籽晶用乳胶管系于籽晶杆上,放入母液前需用吹风机或电热干燥箱加热,使之稍高于母液温度,以防止杂晶的产生。籽晶放入母液后应使其由微溶而转入生长。籽晶在恢复期,过饱和度不宜太大,即晶体生长初期降温要慢,随着晶体的逐渐长大,降温速度可适当加快。对于 TGS 晶体的生长,开始每天降 0.2℃左右,以后可逐渐加大,但通常不超过 0.5 ~ 0.7℃·d^{-1}。

一周左右可长成约 10 g 的 TGS 晶体,取出后切割成薄片,留作测量其热释电系数、介电常数等性能。

五、注意事项

①饱和点的测量需有一定的经验,应反复摸索。

②降温速率要慢,否则会出现杂晶,使晶体生长速度变慢。

③取出的晶体要注意保温,以防炸裂。

六、思考题

①为什么说饱和点测定的准确度十分重要?饱和点测定值偏高或偏低将会出现什么问题?

②为什么说晶体生长的温区必须适当,过高或过低有何弊端?

实验 45　溶胶 - 凝胶法制备钛酸钡纳米粉

一、实验目的

①了解 sol - gel 法的基本原理及纳米粉的制备方法。

②掌握纳米粉末的表征方法。

③了解纳米材料与纳米技术的发展状况。

二、实验原理

1.纳米材料与纳米技术

能源、信息和材料是国民经济的三大支柱产业，而材料又是能源和信息工业的物质基础。人们对固体材料的认识，首先是从宏观现象（物质的熔点、硬度、电导、磁性和化学反应活性等）开始的。随后又深入到原子、分子的层次，用原子结构、晶体结构和化学键理论来阐明结构和性能间的关系。近年来纳米科技的发展使人们认识到：材料的性质并不仅是直接取决于原子和分子，在物质的宏观固体和微观原子间还存在着如下所示的一些不同的介观层次，这些层次对材料的物性也起着决定性的作用。

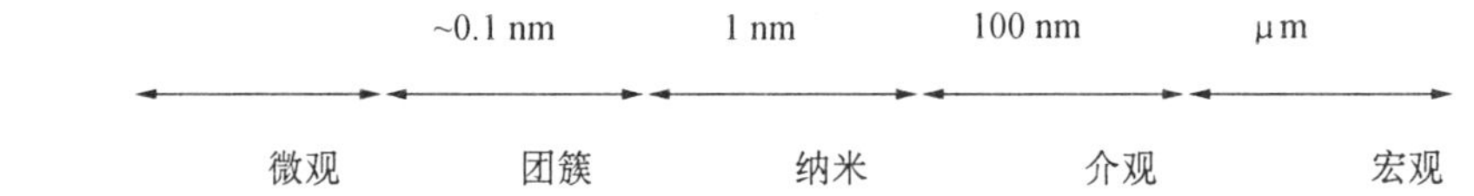

微观体系包含有一个到几个原子或分子，属于量子化学研究的领域；宏观体系包含有无限的原子或分子，是统计热力学研究的范畴。而团簇和纳米层次包含有数百到数千个原子或分子，结构上表现为表面态或晶界态的原子或分子所占比例大。如直径为 5 nm 的粒子，其表面原子约占 50%。因而表现出的物性与宏观材料不同。

一般认为，尺寸在 1～100 nm 范围内的粒子为纳米（manometer）粒子。美国 Argonne 实验室研究人员发现：晶粒尺寸为 20 nm，含碳质量分数为 1.8% 的 Fe，其断裂强度可达 5.88 GPa，比普通铁（490 MPa）提高 10 倍，并仍保持塑性。纳米金的熔点为 330℃，而普通金块的熔点为 1 063℃；纳米 Si_3N_4 具有强压电效应，是普通压电陶瓷锆钛酸铅（$Pb(Ti,Zr)O_3$）的 4 倍；对于航天、火箭发动机用的结构陶瓷，纳米材料更显出其独特的优越性。如纳米结构陶瓷的烧成温度较传统的晶粒陶瓷低 300～600℃，在一定温度下，纳米陶瓷可以进行切削加工，连续变形而呈超塑性，因而可以做成任何形状的构件。纳米材料的化学活性也大大提高，如用纳米二氧化钛（TiO_2）从硫化氢中除硫量比普通 TiO_2 的除硫量增加 5 倍；用光敏化的纳米结构 TiO_2 膜形成的光电化学电池，其光电转换效率达 10%。纳米固体火箭推进剂燃烧值也较普通推进大大提高。最近人们发现，在纳米相铬（Cr）中能产生独特的磁结构和性能，这一发现将对磁记录工业是一个冲击。

纳米材料的研究带动了纳米技术（Nanotechnology）的发展。纳米技术是纳米尺度工程学，它对原子和分子进行“加工”，使其具有特定功能的结构。例如，可以在高真空的扫描隧道电子显微镜（STM，scanning tunnel microscopy）内，操纵电子束，使单晶硅表面原子激发，可以刻蚀出“中国”两个世界上最小的汉字。纳米刻蚀技术应用到微电子介质上，可以制造出高密度存储器，其记录密度是普通磁盘的 3 万倍，可以在一张邮票大小的衬底上记录 400 万页报纸刊载的内容。基于纳米技术的微型机电系统（MEMS，microelectron-mechanical systems）和专用集成微型仪器（ASIM，application specific integrated microinstrument）已从实验室探索走向工业化应用，并迅速在军事及民用领域发展。已研制的一些引人注目的器件，有许多是肉眼看不到的，如回转式电机、线性执行机构和传感器等。利用纳米驱动技术可以实现机械的超精细加工，满足航天和微电子技术发展的需要。目前，人们又提出纳米卫星（nanosatellite）的概念，利用纳米技术在半导体衬底上制成专用集成微型仪器 ASIM，能用于制导、导航、控制、通信等。可以说，纳米材料和纳米技术的应用与发展把物质内部潜在的丰富结构性能挖掘出来，正像核裂变和核技术把物质中潜在的能量成百万倍开发出来那样,将大大改变世界的面貌。

2.纳米粉制备方法

纳米粉的制备大体分为气相法和液相法。其中气相法包括:化学气相沉积(CVD,chemical vapor deposition)、激光气相沉积(LCVD,laser chemical vapor deposition)、真空蒸发和电子束或射频束溅射等。其缺点是设备要求较高,投资较大。液相法包括:溶胶-凝胶(sol-gel)法、水热(hydrotehrmal synthesis)法和共沉淀(co-precipitation)法等。其中sol-gel法得到广泛的应用,主要原因是:① 操作简单,处理时间短,无需极端条件和复杂仪器设备;② 各组分在溶液中实现分子级混合,可制备组分复杂但分布均匀的各种纳米粉;③适应性强,不但可以制备微粉,还可方便地用于制备纤维、薄膜、多孔载体和复合材料。

sol-gel 法是用金属有机物(如醇盐)或无机盐为原料,通过溶液中的水解、聚合等化学反应,经溶胶—凝胶—干燥—热处理过程制备纳米粉或薄膜,其基本过程如图 9.5 所示。

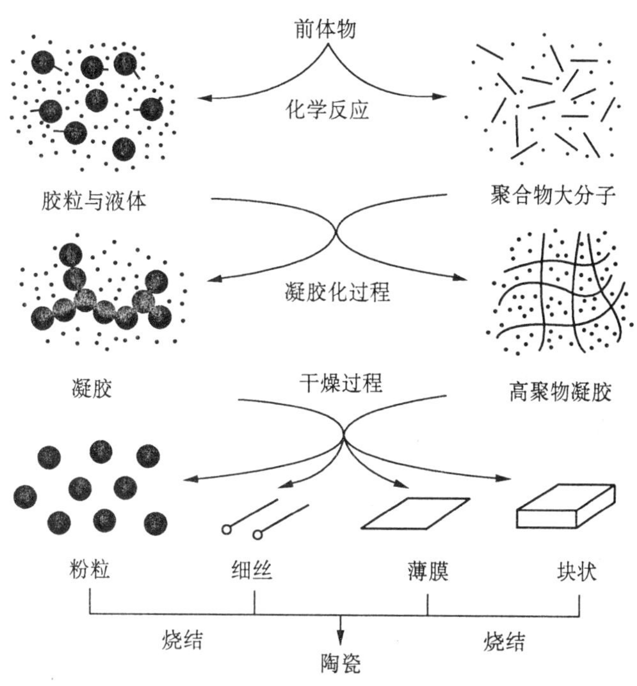

图 9.5　sol-gel 法过程示意图

溶液中的过程包括金属有机物的水解及缩聚反应

水解　$M(OR)_n + xH_2O \longrightarrow M(OH)_x(OR)_{n-x} + xROH$

失水聚合　$HO—M— \longrightarrow —M—O$

失醇聚合　$—M—HO \longrightarrow —M—O$

这样溶胶就转变为三维网络状的凝胶。凝胶经干燥,除去水分和溶剂,即形成干凝胶。干凝胶于适当的温度下热处理,研细后得所需的纳米粉。

3.$BaTiO_3$ 结构性能及应用

钛酸钡(barium titanate, $BaTiO_3$)的熔点为 1 618℃,室温下为四方结构,具有压电效应和铁电效应,120℃以上转变为立方相,其晶胞结构如图 9.6 所示。

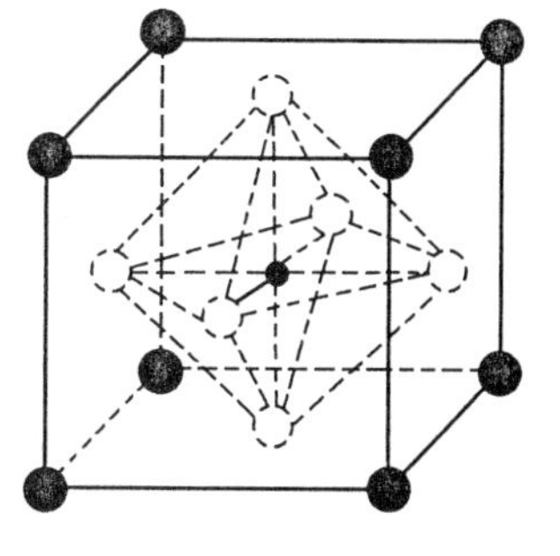

图 9.6　$BaTiO_3$ 的晶胶结构

$BaTiO_3$ 是重要的电子材料,可以制作陶瓷电容器、多层薄膜电容器、铁电存储器和压电换能器等,用于通讯电子设备和探测器。La^{3+} 或 Nb^{5+} 掺杂改性的 $BaTiO_3$ 具有 PTC 效应,即正温度系数(positive temperature coefficient)效应。PTC $BaTiO_3$ 在室温时具有很低的电阻率,表面为半导性,温度超过某一值时,其电阻率上升几个数量级。利用 $BaTiO_3$ 的这一特性可以制作陶瓷限流器、热敏开关和恒温器等。

$BaTiO_3$ 多以固相烧结法制备,原料为 $BaCO_3$ 和 TiO_2,两者等物质的量混合后于 1 300℃煅烧,发生固相反应

$$BaCO_3 + TiO_3 \longrightarrow BaTiO_3 + CO_2\uparrow$$

此方法简单易行、成本低,但必须依赖于机械粉碎和球磨,反应温度高、反应不完备、组分均匀性和一致性差、晶粒较大。sol - gel 法不但可以得到组分均匀的 $BaTiO_3$ 纳米粉,而且烧成温度大大降低,为高级电子器件的制备生产提供了前提条件。

4. sol - gel 法制备 $BaTiO_3$ 纳米粉

sol - gel 法制备 $BaTiO_3$ 是以钛酸四丁酯和醋酸钡为原料,正丁醇为溶剂,利用 sol - gel 法制备 $BaTiO_3$ 纳米粉。该方法的基本原理是:钛酸四丁酯吸收空气或体系中的水分而不断水解,水解产物间不断发生失水或失醇缩聚而形成三维网络状凝胶,而 Ba^{2+} 或 $Ba(Ac)_2$ 的多聚体均匀分布或交叉分布于该网络中。高温热处理时,溶剂挥发或燃烧,Ti - O - Ti 多聚体与 $Ba(Ac)_2$ 分解产生的 $BaCO_3$ 反应①,生成 $BaTiO_3$。

5. 纳米粉的表征

可以用 X - 射线衍射(X - ray diffraction, XRD)、透射电子显微镜(TEM, transmission electron microscopy)和比表面积测定等方法对纳米粉进行表征。本实验采用 XRD 技术。

图 9.7 为 $BaTiO_3$ 典型的 X - 射线衍射谱图(XRD)。

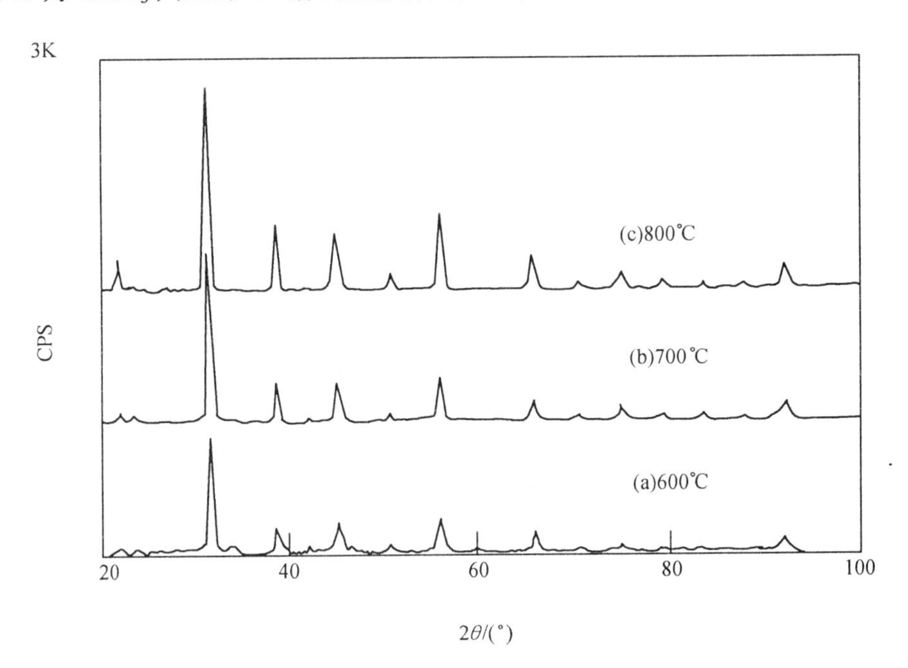

图 9.7 $BaTiO_3$ 的 XRD 图

$BaTiO_3$ 纳米粉的平均粒径可以由下式计算

$$D = 0.9\lambda/\beta\cos\theta$$

式中 D——粒径;

① X - 射线衍射分析表明,在形成 $BaTiO_3$ 前有 $BaCO_3$ 生成。

λ——入射 X－射线波长(对 Cu 靶,$\lambda = 0.154\ 2$ nm);

θ——X－射线衍射的布拉格角(以度计);

β——θ 处衍射峰的半高宽(以弧度计)。

其中 β 和 θ 可由 X－射线衍射数据直接给出。

三、主要仪器和药品

烧杯、磨口锥形瓶、电热套、温度计、湿度计、氧化铝小坩埚、箱式电炉、干燥箱、真空泵、模具。

钛酸四丁酯、无水醋酸钡、冰醋酸、正丁醇。

四、实验内容

实验基本过程如图 9.8 所示。

1.溶胶及凝胶的制备

准确称取钛酸四丁酯 10.210 8 g(0.03 mol)置于小烧杯中,倒入 30 ml 正丁醇使其溶解,搅拌下加入 10 ml 冰醋酸,混合均匀。另准确称取等物质量的已干燥过的无水醋酸钡(0.03 mol,7.663 5 g)溶于 15 ml 蒸馏水中,形成 $Ba(Ac)_2$ 水溶液。将其加入到钛酸四丁酯的正丁醇溶液中,边滴加边搅拌,混合均匀后用冰醋酸调其 pH 值为 3.5,即得到淡黄色透明澄清的溶胶。用普通分析滤纸将烧杯口扎紧,25～30℃温度下静置 24 h 以上,即可得到透明的凝胶。

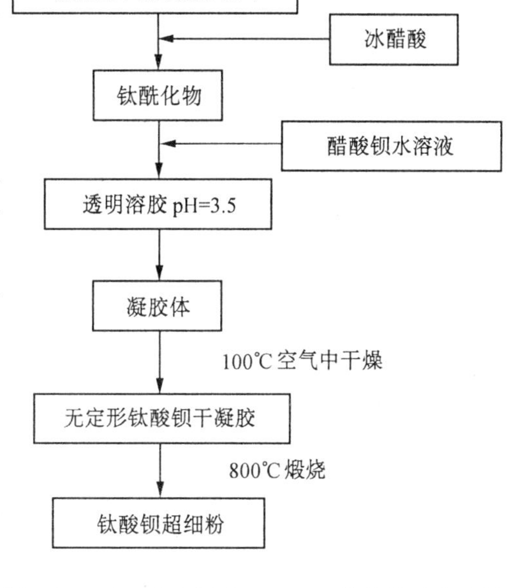

图 9.8 sol－gel 法制备 $BaTiO_3$ 纳米粉的工艺过程

2.干燥胶的获得

将凝胶捣碎,置于烘箱中,100℃温度下充分干燥(24 h 以上),去除溶剂和水分,即得干凝胶。研细备用。

3.干凝胶的热处理

将上述研细的干凝胶置于 Al_2O_3 坩埚进行热处理,开始以 4℃·min^{-1}的速度升温至 250℃,保温 1 h,以彻底除去粉料中的有机溶剂。然后再以 8℃·min^{-1}的速度升温至 800℃,保温 2 h,然后自然降至室温,即得到白色或淡黄色固体,研细即可得到结晶态 $BaTiO_3$ 纳米粉。

4.纳米粉的表征

将 $BaTiO_3$ 粉涂于专用样品板上,于 X－射线衍射仪上测其衍射曲线,将得到的数据进行计算机检索或与标准曲线对照,可以证实所得 $BaTiO_3$ 是否为结晶态。计算 $BaTiO_3$ 纳米粉的平均粒径。

五、思考题

①在称量钛酸四丁酯时应注意什么?当称量的钛酸四丁酯比预计的量多而且已溶于正丁醇中时,以后的实验如何处理?

②如何才能保证 $Ba(Ac)_2$ 完全转移到钛酸四丁酯的正丁醇溶液中？

③普通的 sol - gel 法中，溶胶中的金属有机物是通过吸收空气中的水分而水解，而本实验的溶胶中虽已存在一定量的水分，但钛酸四丁酯并未快速水解而形成水合 TiO_2 沉淀。这是本实验的一个创新，请考虑其中的原因。

实验 46　稀土改性钛酸钡陶瓷的制备及导电性能测试

一、实验目的

①了解稀土改性钛酸钡陶瓷的国内外发展概况。

②掌握溶胶 - 凝胶法制备钛酸钡粉体的原理和方法。

③熟悉陶瓷样品的制备工艺。

二、实验原理

1. 溶胶 - 凝胶原理

本实验的溶胶 - 凝胶制备原理是：在一定的水解温度、速度、pH 值等条件下，利用钡和钛的醇盐发生水解、缩合反应生成钛酸钡前驱体(详见实验 45)。

溶胶 - 凝胶法的反应温度较低且易于控制，所得粉体纯度高、粒径小、均匀性好、烧结温度低。此法的最大的优点是能够实现多组分均匀掺杂，且无需洗涤，工艺比较简单。

2. 陶瓷样品制备工艺过程

(1)成型

粉料的成型目的是为了得到内部均匀和密度高的素坯。成型技术主要有三种，干法压制成型、可塑法成型和悬浮体浆料凝固成型。其中压制成型又可分为两种。第一种为模压，是将一定量的粉料填充在模具内，在一定载荷下压制成型。该成型由于载荷为单向的，也称为单向压制成型。第二种为等静压，此法是通过液体对置于容器内的预成型体施加各向均匀的压力，使坯体压实。

对于干粉料模压，为了增加粉料间粘接性，也可加入少量水。如果颗粒间粘接力不够，可选用黏结剂。常用的黏结剂有糊精、丙烯酸盐、石蜡、阿拉伯胶、聚乙烯醇和甲基纤维素等。本实验中采用聚乙烯醇做黏结剂。

(2)干燥

干燥的目的在于排出水分，提高素坯的强度。坯体在干燥过程中，由于水分的排除，颗粒间彼此靠近，体积发生收缩。

素坯内的水分有三种：一是化学结合水，是坯料组分物质结构的一部分；二是吸附水，是坯料颗粒所构成的毛细管中吸附的水分，吸附水膜厚度相当于几个到十几个水分子，受坯料组成和环境影响；三是游离水，处于坯料颗粒之间，基本符合水的一般物理性质。干燥时，游离水很容易排出。随着周围环境的湿度与温度的不同，吸附水也有部分在干燥过程中被排出。但排出吸附水没有什么实际意义，因为，它很快又从空气中吸收水分达到平衡。结合水要在更高的温度下才能排除，不是在干燥过程所能排除的。

(3)烧结

陶瓷材料的烧结方法也有多种，包括烧结炉的类型及其控制参数等，根据材料对显微结构的要求不同，烧结过程的控制也不相同。

陶瓷坯体在烧结过程中将发生一系列物理、化学变化，由颗粒聚集体变成晶粒结合体，多孔体变为致密体，从而使陶瓷坯体坚固。

影响烧结效果的因素很多，主要是温度及保温时间。升高烧结温度和延长烧结温度下的保温时间，一般都会不同程度地促进烧结完成，完善坯体的显微结构。

3.主要仪器和药品

鼓风电热恒温干燥箱、电阻仪、磁力搅拌器、马弗炉、恒温水浴锅、稀土扩渗炉、粉末压片机、电子天平(万分之一)、模具、烧杯、量筒、容量瓶、pH 试纸。

氧化镧、氧化钕、钛酸四丁酯、醋酸钡、正丁醇、聚乙烯醇、乙醇、丙酮、甲酰胺、醋酸。

四、实验内容

1.溶胶-凝胶法制备稀土掺杂 $BaTiO_3$ 陶瓷

准确称取 0.977 5 g 氧化镧和 7.663 5 g 醋酸钡置于干燥烧杯中，并加入蒸馏水至样品全部溶解。准确称取钛酸四丁酯 10.210 8 g 置于干燥烧杯中，并加入 30 ml 正丁醇，置于磁力搅拌器上，然后将上述配好的醋酸钡和氧化镧混合溶液缓慢滴入钛酸四丁酯的正丁醇溶液中，待滴加完成后，用 10 ml 冰醋酸分三次润洗滴管、玻璃棒和烧杯，润洗液也加入钛酸四丁酯的正丁醇溶液中，再滴加冰醋酸溶液调整体系的 pH 值为 3.5 左右，形成溶胶。将所制得的溶胶在室温下放置 24 h，形成凝胶。

将所制备的凝胶置于表面皿上，于烘箱中 90℃下干燥 48 h 后取出，用研钵研磨均匀后，置于坩埚中，放入马弗炉，设定马弗炉的升温程序为：300℃保温 1 h，800℃保温 2 h，自然冷却，便得到 $BaTiO_3$ 粉体。

称取 1 g 上述所制备的粉体，置于模具中，加入 1 滴水或质量分数 5%聚乙烯醇溶液，利用粉末压片机在 4 MPa、8 MPa、10 MPa 下分别保压 5 min 压片，卸压后将片体取出，置于坩埚中，放入马弗炉，设定马弗炉的升温程序为：100℃保温 0.5 h，300℃保温 1 h，800℃保温 1 h，1 150℃保温 2 h，自然冷却后取出，即得稀土掺杂 $BaTiO_3$ 陶瓷片。用同样方法(不加氧化镧)可制得纯 $BaTiO_3$ 陶瓷片。

2.气相扩渗法制备稀土改性 $BaTiO_3$ 陶瓷

称取 20 g $LaCl_3 \cdot 7H_2O$ 置于小烧杯中，加入甲酰胺溶解，然后转移到 500ml 容量瓶中，用甲酰胺定溶至刻度，然后将溶液转移到滴液漏斗中待用。将上述所制备的纯 $BaTiO_3$ 陶瓷和稀土掺杂 $BaTiO_3$ 陶瓷用不锈钢丝系于扩渗支架上。打开扩渗炉电源开关，同时接通冷凝水，待扩渗炉温度升至 920℃后，迅速将扩渗支架放入扩渗炉中。首先向扩渗炉内滴加甲醇以排除炉内空气，同时点燃尾气，待 30 min 后，将甲醇换为含 $LaCl_3 \cdot 7H_2O$ 的甲酰胺渗液，滴加 4 h 后，关闭扩渗炉电源开关，关闭冷凝水。样品随扩渗炉冷却至室温后取出，便得到稀土扩渗改性的 $BaTiO_3$ 陶瓷。

3.结构和性能测试

采用日本 Hioki 公司生产的 3541 型电阻仪测量样品的电阻，并计算电阻率。采用日本理学株式会社 D/max-rB 旋转样机 X 射线衍射仪测试样品的组成和结构。

比较分析经过稀土液相掺杂、气相扩渗，以及先掺杂再扩渗的改性钛酸钡陶瓷在组成、结构和导电性能方面发生的变化。

五、注意事项

①在电阻率测试过程中，要在样品片两侧均匀涂抹导电胶，在 200℃下热处理 1 h 固化后

进行测试。

②在稀土气相过程中，要注意控制滴加速度，保持尾气火苗稳定。

六、思考题

①为什么在溶胶－凝胶方法制备钛酸钡纳米粉时要严格控制体系的 pH 值？

②通过稀土液相掺杂和气相扩渗，改性钛酸钡陶瓷的导电性会如何变化？

实验 47　溶胶－凝胶法制备二氧化钛超细粉

一、实验目的

①学习溶胶－凝胶法制备超细粉体的原理。

②掌握二氧化钛超细粉的制备方法。

③了解二氧化钛超细粉的主要性质和用途。

二、制备原理

1.二氧化钛及二氧化钛超细粉的主要性质和用途

二氧化钛（titanium dioxide），俗称钛白粉，分子式为 TiO_2，相对分子质量为 61.90。二氧化钛为白色或微黄色粉末，无臭、无味，其化学性质稳定，在一般条件下与大部分化学试剂不发生反应。难溶于水及其他溶剂。二氧化钛存在有三种不同的晶型，即金红石型、锐钛矿型和板钛矿型。其晶型随温度呈如下变化：板钛矿$\xrightarrow{650℃}$锐钛矿$\xrightarrow{915℃}$金红石。二氧化钛三种晶型的主要性质见表 9.2。

表 9.2　二氧化钛三种晶型的主要性质

晶型	板钛矿	锐钛矿	金红石
晶系	斜方	四方	四方
晶格常数/(10^{-10}m)	$a=5.44$ $b=9.17$ $c=5.14$	$a=3.73$ $c=9.37$	$a=4.59$ $c=2.96$
密度/($g·cm^{-3}$)	4.0～4.23	3.87	4.25
模氏硬度	5～6	5～6	6
折射率	2.58～2.741	2.493～2.554	2.616～2.903
转化温度/℃	650	915	—
介电常数/(室温，1 MHz)	78	31	89
介电常数温度系数/(10^{-6}·℃)	—	—	－800
线膨胀系数/(10^{-6}·℃)	14.50～22.0	4.68～8.14	8.14～9.19
介电损耗/10^{-4}	—	—	3～5

二氧化钛在光学性质上具有很高的折射率，在电学性质上则具有高的介电常数，因此无机材料工业中它是制备高折射率光学玻璃以及电容器陶瓷、热敏陶瓷和压电陶瓷的重要原料，也是无线电陶瓷中有用的晶相。在电子行业中，以金红石型二氧化钛为主要成分烧制的金红石瓷是瓷质电容器的主要材料。二氧化钛在颜料工业和油漆工业等领域也大量使用。

二氧化钛超细粉（extrafine titanium dioxide powder）与普通二氧化钛粉相比，具有以下特性：①比表面积大；②表面张力大；③熔点低；④磁性强；⑤光吸收性能好，且吸收紫外线的能力强；

⑥表面活性大;⑦导热性能好,在低温或超低温下几乎没有热阻;⑧分散性好,用其制成的悬浮体稳定,不沉降;⑨没有硬度。利用这些特性,开拓了二氧化钛许多新颖的应用领域,成为许多行业质量上等级的重要支柱。

二氧化钛超细粉可用作光催化剂、催化剂载体和吸附剂。例如,用二氧化钛超细粉催化处理含氮氧废气时,其活性比普通二氧化钛粉末要高得多。二氧化钛超细粉有较高的折光指数,可见光透光性好,同时可以屏蔽长波紫外线和中波紫外线,使它成为配制防晒化妆品的理想材料。在汽车工业中,二氧化钛超细粉的金属散光面漆已被广泛应用。另外,二氧化钛超细粉还被广泛应用于特种陶瓷、食品包装材料、红外线反射材料、气体传感器和湿度传感器、陶瓷添加剂、高反射作用涂层、新型油漆、涂料、塑料、油墨等方面。

2.制备原理和工艺流程方框图

溶胶-凝胶(sel-gel)制备二氧化钛超细粉的主要反应式为

$$Ti(SO_4)_2 + 4NaOH \longrightarrow TiO(OH)_2 + 2Na_2SO_4 + H_2O$$

$$TiO(OH)_2 \xrightarrow{脱水} TiO_2 + H_2O$$

工艺流程见图9.9。

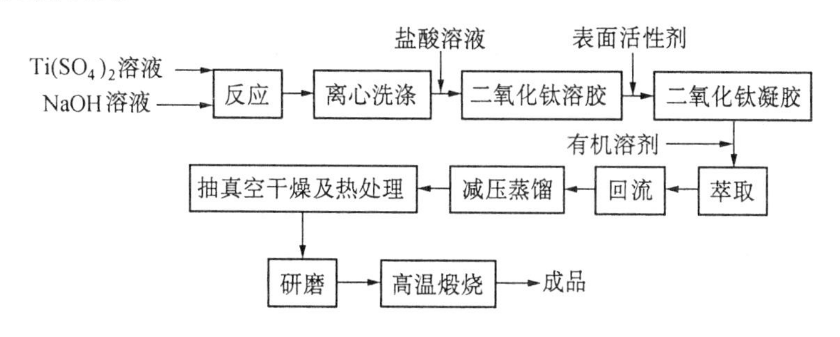

图9.9 二氧化钛超细粉制备工艺流程

三、主要仪器及原料

电动增力搅拌机、电动离心机、真空干燥箱、玛瑙研砵、箱式电炉、烧杯(100 ml、250 ml,500 ml)、球形冷凝管、减压蒸馏装置、分液漏斗(60 ml)、蒸发皿(100 ml)、坩埚(30 ml)、温度计(0~100℃)。

硫酸钛(分析纯,质量分数大于等于99.0%)、氢氧化钠(分析纯,质量分数大于等于99.0%)、盐酸(分析纯质量分数大于等于36.0%)、十二烷基苯磺酸钠(化学纯)、无水乙醇(化学纯)。

四、制备方法

1.溶液配制

①将4.85 g硫酸钛溶于100 ml水中,制成0.2 $mol\cdot L^{-1}$溶液备用。

②将6.0 g氢氧化钠溶于100 ml水中,制成1.5 $mol\cdot L^{-1}$溶液备用。

③量取2.37 ml质量分数36.0%浓盐酸,将其溶于7.1 ml水中,配成0.3 $mol\cdot L^{-1}$的溶液,备用。

④称取0.2 g十二烷基苯磺酸钠溶于20 ml水中,备用。

2.二氧化钛超细粉的制备

将配制好的硫酸钛溶液和氢氧化钠溶液加入500 ml烧杯中,搅拌30 min,离心洗净分离除

去可溶性的 Na^+、SO_4^{2-} 等离子。

将 $TiO(OH)_2$ 沉淀加入装有配制好的 0.3 mol·L^{-1}盐酸溶液的烧杯中，加热至 50～60℃，搅拌生成带正电荷的透明水合二氧化钛溶胶。再向该溶胶中加入配制好的十二烷基苯磺酸钠溶液。搅拌生成交联的油性凝胶，加入 15 ml 无水乙醇萃取得透明的有机溶胶。

将制得的有机溶胶加入蒸馏烧瓶中，经回流和减压蒸馏分出乙醇后得水合二氧化钛胶状，经真空干燥及 20℃2 h 热处理，得透明的二氧化钛超细粉颗粒。

将制得的颗粒用研砵研磨，高温 773℃煅烧 2 h，即制得二氧化钛超细粉。

五、产品的技术指标

特种陶瓷用二氧化钛超细粉的技术指标应符合表 9.3 中的要求。

表 9.3　特种陶瓷用二氧化钛超细粉技术指标　　质量分数/%

项　　目		指　　标
二氧化钛(TiO_2)	≥	98.5
三氧化二铝(Al_2O_3)	≤	0.2
三氧化二铁(Fe_2O_3)	≤	0.1
氧化钾＋氧化钠(K_2O+Na_2O)	≤	0.2
氧化钙(CaO)	≤	0.2
氧化镁(MgO)	≤	0.1
二氧化硅(SiO_2)	≤	0.3
三氧化硫(SO_3)	≤	0.2
水分/%	≤	0.5
粒径/μm	≤	1.2
主晶相金红石	≥	99

六、产品的分析方法

1. TiO_2 含量的测定

称取 0.2 g 试样于热解石墨坩埚中，加 4 g 氢氧化钾。在电炉上熔融至均匀状态，再于喷灯上灼烧至暗红。旋转坩埚使熔融物附于坩埚壁上，冷却。将坩埚连同熔融物放入盛有约 100 ml 水的烧杯中，旋转坩埚使残渣脱落，加入 25 ml 硫酸(1:1)，搅拌至清亮。取出坩埚用水洗净、煮沸、冷却，转移至 250 ml 容量瓶中，稀释至刻度。吸取 25 ml 试液于 300 ml 烧杯中，加入 10 ml 质量分数 30% 过氧化氢，加入过量的 2.02 mol·L^{-1}EDTA 标准溶液(过量约 5 ml)，用水稀释至 200 ml 左右，以氢氧化铵(1:1)调节 pH 值为 1.7～2，加入 5 滴二甲酚橙指示剂，用 0.02 mol·L^{-1}硝酸铋标准溶液回滴至溶液呈橙红色为终点。

TiO_2 的质量分数按下式计算

$$w(TiO_2)=\frac{(V_1-V_2\alpha)\times T(TiO_2)\times 10}{G\times 1000}100\%$$

式中　V_1——加入 EDTA 标准溶液的体积，ml；

V_2——回滴时消耗硝酸铋标准溶液的体积，ml；

α——硝酸铋标准溶液对 EDTA 标准溶液的体积比；

$T(TiO_2)$——EDTA 标准溶液对二氧化钛的滴定度，ml·ml^{-1}；

G——试样质量，g。

2. Al_2O_3、Fe_2O_3、K_2O、Na_2O、CaO、MgO、SiO_2、SO_3 含量的测定

采用原子吸收分光光度计测定 Al_2O_3、Fe_2O_3、K_2O、Na_2O、CaO、MgO、SiO_2、SO_3 的含量。

3. 水分含量的测定

于已恒重的扁形称量瓶(直径 50 mm、高 30 mm)中,称取 3 ~ 4 g 试样(称准至 0.000 2 g),在(105 ± 2)℃烘箱中烘至恒重。

$$w(H_2O) = m_1/m \times 100\%$$

式中 m_1——干燥失重,g;

m——试样质量,g。

4. 粒径的测定

利用透射电子显微镜观察,确定粒径及其粒径分布。

5. 主晶相金红石含量的测定

采用 X 射线衍射仪测定的 TiO_2 晶型,并确定各晶型含量。

七、思考题

①二氧化钛超细粉体有哪些特殊性质和用途?

②简述溶胶 – 凝胶法制备二氧化钛超细粉的原理。

③制备过程中加入盐酸溶液和无水乙醇各有什么作用?

实验 48 溶胶 – 凝胶法制备锆钛酸铅铁电薄膜

一、实验目的

①了解铁电薄膜的主要性能和应用。

②熟悉湿化学法制备铁电薄膜的基本过程。

③掌握溶胶 – 凝胶法制备锆钛酸铅铁电薄膜的工艺方法和表征手段。

二、实验原理

1. 主要性质和用途

铁电薄膜是指沉积在不同衬底上的厚度为数十纳米至数微米的铁电材料。铁电薄膜的介电特性、铁电开关特性、压电及电光效应使其广泛地应用于现代电子及光电子科学的许多领域。如制作声表面波器件用于雷达和电视接收机;制作铁电存储器用于航天飞行器及新一代计算机的存储元件等等。在已研究的铁电薄膜中,锆钛酸铅(lead zirconate titanate,简称 PZT)因其性能优良而备受重视。

2. 制备原理

制备 PZT 薄膜的方法主要有金属有机化合物热分解(MOD)法、金属有机物化学气相沉积(MOCVD)法、磁控射频(RF)溅射法和溶胶 – 凝胶(sol – gel)法。其中 sol – gel 法制备 PZT 铁电薄膜是近几年发展起来的,其特点是工艺过程温度低,工艺简单,材料在分子水平上混合,适用于制备大面积薄膜,其膜厚及晶粒尺寸均可控制在纳米级。

sol – gel 法制备 PZT 薄膜的工艺流程如图 9.10 所示。

PZT 是铁电体 $PbTiO_3$ 和反铁电体 $PbZrO_3$ 的二元固溶体,属钙钛矿型结构,其化学式为 $Pb(Zr_xTi_{1-x})O_3$。$PbTiO_3$ 与 $PbZrO_3$ 可以任何比例形成固溶体。当 $x = 0.52$ 时,称为同质异晶相,其居里温度为 385℃,本实验制备 $Pb(Zr_{0.52}Ti_{0.48})O_3$ 薄膜。

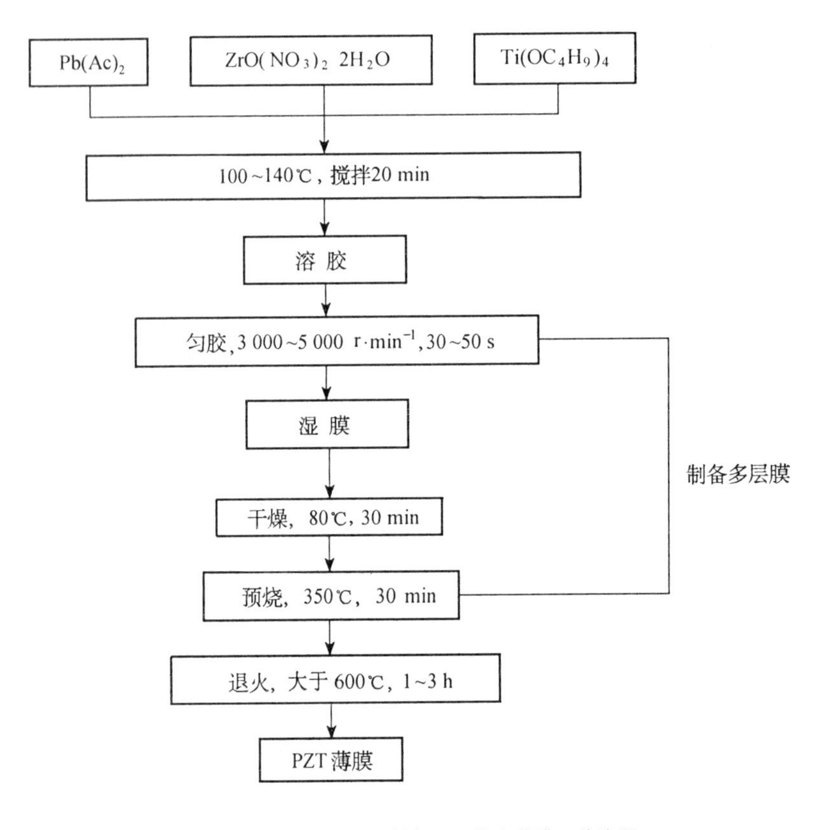

图 9.10　sol－gel 法制备 PZT 铁电薄膜工艺流程

三、主要仪器和药品

分析天平、烧杯、磁力搅拌器、匀胶机、烧结炉(1 000℃)、X－射线衍射仪、差热分析仪、扫描电子显微镜，后三种为辅助设备。

硝酸氧锆(4N)、醋酸铅(4N)、钛酸四丁酯、乙二醇、抛光硅基片(20 mm×10 mm×1 mm)

四、实验内容

1.PZT 溶胶的制备

按 100:52:48 计算称取醋酸铅($Pb(Ac)_2$)、硝酸氧锆($ZrO(NO_3)_2 \cdot 2H_2O$)和钛酸四丁酯 $Ti(OC_4H_9)_4$，使相应的 $Pb(Zr_{0.52}Ti_{0.48})O_3$ 为 0.005 mol。称量时应先称 $ZrO(NO_3)_2 \cdot 2H_2O$ 和 $Pb(Ac)_2$，最后称 Ti(10－*n*Bu)$_4$。称好后的原料放入烧杯中，加入适量的乙二醇(35～40 ml)。将上述混合物在 100～140℃下加热搅拌约 20 min，可得透明淡黄色溶液。用光束照射时可观察到明显的丁达尔(Tyndall)现象，表明溶胶已形成。

将部分溶胶加热至 180℃可形成凝胶，再于 80℃恒温 10～12 h，可得干凝胶，由干凝胶的热重－差热分析(TG－DTA)曲线确定薄膜的形成条件。

2.基片的处理

本实验中以(100)切向的 Si 为基片。基片首先进行抛光，然后清洗。清洗过程是：先用乙醇浸泡，再用丙酮漂洗，最后用甲醇超声清洗 20 s。清洗好的 Si 基片烘干备用。

为了增强 PZT 膜的结晶性及其与基片间的附着力，常常在 Si 基片表面镀一层 Ti 和 Pt，其厚度一般为数十纳米。或用 sol - gel 法先涂一层 $PbTiO_3$ 膜。

3.湿膜的制备

用回转方法将溶胶均匀地涂敷在处理好的 Si 基片上。具体步骤是：将基片固定于匀胶机的样品盘上，然后小心地将溶胶滴在 Si 基片上，并使其布满整个基片表面，盖上样品盘盖，逐渐将匀胶机转速增为 3 000 ~ 5 000 $r \cdot min^{-1}$，匀胶时间为 30 ~ 50 s。

4.湿膜的热处理——PZT 膜的形成

形成的湿膜放于空气中形成凝胶之后，于 80℃恒温以形成干的凝胶膜。该膜于 350℃预烧 30 min 以除去有机物，再于 600℃烧结即形成 PZT 膜。膜厚约 30 nm。重复过程 3、4，可得不同厚度的 PZT 膜。

5.PZT 膜的表征

①由 X - 射线衍射确定是否已形成 PZT 晶相。

②PZT 晶粒的大小可以由扫描电子显微镜观察测量。

③在 PZT 膜上镀电极、加电场，观察其电滞回线。

五、注意事项

①原料称量时应最后称 $Ti(OC_4H_9)_4$，因其易水解，且水解产物不易溶于乙二醇。

②基片处理要完全，匀胶时且勿弄脏基片。

③用滴管将溶胶滴在基片上时，要注意将整个基片涂匀，否则在匀胶机高速旋转时，部分溶胶被甩掉，而部分基片均不上胶。

④湿膜的热处理要缓慢升温，以免有机物的快速挥发和分解而使薄膜出泡或开裂。

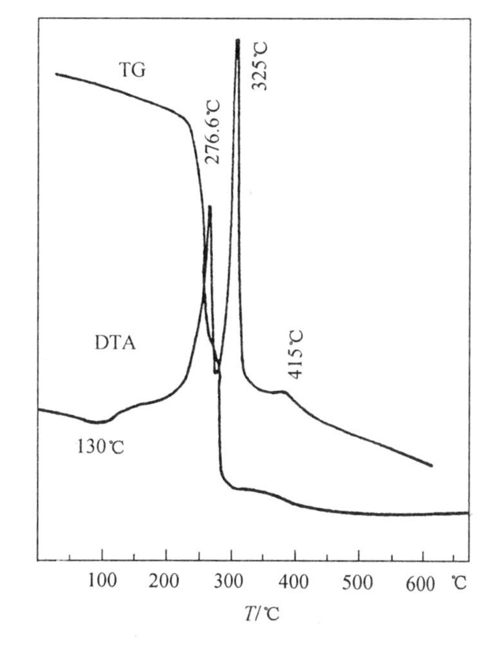

图 9.11　PZT 干溶胶粉末的 TG - DTA 曲线

六、思考题

①sol - gel 法制备 PZT 薄胶的主要优越性有哪些？

②在原料称量和膜处理时应分别注意哪些问题？

③由干凝胶的 TG - DTA 曲线可知，三个放热峰分别位于 276℃、325℃和 415℃（图 9.11），且前两个放热峰对应于失重，而 415℃无失重。试分析三个峰产生的原因。

④ 溶胶 - 凝胶过程是一个复杂的聚合反应过程，在该过程中形成链状或网络状聚合物，根据本实验所用的原料和溶剂，试分析该溶胶 - 凝胶过程的反应机理。

实验 49　垂直提拉法制备花生酸 LB 膜

一、实验目的

①熟悉垂直提拉法的基本原理。

②掌握 LB 膜的制备方法。

③了解 LB 膜的发展状况。

二、实验原理

1.LB 膜与 LB 膜技术

LB 薄膜是用 LB 技术获得固体表面上的分子薄膜。LB 膜技术是一种单分子膜堆积技术。即在水－气界面上，将两亲分子(即分子一端为亲水基团，另一端为憎水基团，如脂肪酸)紧密排列，然后转移到固体上，形成分子薄膜。这种技术是在 1935 年由朗格缪尔(Langmuir)和他的学生布洛杰特(Blodgett)建立起来的，故简称 LB 技术。

LB 膜与其他膜相比有以下特点：① 膜的厚度可以从零点几纳米至几纳米；② 具有高度各向异性的层状结构；③ 理论上具有几乎没有缺陷的单分子层膜。因此 LB 膜技术可以在分子水平上进行设计，按人们预想的次序排列和取向，制成分子组合体系，这是实现分子工程的重要手段。

LB 膜的成膜材料大部分分子由两部分组成：一部分是溶于水的亲水基，一部分是不溶于水的疏水基。简单长链脂肪酸由直链烷基(C_nH_{2n+1})和羧酸基(COOH)组成。羧酸基提供水的相活性，而碳氢链则阻止水的相溶性。正是这两个相反力之间的平衡，使长链脂肪酸在气/水界面上具有单分子成膜能力。脂肪酸在水中的溶解性随烷基链长度增加而减小，要得到一非电离的脂肪酸不溶单分子膜(即亚相的 pH 值足够低)，分子中必须至少有 12 个碳原子。因此本实验将选择碳原子数大于 12 的脂肪酸及相关化合物作为成膜材料。

由于微电子学与仿生学，特别是纳米材料与技术的迅速发展，需要在分子尺寸水平上进行功能材料的构筑，而 LB 膜是进行分子构筑的极为有用的手段。这一点已引起了化学、物理、电子、生物等各方面研究工作者的密切注视，使 LB 膜的研究进入了一个非常活跃的阶段。目前已经研发了许多制膜方法，除垂直拉伸法外，还有水平法、交替法、替换衬底法、钓鱼法(即吸附法)、连续法等。

2.LB 膜的成膜原理

将一定量的微溶物或不溶物 B(如花生酸)置于液体 A(如水)上(在 LB 膜方法中，A 称为亚相)，使其开始时以适当的厚度存在，由于表面成膜物称量很不方便，所以制备 LB 膜的一般方法是将其微量的成膜材料溶于挥发性溶剂中，然后滴于亚相表面上展开成膜。当溶剂挥发后，留下单分子膜。

当用挡板对亚相液面上的单分子层进行压缩时，由于亲水基团的作用，就使得分子一个个整齐地“站立”于亚相表面上，从而形成了整齐有序密集排列的单分子层。

3.LB 膜的结构类型及垂直提拉法的原理

为实现不同的分子设计功能，可根据不同的工艺条件形成 LB 膜的不同结构类型。单元膜通常有 X 型、Y 型、Z 型。

垂直提拉法是 LB 膜的主要沉积方法，利用适当的机械装置，将固体(如玻璃载片)垂直插入水面，上下移动，单分子膜就会附在载片上而形成一层或者多层膜。

4.LB 膜的制备仪器

目前 LB 拉膜系统通常配以微机控制及微机处理系统，从而达到最佳拉膜效果。如图9.12 所示为目前常用的 KSV－Minitrough 型 LB 膜机，它的滑障移动和基片移动臂都可以由微机控制，速率可以人为设定。图 9.12 为 KSV－Minitrough 型 LB 膜机照片。

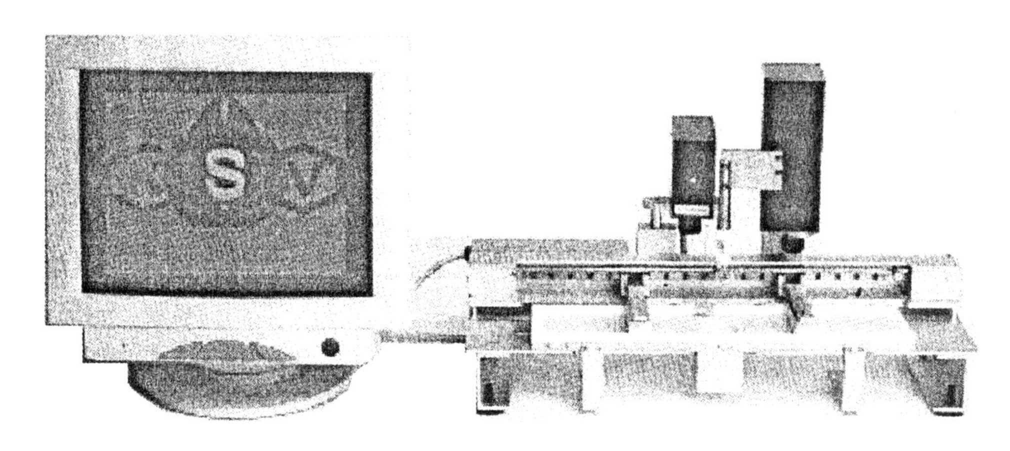

图 9.12　KSV - Minitrough 型 LB 膜机照片

5. LB 膜的主要性能测试

首先，通过 $\pi - A$ 曲线，确定拉膜的目标压力；通过转移比，判断单分子膜的转移情况；紫外可见分光光度法（UV - Vis），对不同层数的 LB 膜进行了表征，测定膜的纵向均匀性；用 X - 射线电子能谱（XPS）研究了 LB 膜的成膜特性。

三、主要仪器和药品

LB 拉膜机、超纯水蒸馏装置、真空泵、恒温槽、超声波洗涤仪。

花生酸、乙醇、氯仿、异丙醇、硫酸、重铬酸钾。

四、实验内容

1. 基片和槽子的处理

将石英玻璃基片用洗液（由重铬酸钾和浓硫酸配置）、异丙醇和乙醇处理后，浸泡在乙醇中。依次用氯仿和乙醇擦洗槽子，然后用四次超纯水将槽子冲洗干净。

2. 溶液的配置

称取 0.007 g 硬脂酸，溶于 25 ml 的氯仿中，配置成浓度为 0.28 $mg \cdot ml^{-1}$ 的硬脂酸/氯仿溶液。

3. $\pi - A$ 曲线

将槽子充满水（超纯水），用真空泵抽去水面上的杂质，使水面高出槽沿 1 ~ 2 mm。用微量注射仪将 50 μl 的硬脂酸溶液铺展到亚相（水）表面上，在 25℃下，以 3 $mm \cdot min^{-1}$ 的滑障速度推膜。

4. LB 膜的制备

抽干槽中的亚相（水），重新加入亚相，基片浸没在水中，用真空泵除去亚相表面上的杂质。将 60 μl 的硬脂酸/氯仿溶液铺展到亚相（水）表面上，以 3 $mm \cdot min^{-1}$ 的速度推膜，目标压为 32 $mN \cdot m^{-1}$

当膜压达到目标压后，以 3 $mm \cdot min^{-1}$ 的滑障移动速度保持约 20 min。然后以 5 $mm \cdot min^{-1}$ 的速度开始拉膜。

5. 成膜性能的判断

成膜的情况可用转移比来判断。转移比在 1 左右时，为最佳，若大于 1.5 或者小于 0.6

时,则成膜不够理想。

五、思考题

①用氯仿对槽子进行处理的目的是什么?亚相液面的为什么要高出槽沿 1 ~ 2 mm?
②基片与成膜材料是如何结合在一起的?
③以水作为亚相时,为什么要用超纯水?实验中最应该注意的事项有哪些?

实验 50 电共沉积法制备砷化镓半导体薄膜

一、实验目的

①了解电共沉积法制备砷化镓半导体薄膜基本原理和基本工艺。
②了解砷化镓薄膜的主要性能和应用

二、实验原理

1.主要性质和用途

砷化镓(CaAs, gallium arsenic)材料电子迁移率高、衬底电阻率高,与 Si 材料相比,更适合于做微波器件和超高速器件。加之 GaAs 是直接带隙材料,光在其表面吸收,具有最佳带隙值,是一种优良的太阳能电池材料。

聚酰亚胺具有苯环和杂环结构,耐臭氧、电晕、老化、辐射、燃烧,其耐辐射性能(10^9rad)高于 Si 材料,另外,高低温性能好,可在 200 ~ 250℃和 - 50℃下长期工作。聚酰亚胺薄膜沉积 GaAs 为制作高效率、低成本、使用灵活方便的新型太阳电池——柔性太阳能电池开辟了一条新途径。

2.制备原理

目前大多利用分子束外延、金属有机物化学气相沉积、液相外延及射频溅射等技术制备 GaAs 薄膜,但所用设备复杂、耗能大、生长周期长、成本高、污染环境,极大地限制了 GaAs 材料的应用。采用电沉积技术即可克服上述缺点。目前人们已利用这一技术成功地制备出AsSb、$MoSe_2$、$GaAs_{1-x}Sb_x$、CuIn 和 $InAs_{1-x}Sb_x$ 等半导体薄膜。

电沉积是一种电化学过程,也是一种氧化还原过程。从理论上说,只要阴极电势负于金属的还原电势,金属就可在阴极表面沉积出来,电沉积单一金属的技术已经比较成熟,但是对于两种或两种以上的元素的电沉积情况就比较复杂了。这是因为各种元素电沉积的最佳条件不尽相同,而且,元素离子间的电沉积相互影响。研究结果表明,在给定的温度和电流密度条件下,影响多元组分的共沉积的主要因素有:

①电解液中单个离子的放电电势。
②放电电势的差异引起的电极极化。
③电解液中离子的相对浓度。
④氢在阴极表面的析出电势。
⑤阴极表面的导电性。

这些因素往往随着温度、电流密度的变化而变化。电解液中,一种离子在阴极上放电,其放电电势为

$$\varphi_{放电} = \varphi^{\ominus} + \frac{RT}{nF}\ln a + \Delta\varphi$$

这里 $\varphi^{\ominus}$、a、$\Delta\varphi$、R、F、n 和 T 分别为标准电极电势、离子活度、超电压、气体常数、法拉第常数，得失电子数目和绝对温度。

如果电解液中有两种元素的离子 A 与 B，只要它们在溶液中或沉积过程不互相作用，而且两者的放电电势 φ_A 和 φ_B 彼此相等，即

$$\varphi_A^{\ominus} + \frac{RT}{nF}\ln a_A + \Delta\varphi_A \approx \varphi_B^{\ominus} + \frac{RT}{nF}\ln a_B + \Delta\varphi_B$$

它们就可能同时析出，即共沉积。

在含有 Ga^{3+} 和 AsO^+ 离子的电解液中电沉积 GaAs，其放电电势为

$$\varphi_{As} = +0.254 - 0.394\text{pH} + 0.0197\lg a(AsO^+) + \Delta\varphi_{As}$$

$$\varphi_{Ga} = -0.529 + 0.197\lg a(Ga^{3+}) + \Delta\varphi_{Ga}$$

其中 Ga 和 As 的标准电极电势差别很大，而且 As 的电势很正，故 As 先于 Ga 在阴极沉积。为使 Ga 和 As 共同沉积，必须采取有力措施。

一般说来，提高电流密度，可以加强阴极极化作用，对电势较负的金属离子沉积有利，这样可以增加沉积层中电势较负的金属的比例。因此采用恒温 $T = 310$ K，电解液的酸度在 GaAs 共同的不敏感区 pH = 0.3 ~ 4.1 条件下，控制电流密度，这时阴极电势的不同变化，可以补偿标准电极电势的差别。当电流达到一定值时，Ga 和 As 的放电电势可趋向一致，并开始共同析出。

为使 Ga 和 As 的标准电极电势的差别和在某一电流密度下阴极电势极化值的差别得到进一步补偿，我们同时采用不同的离子浓度。改变离子浓度，即改变$\frac{RT}{nF}\ln c_{ca^{3+}}$和$\frac{RT}{nF}\ln c_{AsO^+}$。一般情况下，电解液中某种离子浓度比值越高，则沉积层中所含该种成分也较多。实验中，采用较高的 Ga^{3+} 浓度和较低的 AsO^+ 溶度，二者浓度之比最高接近 9 倍，从而达到 Ga 和 As 的放电电势接近相等，使二者共同析出。

三、主要仪器和药品

分析天平、烧杯、磁力搅拌器、水浴锅、饱和 KCl 盐桥、电流计（量程 1 A）、恒电势仪，石墨片（50 mm × 60 mm × 2 mm）、温度计、PH 计导电玻璃（30 mm × 40 mm × 2 mm）或导电 PI 片（30 mm × 40 mm × 1 mm）X－射线衍射仪扫描电子显微镜（后两者为辅助设备）。

As_2O_3、Ga、H_2O_2、浓盐酸、蒸馏水。

四、实验内容

1. 导电玻璃和导电 PI 基片预处理

（1）导电玻璃或导电 PI 基片分别用丙酮、乙醇棉球擦洗一遍后，用大量去离子水冲洗，烘干。沉积之前用质量分数 5% HCl 漂洗 10 s。

石墨电极使用前也要分别用丙酮、乙醇棉球擦洗后，用去离子水冲洗。

2. 电解液配制

分析天平准确称取 4 g 左右金属 Ga，溶于 40 ml 质量分数 36.5% HCl 中。Ga 在 HCl 中溶解速度非常缓慢，完全溶解需要 1 个星期时间。Ga 完全溶解后，加入去离子水配制成 500 ml

溶液备用。

同样称取 6 g 左右 As_2O_3 粉末，溶于 50 ml 质量分数 36.5% HCl 中。为加速 As_2O_3 溶解，可将烧杯置于 50℃水浴锅中。As_2O_3 完全溶解后，加入去离子水配制成 500 ml 溶液备用。

3. GaAs 薄膜沉积

电沉积制备 GaAs 薄膜实验装置如图 9.13 所示。其中阳极选用石墨片；阴极是沉积 GaAs 薄膜的衬底基片，选用导电玻璃或聚酰亚胺基片；电解液为含有 Ga^{3+} 和 AsO^+ 的盐酸溶液。通过改变溶液中 $c(Ga^{3+})/c(Aso^+)$ 值、pH 值、温度和电流密度，研究这些沉积工艺参数对膜层表观质量和膜层中 Ga 与 As 的物质量比的影响，可以确定最佳沉积工艺参数。膜层表观质量以致密均匀为佳；膜层中 Ga 与 As 的物质量比可以通过扫描电镜、能谱分析仪分析确定。如表 9.4 和表 9.5 分别示出了溶液中 Ga^{3+} 和 AsO^+ 浓度比值、电流密度和 GaAs 膜层中 Ga 与 As 物质量比的影响。

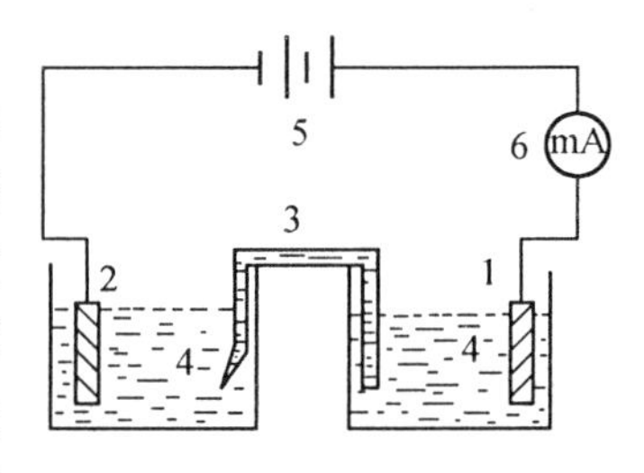

图 9.13　电沉积制备 GaAs 薄膜实验装置图

1—阳极；2—阴极；3—饱和 KCl 盐桥；4—电解液；5—直流电源；6—电流计

表 9.4　电流密度 J 对 GaAs 膜层中 Ga 与 As 物质的量比的影响

电流密度 $J/(mA\cdot cm^{-2})$	$n(Ga):n(As)$	$J/(mA\cdot cm^{-2})$	$n(Ga):n(As)$
16.61	1.200 8:0.799 2	15.73	1.200 1:0.799 9
13.33	1.143 7:0.856 3	11.97	1.112 5:0.887 5
10.68	1.107 3:0.892 7	9.33	1.098 7:0.901 3
6.29	0.968 8:1.033 2	5.64	0.962 4:1.037 6
4.81	0.932 7:1.067 3	3.95	0.921 9:1.078 1
3.53	0.932 4:1.067 6	2.56	0.923 3:1.076 7

注 $c(Ga^{3+})/c(AsO^+)=6.4$；$\theta=14℃$；pH = 1.42；$t=5$ min。

表 9.5　Ga^{3+}、AsO^+ 浓度比对膜层中 Ga 与 As 物质的量比的影响

电解液浓度			$n(Ga):n(As)$	电解液浓度			$n(Ga):n(As)$
$c(Ga^{3+})/(g\cdot L^{-1})$	$c(AsO^+)/(g\cdot L^{-1})$	$c(Ga^{3+})/c(AsO^+)$		$c(Ga^{3+})/(g\cdot L^{-1})$	$c(AsO^+)/(g\cdot L^{-1})$	$c(Ga^{3+})/c(AsO^+)$	
0.308 8	0.020 6	15	1.208 8:0.799 2	0.308 8	0.025 7	12	1.185 2:0.814 8
0.308 8	0.034 3	9	1.020 6:0.979 4	0.308 8	0.051 5	6	0.966 8:1.033 2
0.308 8	0.102 9	3	0.927 0:1.083 0	0.308 8	0.308 8	1	0.821 8:1.178 2
0.308 8	0.926 4	1/3	0.787 8:1.212 2	0.154 4	0.926 4	1/6	0.679 0:1.321 0
0.154 4	1.389 6	1/9	0.580 3:1.469 2	0.077 2	0.926 4	1/12	0.438 2:1.561 8
0.077 2	1.158 0	1/15	0.034 2:1.965 8				

注：$J=6.29\ mA\cdot cm^{-2}$；$\theta=14℃$，pH = 1.42；$t=5$ min。

建议电沉积 GaAs 薄膜工艺参数：$c(Ga^{3+})$ 为 0.308 8 $g\cdot L^{-1}$，$c(AsO^+)$ 为 0.039 7 $g\cdot L^{-1}$，电流密度 J 为 6.25 $mA\cdot cm^{-2}$，pH 值为 1.4，温度 35℃，沉积时间 628 min。

4. GaAs 薄膜表征

①结构表征。利用 X 射线衍射仪测试所制备 GaAs 薄膜 X 射线衍射谱(XRD)，以确定其是否为 GaAs 化合物。如图 9.14 为采取上述最佳工艺制备的 $Gao_{0.994\,6}$、$As_{1.005\,4}$薄膜 XRD 谱图，与同一图中示出的 GaAs 标准衍射谱几乎一一对应，膜层为化合态的 GaAs。

②形貌表征。利用扫描电子显微镜观察膜层微观形貌。如图 9.15 分别示出了不同实验装置获得膜层的微观形貌。其中(a)为将阴、阳极置于同一电解槽中所得膜层微观形貌；(b)为本实验采用装置中最佳工艺条件下所得膜层微观形貌。两者存在明显差别，后者致密均一。

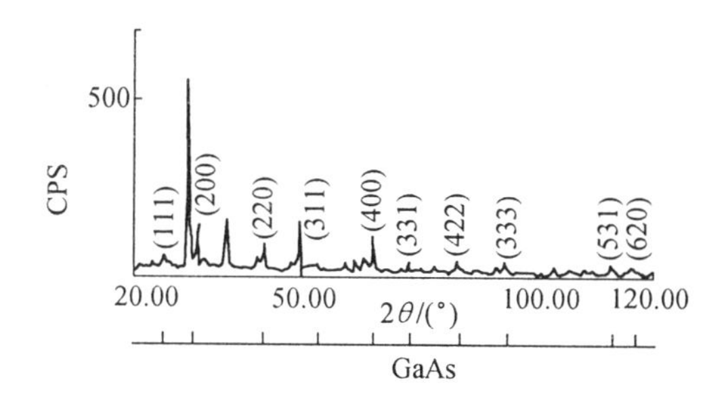

图 9.14　$Ga_{0.996}As_{1.005\,4}$薄膜 XRD 谱

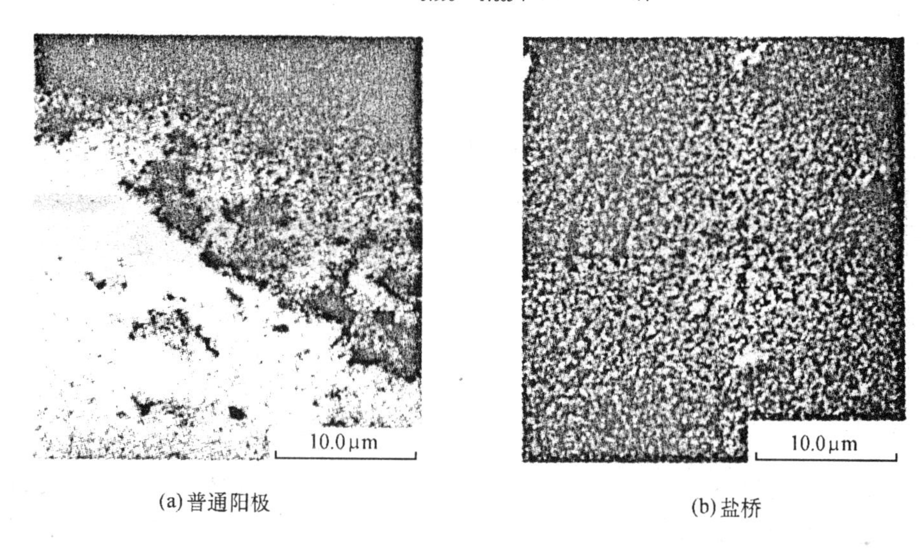

(a) 普通阳极　　(b) 盐桥

图 9.15　不同实验装置所获膜层 SEM 照片

③感兴趣同学可以请半导体专业教师或同学帮助测试所制备 GaAs 薄膜半导体性能，如带隙值、能级位置。如测试得到上述 $GaO_{0.994\,6}$ $As_{1.005\,4}$能带隙宽度为 1.40 eV，与标准 GaAs 单晶带隙宽度 1.4 eV 基本相等。

五、注意事项

①AsO_3 剧毒，实验后要彻底清除残留物。

②$GaCl_3$ 易挥发，HCl 溶解 Ga 时不要加热；HCl 溶解 AsO_3 时温度不要过高，防止 H_3AsO_3 生成。

六、思考题

①如何证明制备的 GaAs 薄膜确实为 GaAs 化合物，而非 Ga 和 As 的混合物？

②如果电沉积过程中电流密度过大，对膜层将产生什么影响。

③本实验中，阴阳两极分别置于两个电解槽中，中间和盐桥连接，电解槽中电力线如何分布？

实验 51　KDC 法合成钛酸钾纤维陶瓷粉

一、实验目的

①了解钛酸钾纤维的一般用途。

②掌握钛酸钾纤维陶瓷粉的制备方法。

③了解热分析、扫描电镜和 X 射线结构分析的基本方法。

二、实验原理

1. 主要性质和用途

四钛酸钾(potassium tetratitanate, $K_2Ti_4O_9$)纤维作为形成层状结构物质的代表性化合物,在阳离子交换、离子交换过滤、催化剂载体等方面可望有较大用途。其合成方法有湿式水热合成法、半干式 KDC 法和干式溶剂、熔融、烧成法三种。无论哪种方法,都较容易得到纤维。

四钛酸钾纤维有良好的膨润脱水作用,吸湿性强。比钾离子半径大的碱金属离子和多价阳离子均可与钾离子发生交换,利用这一特性可以合成许多相应的衍生物。

2. 合成原理

四钛酸钾纤维是 K_2CO_3 与 TiO_2 在 1 000℃温度下固液相间反应得到的,反应式为

$$K_2CO_3 + 4TiO_2 = K_2Ti_4O_9 + 2CO_2$$

得到的固体 $K_2Ti_4O_4$ 可以在水的作用下游离成分散的纤维粉末。在酸性水溶液中处理,可以全部溶脱钾离子,得到结晶质纤维状的水合二氧化钛,其具有良好的阴离子吸附特性,脱水后便成为初始原料 TiO_2。

三、主要仪器和药品

Ni 板、聚乙烯容器、吸引过滤器、氧化铝研钵、橡胶栓、烧杯、搅拌棒、牛角勺、电光分析天平、X-射线粉末载体、SEN 载体、镊子、X-射线衍射仪、热分析装置、扫描电镜、干燥器、电炉、光学显微镜。

碳酸钾、二氧化钛、盐酸($1\ mol \cdot L^{-1}$)、pH 试纸、丙酮。

四、实验内容

KDC 法制备钛酸钾纤维陶瓷粉的基本工艺步骤如图 9.16 所示。

本实验分五次完成:

第一次,用 KDC 法制备钛酸钾纤维。

①二氧化钛与碳酸钾按物质的量 3:1 配制 100 g 原料,混合。

②充分混合原料加质量分数 25%水混练。

③在预先处理的镍板上混练成形后于 30℃下干燥两天。

④干燥后在电炉中于 1 000℃下烧结 100 h。

第二次,四钛酸钾纤维的光学显微镜观察、水合处理和热分析。

①烧成后的试料冷却后一部分粉碎。

②剩余的试料在聚乙烯容器内加 10 倍水进行水合。

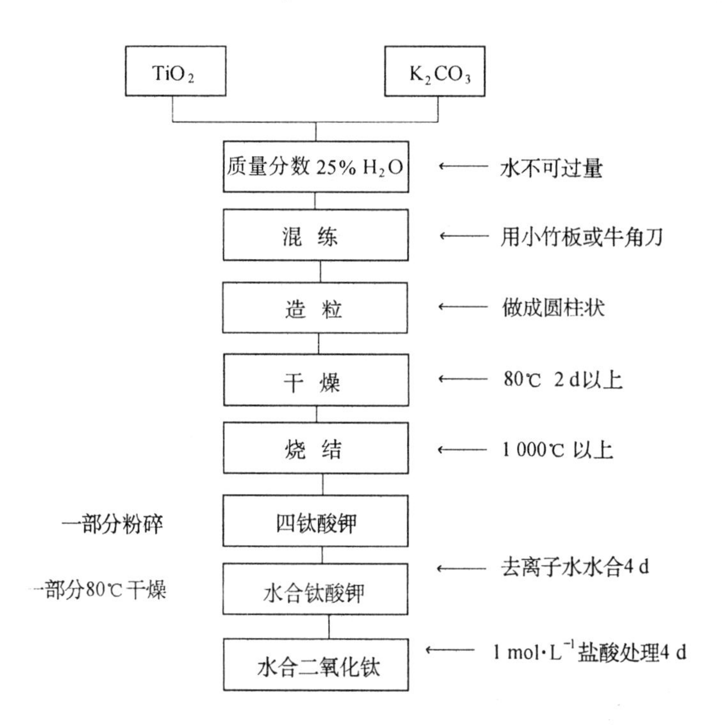

图 9.16 KDC 法制备钛酸钾纤维陶瓷粉基本工艺流程

③粉碎后的试样进行热分析并测定熔点。

④用光学显微镜观察钛酸钾纤维的形状。

第三次,水合酸处理的钛酸钾纤维 SEM 观察。

①水合后的试料用布氏漏斗抽滤,水洗到中性。

②用 1 mol·L^{-1}盐酸处理,放置 7 d。

③SEM 试验,照相(洗照片)。

④恒量测定、酸处理的试样于 100℃、200℃、400℃、800℃下干燥,天平精称。

第四次,结构分析。

分别对烧成的四钛酸钾、水合钛酸钾纤维、水合二氧化钛三粉末进行 X 衍射分析,熟悉三物质的 X 衍射特征峰。并将制备的二氧化钛与市售二氧化钛粉末的 X 衍射结果进行对照。

五、注意事项

①原料应用分析天平精确称量。

②干燥后的试样谨防受潮。

六、思考题

①为什么说 K_2CO_3 与 TiO_2 是通过固液相反应生成 $K_2Ti_4O_8$?

②本实验的初始原料 TiO_2 与酸洗 $K_2Ti_4O_8$ 后的水合 TiO_2 有何不同?

实验52 新型铜-石墨复合材料的制备

一、实验目的

①了解无机复合材料的制备方法和用途。

②掌握用化学镀的基本原理制备铜包石墨的实验方法。

二、实验原理

1.铜-石墨复合材料的性质和用途

随着现代科学技术的发展,复合材料日益受到重视,石墨表面包覆铜对石墨性能的提高具有重要意义。其优良的耐磨性、低摩擦系数和低阻抗等综合性能大大超过了石墨粉与铜粉的机械混合物,因而得到了广泛应用。目前机电工业对电刷和滑动轴承等产品的性能和制造技术提出了越来越高的要求,但高铜电刷和铜基滑动轴承由于成本高和综合性能有待于提高,将逐渐失去其原有优势,逐渐被石墨-铜复合材料(copper-graphite composite)取代。而要想得到良好的石墨、铜复合材料,关键是要解决石墨和铜的结合问题。本实验是用化学还原法进行石墨表面化学镀铜,通过本实验可以掌握非金属表面化学镀铜的原理、方法和实验技能,以及最佳实验条件的选择方法等。

2.化学镀铜的特点

近年来,化学镀铜作为一种表面技术越来越受到重视,其不断发展归因于其工艺设备简单,易于控制和掌握,镀层均匀平整,适于复杂的零件,这是电镀技术所不具备的。因而化学镀铜是塑料、陶瓷、石墨等材料表面金属化的首选方法,已成为复合材料制备、印刷电路板制造、金属防腐蚀和高性能化学电源材料加工的重要手段。从导电性、焊接性、镀层韧性和经济效益等综合指标来考虑,化学镀铜是首选的。

化学镀铜液按稳定性可分为低稳定性的化学镀铜液和高稳定性的化学镀铜液;根据其沉积速度又可分为低速率的化学镀铜液和高速率的化学镀铜液。前者沉积速率一般为2~4 $\mu m \cdot h^{-1}$,后者一般为10 $\mu m \cdot h^{-1}$。

化学镀铜体系一般由被镀材料和镀液两部分组成,镀液由铜盐、络合剂、还原剂和稳定剂组成。

3.镀液各组分的作用和实验参数的影响

铜盐通常用硫酸铜、氯化铜、硝酸铜等为镀液提供铜离子。铜离子的含量对化学镀铜的沉积速度影响较大。一般来说,铜离子浓度增加,沉积速度加快,当含量达到一定数值后,沉积速度便趋一个稳定值。实验结果表明,铜离子浓度对镀层质量影响不大,在兼顾沉积速度的前提下,允许铜离子的含量在较宽范围内变化。

常用的还原剂有甲醛、次磷酸钠、肼及硼氢化物等。镀铜常用甲醛做还原剂。甲醛的还原能力除与溶液pH值(>11)有关外,还与镀液温度和浓度有关,即随着镀液温度升高,甲醛的还原能力增加;在低浓度下,甲醛的还原力随甲醛浓度的增加而明显升高,当甲醛浓度高到一定程度时,其浓度对还原能力影响不大。

络合剂包括酒石酸钾钠、EDTA、甘油及三乙醇胺等。在化学镀液加入络合剂,使铜离子与络合剂形成稳定的络离子,避免铜离子在碱性介质中生成氢氧化铜沉淀。因为一旦生成这种沉淀,即使镀液稳定,也使沉淀物夹杂于镀层中而影响镀层质量。络合剂浓度太高,会降低沉积速率。

稳定剂的作用是提高镀液的稳定性。以甲醛做还原剂的镀液为例,甲醛在碱性介质中,有可能把 Cu^{2+} 还原为 CuO,而 Cu_2O 还可能发生歧化反应,生成细小铜粉。为了抑制铜粉及 Cu_2O 的产生,常常加入一些稳定剂,如 α,α' – 联吡啶、2 – 巯基苯噻唑、氰化物及硫氰化物等,这些化合物能与 Cu^+ 生成稳定的配合物,从而提高了镀液的稳定性。

由于甲醛只有在 $pH > 11$ 的条件下,才具有还原作用,所以镀液中应加一定量的 NaOH 或 Na_2CO_3。

4.制备原理

以甲醛做还原剂的化学镀铜服从电化学原理,其中氧化反应为

$$2HCHO + 4OH^- - 2e = 2HCOO^- + H_2\uparrow + 2H_2O$$

还原反应为

$$Cu^{2+} + 2e = Cu$$

另外还存在以下三个副反应:

(1)康尼查罗反应(cannizzaro)(甲醛浓碱性溶液中发生分子间的氧化还原反应)

$$2HCHO + OH^- \longrightarrow HCOO^- + CH_3OH$$

(2)甲醛将 Cu^{2+} 离子还原为 Cu^+ 离子的反应为

$$2Cu^{2+} + HCHO + 5OH^- \longrightarrow Cu_2O\downarrow + HCOO^- + 3H_2O$$

(3)Cu^+ 离子的歧化反应

$$Cu_2O + H_2O \longrightarrow Cu\downarrow + Cu^{2+} + 2OH^-$$

以上三个副反应均使 HCHO 无谓消耗,同时造成了镀液分解,所以实际操作中最大限度地抑制其发生。

三、主要仪器和药品

电动搅拌器、水浴锅、抽滤装置、烧杯、量筒、移液管、温度计。

硫酸铜、酒石酸钾钠、EDTA 二钠盐、甲醛、氢氧化钠、2 – 巯基苯骈噻唑石墨(50 目,质量分数 99%)、pH 试纸。

四、实验内容

1.化学镀铜液配方及使用条件

常用化学镀铜溶液配方及使用条件如表 9.8 所示。

表 9.8 化学镀铜液配方及使用条件说明

组分 \ 含量 \ 配方	低稳定性		高稳定性	
	1	2	1	2
硫酸铜($CuSO_4 \cdot 5H_2O$)/($g \cdot L^{-1}$)	20 ~ 25	14	16	5 ~ 10
酒石酸钾钠($NaKC_4O_6 \cdot 4H_2O$)/($g \cdot L^{-1}$)	50	40	14	
EDTA 二钠盐/($g \cdot L^{-1}$)			25	30 ~ 40
甲醛(HCHO)(质量分数 37%)/($g \cdot L^{-1}$)	30	25	15	10 ~ 15
氢氧化钠/($g \cdot L^{-1}$)	10	10	10 ~ 15	8
α, α' - 联吡啶/($mg \cdot L^{-1}$)			20	100
亚铁氰化钾/($mg \cdot L^{-1}$)			10	
2 - 巯基苯骈噻唑/($mg \cdot L^{-1}$)	0.25			
pH 值	12.5 ~ 13	12	12 ~ 12.5	12.5 ~ 13
温度/℃	30 ~ 35	20 ~ 32	28 ~ 35	70 ~ 90
沉积速度/($\mu m \cdot h^{-1}$)			2	12

2. 镀液的配制(按低稳定性配方 1 进行实验)

化学镀铜液分为 A、B 两组分别配制,使用前混合在一起,最后加入稳定剂(稳定剂可先适当用乙醇溶解),调整 pH 值。

A 组:量取 250 ml 蒸馏水(或去离子水)于 500 ml 烧杯中在电动搅拌下先后溶解硫酸铜、酒石酸钾钠、氢氧化钠。

B 组:甲醛溶液质量分数 37%。

3. 石墨表面镀铜

①在慢慢搅拌下量取 B 组液并缓缓加入 A 组中,水浴加热至 30 ~ 35℃,再加入 2 - 巯基苯骈噻唑,均匀后加入 1 g(50 目)的石墨,调整 pH 值为 12.5 ~ 13 之间,用精密 pH 试纸监测。

②观察反应现象,可按计算量镀含铜量质量分数 75% 的复合材料,反应开始后约每隔 10 min补加一次硫酸铜(约 1 g)、NaOH(约 2 g)、甲醛(约 5 ml)至最后反应结束。

③反应完结后,抽滤,分别用 20 ml 蒸馏水洗涤三次,再用 20 ml 乙醇洗一次,60℃下干燥 30 min,得到产品,称量,计算产率,分析误差原因。

④将得到的产品在扫描电子显微镜下观察镀层的结构。

五、注意事项

①镀液配制过程中要不停地搅拌,稳定剂要适量,不可加多。

②在反应过程中,反应物应不断补加,pH 值应边测边调。

③滤出产物后,为使镀液稳定,应用 H_2SO_4 调 pH 值近中性。

④干燥时温度不宜过高。

六、思考题

①实验中 2 - 巯基苯骈噻唑起什么作用?使用时应注意什么?

②搅拌的速率对产品质量有什么影响?

③pH 值过高对产品有什么影响?

实验 53　ABO_3 型纳米粉/聚合物基复合材料的制备及其 PTC 特性

一、实验目的

①掌握在位分散聚合法制备聚合物基复合材料的原理和方法。
②了解互穿聚合物网络及其复合材料的主要性质和用途。
③学习 PTC 性能检测的原理和方法。

二、实验原理

1.互穿聚合物网络(IPNs)及其纳米复合材料

两种或两种以上高聚物所形成的共混物，通常可获得比其中任一种组分优异的性能。这是当前高分子材料改性重要而有效的途径。所获体系的性能受诸多因素影响，如原料类型、制备工艺、成型方式等，其中组分间的相容性则是较为重要和明显的影响因素。互穿聚合物网络(interpenetrating polymer networks，简称 IPN 或 IPNs)是通过物理或化学方法将两种或两种以上交联聚合物相互贯穿和缠结形成的独特交织网络聚合物合金体系，可看作是化学方法实现的聚合物间的物理共混。两组分间分子级的混合程度取决于组分间的混溶性。由于网络的互穿和缠结产生“强迫互容”、“界面互穿”、“双相连续”等特征，IPNs 表现出独特的形貌结构，即具有宏观上的均相和微观上的相分离，可明显拉宽聚合物材料的玻璃化转变温度，使材料在使用温度内保持玻璃态到黏弹态的过渡态，表现在动态力学谱上可以看到形成 IPN 的各种成分的玻璃化转变温度(T_g)发生内迁和有效衔接。由于高聚物的诸多性能均是以其玻璃化转变温区为界限发生显著变化的，因此，IPNs 所产生的协同作用为获得具有某些特殊性能和良好综合性能的功能材料开拓了崭新的途径。近年来在理论和实践上的发展都十分迅速，已形成聚合物共混与复合的一个分支，在聚合物改性的理论与实践中占有重要地位。作为成型材料或聚合物基质，IPNs 可广泛应用于塑料与橡胶改性、皮革改性、压敏渗透膜和阻尼减震等领域。

高聚物基复合材料的发展已有半个多世纪的历史，在工业、民用、航空航天、生态、智能等领域取得了广泛的应用。纳米复合材料是其中较新的品种，它是指一种或多种组分以纳米量级的微粒，即接近分子水平的微粒复合于基质中构成的一种复合材料。纳米复合材料因其分散相尺寸介于宏观与微观之间的过渡区域的存在，将给材料的物理和化学性质带来特殊的变化，正日益受到关注。其中有机-无机纳米复合材料更由于综合了有机物和无机物各自的优点，可以在力学、热学、光学、电磁学和生物学等方面赋予材料许多优异的性能，正成为材料科学研究的热点之一。

2.互穿聚合物网络的形成原则及复合材料制备方法

形成 IPNs 时，随组分间混合程度的不同可获得不同的体系，体现不同的性能。这是因为随着混溶性的增加，相畴尺寸减小，相界面及过渡层增大，相间出现明显的浓度梯度，从而使组分之间相互影响增大。然而并不是任意两种或多种聚合物共混都能形成 IPNs，在合成 IPNs 时，应遵循以下几个原则：

①根据聚合物的内聚能密度的相对值来选择合成 IPN 的聚合物。两种聚合物的内聚能密度的相对值，对 IPN 的互锁结构有较大的影响。若两种聚合物的内聚能密度几乎相等，则这两

种聚合物就能实现最好的混合，成为永久性的互相锁合；若两种聚合物的内聚能密度相差太大，则易发生相分离，也就不能实现分子间相互缠绕和相互锁合。

②两种不同的聚合物，既应避免发生化学反应，也不能相互产生交联，而要形成化学拓扑学结构。

③两种共混的聚合物，最好一种是橡胶态聚合物，另一种是塑料态聚合物。这样两种聚合物混合后形成的 IPN 具有良好的物理机械性能和较宽的玻璃化转变温度区间。

根据 IPNs 的形成原则，通常选择聚氨酯及聚丙烯酸酯为形成 IPN 的原料。

复合材料的制备方法一般分为：共混法、插层法、溶胶凝胶法、在位分散聚合法等四种方法。其中在位分散聚合法是先使纳米粒子在聚合物单体中均匀分散，再引发单体聚合的方法。与其他方法相比较，在位分散聚合法的分散性有一定的保证。尤其适用于无机纳米粒子与高聚物基质的复合，但通常需要对粒子表面进行适当处理。由于聚合物单体分子较小、黏度低，表面有效改性后无机纳米粒子容易均匀分散，可保证体系的均匀性及各项物理性能。在位分散聚合法可在水相中发生，也可在油相中发生。单体可进行自由基聚合，在油相中还可进行缩聚反应，适用于大多数聚合物/无机物纳米复合体系的制备。

3. ABO_3 型压电材料及其 PTC 特性

作为 ABO_3 型压电材料，$BaTiO_3$ 是典型的钙钛矿型结构的晶体，具有广泛的用途。早期主要应用的是它的压电和铁电性质。1955 年海曼等人发现了它的另一种重要的特性——正温度系数效应（PTC Effect）。$BaTiO_3$ 作为一种性能特异的电子陶瓷，被广泛用于制作自动温控发热元件、多层陶瓷电容器和电光器件等。其常温电阻率大于 $10^{12}\Omega\cdot cm$。$BaTiO_3$ 单晶本身没有 PTC 效应，而要把 $BaTiO_3$ 单晶半导体粉碎后，再烧成陶瓷，才具有 PTC 效应。

PTC（positive temperature coefficient）特性指的是材料的温度由室温向高温连续变化过程中，出现的电阻向高电阻的变化甚至突变现象的特征。具有 PTC 特性的材料（如压电陶瓷、晶体、纳米粉等）可广泛应用于通信、雷达、红外探测、存储以及集成光学等领域。近年来，对此类材料的制备、改性及各种性能的基础研究工作日益受到重视。在材料制备过程中，考察材料在不同温度下的电阻率值这一参数的变化对制备方法的确立、制备工艺的完善具有重要的指导意义。

具有钙钛矿的压电陶瓷材料与聚合物基质形成复合材料后，可大大拓宽其应用领域，且材料易于加工成型。但当含有压电陶瓷粉体的复合材料受到外界作用时，压电无机材料产生压电电荷，此时聚合物基质的导电性往往成为影响压电材料整体性能的制约因素。因此，对体系（材料）在不同介质环境下的导电性能考察显得尤为重要。

4. 制备原理

（1）互穿聚合物网络预聚体的制备原理

选用聚醚二元醇型聚氨酯（网络Ⅰ）和不饱和聚酯树脂（网络Ⅱ）为 IPN 体系的两网络。具体工艺流程如图 9.17 所示。

（2）$BaTiO_3$ 型纳米粉/IPNs 复合材料的制备原理

$BaTiO_3$ 纳米粉/IPNs 复合材料制备的工艺流程如图 9.18 所示。

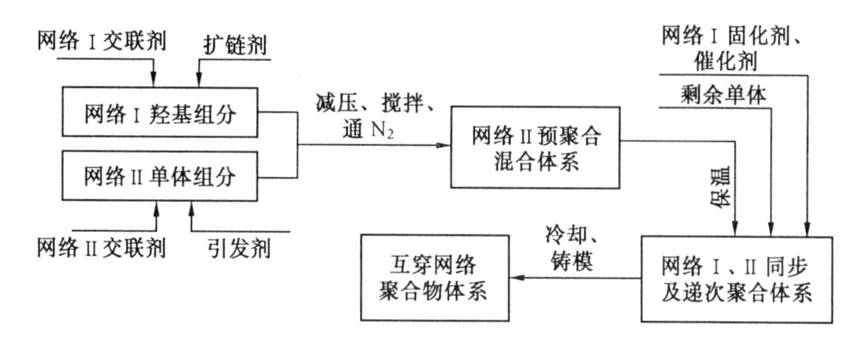

图 9.17 互穿聚合物网络预聚体的制备工艺流程

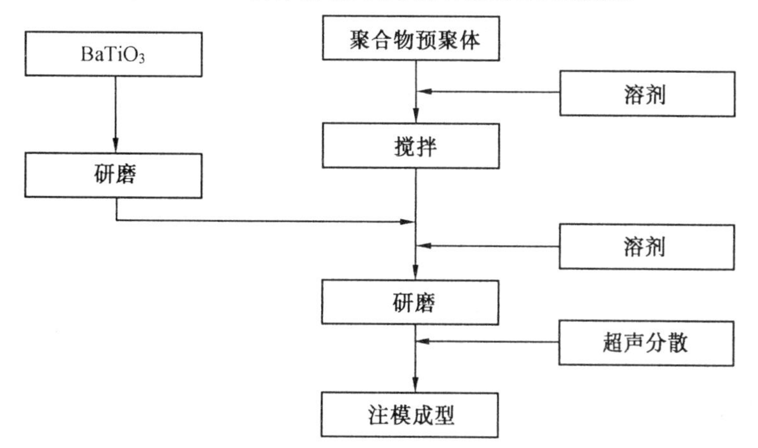

图 9.18 $BaTiO_3$ 纳米粉/IPNs 复合材料制备工艺流程

三、主要仪器和药品

真空干燥箱、烧杯(250 ml)、玻璃棒、玛瑙研钵、小型超声分散机、聚碳酸酯模具、高阻计、精密控温装置、加热炉(0 ~ 500℃)。

聚乙二醇(600)、TDI 预聚体(质量分数为 9%)、乙酸乙酯、191# 不饱和聚酯树脂、兰水、白水、二月桂酸二丁基锡、$PbTiO_3$ 纳米粉、硅油。

四、实验内容

1.$PbTiO_3$/IPNs 复合材料的制备

粗称 2 g $PbTiO_3$ 纳米粉置于研钵内,加入 10 ml 乙酸乙酯,充分研磨。按顺序依次加入 8.4 g 191# 不饱和聚酯树脂、2 g 聚乙二醇 600 和 0.9 g TDI 预聚体于烧杯中,搅拌均匀后,加入 4 d兰水、8 d 白水,搅拌后滴入 4 d 二月桂酸二丁基锡,搅拌均匀,得预聚合体系。待溶液变为浅黄色时,加入已研磨的 $BaTiO_3$ 纳米粉,补充少量溶剂,充分研磨,并超声分散 10 ~ 15 min,加入溶剂调节体系黏度,倒入经表面处理后的模具中固化成型。

2.PTC 性能检测

将固化后的材料置于加热炉的卡具上,通过控温装置调节测试温度,从室温升至 300℃,每隔 10℃,用高阻计检测体系的电阻率值,并绘制温度 - 电阻率曲线。

五、注意事项

①预聚合体系配制好后应在 10 min 内使用，制备过程中尽量缩短高聚物预聚体与钛酸钡纳米粉的混合时间，以防提前固化，也可稍多加溶剂。

②注模前，应充分研磨，样品厚度以不超过 2 cm 为宜，以便于检测。

③PTC 检测温度不宜超过 300℃。

六、思考题

①从反应机理角度说明为什么常选择聚丙烯酸酯和聚氨酯为 IPNs 的两网络原料。

②超声分散的作用是什么？

③电阻率的大小对复合材料的应用有什么影响。

实验 54　稀土配合物/MCM－41 分子筛杂化发光材料的制备

一、实验目的

① 学习溶胶－凝胶法的基本原理及 MCM－41 分子筛的制备方法。

② 掌握制备稀土配合物的原理和方法。

③ 了解杂化发光材料的制备方法、表征手段和用途。

二、实验原理

1.杂化材料的主要性质和用途

当前无机化学的发展趋势和方向具有与材料科学结合，并运用分子设计和分子工程思想进行无机功能材料的复合、组装、杂化以及加强功能性物质结构与性能关系等特点。多种无机物如金属氧化物等被广泛应用于光电子材料、分离和催化等过程。这些无机材料在坚固性和热稳定性方面有着出色的整体特性，但其结构的改造和修饰难度很大。而有机材料则具有优良的分子裁剪与修饰的功能，但它们却在坚固性与稳定性等方面具有明显的缺点。将两者结合起来使得它们的性能互补，从而得到结构可塑、稳定、坚固的新型有机－无机杂化材料已经成为无机化学和材料科学领域的研究重点和热点，有机－无机杂化材料是复合材料家族中最耀眼的新星。

有机－无机杂化材料是由两种或两种以上的异型、异质的材料，其中至少有一种在一维上是纳米级的均匀多相的复合材料。杂化材料的有机相和无机相之间的界面面积非常大、界面相互作用强，使常见的尖锐清晰的界面变得模糊，微区尺寸通常在纳米量级，甚至有些情况下减少到"分子复合"的水平，因此，它具有许多优越的性能，与传统意义上的复合材料有本质的不同。杂化材料是继单组分材料、复合材料和梯度功能材料之后的第四代材料。

目前有机－无机杂化材料研究趋势主要集中在与光、电磁性质有关的材料、催化材料、分子识别、生物传导材料、仿生材料、分子筛等领域。以功能为目标进行有机－无机杂化材料的精心设计和调控已成为这一领域中的挑战性课题。

2.稀土配合物的主要性质和用途

在这些发光材料中，稀土元素的作用远远超过其他元素。由于稀土元素有未充满的 4f 电子，为多种能级跃迁创造了条件，可以吸收或发射从紫外、可见到红外光区不同波长的光，其优良的光学特性早已引起人们的广泛关注。近年来，稀土配合物（尤其是 Eu^{3+} 和 Tb^{3+} 的配合物）因其发射光量子收率高、斯托克位移大、衰退时间长和发射谱段窄等独特的特性而用做生物标签。稀土有机配体通过有机配体的强紫外吸收和配体向稀土离子的有效能量传递使其发出稀土离子的强特征荧光，且发光的单色性好。稀土配合物具有高光致发光效率，可覆盖可见光区的发光，稀土离子发光光谱的半峰宽窄以及修饰配体的结构不影响中心离子发光光谱等优点，被广泛应用于发光与显示领域，并在光致发光、电致发光、激光材料及太阳能转换材料等领域具有极大的潜在应用前景。然而，稀土有机配合物的应用却面临发光体的降解和发光衰退等棘手的问题。因此，寻找具有好的光学性质，热学、化学和机械稳定性的载体，将稀土配合物组装到载体中去，将是解决这一问题的关键所在。

3.MCM－41 分子筛的结构性能及应用

中孔（孔径 2～50 nm）分子筛作为一种新型的分子筛，在材料研究领域引起了人们极大的兴趣。自从 Mobil 公司的研究人员于 1992 年首次系统报道中孔分子筛 MMS 家族以来，有关中孔分子筛的研究变得异常活跃，这与中孔分子筛所具有的独特性质是紧密相关的。其中 MCM－41(mobil crystalline material－41)是 MMS(mesoporous molecular sieves)族的一员，它具有六方有序排列的孔道结构（图 9.19 为具有圆柱形和六角形孔结构的 MCM－41 分子筛结构模型），孔径尺寸可因合成时加入的模板剂及合成条件的不同而在 1.5～10 nm 之间改变。MCM－41 孔径均匀，具有高比表面积（1 000 $m^2 \cdot g^{-1}$）和大吸附容量（0.7 $ml \cdot g^{-1}$）的独特性能，不仅有利于半导体化合物、金属氧化物、金属团簇、金属配合物等大体积客体分子的组装，而且有利于有机官能团分子在其孔道内表面上的负载。因此，MCM－41 在催化、吸附和主客体方面得到广泛的应用。适当改性的 MCM－41 中孔材料，可大大扩展其应用范围，如在光学应用领域中，在激光、滤光器、传感器、太阳能电池、颜料、光数据储存等方面都有良好的应用前景。

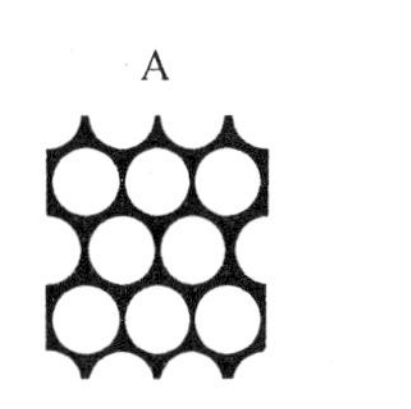

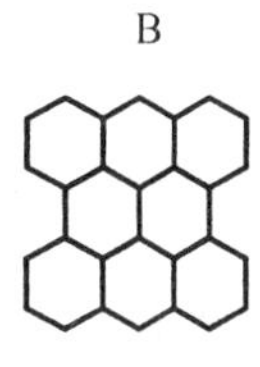

图 9.19　具有圆柱形（A）和六角形（B）孔结构的 MCM－41 分子筛结构模型

将稀土有机配合物组装到有序的六边形的 MCM－41 孔道中时，由于主体和客体之间较强的相互作用（包括硅壁对客体的限域、屏蔽以及范德华力等），稀土配合物就可能表现出一些有趣的发光性质。因此，研究这类结构有序的介孔硅基杂化材料的合成和性质具有非常重要的意义。

三、主要仪器和药品

烧杯、磁力搅拌器、聚四氟乙烯自升压反应釜、抽滤机、干燥箱、高温焙烧炉。

正硅酸乙酯（TEOS）、十六烷基三甲基溴化铵（CTAB）、浓氨水、无水乙醇、1，10－邻菲罗啉（Phen）、Eu_2O_3、浓盐酸、二甲基甲酰胺（DMF）。

四、实验内容

1.$Eu(phen)_2Cl_3 \cdot 2H_2O$ 稀土配合物的制备

① 称取 5 mmol Eu_2O_3，加入过量物质的量浓度为 6 $mol \cdot L^{-1}$的浓盐酸（8～10 ml），水浴加热使之溶解，蒸干，得到乳白色的粉体即 $EuCl_3$ 晶体。置于干燥密封容器中备用。

② 按物质的量比 Eu^{3+}：Phen＝1∶2 称取 1.10 g $EuCl_3$ 晶体和 1.19 g Phen。将 Phen 溶于无

水乙醇中，在搅拌条件下，将 $EuCl_3$ 乙醇溶液逐滴滴加到其中，得到白色沉淀，密封条件下搅拌 12 h。然后将沉淀用无水乙醇洗涤，过滤干燥备用。

2. MCM－41 分子筛的制备

MCM－41 分子筛的制备目前多采用溶胶－凝胶技术。纯 SiO_2 型的分子筛一般用正硅酸乙酯为水解前驱体，在酸或碱的催化下沿模板剂胶束表面水解、缩聚形成凝胶，其过程如图 9.20所示。

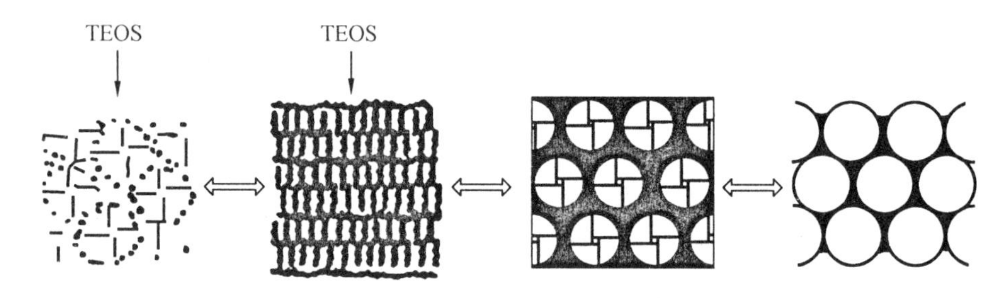

图 9.20　MCM－41 分子筛 S^+XT^+ 制备过程示意图

称取 1.619 7 g 的十六烷基三甲基溴化铵置于盛有适量水的烧杯中，搅拌，微热（30～40℃）使其溶解；加入 1 ml 浓氨水，使溶液的 pH 值为 10；在搅拌条件下，逐滴滴加 5 ml 正硅酸乙酯，使得三者的物质的量比满足 TEOS∶CTAB∶H_2O = 1∶0.2∶100；滴加完毕继续搅拌 15 min，得到白色溶胶，将溶胶静置，得到白色凝胶。

将凝胶陈化 2 h，然后放入聚四氟乙烯自升压反应釜中，在 120℃下晶化 144 h。最后，将凝胶分别用蒸馏水、无水乙醇洗涤、抽滤、干燥，得到白色固体。将白色固体研细，放入坩埚中，在 320℃下焙烧 2 h，最后在 550℃下焙烧 4 h，以脱去模板剂。自然冷却，得半透明状粉体，即为 MCM－41 分子筛。

3. $Eu(Phen)_2$/MCM－41 分子筛杂化发光材料的制备

称取 0.330 1 g $Eu(phen)_2Cl_3 \cdot 2H_2O$ 溶于 20 ml 二甲基甲酰胺（DMF）中，然后加入 0.331 0 g MCM－41 分子筛，密封下搅拌 12 h 以上。用二甲基甲酰胺洗涤沉淀两次，抽滤、干燥，得白色粉体即为组装好的产物——$Eu(phen)_2$/MCM－41 杂化材料。

4. 表征

①采用 X－射线衍射仪测定 MCM－41 的孔道形状，衍射角范围是 $0.6° < 2\theta < 10°$（图 9.21 为 MCM－41 分子筛的 XRD 参考图）。

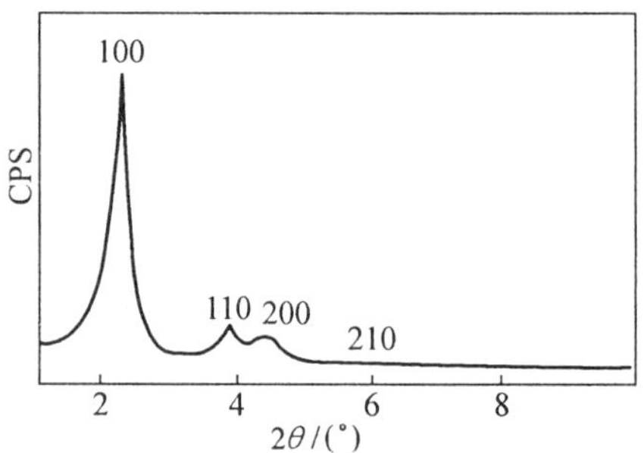

图 9.21　MCM－41 分子筛 XRD 参考图

②采用红外光谱、紫外可见光光谱及荧光光谱分析稀土配合物和杂化材料的晶相结构和发光特性。

五、思考题

①制备稀土配合物 $Eu(phen)_2Cl_3 \cdot 2H_2O$ 过程中应注意什么？

②在制备 MCM－41 分子筛过程中，氨水起什么作用？滴加 TEOS 时应注意什么？

实验 55 锂空气电池的制备及电化学性能表征

一、实验目的

①了解先进化学电源的相关知识。
②学习锂空气电池的制备及相关材料表征方法。
③了解锂空气电池性能的测试方法。

二、实验原理

1. 主要性质和用途

锂空气电池(lithium - air battery)是介于燃料电池和锂电池之间的新一代高性能绿色二次电池,其理论比能量高达 11.14 W·h/kg(Li),是锂离子电池的 6 ~ 9 倍,具有输出电压稳定、环境友好等优点。

2. 实验原理

使用有机电解液的锂空气电池的工作原理如图 9.22 所示。

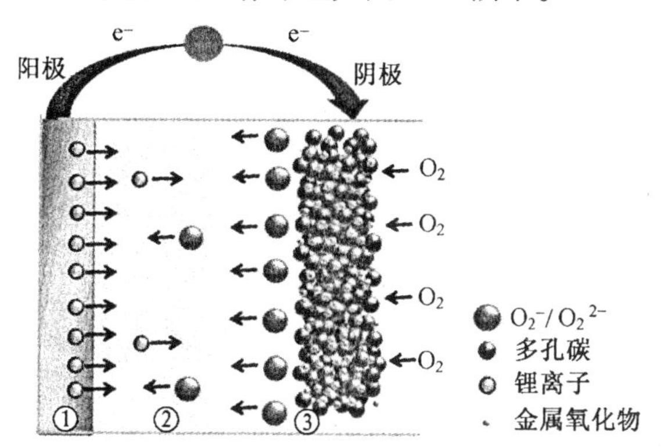

图 9.22 使用有机电解液的锂空气电池结构示意图
①金属锂;②有机电解液;③合阴极

如图 9.22 所示,O_2在多孔空气阴极表面与电子结合生成 O^{2-} 或者 O_2^{2-},然后再与电解液中的 Li^+ 结合,生成 Li_2O_2或者 Li_2O。在有机电解液中,放电产物氧化锂和过氧化锂均不溶解于有机电解液,会在多孔空气阴极上沉积,堵塞空气阴极的孔道,导致了放电终止,需要充电(将锂氧化物分解)后再次放电。

电池使用有机电解液时,化学反应式如下:

阴极反应 1 $$O_2 + 2e^- + 2Li^+ \longrightarrow Li_2O_2 \quad (1)$$

阴极反应 2 $$O_2 + 4e^- + 4Li^+ \longrightarrow 2Li_2O \quad (2)$$

阳极反应 $$Li^+ + e^- \longrightarrow Li \quad (3)$$

电池总反应 1 $$2Li + O_2 \longrightarrow Li_2O_2 \quad (E^\ominus = 2.959\ V) \quad (4)$$

电池总反应 2 $$4Li + O_2 \longrightarrow 2Li_2O \quad (E^\ominus = 2.913\ V) \quad (5)$$

扣式锂空气电池结构示意如图 9.23 所示。

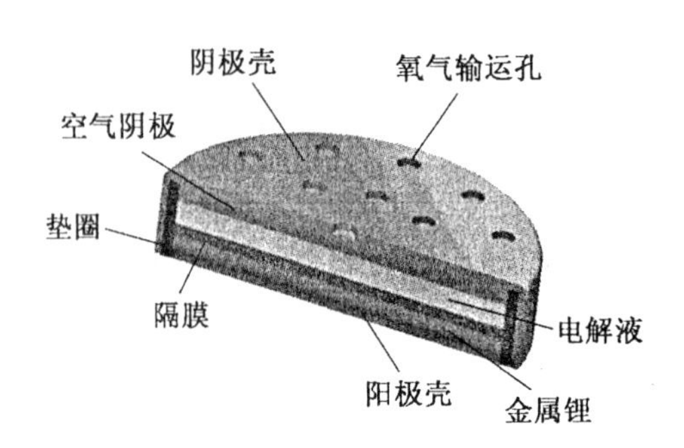

图 9.23 扣式锂空气电池结构图

三、主要仪器和药品

手套箱、多头磁力搅拌器、真空干燥箱、手动纽扣电池切片机、手动液压封口机、万分之一电子天平、BTS 系列电池测试系统、超声波清洗仪。

BP2000 碳粉、有机电解液、泡沫镍、隔膜、聚偏氟乙烯(黏结剂)、锂片、*N* – 甲基 – 2 – 吡咯烷酮、氩气、氧气、CR2025 型电池壳。

四、实验内容

1. 阴极材料的制备

阴极材料制备过程如图 9.24 所示。

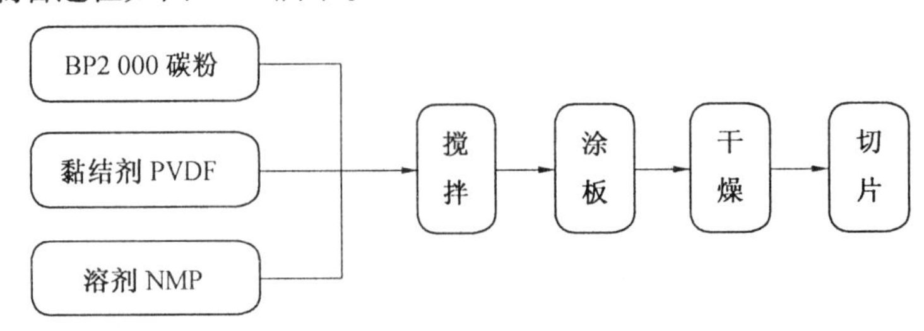

图 9.24 阴极材料的制备流程图

(1)搅拌

称取 0.024 0 g BP2000 碳粉(按碳纸每平方厘米增重 2 mg 算)、0.040 0 g 黏结剂 PVDF(质量比 10∶1),滴加 15 滴溶剂 NMP,置于多头磁力搅拌器上搅拌 24 h。

(2)涂板

取 2 cm × 6 cm 的碳纸,放在玻璃板上,两端用透明胶固定,将和好的膏体用壁纸刀均匀涂抹在碳纸上。

(3)干燥

将涂好的板置于真空干燥箱中 120℃烘 10 h。

(4)切片

将干燥好的板取下,用切片机切成直径为 14 mm 的阴极片,称重,计算增重,置于手套箱中备用。

2. 电极材料的分析表征

(1)X 射线衍射(X – ray diffraction, XRD)分析

X 射线衍射(XRD)是一种重要的固体物相分析手段,一般只对晶体材料具有分析作用。

通过分析晶体的衍射图谱,可以获得晶体材料的成分、晶体结构和晶胞参数等信息。材料的XRD测试用日本理学株式会的D/max - rB旋转阳极X射线衍射仪,阳极Cu靶,单色器石墨,λ为1.541 8,电压45 kV,电流40 mA,狭缝DS:1°,SS:1°,RS:0.15 mm,步长0.02°,步进时间0.24 s(若阴极材料中含有其他晶体物质可选用此种方法)

(2)扫描电子显微镜(scanning electron microscope, SEM)表征

扫描电子显微镜主要用于分析材料的微观结构、表面形貌和化学成分等信息,是一种常用的物理分析手段。材料的SEM测试采用日本日立公司的S - 4800扫描电子显微镜,加速电压0.530 kV,放大倍率308 00 000,主要对材料的表面形貌和颗粒尺寸进行了分析。

3.锂空气电池的组装

锂/空气电池的组装过程在充满氩气的干燥手套箱中完成。采用CR2025型号纽扣电池壳,在阴极壳上配有若干氧气输运孔(如图2.4)。以Celagard 2400 PVDF薄膜为隔膜、以泡沫镍为集流器、以1 mol·L^{-1}的$LiPF_6$/EC - DMC - EMC(体积比为1:1:1)溶液和离子液体(1 - 丁基 - 3 - 甲基 - 咪唑六氟磷酸锂)为电解液,在两种体系中测试催化剂的性能。

组装过程为:先在阳极壳内放入泡沫镍集流器,再放入锂片、电极隔膜,滴数滴电解液(将隔膜浸湿即可),将阴极片上有活性物质的一面朝向电解液放置,最后盖上阴极外壳,在封口机上封口,即完成组装过程。

4.电池电化学性能测试

(1)恒流充放电测试

材料的恒流充放电测试采用高精度电池性能测试系统,测试电池以恒流充放电的方式循环,充电截止电压4.5 V,放电截止电压2.0 V,放电过程中要不断通入氧气,以保证反应物的供应充足,主要研究了催化剂对锂/空气电池放电容量和循环性能的影响,放电曲线如图9.25所示。

(2)循环伏安测试

电池的循环伏安测试采用电化学工作站,以金属锂片为参比电极和对电极,制备的阴极材料为研究电极,扫描速度为0.2 mV/s,研究材料的电极反应电位、电极反应的可逆性以及材料的电化学活性,如图9.26所示为锂空气电池的循环伏安曲线。

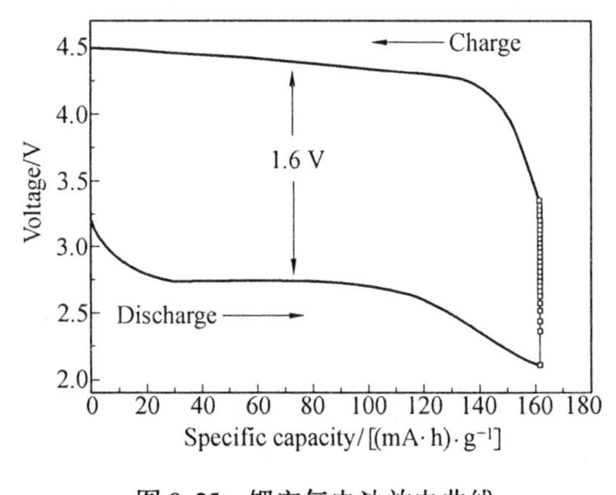

图9.25　锂空气电池放电曲线

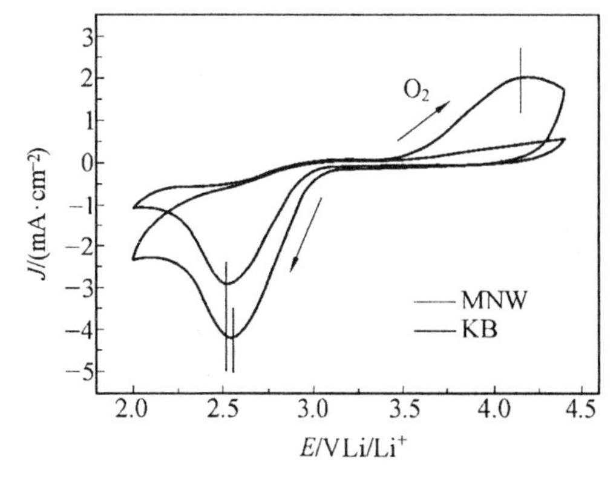

图9.26　锂空气电池的循环伏安曲线

(3)交流阻抗测试

采用电化学工作站对阴极材料进行交流阻抗测试,以金属锂片为参比电极和对电极,制备的阴极材料为研究电极,扫描范围为100 kHz ~ 0.01 Hz,交流振幅5 mV,研究了电极反应过程的反应阻抗大小,采用的等效电路是修正的Randles,如图9.27所示。图中R_Ω是溶液电阻,R_{vt}

是异相电荷转移电阻，C_{dl}是双电层电容，Z_w 是锂离子在电极材料中的扩散阻抗，又称 Wargurg 阻抗，C_{int}是锂离子在电极材料的脱嵌电容(锂离子在材料中的累积和消耗)。图 9.28 给出的是一个锂空气电池交流阻抗图例。

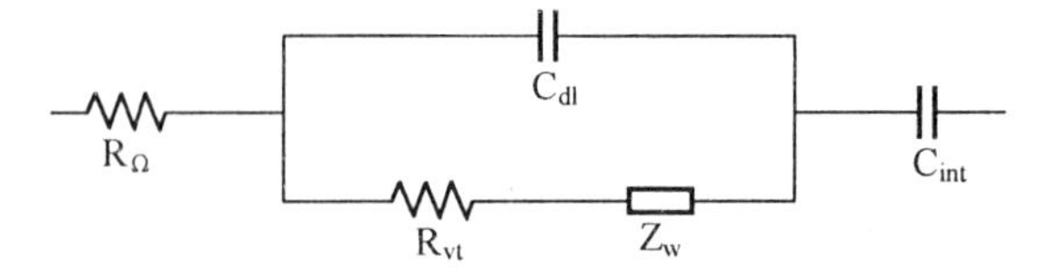

图 9.27　修正的 Randles 等效电路

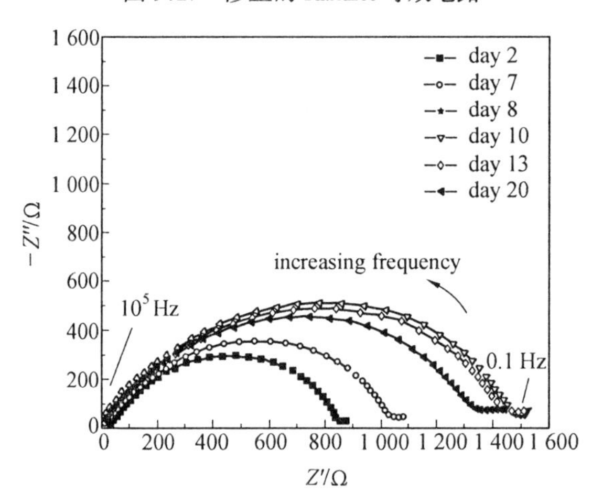

图 9.28　锂空气电池的交流阻抗图

5.注意事项

(1)黏结剂不导电，要控制加入量。

(2)溶剂既不能太多，也不能太少，膏体过稀过稠，均会造成涂板时不方便。

(3)用壁纸刀涂板时，注意控制力度，避免划破碳纸。

(4)称重时应敏捷、迅速，以免阴极片中吸收空气中的水分。

(5)由于有机电解液具有强烈的腐蚀性，因此在手套箱中操作时要注意保护手套。

(6)电池是开放体系，所以封口过程中要注意防护口鼻，避免吸入电解液挥发物。

(7)切片时计算增重(涂敷的阴极材料的重量)，要事先切若干碳纸圆片，计算其平均净质量，再相减(每片阴极重减去碳纸重)即可计算增重。

五、思考题

①锂空气电池是开放体系，电池的一端与环境直接接触，但是有机电解液的挥发性较大，所以随着放电的进行，电解液会慢慢减少，因而影响电池的性能，你认为应如何改进?

②有机体系的锂空气电池放电产物是不溶性的锂氧化物，随着放电过程的进行，这些物质会堵塞氧气通道，使得氧气不能继续进入内部进行反应，因而放电过程逐渐终止，这是目前制约锂空气电池发展的瓶颈，你认为应该如何改善?

第十编　染料与颜料

染料是能使其他物质获得鲜明而牢固色泽的有机化合物。并非任何有色物质都能当作染料使用,它必须满足应用方面提出的要求,必须对被染的基质有亲和力,能被吸附或能溶解于基质中,这样才能使最终的染色物颜色鲜艳而牢度。

染料的应用主要有三种途径:第一是染色,即染料由外部进入被染物的内部,从而使被染物获得颜色,如各种纤维、织物及皮革的染色;第二是着色,即在物体形成最后固体形态之前,将染料分散于组成物中,成型后得到有颜色的物体,如塑料、橡胶制品及合成纤维的原浆着色等;第三是涂色,即借助于涂料作用,使染料附着于物体表面,使物体表面着色,如涂料印花和油漆导。

染料主要应用于各种纤维的染色,同时也广泛应用于塑料、橡胶、油墨、皮革、食品、造纸、感光胶片等工业及办公自动化。随着现代技术的发展,染料不仅从染色方面满足人民的物质和文化的需要,而且在激光技术、生物医学、染料的电性能等近代科学技术的发展中,日益发挥着巨大的作用。

染料的分类有两种方法:按染料的化学结构可分为偶氮、羰基、硝基及亚硝基、多甲基、芳甲烷、醌亚胺、酞菁、硫化等类;按染料的应用对象、应用方法及应用性能可分为酸性、酸性媒介及酸性络合、中性、直接、冰染、还原、活性、分散、阳离子、硫化等类。工业上一般按应用对象分类。

①酸性染料、酸性媒介及酸性络合染料。在酸性介质中染羊毛、聚酰胺纤维及皮革等。

②中性染料。在中性介质中染羊毛、聚酰胺纤维及维纶等。

③活性染料。染料分子中含有能与纤维分子中羟基、氨基等发生反应的基团,在染色时和纤维形成共价键结合,能染棉或羊毛。

④分散染料。分子中不含有离子化基团,用分散剂使其成为低水溶性的胶体分散液而进行染色,适合于憎水性纤维,如涤纶、锦纶、醋酸纤维等。

⑤阳离子染料。染聚丙烯腈纤维的专用染料。

⑥直接染料。染料分子对纤维素纤维具有较强的亲和力,能使棉纤维直接染色。

⑦冰染染料。在棉纤维上发生化学反应生成不溶性偶氮染料而染色。由于染色是在低温条件下进行,所以称冰染染料。

⑧还原染料。在碱液中将染料用保险粉($Na_2S_2O_4$)还原成可溶性的隐色体,然后再氧化显色。

⑨硫化染料。在硫化钠溶液中染棉及维纶。

上述两种分类方法常是相互补充的。按化学结构分类的多数染料还须按应用分成若干小类;同样,按照应用分类的大多数染料,也须按化学结构分为若干小类。

为更好地利用现有产品,广泛地采用了复合染料和新染色方法。国内外的科研方向是研究全新结构的染料。

颜料是不溶性有色物质的小颗粒,它常常分散悬浮于具有粘合能力的高分子材料中。

颜料包括有机颜料和无机颜料两大类。

无机颜料通常在耐光、耐候、耐热、耐溶剂性、耐化学腐蚀及耐升华等方面都比有机颜料好。但在色调的鲜艳度、着色力等方面则比有机颜料差。

无机颜料又分为着色材料和体质颜料两大类。着色材料是在涂料、塑料、绘画颜料、色彩等进行着色加工时用的材料。体质颜料与遮盖性无关,使用的目的在于降低成本和改进涂料、印刷油墨、橡胶、塑料等的加工性能和物理性能。

无机颜料品种较少。体质颜料主要有碳酸钙和硫酸钡。着色颜料中,白色颜料有钛白、锌白锑白、铅白和锌钡白;黄色颜料有铬黄、镉黄锑和钛黄;红色有铁红、镉红、铜红和红丹;蓝色有铁蓝钴蓝和群青;黑色有炭黑、石墨;绿色有铬缘、锌缘、钴浆、铁缘导。

有机颜料为不溶性的有色有机物,它不溶于水和所有介质。有机颜料与染料的差别在于它与被着色物体没有亲和力,常以高度分散状态通过胶黏剂或成膜物质将有机颜料附着在物体表面或混在物体内部而使底物着色。有机颜料与无机颜料相比,通常具有较高的着色力,颗粒容易研磨和分散,不易沉淀,色彩鲜艳,但多数耐晒、耐热、耐气候性能较差。有机颜料除用于油墨、涂料外,还用于合成纤维的原浆着色,织物的涂料印花,塑料、橡胶及文教用品等的着色。

有机颜料的应用性能取决于其化学结构。按不同结构,有机颜料大致可分为下列三类:

①色淀类:包括偶氮色淀、酞菁色淀、三芳甲烷色淀,是由离子型染料转变成不溶性盐类(如钡、钙、镁盐)制得,例如立索尔大红 R。

②偶氮类:包括黄、橙、红、棕等色调,色泽鲜艳,着色力高,但牢度较差。以乙酰芳胺为偶合组分能制得各种颜色的颜料,例如耐晒黄 G。

③多环类:常为高级有机颜料。重要的有酞菁、喹吖啶酮、异吲哚啉酮、二噁嗪等类。铜酞菁蓝是有机颜料中产量最大、应用最广的品种。其特点是色泽鲜艳、牢度好、着色力强,经高氯代可得酞菁绿颜料。喹吖啶酮亦称酞菁红,有优良的抗迁移性及耐溶剂性,着色力特别强,鲜艳度和牢度与酞菁相似,并能耐 300℃高温。若分子中引入甲基和氯原子并形成不同晶型后,可得橙、红、紫等色调的颜料。异吲哚啉酮颜料分散性良好,有优良的耐光和抗迁移性。其优异的牢度性是由分子的对称性、分子内氢键、分子间缔合而决定的。因中央结合基 R 不同,可形成从黄到蓝的色泽。

二噁嗪颜料具有高着色力。永固紫 RL 为二噁嗪颜料中最重要的品种。

有机颜料的应用性能除取决于其化学结构外,还与颜料的晶相、粒度、表面特性等物理性能有关。颜料由于分子排列的不同,可形成不同的晶相,不同的晶相可在合成或颜料化过程中调整。有机颜料进行表面处理可改进其应用性能。

实验 56 活性艳红 X－3B 的合成

一、实验目的

①学习活性染料的反应原理。

②掌握 X 型活性染料的合成方法。

二、实验原理

1. 主要性质和用途

活性艳红(reactive red)X－3B 的结构式为

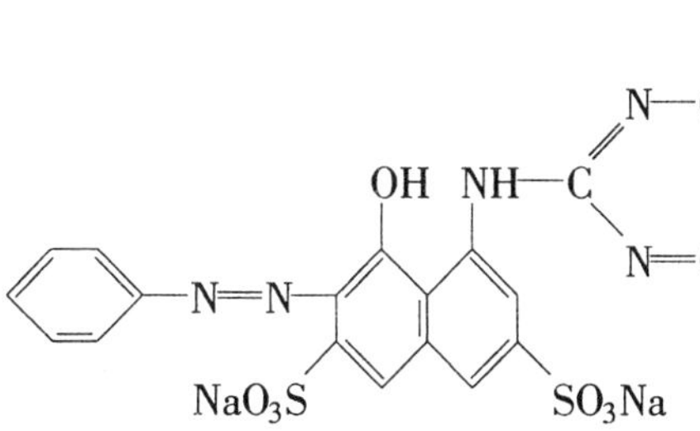

本品是枣红色粉末，溶于水呈蓝光红色。遇铁对色光无影响，遇铜色光稍暗。

本品可用于棉、麻、粘胶纤维及其他纺织品的染色，也可用于蚕丝、羊毛、锦纶的染色，还可用于丝绸印花，并可与直接酸性染料同用。还可与活性金黄 X－G、活性蓝 X－R 组成三原色，拼染各种中、深色泽，如橄榄绿、草绿、墨绿等，色泽丰满。

2. 合成原理

活性染料又称反应性染料，其分子中含有能和纤维素纤维发生反应的基团，在染色时和纤维素以共价键结合，生成"染料－纤维"化合物，因此这类染料的水洗牢度较高。

活性染料分子的结构包括母体染料和活性基团两个部分。活性基团往往通过某些联结基与母体染料相连。根据母体染料的结构，活性染料可分为偶氮型、蒽醌型、酞菁型、甲臜型等；按活性基团可分为 X 型、K 型、KD 型、KN 型、M 型、P 型、E 型、T 型等。

活性艳红 X－3B 为二氯三氮苯型(即 X 型)活性染料，母体染料的合成方法按一般酸性染料的合成方法进行，活性基团的引进一般可先合成母体染料，然后再和三聚氯氰缩合。若氨基萘酚磺酸作为偶合组分，为了避免发生副反应，一般先将氨基萘酚磺酸和三聚氯氰缩合，这样偶合反应可完全发生在羟基邻位。其反应方程式如下：

(1)缩合

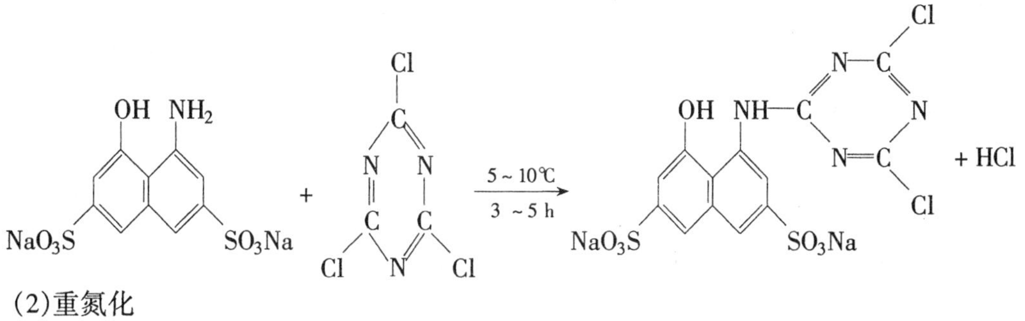

$$\xrightarrow[3\sim5\ h]{5\sim10℃}\ +HCl$$

(2)重氮化

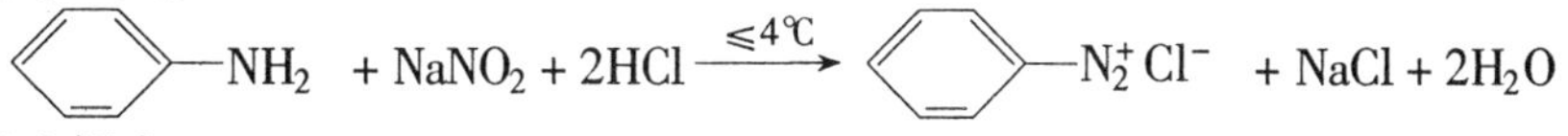

$$C_6H_5NH_2 + NaNO_2 + 2HCl \xrightarrow{\leqslant 4℃} C_6H_5N_2^+Cl^- + NaCl + 2H_2O$$

(3)偶合

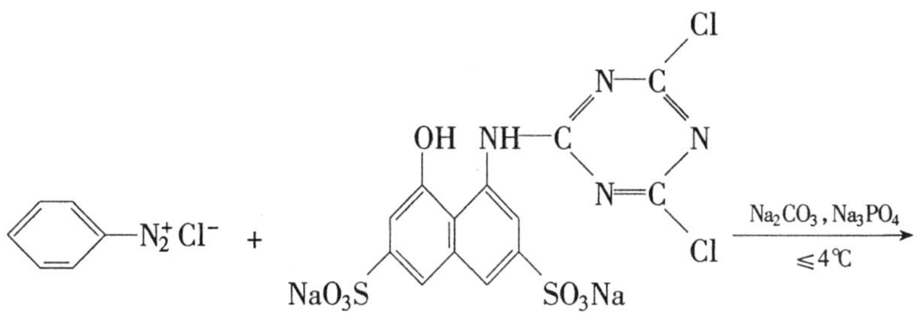

$$C_6H_5N_2^+Cl^- + \cdots \xrightarrow[\leqslant 4℃]{Na_2CO_3,\ Na_3PO_4}$$

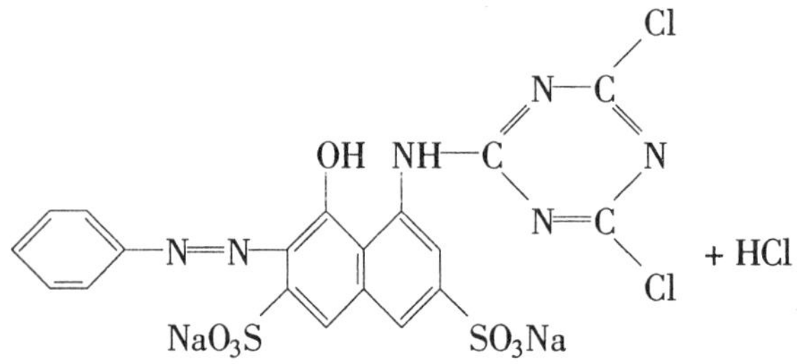

三、主要仪器和药品

四口烧瓶(250 ml)、电动搅拌器、温度计(0～100℃)、滴液漏斗(60 ml)、烧杯(150 ml、600 ml)。

H 酸、苯胺、三聚氯氰、盐酸、亚硝酸钠、碳酸钠、精盐、磷酸三钠、磷酸二氢钠、磷酸氢二钠、尿素。

四、实验内容

在装有电动搅拌器、滴液漏斗和温度计的 250 ml 四口烧瓶中加入 30 g 碎冰、25 ml 冰水和 5.6 g 三聚氯氰,在 0℃搅拌 20 min,然后在 1 h 内中加入 H 酸溶液(10.2 g H 酸、1.6 g 碳酸钠溶解在 68 ml 水中),加完后在 8～10℃搅拌 1 h,过滤,得黄棕色澄清缩合液。

在 150 ml 烧杯中加入 10 ml 水、36 g 碎冰、7.4 ml 质量分数 30%盐酸、2.8 g 苯胺,不断搅拌,在 0～5℃时于 15 min 内加入 2.1 g 亚硝酸钠(配成质量分数 30%溶液),加完后在 0～5℃搅拌 10 min,得淡黄色澄清重氮液。

在 600 ml 烧杯中加入上述缩合液和 20 g 碎冰,在 0℃时一次加入重氮液,再用质量分数 20%磷酸三钠溶液调节 pH 值为 4.8～5.1。反应温度控制在 4～6℃,继续搅拌 1 h。加入 1.8 g 尿素,随即用质量分数 20%碳酸钠溶液调节 pH 值为 6.8～7。加完后搅拌 3 h。此时溶液总体积约 310 ml,然后按体积分数的 25%加入食盐盐析,搅拌 1 h,过滤。滤饼中加入滤饼质量分数 2%的磷酸氢二钠、1%的磷酸二氢钠,搅匀,过滤,在 85℃以下干燥,称量产品,计算产率。

五、注意事项

①严格控制重氮化温度和偶合时的 pH 值。

②三聚氯氰遇空气中水分会逐渐水解并放出氯化氢,用后必须盖好瓶盖。

六、思考题

①X 型与 K 型活性染料的区别在哪里?

②活性染料主要有哪几种活性基团及相应型号?

③盐析后加入磷酸氢二钠和磷酸二氢钠的目的是什么?

实验 57　分散黄 RGFL 的合成

一、实验目的

①学习双偶氮染料的合成原理。

②掌握分散黄 RGFL 的合成方法。

二、实验原理

1.主要性质和用途

分散黄 RGFL(disperse yellow RGFL)的结构式为

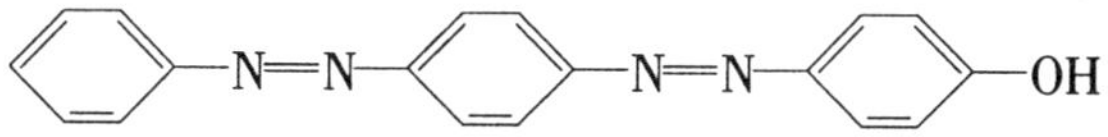

$$-N{=}N-\quad -N{=}N-\quad -OH$$

本品为黄棕色粉状物,不溶于水,可溶于丙酮和 DMF 二甲基甲酰胺。在浓硫酸中呈紫色,稀释后呈棕色沉淀;在质量分数 10%的烧碱液中呈橙色。染色时,遇铁颜色无变化,遇铜变绿。

本品主要用于涤纶及混纺织物、醋酸纤维、三醋酸纤维和锦纶的染色,并可用于转移印花,特别适宜与分散红 3B 和分散蓝 2BLN 拼色。本品是拼草绿色和咖啡色的主要分散染料。

2.合成原理

将对氨基偶氮苯重氮化后,与苯酚偶合而制得。

(1)重氮化

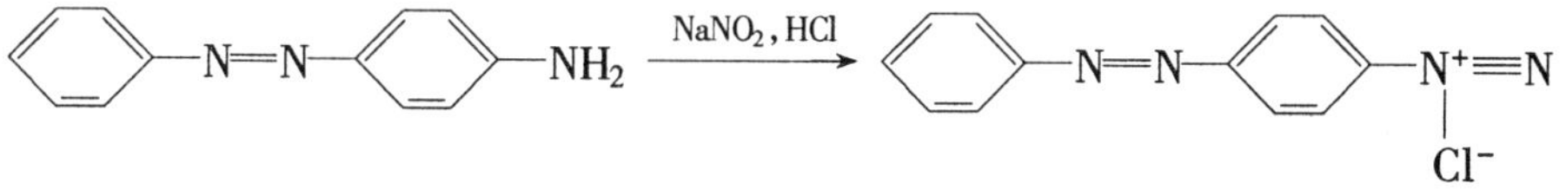

$$-N{=}N-\quad -NH_2 \xrightarrow{NaNO_2,HCl} -N{=}N-\quad -N^{+}{\equiv}N\ (Cl^{-})$$

(2)偶合

$$-N{=}N-\quad -N^{+}{\equiv}N\ (Cl^{-}) + \quad -OH \longrightarrow$$

$$-N{=}N-\quad -N{=}N-\quad -OH + HCl$$

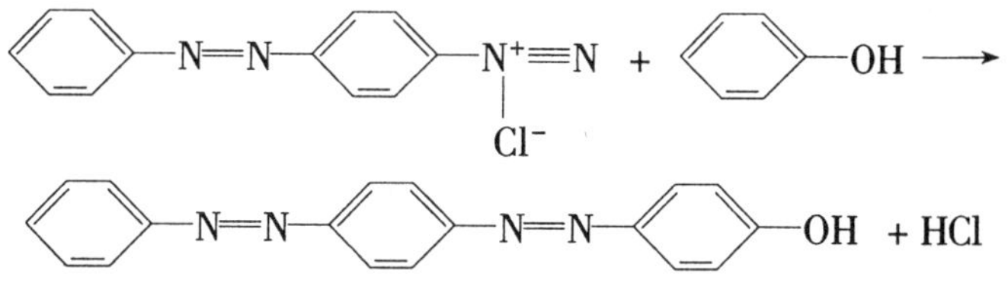

三、主要仪器和药品

四口烧瓶(250 ml)、球形冷凝管、温度计(0~100℃、-30~100℃)、量筒(10 ml、100 ml)、烧杯(100 ml、200 ml)、滴液漏斗(60 ml)、电动搅拌器、电热套、抽滤瓶(500 ml)、布氏漏斗、水浴锅或大烧杯(800 ml)、研砵、托盘天平。

对氨基偶氮苯、苯酚、盐酸、亚硝酸钠、氢氧化钠、纯碱、pH 试纸、滤纸、分散剂 NNO。

四、实验内容

1.重氮化

将 40 ml 水、7 ml 质量分数 30%盐酸、10 g 对氨基偶氮苯加入四口烧瓶中,加热至 30℃搅拌至全部溶解。再加入 11 ml 盐酸、冷却至 10~12℃,在 1.5 h 内边搅拌、边滴加 13.5 ml 质量分数 30%的亚硝酸钠溶液,继续反应,控温在 14~16℃。待反应完成后,用冰水调整料温在 0℃,体积不超过 200 ml,过滤、滤液为重氮盐溶液。

2.偶合

在四口烧瓶中加 40 ml 水、5.5 g 苯酚及 7.7 ml 质量分数 30%氢氧化钠溶液,搅拌加热至 40℃,至苯酚全部溶解。再加入 16.8 g 纯碱,搅拌至全溶。用冰水调整料液体积为 150 ml,料温为 10℃。然后将上述重氮盐溶液在 30~50 min 内滴完,进行偶合反应,控温在 10℃。偶合完成时 pH 值为 9 ~ 10，此时苯酚微过量。继续搅拌 3 h 并升温至 85 ~ 90℃。最后冷却至 60℃，过滤并水洗至中性，得基体染料。

3.商品化处理

将滤饼放入研钵中，加入少量水和分散剂 NNO，研磨至要求细度，在 60℃干燥后即为商品分散黄 RGFL。

五、注意事项

严格控制反应温度。

六、思考题

①重氮化反应为什么要使亚硝酸钠和盐酸过量？

②分散染料适用于何种纤维的染色？

实验 58　荧光增白剂 PEB 的合成

一、实验目的

学习荧光增白剂 PEB 的合成原理和合成方法。

二、实验原理

1.主要性质和用途

荧光增白剂 PEB(fluorescent bleaching agent，PEB)结构式为

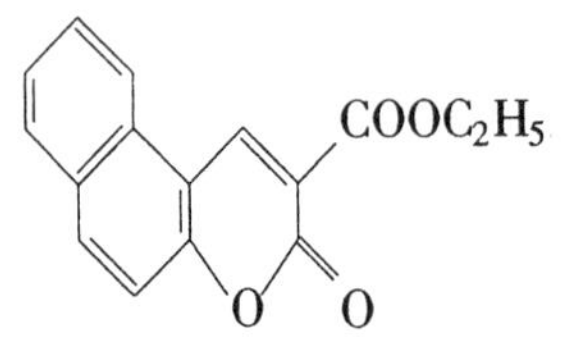

$COOC_2H_5$　O　O

本品是淡黄色粉末，不溶于乙醇。主要用于赛璐珞白料、聚氯乙烯、乙酸纤维等白料的增白和色料的增艳。

2.合成原理

①醛化。β－萘酚与氯仿在碱性条件于乙醇中反应，然后再用酸中和生成 2－羟基－1－萘甲醛。

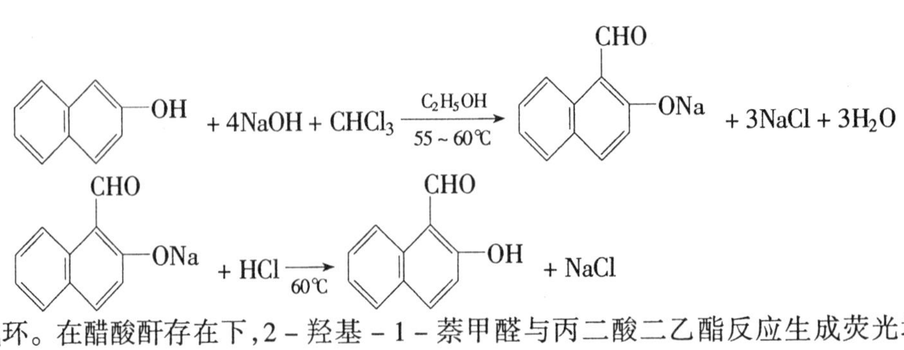

$$\text{(萘酚)-OH} + 4NaOH + CHCl_3 \xrightarrow[55\sim60℃]{C_2H_5OH} \text{(CHO)-ONa} + 3NaCl + 3H_2O$$

$$\text{(CHO)-ONa} + HCl \xrightarrow{60℃} \text{(CHO)-OH} + NaCl$$

②成环。在醋酸酐存在下，2－羟基－1－萘甲醛与丙二酸二乙酯反应生成荧光增白剂 PEB。

$$\text{(2-羟基-1-萘甲醛: CHO, OH)} + CH_2(COOC_2H_5)_2 \xrightarrow[130℃]{(CH_3CO)_2O} \text{(产物: } COOC_2H_5\text{, O, O)}$$

三、主要仪器和药品

四口烧瓶(250 ml)、球形冷凝管、滴液漏斗(60 ml)、电动搅拌器、温度计(0～100℃、0～200℃)、量筒(10 ml、100 ml)、布氏漏斗、玻璃水泵、抽滤瓶(500 ml)、研钵、直形冷凝管、电热套、蒸发皿(20 ml)、锥形瓶(50 ml)、烧杯(50 ml、200 ml)、圆底烧瓶(50 ml)、托盘天平。

β－萘酚、乙醇、氢氧化钠、氯仿、醋酐、丙二酸二乙酯、碳酸钠、盐酸、pH 试纸。

四、实验内容

1.β-萘酚的醛基化

于四口烧瓶中加入 48.6 g 乙醇、18 g β－萘酚、加热至 40℃，搅拌 30 min。加入 75 ml 质量分数 30%氢氧化钠溶液，升温至 75℃，在 30 min 内滴加完 20 g 氯仿，并在 78℃下保温 2 h。然后升温至 90℃，蒸出乙醇和过量氯仿(用直形冷凝管冷凝)。蒸完后将四口烧瓶冷却至 30℃以下，将反应物倒入 200 ml 烧杯中，静止 6 h 后过滤。滤饼加 40 ml 水，加热至 60℃，用盐酸中和至 pH 值为2～3。冷却，过滤。滤饼在 60℃以下干燥，即得 2－羟基－1－萘甲醛。

2.环合

将 6 g 2－羟基－1－萘甲醛，6 g 丙二酸二乙酯和 10 g 醋酐加入圆底烧瓶中，搅拌，在 130℃下加热回流 6 h。停止加热后再搅拌 1 h，待冷却至 80℃以下，静止 24 h。过滤，并用质量分数 10%纯碱液洗涤滤饼，再用清水洗涤滤饼至中性。然后将滤饼放入 50 ml 烧杯中，加入 5 ml乙醇，加热溶解。冷却、过滤，滤饼用少量乙醇冲洗，然后在 60℃下烘干，粉碎，称量产物质量，并计算产率。

五、注意事项

①乙醇和氯仿均为易燃物，蒸馏时应倍加注意，以防着火。

②过滤操作也可用普通玻璃漏斗。

③用乙醇精制“PEB”时，温度应降到室温后再过滤。

六、思考题

①制 2－羟基－1－萘甲醛还有哪些方法？写出化学方程式。

②简述成环反应的条件和荧光增白剂 PEB 的精制方法。

实验 59　酞菁蓝 B 的合成

一、实验目的

①掌握酞菁蓝 B 的合成原理和合成方法。

②了解酞菁蓝 B 的性质和用途。

二、实验原理

1. 主要性质和用途

酞菁蓝 B(blue phthalocyanine B)，又名酞菁蓝、粗制酞菁蓝、4352 酞菁蓝 B、酞菁蓝 PHBN、4402 酞菁蓝，铜酞菁，结构式为

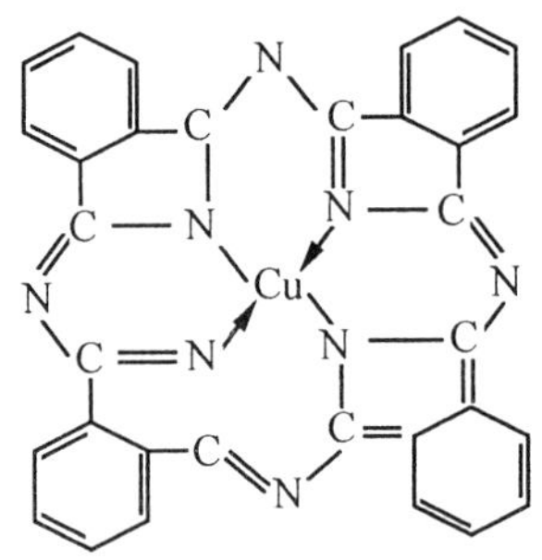

酞菁蓝呈带红光深蓝色粉末状，是不稳定的 α 型铜酞菁颜料。不溶于水、乙醇和烃类；溶于浓硫酸呈橄榄色溶液，稀释后呈蓝色沉淀。色泽鲜艳耐晒，耐热性能优良，着色力强，为普鲁士蓝的数倍，拜青的 20 余倍。工业上制得的粗酞菁蓝结晶属 β 型，β 型缺乏蓝绿色调的着色力，必须用硫酸处理，使之成为 α 型。

酞菁蓝主要用于印刷油墨、印铁油墨、油漆、水彩和油彩颜料，以及涂料印花、橡胶、塑料制品等的着色。

2. 合成原理

以三氯化苯为溶剂、钼酸铵为催化剂，由邻苯二甲酸酐与尿素及氯化亚铜进行缩合，用水蒸气蒸馏回收三氯化苯，经压滤、漂洗制得粗酞菁，然后经酸、碱液处理精制，再过滤、研磨及后处理等过程而制得产品。

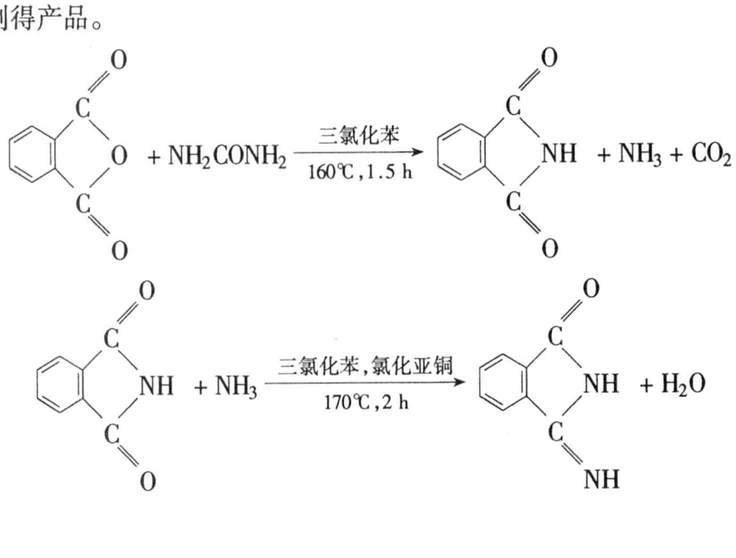

$$+ NH_2CONH_2 \xrightarrow[160℃,1.5\ h]{三氯化苯} \quad + NH_3 + CO_2$$

$$+ NH_3 \xrightarrow[170℃,2\ h]{三氯化苯,氯化亚铜} \quad + H_2O$$

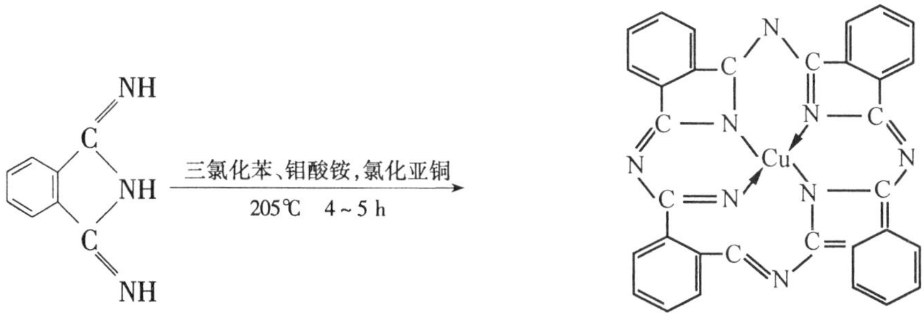

O, C, NH, C, NH　$+ NH_3$ —— 三氯化苯、钼酸铵,氯化亚铜 / 205℃ ——→ NH, C, NH, C, NH　$+ H_2O$

NH, C, NH, C, NH —— 三氯化苯、钼酸铵,氯化亚铜 / 205℃　4～5 h ——→ C, N, Cu

三、主要仪器和药品

四口烧瓶(250 ml)、球形冷凝管、电动搅拌器、滴液漏斗(60 ml)、量筒(100 ml)、蒸馏烧瓶(250 ml)、温度计(0～100℃、0～300℃)、吸滤瓶(500 ml)、布氏漏斗、玻璃水泵、烧杯(200 ml)、研钵、蒸发皿(100 ml)、托盘天平。

烧碱、氨水、三氯化苯、苯酐、尿素、氯化亚铜、钼酸铵、硫酸、二甲苯。

四、实验内容

1.缩合

将 80 g 三氯化苯加入四口烧瓶中,在搅拌下依次加入 15 g 苯酐和 10 g 尿素,升温至 160℃,保温反应 1.5 h,升温至 170℃,再加入 10 g 尿素和 3.5 g 氯化亚铜,保温反应 2 h 后再加入 0.2 g 钼酸铵,继续缓慢升温至 205℃,保温反应 5 h。反应完后将反应物移入蒸馏烧瓶中,加 12 ml 质量分数 30%氢氧化钠,加热蒸出三氯化苯。再用水漂洗 6 次(总水量 100 ml),至洗液 pH 值为 7～8,继续蒸净。将反应物倒入蒸发皿中,于(95±2)℃干燥后即为粗品酞菁蓝。

2.精制

于三口烧瓶中加入 38 ml 硫酸(质量分数 98%),控温 25℃左右,在搅拌下加入 10 g 粗品酞菁蓝,在 40℃下保温搅拌 2 h。然后加入 2.5 g 二甲苯,升温至 70℃,保温 20 min。逐渐冷却至 14℃,用总量为 400 ml 的水分三次洗涤,过滤后再用氨水中和至 pH 值为 8～9,搅拌 10 min,再过滤、水洗至无硫酸根为止。将滤饼干燥、研磨后即为成品,称重,并计算产率。

五、注意事项

①三氯化苯有毒,回流和蒸馏时不可逸出。

②洗涤、过滤粗品时注意产品流失,以免影响产率。

六、思考题

①简述酞菁蓝合成的原理，并写出合成反应的化学方程式。

②粗酞菁蓝精制时加入硫酸和二甲苯的目的是什么？

实验60　立索尔大红R的合成

一、实验目的

学习偶氮色淀的合成原理和合成方法。

二、实验原理

1.主要性质和用途

立索尔大红R(Lithol－R)是国外商品名的译音，是一种带黄光的红色粉末，用于油墨、皮革、橡胶、塑料和水彩颜料等方面。

2.合成原理

可溶性染料制成的不溶性有色物质称为色原体。若色原体沉淀在氢氧化铝、硫酸钡等底物上则称为色淀，而人们习惯把二者统称为色淀。

偶氮色淀所用偶氮染料都是结构简单而颜色较鲜明的品种，分子中具有磺酸基，加入氯化钡为沉淀剂。立索尔大红R的反应式为

$$SO_3H,\ NH_2 \text{(萘环)} + NaNO_2 + 2HCl \xrightarrow[0\sim5℃]{\text{重氮化}} SO_3H,\ N_2^+Cl^- \text{(萘环)} + NaCl + 2H_2O$$

$$SO_3H,\ N_2^+Cl^- \text{(萘环)} + \text{(萘环)}-OH \xrightarrow[10\sim15℃]{\text{偶合}} SO_3H \text{(萘环)}-N{=}N-\text{(萘环)}OH \xrightarrow[60℃]{BaCl_2}$$

$$SO_3Ba/2 \text{(萘环)}-N{=}N-\text{(萘环)}OH$$

三、主要试剂和仪器

烧杯(400 ml、800 ml)、搅拌机、温度计、0～100℃、布氏漏斗、吸滤瓶(500 ml)、真空泵等。

吐氏酸、2－萘酚、氢氧化钠、盐酸、亚硝酸钠、松香、氯化钡、硝酸银、刚果红试纸、精密pH试纸。

四、实验步骤

在400 ml烧杯中加100 ml水，搅拌下加入10 g吐氏酸，4.6 ml质量分数30%氢氧化钠溶液，使之完全溶解，pH值为7.5～8。加冰调节温度至0℃，加入11.3 ml质量分数30%盐酸进

行酸化,再将 3.1 g 亚硝酸钠(配成质量分数 30%溶液),慢慢均匀加入,进行重氮化反应,温度在 0~5℃。溶液应对刚果红试纸呈蓝色;淀粉碘化钾试纸呈微蓝色。继续反应 1 h,供偶合用。

先在 800 ml 烧杯中加 80 ml 水、6.4 ml 质量分数 30%氢氧化钠溶液,加热至 60℃,再加入 6.7 g 2－萘酚,搅拌使之完全溶解,加水调整体积至 320 ml,温度 10℃。然后在良好搅拌下将反应好的重氮盐溶液慢慢地均匀加到上述 2－萘酚溶液中进行偶合反应,pH 值为 10~10.5,温度 10℃,2－萘酚应微过量。再反应 1 h,pH 值为 9.5~10。

在 150 ml 烧杯中加 18 ml,搅拌下加 2.3 ml 质量分数 30%氢氧化钠溶液,加热至 70~80℃,然后再加 6 g 松香,加热至沸,使之完全溶解,趁热将溶液加到上述偶合液中,pH 值为9~9.5,继续搅拌1 h。

在 150 ml 烧杯中加 35 ml 水,搅拌下加入 10 g 氯化钡。加热至 60℃,使其溶解,然后慢慢加入上述偶合液中,测 pH 值为 8.5,并保持此值,搅拌 1 h,加热至 65℃,使溶液由黄变红,再搅拌 1 h,趁热过滤。滤饼用水洗涤,滤液用质量分数 1%硝酸银溶液检验应与自来水近似。滤饼于 85℃以下干燥。

五、注意事项

应注意重氮化温度及偶合介质 pH 值的控制。重氮液应清晰透明。

六、思考题

①偶合反应为什么在碱性介质中进行?

②加入松香的作用是什么?

③用什么方法检验 2－萘酚微过量?

实验 61　甲基橙的制备

一、实验目的

①通过甲基橙制备实验,掌握重氮化反应和偶合反应的实验操作。

②进一步巩固盐析和重结晶的基本原理和操作。

二、实验原理

1.主要性质和用途

甲基橙(methyl orange)是一种指示剂,它是由对氨基苯磺酸重氮盐与 *N*,*N*－二甲基苯胺的醋酸盐,在弱酸性介质中偶合得到的。偶合首先得到的是嫩红色的酸式甲基酸,称为酸性黄,在碱中酸性黄转变为橙黄色的钠盐,即甲基橙。

2.合成原理

甲基橙的制备主要通过下列几个反应来完成。

$$H_2N-C_6H_4-SO_3H + NaOH \longrightarrow H_2N-C_6H_4-SO_3Na + H_2O$$

$$H_2N-C_6H_4-SO_3Na \xrightarrow[HCl]{NaNO_2} \left[HO_3S-C_6H_4-\overset{+}{N}\equiv N\right]Cl^- \xrightarrow[HAc]{C_6H_5N(CH_3)_2}$$

$$\left[HO_3S-C_6H_4-N=N-C_6H_4-NH(CH_3)_2 \right]^+ Ac^- \xrightarrow{NaOH}$$

酸性黄

$$NaO_3S-C_6H_4-N=N-C_6H_4-N(CH_3)_2 + NaAc + H_2O$$

甲基橙

三、主要仪器和药品

烧杯(100 ml)、试管、滴管、布氏漏斗(ϕ8)、吸滤瓶(500 ml)、循环水泵、电动搅拌器。

对氨基苯磺酸、氢氧化钠溶液(质量分数5%)、亚硝酸钠、浓盐酸、*N*,*N*-二甲基苯胺、冰醋酸、氢氧化钠溶液(质量分数10%)、饱和氯化钠水溶液、乙醇、乙醚、淀粉-碘化钾试纸、尿素。

四、实验内容

1.对氨基苯磺酸重氮盐的制备

在100 ml烧杯中,放入2 g对氨基苯磺酸晶体,加10 ml质量分数5%氢氧化钠溶液在热水浴中温热使之溶解。冷至室温后,加0.8 g亚硝酸钠,溶解后,在搅拌下将该混合物溶液分批滴入装有13 ml冰冷的水和2.5 ml浓盐酸的烧杯中,使温度保持在5℃以下很快就有对氨基苯磺酸重氮盐的细粒状白色沉淀,为了保证反应完全,继续在冰浴中放置15 min。

2.偶合

在一只试管中加入1.3 ml *N*,*N*-二甲基苯胺和1 ml冰醋酸,振荡使之混合。在搅拌下将此溶液慢慢加到上述冷却的对氨基苯磺酸重氮盐溶液中,加完后,继续搅拌10 min,此时有红色的酸性黄沉淀,然后在冷却下搅拌,慢慢加入15 ml质量分数10%氢氧化钠溶液。反应物变为橙色,粗的甲基橙细粒状沉淀析出。

将反应物加热至沸腾,使粗的甲基橙溶解后,稍冷,置于冰浴中冷却,待甲基橙全部重新结晶析出后,抽滤收集结晶,用饱和氯化钠水溶液冲洗烧杯两次,每次用10 ml,并用这些冲洗液洗涤产品。

若要得到较纯的产品,可将滤饼连同滤纸移至装有75 ml热水的烧瓶中,微微加热并且不断搅拌,待滤饼几乎全溶后,取出滤纸让溶液冷却至室温,然后在冰浴中再冷却,待甲基橙结晶全部析出后,抽滤。依次用少量乙醇、乙醚洗涤产品。产品干燥后,称重,计算产率。

五、注意事项

①重氮盐制备反应过程必须不断搅拌,使反应均匀进行,避免局部过热,以减少副产物。

②重氮反应过程中,温度控制很重要,须严格控制在低温,一般保持在0~5℃进行,反应温度或高于5℃,则生成的重氮盐易水解成酚类,降低产率。

③用淀粉-碘化钾试纸检验,若试纸显蓝色,表明亚硝酸过量。析出的碘遇淀粉就是蓝色。这时应加入少量尿素除去过量的亚硝酸,因为过量的亚硝酸会促进重氮盐的分解,很容易和进行下一步反应所加入的*N*,*N*-二甲基苯胺起作用,还会使反终点难于检验。

④用乙醇、乙醚洗涤的目的是使产品迅速干燥。

六、思考题

①在制备重氮盐时加入氯化亚铜将产生什么结果?

②*N*,*N*-二甲基苯胺与重氮盐偶合时为什么总是在氨基的对位上发生?

第十一编　催化剂、助剂和其他精细化学品

催化剂和助剂是两种不同的精细化学品。

催化剂是指在化学反应中能改变化学反应的速度,而本身的组成和质量在反应前后不变的物质。

助剂是指在化工生产过程或使用过程中的辅助物质。

按照我国化工部对精细化工产品的分类,催化剂和助剂应包括以下方面:

(1)催化剂

炼油用催化剂;石油化工用催化剂;有机化工用催化剂;合成氨用催化剂;硫酸用催化剂;环保用催化剂;其他催化剂。

(2)助剂

①印染助剂:柔软剂、匀染剂、分散剂、抗静电剂、纤维用阻燃剂等。②塑料助剂:增塑剂、稳定剂、发泡剂、塑料用阻燃剂。③橡胶助剂:促进剂、防老剂、塑解剂、再生胶活化剂等。④水处理剂:水质稳定剂、缓蚀剂、软水剂、杀菌灭藻剂、絮凝剂等。⑤纤维抽丝用油剂:涤纶长丝用、短丝用、锦纶用、腈纶用、丙纶用、维纶用、玻璃丝用油剂等。⑥有机抽提剂:吡咯烷酮系列、脂肪烃系列、乙腈系列、糠醛系列等。⑦高分子聚合物添加剂:引发剂、阻聚剂、终止剂、调节剂、活化剂等。⑧表面活性剂:除家用洗涤剂以外的阳离子、阴离子、两性离子和非离子型表面活性剂。⑨皮革助剂:合成鞣剂、涂饰剂、加脂剂、光亮剂、软皮油等。⑩农药用助剂:乳化剂、增效剂等。⑪油田用化学品:油品用破乳剂、钻井防塌剂、泥浆用助剂等。⑫混凝土用添加剂:减水剂、防水剂、脱模剂、泡沫剂(加气混凝土用)、嵌缝油膏等。⑬机械、冶金用助剂:防锈剂、清洗剂、电镀用助剂、各种焊接用助剂、渗碳剂、汽车等机动车用防冻剂等。⑭油品用添加剂:防水、耐高温等种类,汽油抗震、液力传动、液压传动、变压器油、刹车油添加剂等。⑮炭黑:(橡胶制品的补强剂):高耐磨、半补强、色素炭黑、乙炔炭黑等。⑯吸附剂:稀土分子筛系列、氧化铝系列、二氧化硅系列、活性白土系列。⑰电子工业专用化学品(不包括光刻胶、掺杂物、MOS试剂等高纯物和高纯气体):显像管用碳酸钾、氟化剂、助焊剂、石墨乳等。⑱纸张用添加剂:增白剂、补强剂、防水剂、填充剂等。⑲其他助剂:玻璃防霉(发花)剂、乳胶凝固剂等。

催化剂、助剂和其他精细化学品的种类繁多,应用面亦非常广,受篇幅限制,本编只择其主要品种进行实验。

实验 62　油脂氢化催化剂的制备

一、实验目的

①熟悉用沉淀法制备油脂氢化催化剂的方法。

②了解沉淀反应的反应原理。

二、实验原理

油脂氢化催化剂(hydrogenizing catalyst)通常是固体催化剂。制备固体催化剂一般有两种方法,即沉淀法和浸渍法。金属 Ni 是最常用的油脂氢化催化剂,本实验采用沉淀法,使用硫酸镍,以碳酸钠作沉淀剂经 H_2 还原后制取金属 Ni。化学反应为

$$3NiSO_4 + 3Na_2CO_3 + 2H_2O \xrightarrow{>80℃} NiCO_3\cdot 2Ni(OH)_2\downarrow + 2CO_2\uparrow + 3Na_2SO_4$$

$$2NiSO_4 + 2Na_2CO_3 + 2H_2O \xrightarrow{<80℃} NiCO_3\cdot Ni(OH)_2\downarrow + 2CO_2\uparrow + 2Na_2SO_4$$

$$Ni(OH)_2 + H_2 \xrightarrow{450℃} Ni + 2H_2O$$

还原得到的金属 Ni 具有很高的活性,必须隔氧保存。

三、主要仪器和药品

磁力搅拌器、烧杯(10 ml、500 ml)、容量瓶(1 000 ml)、滴液漏斗(100 ml)、吸滤瓶(500 ml)、滤纸、电热干燥箱、温度计(100℃、500℃)、研钵、还原玻璃管、管式炉、氢气瓶、温度计(500℃)、箱式电炉、托盘天平、分析天平、移液管(25 ml)、布氏漏斗、玻璃水泵。

硫酸镍(0.2 $mol\cdot L^{-1}$)、碳酸钠(0.5 $mol\cdot L^{-1}$)、硅藻土、柠檬酸(AR)、氨水(AR)、铬黑 T、EDTA、氯化锌(0.02 $mol\cdot L^{-1}$)、硬化油、氢气。

四、实验内容

1.催化剂制备

①准确称取 2.00 g 经 100℃烘干的硅藻土于 500 ml 烧杯中,加入 100 ml 0.2 $mol\cdot L^{-1}$的硫酸镍溶液,置于磁力搅拌器上加热至 50℃。

②向滴液漏斗中加入 60 ml 0.5 $mol\cdot L^{-1}$的 Na_2CO_3 溶液。

③开动磁力搅拌器(速度适当),同时向烧杯中逐滴加入 Na_2CO_3 溶液,加完后继续搅拌 30 min。

④将上述反应液倒入布氏漏斗中抽滤,然后用 50 ml 蒸馏水洗涤沉淀,将滤液定容于 1 000 ml容量瓶中待用。

⑤滤饼于 120℃下烘干 2 h 后,在箱式电炉中于 350℃下煅烧 2 h。

⑥在研钵中研细煅烧体,并取少量于还原玻璃管中,在 450℃下通 H_2 还原,H_2 流量为 40 $ml\cdot min^{-1}$。

2.滤液中镍含量的测定

测催化剂活性时,由于加入催化剂的量是按镍量计算的,所以要测出滤液中所含镍量(即损失量),以求出载体上负载的镍量。

用 25 ml 移液管吸取滤液 25.00 ml 于 250 ml 的锥形瓶中,加入 10 ml(1:20)柠檬酸溶液、20 ml蒸馏水、25.00 ml 0.02 $mol\cdot L^{-1}$的 EDTA 标准溶液。用 1:1 氨水调 pH 值为 7 ~ 8,再加5 ml缓冲溶液,铬黑 T 少许,然后用 0.02 $mol\cdot L^{-1}$的标准氯化锌溶液滴定至溶液由蓝变紫即为终点。记下氯化锌标准溶液的消耗量。

$$w(Ni) = \frac{(25.00c(EDTA) - V(ZnCl_2)\cdot c(ZnCl_2))\times 58.69\times 1\,000}{1\,000} =$$

$$(25.00c(EDTA) - V(ZnCl_2)\cdot c(ZnCl_2))\times 58.69$$

3.催化剂中镍含量的计算

根据制备中损失的镍量,即可计算还原后经硬化油保护的催化剂中镍的百分含量。

五、注意事项

①氢气瓶的安全使用方法。

②要防止镍氧化,可将其保护于硬化油中。方法为:在 10 ml 的小烧杯中放入一个小磁力搅拌棒,然后向烧杯中加入用分析天平准确称量的 1.000 0 g 硬化油,在磁力搅拌器上融化,取出还原后的催化剂迅速倒入硬化油中,搅拌至再凝固,称量烧杯,算出催化剂的量。

六、思考题

①沉淀剂为什么要逐滴加入 $NiSO_4$ 和硅藻土混合液中?

②还原后的催化剂为什么要迅速放入硬化油中保护?

实验 63　$\gamma-Al_2O_3$ 的制备、表征及催化活性检测

一、实验目的

①熟悉和掌握沉淀法制备 $\gamma-Al_2O_3$ 的原理和操作步骤。

②了解固体催化剂的一般表征方法。

③了解固体催化剂活性的评价方法。

二、实验原理

1.主要性质和用途

Al_2O_3 是工业上常用的化学试剂,由于制备条件不同,具有不同的结构与性质。Al_2O_3 按其晶型可分为 8 种,即 $\alpha-Al_2O_3$、β—Al_2O_3、$\gamma-Al_2O_3$、$\delta-Al_2O_3$、$\eta-Al_2O_3$、$\chi-Al_2O_3$、$\kappa-Al_2O_3$、$\rho-Al_2O_3$型。Al_2O_3 可用作吸附剂、催化剂和催化剂载体。其中 $\gamma-Al_2O_3$ 的表面积大,在大多数催化反应的温度范围内稳定性较好,故用途最广。$\gamma-Al_2O_3$ 被用作载体时,除可以起到分散和稳定活性组分的作用外,还可提供酸、碱活性中心,与催化活性组分起到协同作用。其 L 酸(Lewis 酸)中心和碱中心是氧化铝水合物在焙烧脱水过程中形成的,但上述 L 酸中心很易吸水转变为 B 酸(Bronsted 酸,质子酸)中心。氧化铝表面上由吸附水而产生的质子 H^+ 的 B 酸很弱,L 酸很强,因此,氧化铝表面酸主要是 L 酸,具有强烈吸引亲核试剂的能力,可有效催化醇类的脱水过程。

2.合成原理

实验室中氧化铝的制备主要有发泡法、沉淀法、溶胶凝胶法等。其中沉淀法又分为酸沉淀法、碱沉淀法、配合沉淀法、均匀沉淀法等。其原理是:在一定温度和 pH 值下,向铝盐中加入沉淀剂,将得到的凝胶在合适的温度下分解、活化,即得 $\gamma-Al_2O_3$。沉淀法设备简单、易于操作,是目前工业上生产氧化铝的主要方法,但该方法制得的产品比表面积不是很大。

评价催化剂优劣通常是考查其活性、选择性和使用寿命三个指标。其中活性是基本前提,一般通过反应物料的转化率来衡量,而这一指标的高低和产品的晶型、孔隙率、表面积等指标,密切相关。

本实验采用 NaOH 作为沉淀剂制备 $\gamma-Al_2O_3$,确定其晶型,测定其比表面积,以辛醇或丁

醇脱水成烯为例检测其催化活性。

三、主要仪器和药品

烧杯(200 ml)、量筒(100 ml)、玻璃棒、pH 试纸、温度计、抽滤瓶、布氏漏斗、冷凝管、三口烧瓶、天平、马福炉、干燥箱、电动搅拌器、研钵、坩埚、箱式电阻炉、控温仪、碘量瓶(250 ml)、滴定管(50 ml)。

硝酸($6.5\ mol\cdot L^{-1}$)、氢氧化钠、氢氧化铝、氨水($5.6\ mol\cdot L^{-1}$)、白油、甘油。碘-酒精溶液、$Na_2S_2O_3$($0.1\ mol\cdot L^{-1}$)。

四、实验内容

1.$\gamma-Al_2O_3$ 的制备

称取 20 gNaOH 溶于 100 ml 去离子水中,加热至沸腾,搅拌下加入 24 g $Al(OH)_3$,反应约 1.5 h后,冷却,抽滤。向清液中添加 20 ml 去离子水,加热至 50℃,在搅拌下加入 65 ml $6.5\ mol\cdot L^{-1}$的HNO_3,迅速调节 pH 值至 7.2~8.0,抽滤,得凝胶。将凝胶倒入已加热至 40℃,pH 值为 7.2~8.0 的 150 ml 氨水中,搅拌 5 min,抽滤,重复 5~6 次。在所得凝胶中加入 6~8 ml $6.5\ mol\cdot L^{-1}$的HNO_3,强烈搅拌 45 min,成流动性较好的胶液。将 50 ml $5.6\ mol\cdot L^{-1}$的氨水和 2 ml 甘油混匀,倒入 100 ml 量筒中,再加入 16 ml 白油,将胶液滴入量筒,抽滤,将量筒纸部小球取出。将小球放置 24 h 后,在马福炉中于 510~530℃活化 1.5 h,研磨,即得 $\gamma-Al_2O_3$。

2.晶型检测

对于不同晶型的氧化铝,晶格常数不同,可用 X-射线衍射法(XRD)将其区分。本实验采用 XRD 技术。

3.比表面积测定

比表面积测定一般有 BET 法和气相色谱法。前者较为简单,且准确性较好。

样品于 580℃加热 3 h 后,放入自动吸附仪中,经脱气后采用低温氮气吸附法测定其表面积。

4.催化活性检测

进行添加和不加 $\gamma-Al_2O_3$ 的辛醇或丁醇脱水或辛烯(温度为 360℃)或丁烯(温度为 420℃)实验,用过量的碘与生成的烯加成,再用 NaS_2O_3 滴定剩余的碘量,可检测出生成的烯量,进而计算出催化效率。

五、注意事项

①$Al(OH)_3$ 溶解过程中,可再添加少量去离子水,以补充蒸发损失的水量,使 $Al(OH)_3$ 溶解完全。

②需在剧烈搅拌下缓慢加入 HNO_3。

③活化处理中,升温至 320℃时应停留数分钟,使白油挥发完全。

④催化活性检测中,宜使醇气化后通过玻璃棉包裹的催化剂,且停留一段时间,以使反应完全。

六、思考题

①反应中可能造成 $\gamma-Al_2O_3$ 产率低的原因有哪些?

②影响 $\gamma-Al_2O_3$ 催化活性的因素有哪些?

实验64 增塑剂邻苯二甲酸二辛酯的合成

一、实验目的

①了解邻苯二甲酸二辛酯的主要性质和用途。
②掌握邻苯二甲酸二辛酯的合成原理和合成方法。

二、实验原理

1.主要性质和用途

邻苯二甲酸二辛酯(dioctyl phthalate),代号为DOP,化学名称为邻苯二甲酸二(2-乙基)己酯,结构式为

$$C_6H_4\left[\overset{O}{\overset{\|}{C}}-OCH_2-\underset{C_2H_5}{\underset{|}{CH}}-(CH_2)_3CH_3\right]_2$$

本品为具有特殊气味的无色油状液体,密度0.986(20℃),折光率1.485(25℃),沸点386.9℃,熔点-55℃。水中溶解度<0.01 g(25℃),水在其中溶解度0.2 g(25℃)。微溶于甘油、乙二醇和一些胺类,溶于大多数有机溶剂。

本品是使用最广泛的增塑剂,除了醋酸纤维素、聚醋酸乙烯外,与绝大多数工业上使用的合成树脂和橡胶均有良好的相溶性。本品具有良好的综合性能:混合性能好,增塑效率高,挥发性较低,低温柔软性较好,耐水抽出,电气性能高,耐热性和耐候性良好。本品作为一种主增塑剂,广泛应用于聚氯乙烯各种软质制品的加工,如薄膜、薄板、人造革、电缆料和模塑品等。本品无毒,可用于与食物接触的包装材料,但由于易被脂肪抽出,故不宜用于脂肪性食品的包装材料。本品还可用于硝基纤维素漆,使漆膜具有弹性和较高的抗张强度。在多种合成橡胶中,本品亦有良好的软化作用。

2.合成原理

由苯酐和2-乙基己醇在硫酸催化下减压酯化而成。

(1)主反应

$$C_6H_4(CO)_2O + 2CH_3(CH_2)_3\underset{C_2H_5}{\underset{|}{C}}HCH_2OH \xrightarrow{H_2SO_4} C_6H_4\left[\overset{O}{\overset{\|}{C}}-OCH_2-\underset{C_2H_5}{\underset{|}{CH}}-(CH_2)_3CH_3\right]_2 + H_2O$$

(2)副反应

$$ROH + H_2SO_4 \longrightarrow RHSO_4 + H_2O$$
$$RHSO_4 + ROH \longrightarrow R_2SO_4 + H_2O$$
$$2ROH \longrightarrow ROR + H_2O$$

(R为2-乙基己烷基)

此外还有微量的醛及不饱和化合物(烯)生成。

酯化完全后的反应混合物用碳酸钠溶液中和。中和时将发生如下反应

$$RHSO_4 + Na_2CO_3 \longrightarrow RNaSO_4 + NaHCO_3$$

$$RNaSO_4 + Na_2CO_3 + H_2O \longrightarrow ROH + Na_2SO_4 + NaHCO_3$$

三、主要仪器和药品

四口烧瓶(250 ml)、球形冷凝管、玻璃水泵、温度计(0 ~ 200℃)、缓冲瓶、量筒(100 ml)、烧杯(200 ml)、布氏漏斗、抽滤瓶(500 ml)、分液漏斗、分馏装置、电热套。

苯酐、硫酸、纯碱、活性炭。

四、实验内容

1.酯化

将 25 g 苯酐加入四口烧瓶中,再加入 50 g 2-乙基己醇和 0.2 ~ 0.3 ml 浓硫酸,加热至 150℃、减压酯化(真空度为 9.332×10^5 Pa),酯化时间约 3 h,随时分出酯化反应的水,酯化的同时加入 0.1 g 的活性炭。酯化完后将粗 DOP 倒入烧杯中。

2.中和

往烧杯中加入饱和的碳酸钠溶液中和至 pH 值为 7 ~ 8,再加入 50 ml 80 ~ 85℃的热水洗涤两次。分离后将粗酯倒入分馏烧瓶中并加入少量活性炭。

3.精制分馏

加热,减压(真空度为 9.332×10^5 Pa)蒸出水和未反应的 2 - 乙基己醇,温度控制在 190℃左右。为提高纯度可再蒸馏一次。

最后过滤,除活性炭即得产品。

产品质量标准如表 11.1 所示。

表 11.1 邻苯二甲酸二辛酯产品质量标准

指标名称	指标		
	绝缘材料级	一级品	二级品
外观与色泽(铂 - 钴)	透明油状液体,不深于 40 号	透明油状液体,不深于 40 号	透明油状液体,不深于 120 号
酯质量分数/%	≥99.0	≥99.0	≥99.0
密度(20℃)	0.982 ~ 0.988	0.982 ~ 0.988	0.982 ~ 0.988
酸值/($mgKOH\cdot g^{-1}$)	≤0.07	≤0.10	≤0.20
加热减质量分数(125℃3 h)/%	≤0.2	≤0.3	≤0.5
闪点(开口杯法)/℃	≥195	≥192	≥190
体积电阻系数/(Ω·cm)	$\geq 1\times10^{11}$	—	—

五、注意事项

①反应温度与 2 - 乙基己醇有关,反应物应沸腾,但温度不可过高,防止由醇脱水生成醚和烯等副反应发生。

②减压酯化有利于反应进行,可用加入水的共沸剂(如苯、甲苯、环己烯等),以降低反应的

温度。

六、思考题

①采用哪些工艺措施可减少酯化反应的副反应和提高 DOP 的纯度？
②为什么要将酯化反应中生成的水及时分出？
③DOP 有哪些用途？

实验 65　阻燃剂四溴双酚 A 的合成

一、实验目的

①了解四溴双酚 A 的性质和用途。
②掌握四溴双酚 A 的合成原理和合成方法。

二、实验原理

1. 主要性质和用途

四溴双酚 A(tetrabro mo-diphenol A)的结构式为

$$HO-C_6H_2Br_2-C(CH_3)_2-C_6H_2Br_2-OH$$

本品为白色粉末，熔点 179 ~ 181℃。理论溴质量分数为 58.8%。开始分解温度为 240℃，当温度为 295℃时迅速分解。在加工成型时需避免超过加工温度范围。一般加工温度范围是 210 ~ 220℃。可溶于甲醇、乙醇、冰醋酸、丙酮、苯等有机溶剂中，可溶于氢氧化钠水溶液，但不溶于水。

四溴双酚 A 是具有多种用途的阻燃剂，可作反应型阻燃剂，亦可作为添加型阻燃剂。作为反应型阻燃剂可用于环氧树脂和聚碳酸酯。作为添加型阻燃剂可用于抗冲击聚苯乙烯、ABS 树脂、AS 树脂和酚醛树脂等。

2. 合成原理

将双酚 A 溶于甲醇或乙醇水溶液中，在室温下进行溴化，溴化后，再通入氯气。

反应式为

$$HO-C_6H_4-C(CH_3)_2-C_6H_4-OH + 2Br_2 + 2Cl_2 \longrightarrow HO-C_6H_2Br_2-C(CH_3)_2-C_6H_2Br_2-OH + 4HCl\uparrow$$

将制得的产品用水洗涤，之后在离心机中除去水分。干燥即得到产品。

三、主要仪器和药品

四口烧瓶(250 ml)、滴液漏斗(60 ml)、球形冷凝管、氯化氢吸收装置、氯气钢瓶及通气装置、抽滤瓶(500 ml)、布氏漏斗、玻璃水泵、量筒(100 ml)、水浴锅、电炉、电热套、蒸发皿

(100 ml)、洗耳球(大号)、烧杯(500 ml)、托盘天平。

双酚 A、液溴、液氯、乙醇、氢氧化钠。

四、实验内容

在四口烧瓶中加入 40 g 双酚 A、20 g 乙醇,搅拌使其溶解,控温(25 ± 1)℃。搅拌下用滴液漏斗滴加 70 g 溴,约 30 min 加完,继续搅拌 30 min,开始通氯气,反应 2 h,恒温(25 ± 1)℃。将反应产生的氯化氢气体用质量分数 5%的氢氧化钠吸收。

氯气通完后,保温搅拌 30 min,用洗耳球向四口烧瓶中吹气,吹掉残余的氯化氢和氯气。

将产物倒入 500 ml 烧杯中,加入 80℃左右的热水 200 ml,搅拌 30 min,放入冷水中降温至 20℃,冷却 30 min 抽滤,滤饼用少量冷水冲洗两次。

将滤饼放入蒸发皿中,放入电热干燥箱中,于 80℃干燥 2 h,恒重后称重并计算产率。

产品的质量标准:

外观	白色粉末
熔点	178 ~ 181℃
挥发物	< 质量分数 0.3%
开始分解温度	240℃

五、注意事项

①反应装置应密封,防止氯气和氯化氢泄漏影响环境。最好在通风橱中实验。

②产物应用水多次洗涤,以除去溴和氯化氢等。

六、思考题

①反应中为什么要通入氯气?

②粗产品中含有什么杂质?如何精制除去?

实验 66　抗氧剂双酚 A 的合成

一、实验目的

①掌握抗氧剂双酚 A 的合成原理和合成方法。

②学习和掌握离心机的操作方法。

③熟悉重结晶的操作方法。

④熟练有机物熔点的测定方法。

二、实验原理

1.主要性质和用途

双酚 A 又称二酚基丙烷,化学名称为 2,2′ – 二对羟基苯基丙烷〔2,2′-bis(p – hydroxyphenyl) propane〕,结构式为

$$HO-C_6H_4-C(CH_3)_2-C_6H_4-OH$$

本品为无色结晶粉末，熔点155～158℃，密度1.95(20℃)。溶于甲醇、乙醇、异丙醇、丁醇、乙酸、丙酮及二乙醚，微溶于水。易被硝化、卤化、硫化、烃化等。

抗氧剂双酚A可作为塑料和油漆用抗氧剂，是聚氯乙烯的热稳定剂，也是聚碳酸酯、环氧树脂、聚砜、聚苯醚等树脂的合成原料。

2.合成原理

双酚A的合成方法有多种，大都由苯酚与丙酮合成，不同之处是采用的催化剂有别。本实验采用的是硫酸法，即苯酚与过量丙酮在硫酸的催化下缩合脱水，生成双酚A，其反应式为

$$2\,C_6H_5{-}OH + CH_3COCH_3 \xrightarrow{H_2SO_4} HO{-}C_6H_4{-}C(CH_3)_2{-}C_6H_4{-}OH + H_2O$$

三、主要仪器和药品

分液漏斗(500 ml)、布氏漏斗(ϕ8)、吸滤瓶(500 ml)、电动搅拌器、水浴锅、电热干燥箱、电动离心机、三口烧瓶(250 ml)、球形冷凝管、玻璃水泵、温度计(0～100℃)、烧杯(500 ml)、量筒(100 ml)、滴液漏斗(60 ml)。

苯酚、丙酮、甲苯、硫酸(质量分数为79%)、二甲苯、巯基乙酸。

四、实验内容

1.合成

在三口烧瓶中加入45 g熔融的苯酚、90 g甲苯、64 g质量分数79%硫酸，将三口烧瓶放入冷水浴冷却物料至28℃以下。在搅拌下加入0.3 g助催化剂巯基乙酸。然后一边搅拌、一边用滴液漏斗滴加15 g丙酮，滴加期间，瓶内物料温度控制在32～35℃，不得超过40℃，同时开启回流冷凝管的上水。约在30 min内滴加完丙酮，在36～40℃搅拌2 h以上。移入分液漏斗用热水洗涤三次，第一次水洗量为150 ml，第二、三次水洗量均为200 ml(水温为82℃)。每次水洗时，一边搅拌、一边滴加热水，加完水后，振荡使之混合均匀，再静止分层。放出下层液，将上层的物料移至烧杯中，一边搅拌、一边用冷水冷却、结晶。当冷至25℃以下后，吸滤，用水洗涤滤饼，吸滤至干，得粗双酚A。滤液可回收。

2.精制

双酚A的精制采用重结晶法，按粗双酚A∶水∶三甲苯＝1∶1∶6(质量比)的配料投入三口烧瓶中，搅拌下加热升温至92～95℃。加热回流15～30 min。停止搅拌，将物料移入分液漏斗中静置分层，放出下层水液后，冷却结晶，当冷至35℃以下后，离心脱出二甲苯(回收)，将双酚A烘干后称量，计算产率。

产品质量标准如下表所示。

外　观	白色结晶粉末	w(酚)/%	<0.02
熔点/℃	155～158	w(水分)/%	<0.4
c(铁)/[10^{-6}(mol·L^{-1})]	<15	色相，铂－钴比色	<30

五、注意事项

洗涤反应液时切勿激烈振荡，否则反应液发生乳化现象。

六、思考题

①滴加丙酮时为什么控制温度？
②水洗时水温的控制依据是什么？

实验 67 阻燃、耐寒增塑剂磷酸三辛酯的合成

一、实验目的

①了解磷酸盐系增塑剂的主要性质和用途。
②掌握磷酸三辛酯的合成原理和合成方法。

二、实验原理

1. 主要性质和用途

磷酸三辛酯(trioctyl phosphate)代号为 TOP，结构式为

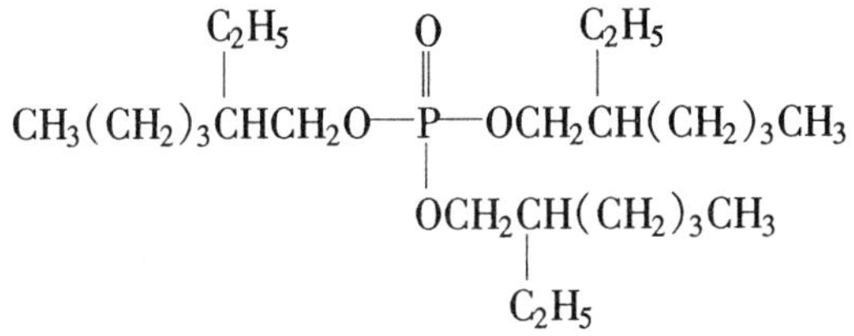

$$\begin{array}{c} \qquad\quad C_2H_5 \qquad\qquad O \qquad\qquad C_2H_5 \\ CH_3(CH_2)_3CHCH_2O-\overset{\|}{P}-OCH_2CH(CH_2)_3CH_3 \\ \qquad\qquad\qquad OCH_2\underset{|}{C}H(CH_2)_3CH_3 \\ \qquad\qquad\qquad C_2H_5 \end{array}$$

本品为无色液体，密度为 0.920(20℃)，沸点为 216℃，折光率 1.441(25℃)，水中溶解度0.01 g，可与矿物油、汽油混溶。

本品是聚氯乙烯的优良耐寒增塑剂之一，低温性能优于己二酸酯类，且具有防霉和阻燃作用，热稳定性和塑化性能较差，与磷酸三甲苯酯并用可得到改善。与 DOP 并用可得到自熄性制品。主要用于聚氯乙烯电缆料、涂料以及合成橡胶和纤维素塑料。

2. 合成原理

磷酸三辛酯由三氯氧磷与 2－乙基己醇反应制得，反应式为

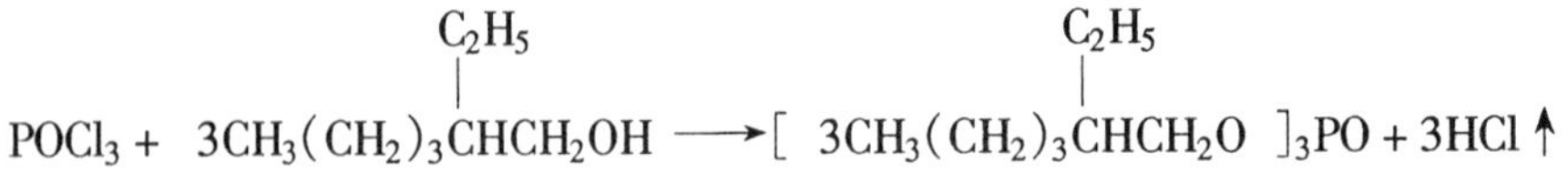

$$POCl_3 + 3CH_3(CH_2)_3\underset{}{\overset{C_2H_5}{\overset{|}{C}}}HCH_2OH \longrightarrow [\ 3CH_3(CH_2)_3\overset{C_2H_5}{\overset{|}{C}}HCH_2O\ ]_3PO + 3HCl\uparrow$$

在低温下三氯氧磷与 2－乙基己醇混合后在 60℃反应，控制氯化氢的排除使反应进行到底。然后经纯碱中和、水洗至中性、减压蒸馏而制得。

三、主要仪器和药品

四口烧瓶(250 ml)、滴液漏斗(60 ml)、玻璃水泵、氯化氢吸收装置、锥形瓶(100 ml)、分液漏斗(250 ml)、烧杯(500 ml)、电热套、温度计(0～100℃、0～300℃)、分馏装置。

三氯氧磷、2－乙基己醇、碳酸钠、氢氧化钠。

四、实验内容

1.合成磷酸三辛酯

将 80 g 2－乙基己醇加入四口烧瓶中，升温至 50℃开始用滴液漏斗滴加 30 g 三氯氧磷，控温(60±2)℃，在 30 min 内加完，继续反应 3 h。反应产生的氯化氢用质量分数 5%氢氧化钠溶液吸收。将反应物倒入烧杯中，用质量分数 10%碳酸钠溶液中和至 pH 值为 7～8。再加入 80℃的热水水洗三次，每次 100 ml 热水，用分液漏斗分离。以除去水、三氯氧磷等。

2.产品分离

将磷酸三辛酯溶液加入蒸馏烧瓶中，减压蒸馏，将水和未反应的 2－乙基己醇蒸出，剩余物为磷酸三辛酯。称重，并计算产率。

五、注意事项

①注意反应装置密封。

②氯化氢吸收装置要防止水倒流。

③三氯氧磷遇水分解，所用仪器必须干燥。

六、思考题

①反应用的四口烧瓶和滴液漏斗等反应器为什么必须干燥？

②合成的粗磷酸三辛酯用什么方法精制？

实验 68　无机添加型阻燃剂低水合硼酸锌的制备

一、实验目的

①了解低水合硼酸锌的性能和用途。

②掌握用氧化锌制备低水合硼酸锌的原理和方法。

二、实验原理

1.主要性质和用途

低水硼酸锌(low hydrate zinc borate)的商品名称为 Firebrake ZB。本品系白色细微粉末，分子式 $2ZnO \cdot 3B_2O_3 \cdot 3.5H_2O$，相对分子质量 436.64，平均粒径 2～10 μm，相对密度 2.8。它是一种无机添加型阻燃剂，具有热稳定性好，既能阻燃、又能消烟并能灭电弧等特点。其中最突出的特点是在 350℃高温下，仍保持其结晶水，这一温度高于多数聚合物的加工温度，这样拓宽了 ZB 使用范围。ZB 的折射率为 1.58，此值与多数聚合物折射率相近，因此树脂经阻燃处理后仍然保持其透明度。在许多情况下，ZB 可有效的单独作阻燃剂使用，但由于它与氯、溴、氧化锑及氢氧化铝等都有协同效应，因此复合使用效果更好。它与国内常用的阻燃剂氧化锑相比，具有价廉、毒性低、发烟少、着色度低等许多优点。

ZB已被广泛用于许多聚合物，如PVC薄膜、墙壁涂料、电线电缆、输送皮带、地毯、汽车装潢、帐篷材料、纤维制品等的阻燃。

2.制备原理和方法

低水合硼酸锌工业生产方法主要有：硼砂－锌盐合成法；氢氧化锌－硼酸合成法；氧化锌－硼酸合成法。氧化锌－硼酸合成法和另两种方法相比，具有工艺简单、易操作、产品纯度高等优点，母液可循环使用，无三废污染等。

实验室制备低水合硼酸锌一般都采用这种方法，其化学反应式为

$$ZnO + H_3BO_3 \longrightarrow Zn3B_2O_3 \cdot 3.5H_2O + H_2O$$

三、主要仪器和药品

四口烧瓶(250 ml)、烧杯(250 ml、500 ml)、温度计(0～100℃)、抽滤瓶(500 ml)、布氏漏斗、真空泵、电动搅拌机、电热鼓风干燥箱等。

氧化锌(工业品，质量分数99%，或化学纯试剂)、硼酸(工业品，质量分数99%，或化学纯试剂)、蒸馏水。

四、实验内容

量取80 ml水加入四口瓶中，搅拌下加入55 g硼酸，待溶解后再加入25 g氧化锌，并不断搅拌，加热升温至80～90℃，反应3～4 h。

冷却至室温后减压过滤，滤饼用100 ml水分两次洗涤。

滤饼取出后放入烧杯中，置于110℃电热鼓风干燥箱中，烘干1 h，得白色细微粉末状晶体，低水合硼酸锌。

五、思考题

①氧化锌与硼酸合成法制备低水合硼酸锌，该法有哪些优点？

②低水合硼酸锌有哪些主要性质和用途？

实验69　石油钻井液助剂腐植酸钾(KHm)的制备

一、实验目的

①了解腐植酸钾制备的反应机理。

②掌握实验室制备腐植酸钾的方法。

二、实验原理

1.主要性质和用途

泥炭、褐煤、风化煤中所含的腐植酸是复杂的天然大分子化合物的混合物，其分子量分布在一个较宽的范围内。不同地区的腐植酸，其分子量和理化性能均不相同，即使分子量相同的腐植酸，其理化性能也不同，因而其利用价值和范围也不同。

腐植酸钾(potassium humate)是腐植酸的钾盐,为黑色有光泽的颗粒或粉末,易溶于水。在工农业上有许多用途:如工业上用作石油钻井泥浆助剂,在农业上用作植物生长调节剂等,是腐植酸的一个重要产品。

2.制备原理

泥炭、褐煤、风化煤的腐植酸中都含有羧基、酚羟基等酸性基团。它们能与碱反应生成易溶于水的盐而和其他物质分离。因此,生产 KHm 可用适当浓度的氢氧化钾溶液抽提煤中的腐植酸。其反应的化学方程式可简述为

$$R(COOH)_n + nKOH \longrightarrow R(COOK)_n + nH_2O$$

$$R{-}C_6H_4{-}OH + KOH \longrightarrow R{-}C_6H_4{-}OK + H_2O$$

在一定的条件下反应可以完全进行。当反应完成后,KHm 完全溶解于水中,将抽提液与残渣分离,蒸发干燥就得到产品 KHm。需要指出的是,用含 Ca^{2+}、Mg^{2+} 离子高的风化煤抽提腐植酸时,需要先用盐酸进行脱 Ca^{2+}、Mg^{2+} 的预处理。

三、主要仪器和药品

托盘天平、水浴锅、三口烧瓶(250 ml)、电动搅拌器、球形冷凝管、温度计(0~100℃)、量筒(200 ml)、吸滤瓶(500 ml)、布氏漏斗、玻璃水泵、电热干燥箱、电动离心机。

风化煤样品(≤40 目),氢氧化钾(化学纯)。

四、操作步骤

①将风化煤样品用粉碎机粉碎,过 40 目筛,筛下物不少于 100 g,备用。

②用量筒量取 100 ml 蒸馏水,倒入三口烧瓶中,用烧杯称 3.5 g 氢氧化钾,并用 46 ml 蒸馏水溶解,再用 25 ml 蒸馏水冲洗烧杯后一并倒入三口烧瓶中加热。

③当三口烧瓶中水温达到 40℃时,开动搅拌器,边搅拌边缓缓加入 50 g 风化煤。当水温升到 85℃时开始计时,水浴加热 60 min 后停止加热。冷却后用离心机将溶液和沉淀分离,溶液即为 KHm 溶液,沉淀用 200 ml 水洗涤两次,并合并滤液和洗液。

④将 KHm 溶液加热浓缩至有固形物时,放入恒温在 90℃的干燥箱中烘干 2 h,称重,并计算产率。

腐植酸钾的质量指标如表 11.2 所示。

表 11.2　腐植酸钾的质量指标

项　目	指　标		
	一级品	二级品	三级品
水溶性腐植酸(干基)质量分数/%	55±2	45±2	40±2
水分质量分数/%	12±2	12±2	12±2
粒度(通过 40 目筛)质量分数/%	100	100	100
钾(干基)质量分数/%	10±1	10±1	10±1
pH 值	9~10	9~10	9~10

五、注意事项

①装置要安装合适,特别是搅拌部分。

②本实验产品不需蒸干,只要溶液。

六、思考题

①怎样通过加入氢氧化钾的量来保证产物中只有少量游离钾离子。

②为什么在加入风化煤前开动搅拌器?

3.产物中的沉淀物是什么?溶液中有什么物质?

实验 70　腐植酸钾中腐植酸含量的测定

一、实验目的

①练习称量、溶液配制、移取、滴定等基本操作。

②掌握容量法测定总腐植酸含量的方法。

二、实验原理

腐植酸钾中的碳于强酸性条件下在过量的重铬酸钾的作用下被氧化成二氧化碳。根据重铬酸钾的消耗量和HA的含碳比可计算出腐植酸的含量。反应的化学方程式简述为

$$R(COOH)_4 + 4KOH \longrightarrow R(COOK)_4 + 4H_2O$$

$$2K_2Cr_2O_7 + 8H_2SO_4 + 3C \longrightarrow 2K_2SO_4 + 2Cr_2(SO_4)_3 + 3CO_2\uparrow + 8H_2O$$

溶液中过量的重铬酸钾,以邻菲罗啉作指示剂,用硫酸亚铁(或硫酸亚铁铵)标准溶液滴定,根据所消耗的硫酸亚铁(或硫酸亚铁铵)的量可求出腐植酸的含量。反应方程式为

$$K_2Cr_2O_7 + 7H_2SO_4 + 6FeSO_4 \longrightarrow K_2SO_4 + Cr_2(SO_4)_3 + 3Fe_2(SO_4)_3 + 7H_2O$$

三、主要仪器和药品

托盘天平、分析天平、四孔水浴锅、锥形瓶(250 ml),容量瓶(100 ml)、干燥器、小漏斗(ϕ50 mm)、移液管(5 ml、15 ml)、碱式滴定管(50 ml)、称量瓶。

重铬酸钾(分析纯)、硫酸亚铁铵(分析纯)、硫酸亚铁(分析纯)、硫酸(分析纯)、邻菲罗啉(分析纯)、重铬酸钾(0.10 mol·L^{-1})标准溶液、腐植酸钾(自制)。

四、操作步骤

1.溶液配制

①配制 0.4 mol·L^{-1}重铬酸钾溶液 100 ml。

②配制 0.1 mol·L^{-1}硫酸亚铁铵溶液 200 ml。用托盘天平称取 8 g 硫酸亚铁铵溶于 200 ml 含 4 ml 浓硫酸的蒸馏水中,贮于棕色瓶中。

③邻菲罗啉指示剂的配制。称取 1.5 g 邻菲罗啉和 0.7 g 硫酸亚铁溶于 100 ml 蒸馏水中。

④0.10 mol·L^{-1}重铬酸钾标准溶液的配制。用分析天平精确称取烘干的重铬酸钾 4.903 5 g(精确到 0.000 2 g)置于烧杯中,用蒸馏水溶解后移入 1 000 ml 容量瓶中,定容(恒重

办法：将药品在 130℃下烘干 2 h，取出放入干燥器中冷却 30 min 后称重，记下数值。再用同法烘干30 min后再称重，两次称重之差小于 0.5 mg 即为恒重）。

2.硫酸亚铁铵溶液的标定

用移液管量取 10 ml 0.10 $mol \cdot L^{-1}$的重铬酸钾标准溶液，移入 250 ml 锥形瓶中，用蒸馏水稀释到 50 ml(采取什么办法)，加入 5 ml 浓硫酸及 3 滴邻菲罗啉指示剂，摇匀。用硫酸亚铁铵溶液滴定至溶液中的橙红色变为绿色(此时要注意颜色的变化)再变为砖红色即为滴定终点。

硫酸亚铁铵的浓度按下式计算

$$c_2 = \frac{c_1 V_1}{V_2}$$

式中　c_1、V_1——重铬酸钾的物质的量浓度和体积；

c_2、V_2——硫酸亚铁铵的物质的量浓度和消耗的体积。

3.腐植酸钾溶液的配制

用分析天平准确称取腐植酸钾(1.0 ± 0.01)g(精确到 0.1 mg)，用烧杯溶解后移入 100 ml 容量瓶中定容，得待测溶液。

4.氧化、滴定

用移液管准确吸取待测液 5 ml 分别移入两只 250 ml 的锥形瓶中，用滴定管分别加入 5 ml 0.4 $mol \cdot l^{-1}$的重铬酸钾溶液和 15 ml 浓硫酸，摇匀，并立即放入沸水浴中氧化 30 min。取出锥形瓶加少量蒸馏水(两瓶各加蒸馏水约 30 ml)，待冷却到室温后，加 2 ~ 3 滴邻菲罗啉指示剂，用 0.1 $mol \cdot L^{-1}$硫酸亚铁铵标准溶液滴定，溶液由橙红色变为绿色再转变为砖红色即为终点。记下消耗的硫酸亚铁铵的体积。同时做两个空白试验进行比较(将 5 ml 样品换成 5 ml 蒸馏水)。

五、结果计算

$$w(\mathrm{HA}) = \frac{(V_0 - V) \times c \times 0.012}{m \cdot C} \times \frac{a}{b} \times 100\%$$

式中　V_0——空白样滴定时所消耗的硫酸亚铁铵溶液的体积 ml；

V——样品滴定时所消耗的硫酸亚铁铵溶液的体积 ml；

c——硫酸亚铁铵的物质的量浓度，$mol \cdot L^{-1}$；

m——样品质量，g；

C——由碳换算成腐植酸的换算系数(风化煤为 0.62，泥炭为 0.55，褐煤为 0.59)；

a——待测溶液的总体积，ml；

b——测定时吸取溶液体积，ml。

六、注意事项

①测定过程中必须严格控制抽提和氧化条件。

②硫酸亚铁铵易氧化，使用前应标定。

七、思考题

腐植酸的含碳比的意义是什么？为什么泥炭、褐煤、风化煤的含碳比不同？

实验 71　腐植酸中总酸性基、羧基、酚羟基的测定

一、实验目的

掌握腐植酸中总酸性基、羧基、酚羟基的测定方法及其测定原理。

二、实验原理

1. 总酸性基的测定

总酸性基的测定，常用氢氧化钡法。此法的原理是腐植酸和过量的氢氧化钡反应生成腐植酸的钡盐，用过量的标准酸中和过剩的氢氧化钡，然后用标准的氢氧化钠溶液回滴过量的酸。

$$R\begin{matrix}\diagup COOH \\ \diagdown OH\end{matrix} + Ba(OH)_2 \longrightarrow R\begin{matrix}\diagup COO \diagdown \\ \diagdown O \diagup\end{matrix}Ba\downarrow + 2H_2O$$

2. 羧基的测定

羧基的测定常用醋酸钙法，此法的原理是：腐植酸与醋酸钙反应生成腐植酸钙和醋酸，然后用标准氢氧化钠溶液滴定生成的醋酸，其反应为

$$2R-COOH + Ca(CH_3COO)_2 \longrightarrow (RCOO)_2Ca\downarrow + 2CH_3COOH$$

$$CH_3COOH + NaOH \longrightarrow CH_3COONa + H_2O$$

由于腐植酸中的酸性基团主要是羧基和酚羟基，其他的酸性基团很少。因此，只要测出总酸性基团的量减去羧基即为酚羟基。

三、主要仪器和药品

容量瓶(25 ml)、振荡器、托盘天平、移液管(10 ml)、锥形瓶(250 ml)、碱式滴定管(25 ml)、分析天平。

氢氧化钠标准溶液($0.1\ mol\cdot L^{-1}$)、盐酸标准溶液($0.1\ mol\cdot L^{-1}$)、氢氧化钡溶液($0.05\ mol\cdot L^{-1}$)、醋酸钙溶液($0.25\ mol\cdot L^{-1}$)、酚酞指示剂(质量分数 0.1%)、风化煤样品。

四、实验内容

1. 总酸性基的测定

用 N_2 冲洗 25 ml 容量瓶 1 ~ 2 min，以除去瓶中 CO_2。准确称取 0.2 g 试样(精确至 0.000 2 g)，迅速放入 25 ml 容量瓶中，加入 $0.1\ mol\cdot L^{-1}$ 氢氧化钡溶液至刻度，将瓶口用蜡密封，以避免空气中二氧化碳干扰。试样在室温条件下放置 48 h，每一工作日定期振荡几次，或在振荡器上振荡 10 h。静置之后用移液管吸取 10 ml 澄清液(切勿搅动底部的固体样)放入装有 15 ml 的 $0.1\ mol\cdot L^{-1}$ 盐酸标准溶液的锥形瓶(容量为 250 ml)中，加 3 滴酚酞指示剂和 50 ml 无 CO_2 的蒸馏水，用 $0.1\ mol\cdot L^{-1}$ 氢氧化钠回滴过量的盐酸至出现粉红色。同时做空白试验 。

2. 羧基测定

准确称取 0.2 g(精确至 0.000 2 g)试样于 25 ml 容量瓶中，加入 $0.5\ mol\cdot L^{-1}$ 醋酸钙溶液至

刻度,在室温下放置 48 h。每一工作日定期振荡几次或在振荡器上振荡 10 h。静置后用移液管吸取上层清液 10 ml 于锥形瓶(容量为 250 ml)中,加 3 滴酚酞指示剂和 50 ml 无 CO_2 蒸馏水,用 0.1 $mol \cdot L^{-1}$氢氧化钠标准溶液滴定至出现粉红色为止,同时做空白试验。

五、结果计算

1.总酸性基

$$总酸性基 = \frac{(V - V_0)c}{m} \times F$$

式中　V——滴定试样时所消耗的氢氧化钠标准溶液的体积,ml;

V_0——空白滴定时所消耗的氢氧化钠标准溶液的体积,ml;

c——氢氧化钠标准溶液的浓度,$mol \cdot L^{-1}$;

m——样品质量,g;

F——反应液总体积与滴定时分取试液体积比。

2.羧基

羧基的计算方法与总酸性基的计算方法相同。

3.酚羟基

$$酚羟基 = 总酸性基 - 羧基$$

六、注意事项

①空气中的二氧化碳对总酸性基的测定有较大影响。

②润湿性能不好的样品可以先滴加几滴酒精润湿,然后再加反应液。

③对含钙、镁量高的煤样可先用质量分数 1% 盐酸预处理。然后水洗至无氯离子(用 $AgNO_3$试验)后,再行测定。

七、思考题

①羧基和酚羟基测定的基本原理是什么?

②空气中的二氧化碳对测定有什么影响?如何防止?

实验 72　石油采油助剂胶体聚丙烯酰胺的合成及水解度测定

一、实验目的

①学习由丙烯酰胺合成聚丙烯酰胺的原理和合成方法。

②熟悉聚丙烯酰胺在碱性条件下的水解反应。

③掌握一种测定水解度的方法。

二、实验原理

1.主要性质和用途

胶体聚丙烯酰胺(colloidal polyacrylamide)别名絮凝剂聚丙烯酰胺,简称PAM,化学式为

$$\left[-CH_2-\underset{\underset{CONH_2}{|}}{CH}- \right]_n$$

本品为无色或淡黄色黏稠体。可溶于水,几乎不溶于有机溶剂。

聚丙烯酰胺是一种具有良好的降失水、增稠、絮凝和降磨阻等特性的油田化学助剂,在采油、钻井堵水、调剂、酸化、压裂、水处理等方面已经得到广泛的应用。还用作纸张增强、纤维改性、纺织浆料、纤维糊料、土壤改良、树脂加工、分散等方面。

2.合成胶体聚丙烯酰胺

聚丙烯酰胺是由丙烯酰胺在引发剂作用下聚合而成

$$nCH_2=\underset{\underset{CONH_2}{|}}{CH} \xrightarrow[\triangle]{\text{引发剂}} \left[CH_2-\underset{\underset{CONH_2}{|}}{CH} \right]_n$$

反应是按自由基聚合机理进行的,随着反应的进行,分子链增长,当分子链增长到一定程度后,反应体系黏度明显增大。

3.聚丙烯酰胺的水解

聚丙烯酰胺在碱性条件下可发生水解,生成部分水解聚丙烯酰胺

$$\left[CH_2-\underset{\underset{CONH_2}{|}}{CH} \right]_n + xNaOH \xrightarrow[\triangle]{} \left[CH_2-\underset{\underset{CONH_2}{|}}{CH} \right]_{n-x} \left[CH_2-\underset{\underset{COONa}{|}}{CH} \right]_n + xNH_3\uparrow$$

随着水解反应的进行,有氨气放出,并产生带负电的链节,使部分水解聚丙烯酰胺在水中呈伸展的构象,体系黏度增大。

4.水解度测定

由水解反应可知,聚丙烯酰胺在水解过程中消耗的NaOH与生成的—COONa摩尔数相等。故水解时定量加入NaOH,水解完成后测定体系中剩余的NaOH,即可计算出部分水解聚丙烯酰胺的水解度

$$DH = \frac{(A - 2cV) \times 71}{w \cdot m \times 1\ 000} \times 100\%$$

式中　DH——部分水解聚丙烯酰胺的水解度,%;

A——加入NaOH的体积,mol;

c——硫酸标准溶液浓度,$mol \cdot L^{-1}$;

V——所用硫酸标准溶液的体积,ml;

w——溶液中相当于聚丙烯酰胺的质量分数;

m——取出被滴定试液的质量,g。

三、主要仪器和药品

恒温水浴、酸式滴定管、分析天平、搅拌棒、托盘天平、移液管(2 ml、10 ml)、烧杯(200 ml)、量筒(100 ml)、温度计(0~100℃)。

丙烯酰胺、酚酞指示剂、质量分数10%NaOH溶液、过硫酸铵、标准硫酸溶液、聚丙烯酰胺粉末。

四、实验内容

1.聚丙烯酰胺的合成

称取 5 g 丙烯酰胺,放入 200 ml 烧杯中,加入 45 ml 蒸馏水,得到质量分数 10%丙烯酰胺溶液。在恒温水浴中,将上述溶液加热至 60℃,然后加入 15 滴质量分数 10%过硫酸铵溶液,引发丙烯酰胺聚合反应。在聚合反应过程中,慢慢搅拌,注意观察黏度变化。30 min 以后停止加热,得到聚丙烯酰胺水溶液。

2.聚丙烯酰胺水解

称取 2 g 聚丙烯酰胺粉末,放入 200 ml 烧杯中,加入 150 ml 蒸馏水,并用移液管加入 4 ml 质量分数 10%的 NaOH 溶液,连续搅拌均匀后,称重记录。将水浴温度调至 90℃,使其进行水解反应。在水解过程中,慢慢搅拌,观察黏度变化,并检查氨气的放出情况,每隔 30 min 取 4 g 样品(准确称至 0.01 g),测定水解度。要求至少水解 2~3 h。

(注:第一次取样前应向反应液中加水,使其等于水解前的质量;以后每次取样前均须加水,使水解溶液量等于水解前的量减去取出试样的累积量)

五、数据处理

①计算测定的水解度。

②画出水解度-时间关系曲线。

六、思考题

①聚丙烯酰胺为什么在碱性条件下能发生水解?

②举例说明聚丙烯酰胺在油田上的应用。

③如何解释实验中观察到的现象?

实验 73 苯乙烯-马来酸酐共聚物的合成

一、实验目的

①学习自由基共聚合的原理和沉淀聚合方法。

②了解苯乙烯-马来酸酐共聚物的合成及应用。

二、实验原理

1.主要性质和用途

苯乙烯-马来酸酐共聚物(styrene-maleic anhydride copolymer)为浅黄色固体,不溶于水、苯和甲苯等溶剂。本品具有进一步反应的能力,可以通过水解、酯化、酰胺化、磺化等一系列反应合成多种工业助剂。因此,近年来的报道很多。可用于合成表面活性剂、原油及成品油降凝剂、流变性改进剂、泥浆减水剂等。

2.合成原理

由于苯乙烯和马来酸酐是可以溶于苯、甲苯等溶剂的单体,而它们反应生成的聚合物则不溶于上述溶剂，以沉淀析出，因此这种溶液聚合被称为沉淀聚合。

马来酸酐很难发生自聚反应，它是强吸电子单体，苯乙烯是强给电子单体，两种单体的等摩尔混合物易发生共聚。苯乙烯(M_1)和马来酸酐(M_2)共聚的竞聚率 $r_1=0.04$、$r_2=0.0015$、$r_1 \cdot r_2=0.006$。所以，两种单体的等摩尔混合物发生聚合时，得到的是近似交替的共聚物。本反应常用的引发剂是偶氮二异丁腈(AIBN)或过氧化苯甲酰(BPO)等自由基聚合引发剂。反应方程式为

$$n\ \begin{array}{ccccc} & \mathrm{CH} & = & \mathrm{CH} & \\ & | & & | & \\ & \mathrm{C} & & \mathrm{C} & \\ \mathrm{O} & & \mathrm{O} & & \mathrm{O} \end{array} + n\,\mathrm{CH_2{=}CH}(\mathrm{C_6H_5}) \xrightarrow{\mathrm{BPO}} \left[\begin{array}{ccccc} & \mathrm{CH} & - & \mathrm{CH} & \\ & | & & | & \\ & \mathrm{C} & & \mathrm{C} & \\ \mathrm{O} & & \mathrm{O} & & \mathrm{O} \end{array} - \mathrm{CH_2} - \mathrm{CH}(\mathrm{C_6H_5}) \right]_n$$

苯乙烯－马来酸酐共聚物的相对分子质量可以通过反应温度、引发剂用量、溶剂、链转移剂等许多方法进行调节。

三、主要仪器和药品

电动搅拌器、四口烧瓶(250 ml)、球形冷凝管、温度计(0～100℃)、布氏漏斗、吸滤瓶、真空干燥箱、圆底烧瓶(100 ml)。

苯乙烯、马来酸酐、甲苯、BPO、盐酸、氢氧化钠。

四、实验内容

1.共聚物合成

在装有电动搅拌器、温度计和回流冷凝管的250 ml四口烧瓶中，加入150 ml甲苯(经蒸馏的)、10.4 g(0.10 mol)苯乙烯、9.8 g(0.10 mol)马来酸酐和0.1 g(1×10^{-4} mol)BPO。升温至50℃左右，搅拌15 min后，使马来酸酐完全溶解。然后，升温到80℃左右反应1 h。反应过程中，产物逐渐沉淀，反应物逐渐变稠，搅拌困难时停止加热。

反应物降至室温，将产物滤出后，在60℃下，真空干燥。

2.共聚物皂化

在装有回流冷凝管的100 ml圆底烧瓶中，加入2 g干燥的共聚物和50 ml 2 $\mathrm{mol \cdot L^{-1}}$的NaOH溶液，加热至沸腾，待聚合物溶解后继续回流1 h。降温至50℃，将溶液倾入200 ml 3 $\mathrm{mol \cdot L^{-1}}$的盐酸中，使聚合物沉淀，然后过滤、洗涤、干燥，得水解苯乙烯－马来酸酐共聚物。

五、注意事项

①苯乙烯中含有阻聚剂，需经碱洗、减压蒸馏精制后用于聚合。适当增加引发剂。苯乙烯试剂也可直接用于聚合。

②马来酸酐中可能含有一些马来酸，马来酸在甲苯中溶解度很小，使反应物在溶解时不能达到澄清，可用氯仿、甲苯等溶剂重结晶提纯马来酸酐。

③BPO提纯：可将12 g BPO在室温下溶于50 ml氯仿，滤出不溶物后，溶液倒入150 ml甲醇中。析出结晶后，吸滤，在真空干燥箱中于室温下干燥。

④沉淀共聚合有自加聚现象，注意控制反应温度不要太高，否则不仅可能引起冲料，而且高温下的竞聚率也会变化。

六、思考题

①聚合反应的溶剂选择要考虑哪些因素？
②苯乙烯－马来酸酐共聚物进一步反应，可用于哪些助剂的合成，写出反应方程式。

实验 74　织物低甲醛耐久整理剂 2D 树脂的合成

一、实验目的

①掌握整理剂 2D 树脂的制备原理及方法。
②学习耐久整理剂 2D 树脂的用途。

二、实验原理

1.主要性质和用途

2D 树脂是指二羟甲基二羟基乙烯脲树脂（dihydroxy－methyldihydroxy ethene urea，简称 DMDHEU），本品外观为淡黄色液体，密度为 1.2（20℃），游离甲醛质量分数 1%，固形物质量分数 40%～50%，易溶于水，pH 值为 6～6.5。整理的织物手感丰富，富有弹性。本品用作织物耐久定型整理剂，在花色布、涤、棉混纺织物及丝、麻织物的整理方面应用很广，但不适于漂白耐氯织物的整理。

2.合成原理

2D 树脂的合成分环构化和羟甲基化两步：
（1）环构化

$$NH_2\overset{\overset{O}{\|}}{C}NH_2 + \begin{matrix} CHO \\ | \\ CHO \end{matrix} \xrightarrow{H^+} O{=}C\begin{matrix} \diagup NH{-}CHOH \\ \quad\quad\quad | \\ \diagdown NH{-}CHOH \end{matrix} \quad \text{（二羟基乙烯脲）}$$

（2）羟甲基化

$$O{=}C\begin{matrix} \diagup NH{-}CH{-}OH \\ \quad\quad | \\ \diagdown NH{-}CH{-}OH \end{matrix} + 2HCHO \xrightarrow{OH^-} O{=}C\begin{matrix} \quad CH_2OH \\ \quad | \\ \diagup N{-}CHOH \\ \quad\quad\quad | \\ \diagdown N{-}CHOH \\ \quad | \\ \quad CH_2OH \end{matrix} \quad \text{（2D）}$$

三、主要仪器和药品

四口烧瓶（250 ml）、滴液漏斗（60 ml）、电动搅拌器、恒温水浴锅、温度计（0～100℃）。

乙二醛（质量分数 50%）、尿素、甲醛（质量分数 37%）、碳酸钠溶液（质量分数 20%）、稀盐酸、乙二醛:尿素:甲醛＝1.0:1.0:2.0（物质的量比）。

四、实验内容

1.环构化反应

在配以电动搅拌器、温度计和滴液漏斗的250 ml四口烧瓶中加入60 ml乙二醛,在搅拌下,加入质量分数20%碳酸钠溶液,调节pH值为5.0~5.5,用精密pH试纸检测。然后再加入30 g尿素,搅拌溶解1 h,用水浴锅加热至35℃左右,停止加热。因为是放热反应,体系会自动升温至45℃左右。如果再继续升温,则需用冷水冷却,或用恒温水浴锅控温在(50±1)℃。恒温反应2 h,然后再用冷水冷却至40℃。

2.羟甲基化反应

往滴液漏斗中分次加81 ml甲醛,缓慢滴入环化反应液中,并不断用质量分数20%碳酸钠溶液调节pH值为8.0~8.5。此为放热反应,当其升温至(50±1)℃时,用恒温水浴锅控制,保温反应2 h。反应过程pH值会下降,要多次用碳酸钠溶液调节pH值为8.0~8.5。等反应结束后,冷却至室温。用稀盐酸调节pH值为6.0~6.5。最后加水调节固形物的质量分数为40%~45%。

五、注意事项

①以上两步反应都是放热反应,在反应开始一段时间内,要注意温度的控制。

②合成时,pH值必须控制在规定范围内,要不断用精密pH试纸或pH计检测,并根据检测值进行调节。

六、思考题

①简述2D树脂的应用特性。

②此合成实验共分几步进行?

③羟甲基化反应为什么要将pH值控制在8.0~8.5?

附:快速树脂的制法

快速树脂是在2D树脂的基础上加入起固化作用的催化剂而制成的树脂。外观微黄色,固形物质量分数40%,游离甲醛质量分数小于0.5%,pH=5。本品用于织物耐久定型的快速整理,适于花色布、涤、棉混纺等织物的处理。

该树脂的制备原理与2D树脂相同,所不同的是树脂制成后,加入适量的催化剂氯化镁、氟硼酸钠及柠檬酸钠。催化剂的加入可促进树脂快速固化。因此树脂的初缩体合成与2D树脂相同,也是分两步进行。为了使甲醛含量更低,最后加入适量乙烯脲,它与甲醛生成二羟甲基乙烯脲,反应方程式为

$$\mathrm{HOC{-}CHO} + \mathrm{NH_2{-}\overset{\overset{\displaystyle O}{\|}}{C}{-}NH_2} + 2\mathrm{HCHO} \longrightarrow \mathrm{O{=}C}\begin{matrix} \diagup \mathrm{N(CH_2OH){-}CHOH} \\ \qquad\qquad\quad | \\ \diagdown \mathrm{N(CH_2OH){-}CHOH} \end{matrix} \qquad (2D)$$

$$O{=}C\begin{cases}NH{-}CH_2\\ \quad\quad\quad\ \ |\\ NH{-}CH_2\end{cases} + 2HCHO \xrightarrow{OH^-} O{=}C\begin{cases}N(CH_2OH){-}CH_2\\ \quad\quad\quad\quad\quad\ \ |\\ N(CH_2OH){-}CH_2\end{cases} \quad (DMEU)$$

操作方法：

在 250 ml 四口烧瓶中加入 54 g 乙二醛(质量分数 40%)，用质量分数 20%的碳酸钠溶液调节 pH 值为 5.5~5.8(使用精密 pH 试纸)。配以电动搅拌器、温度计和滴液漏斗。在缓慢搅拌下加入 24 g 尿素，搅拌溶解 1 h，逐渐升温，并控温在(50±1)℃。搅拌反应 3 h。然后冷却至 40℃。在 60 ml 滴液漏斗中分次装入 60 g 甲醛(质量分数 37%)，并滴加到烧瓶中，用稀纯碱溶液调节 pH 值为 8.2~8.5，再控制在(50±1)℃下反应 2 h。之后加入 3 g 乙烯脲(质量分数 80%)，继续反应 30 min。再冷却至 40℃，加盐酸调节 pH 值为 6~6.5。最后加入 15 g 氯化镁、0.6 g氟硼酸钠、0.6 g 柠檬酸钠，搅拌 30 min，使催化剂全部溶解，静置 10 h，即得快速树脂。

实验 75　食品防腐剂山梨酸钾的制备

一、实验目的

①学习山梨酸钾的性质和用途。

②掌握山梨酸钾制备的原理和方法。

二、实验原理

1. 主要性质和用途

山梨酸钾(potassium sorbate)学名己二烯-(2,4)-酸钾，结构式 $CH_3CH{=}CHCH{=}CHCOOK$，分子式 $C_6H_7KO_2$，是一种不饱和的单羧基脂肪酸，呈无色或白色鳞片状结晶或粉末。在空气中不稳定，能被氧化着色，有吸湿性，约 270℃熔化分解。易溶于水，溶于乙醇。

用作食品防腐剂，用于肉、鱼、蛋、禽类制品，果蔬类保鲜，饮料、果冻、软糖、糕点等。我国规定最大使用量为 0.5~2 $g \cdot kg^{-1}$。

2. 制备原理

山梨酸的合成工艺路线有四种：

(1) 以丁烯醛(巴豆醛)和乙烯酮为原料

$$CH_3CH{=}CHCHO + CH_2{=}C \longrightarrow CH_3CH{=}CHCH{=}CHCOOH$$

(2) 以巴豆醛和丙二酸为原料

$$CH_2CH{=}CHCHO + CH_2(COOH)_2 \xrightarrow[90\sim100℃]{\text{吡啶}} CH_3CH{=}CHCH{=}CHCOOH$$

(3) 以巴豆醛与丙酮为原料

$$CH_3CH{=}CHCHO + CH_3{-}\underset{\underset{O}{\|}}{C}{-}CH_3 \xrightarrow[\text{催化剂 } Ba(OH)_2\cdot 8H_2O]{\text{缩合}}$$

$$CH_3-(CH=CH)_2-\overset{\overset{O}{\|}}{C}-CH_3 \xrightarrow[NaOCl]{氧化} CH_3-(CH=CH)_2-\overset{\overset{O}{\|}}{C}-Cl_3 \xrightarrow{NaOH}$$

$$CH_3-(CH=CH_2)-\overset{\overset{O}{\|}}{C}-ONa + CHCl_3$$

(4) 以山梨醛为原料

$$CH_3CH=CH-CH=CHCHO \xrightarrow[催化剂\ Ag_2O,O_2]{氧化} CH_3CH=CH-CH=CHCOOH$$

实验室采用路线(2),制得的山梨酸再与氢氧化钾反应,制得山梨酸钾

$$CH_3CH=CH-CH=CHCOOH + KOH \longrightarrow CH_3CH=CH-CH=CHCOOK + H_2O$$

三、主要仪器和药品

四口烧瓶(250 ml)、烧杯(200 ml、500 ml)、球形冷凝管、抽滤瓶(500 ml)、温度计(0～100℃)、量筒(10 ml、100 ml)、电动搅拌机、真空泵。

巴豆醛(化学纯)、丙二酸(化学纯)、吡啶(化学纯)、硫酸(化学纯)、乙醇(化学纯)、氢氧化钾(化学纯)、精密 pH 试纸、滤纸等。

四、实验内容

向四口烧瓶中依次加入 35 g 巴豆醛、50 g 丙二酸和 5 g 吡啶,室温搅拌 20 min 待丙二酸溶解后,缓慢升温至 90℃,保温 90～100℃,反应 3～4 h。

用冰水浴降温至 10℃以下,缓慢加入质量分数 10%稀硫酸,控温低于等于 20℃,至反应物 pH 值为 4～5 止,冷冻过夜,抽滤,结晶用冰水 50 ml 分两次洗涤结晶,得山梨酸粗品。

将粗品山梨酸倒入烧杯中,用 3～4 倍的质量分数 60%的乙醇重结晶,抽滤得精品山梨酸。

将山梨酸倒入烧杯中,加入等摩尔数的氢氧化钾和少量水,搅拌 30 min,产物浓缩,95℃烘干,得白色山梨酸钾结晶。

五、注意事项

①用稀硫酸调 pH 值时,注意控制温度。

②山梨酸精品结晶时,一定要控制温度在 0～5℃。

六、思考题

①制备山梨酸精品时,加入吡啶的目的是什么?

②制备山梨酸精品时,产物为什么要调整 pH 值? 产物为什么要冷冻过夜?

实验 76　苯甲醇和苯甲酸的同步合成

一、实验目的

①掌握坎尼查罗反应的原理和方法。

②了解苯甲醇、苯甲酸的其他制备方法。

③了解苯甲醇、苯甲酸的用途。

④掌握固体化合物与液体化合物的分离、纯化方法和操作技术。

二、实验原理

苯甲醇(benzyl alcohol)，又名苄醇，无色透明液体，有微弱花香。主要采用水解法生产。以氯化苄为原料，在弱碱水溶液中加热水解，经静止分层，减压蒸馏而得。苯甲醇常用作食品香料。

苯甲酸(benzoic acid)，又名安息香酸，白色有丝光的鳞片或针状结晶，微带安息香或苯甲醛的气味，化学性质稳定，但有吸湿性。苯甲酸可采用水解法和氯化法生产。水解法是以邻苯二甲酸酐为原料，经水解、脱羧而得。氯化法是以甲苯为原料，经氯化、水解而得。苯甲酸常用作食品防腐剂，但由于苯甲酸的溶解度低，实际生产中大多是使用苯甲酸钠。

本实验利用坎尼查罗反应，以苯甲醛为原料同时制备苯甲醇和苯甲酸，其合成反应式为

$$2\,C_6H_5CHO + KOH \longrightarrow C_6H_5CH_2OH + C_6H_5COOK$$

$$C_6H_5COOK + KCl \longrightarrow C_6H_5COOH$$

三、主要仪器和药品

锥形瓶、烧杯、球型冷凝管、分液漏斗、蒸馏瓶、循环水泵、熔点仪、恒温水浴锅、恒温干燥箱、台秤。

氢氧化钾、苯甲醛、乙醚、亚硫酸钠、碳酸钠、硫酸镁、盐酸。

四、实验内容

在 250 ml 的锥形瓶中加入 18 g 氢氧化钾(0.32 mol)和 18 ml 水，形成溶液后，冷却至室温。加入 21 g 新蒸过的苯甲醛①(20 ml，0.2 mol)，用橡胶塞塞紧瓶口，振摇，使反应物充分混合，最后成为白色糊状物，放置 24 h 以上。

向反应瓶中加入 60 ~ 70 ml 水，不断振摇，使其中的苯甲酸盐全部溶解。将溶液倒入分液漏斗中，每次用 20 ml 乙醚萃取三次(萃取什么?)。合并乙醚萃取液，依次用 10 ml 饱和亚硫酸钠溶液、10 ml 质量分数 10%碳酸钠溶液及 10 ml 水洗涤，最后用无水碳酸钾或无水硫酸镁干燥。

干燥后的乙醚萃取液置于 100 ml 蒸馏瓶中，先水浴加热蒸去乙醚，然后将剩余的溶液转移到 50 ml 的蒸馏瓶中，重新加几粒沸石，换上空气冷凝管冷却，在石棉网上继续蒸馏，收集 204 ~ 206℃的馏分。苯甲醇的产量为 8 ~ 8.5 g(产率 74% ~ 79%)。

---

① 苯甲醛容易被空气氧化，所以使用前应重新蒸馏，收集 179℃的馏分。最好采用减压蒸馏，收集 62 ℃，1 333Pa (10 mmHg)的馏分。[26.2℃，133.3 Pa(1 mmHg)；90.1℃，5 332 Pa(40 mmHg)；112.5℃，13 330 Pa(100 mmHg)]

苯甲醇的沸点文献值为205.35℃,折光率为 $n_D^{20}1.539\ 6$。

乙醚萃取后的水溶液,用浓盐酸酸化至强酸性,充分冷却,苯甲酸成白色沉淀析出,抽滤沉淀,粗产物用水重结晶,得苯甲酸9~10 g(产率74%~82%),熔点121~122℃。

苯甲酸的熔点文献值为122.4 ℃。

五、思考题

①本实验中两种产物苯甲醇和苯甲酸是根据什么原理分离提纯的?用饱和的亚硫酸氢钠及10%碳酸钠溶液洗涤的目的何在?

②乙醇萃取后的水溶液,用浓盐酸酸化到中性是否最适当?为什么?不用试纸或试剂检验,怎样知道酸化已经恰当?

③怎样利用坎尼查罗反应将苯甲醛全部转化成苯甲醇?

实验77 乙酰水杨酸的合成

一、实验目的

①掌握酰化反应的原理与实验方法。

②了解酰化反应的应用领域。

③了解乙酰水杨酸的用途。

④掌握固体化合物的分离、纯化方法和操作技术。

二、实验原理

乙酰水杨酸(acetyl - salicylic acid),又名阿司匹林,是现代生活中最常用的药物之一。阿司匹林的历史开始于1763年,当时一位名叫Edward Stone的牧师发现柳树皮提取物可以缓解发烧症状。几乎1个世纪后,一位苏格兰医生想证实这种柳树皮提取物是否也能缓解急性风湿病。最终,发现这种提取物是一种强效的止痛、退热和抗炎(消肿)药。此后不久,从事研究柳树皮提取物和绣线菊属植物花(它含同样的要素)的有机化学家分离和鉴定了其中的活性成分(称之为水杨酸)。随后,此化合物便能用化学方法大规模生产以供医学上使用。但是,水杨酸作为一种有机酸,严重刺激口腔、食道和胃壁的黏膜。设法克服这个问题的第一个尝试是改用酸性较小的钠盐(水杨酸钠),水杨酸钠的刺激性虽然小些,但却有令人极不愉快的甜味,以致大多数病人不愿服用。直到接近19世纪末期(1893年)才实现了突破。当时在拜耳(Bayer)公司德国分部工作的化学师Felix Hoffman发明了一条实际可行的合成乙酰水杨酸的路线。乙酰水杨酸被证明能体现与水杨酸钠有相同的化学性质,但没有令人不愉快的味道或对黏膜的高度刺激性。拜耳公司将这种新产品称为阿司匹林(Aspirin)。

阿司匹林药片通常由约0.32 g乙酰水杨酸与水量淀粉混合压片而成。淀粉的作用在于使其粘合成片。因为乙酰化后的产物并非毫无刺激性,所以阿司匹林药片通常含有一种碱性缓冲剂,以减少对胃壁黏膜的酸性刺激作用。例如,某种市售医用阿司匹林药片中除淀粉外,含阿司匹林的质量分数为70%、二羟胺基乙酸铝的质量分数为10%、碳酸镁的质量分数为20%。

乙酰水杨酸的合成反应式为

$$\text{C}_6\text{H}_4(\text{OH})\text{COOH} + (\text{CH}_3\text{CO})_2\text{O} \xrightarrow{\text{H}_2\text{SO}_4} \text{C}_6\text{H}_4(\text{OCOCH}_3)\text{COOH} + \text{CH}_3\text{COOH}$$

三、主要仪器和药品

台秤、锥形瓶、烧杯、恒温水浴锅、恒温干燥箱、球形冷凝管、循环水泵、熔点仪。

水杨酸、乙酸酐、浓硫酸、硫酸镁。

四、实验内容

在 50 ml 的锥形瓶中加入 6.3 g(0.045 mol)干燥的水杨酸和 9.5 g(约 9 ml,0.09 mol)的乙酸酐①,然后加 10 滴浓硫酸,充分摇动。水浴加热,水杨酸立即溶解,保持瓶内温度在 70℃左右②,维持 20 min,并时加振摇。稍微冷却后,在不断搅拌下倒入 10 ml 冷水中,并用冰水冷却 15 min,抽滤。乙酰水杨酸粗产品用冰水洗涤两次,烘干得乙酰水杨酸约 7.6 g(产率约 92.5%)。

此产品可用乙醇 - 水进行重结晶③。重结晶产品约 6.5 g,熔点 134 ~ 136℃④。

乙酰水杨酸的熔点文献值为 136℃。

五、思考题

①本实验中可能存在哪些副反应?如何消除?

②在硫酸存在下,水杨酸与乙醇作用会得到什么产物?

实验 78　水质稳定剂羟基亚乙基二膦酸的合成

一、实验目的

①了解羟基亚乙基二膦酸的性能和用途。

②掌握羟基亚乙基二膦酸的合成原理和合成方法。

二、实验原理

1. 主要性质和用途

羟基亚乙基二膦酸(1-hydroxyethylidene diphosphonate, HEDP〕,又名羟基乙叉二膦酸、1,1 -

---

① 水杨酸应当干燥,乙酸酐应当是新蒸的,收集 139 ~ 140℃的馏分。

② 反应温度不宜过高,否则将增加副产物的生成,如水杨酰水杨酸酯、乙酰水杨酰水杨酸酯。

$$\text{HO-C}_6\text{H}_4\text{-C(=O)-O-C}_6\text{H}_4\text{-COOH} \qquad \text{CH}_3\text{COO-C}_6\text{H}_4\text{-C(=O)-O-C}_6\text{H}_4\text{-COOH}$$

③ 也可以用稀乙酸(1:1)或苯、汽油(40 ~ 60℃)、乙酸 - 石油醚(30 ~ 60℃)重结晶。重结晶时,其溶液不应加热过久,亦不宜用高沸点溶剂,因为乙酰水杨酸将部分分解。

④ 乙酰水杨酸易受热分解,因此熔点不易观察,它的分解温度为 128 ~ 135℃,熔点为 136℃。在测定熔点时,可先将热载体加热至 120℃左右,然后放入样品测定。

二膦酸基乙醇，为白色晶体，熔点 198 ~ 199℃，在 250℃左右分解，易溶于水，可溶于甲醇和乙醇，具有强酸性和腐蚀性，市售品为质量分数 55% 的淡黄色黏稠液体，密度 1.45 ~ 1.55 (20℃)，pH 值为 2 ~ 3。

本品是新型的无氰电镀络合剂，在循环冷却水系统中用作水质稳定剂的主剂，起缓蚀和阻垢作用。在 200℃以下有良好的阻垢作用，耐酸、碱，可在高 pH 值下使用，低毒。

有机多元膦酸是 70 年代后出现的一类新型水处理剂，它的出现使水处理技术向前迈进了一大步。有机多元膦酸较无机聚磷酸盐有很多优点，如化学性质稳定、不易水解、耐较高温度、用量小，且兼具缓蚀和阻垢性能，是目前使用量较大的水质稳定剂。

2.合成原理

将三氯化磷与冰醋酸混合后，加热，蒸馏得乙酰氯，再与亚磷酸反应制得。

$$PCl_3 + 3CH_3COOH \longrightarrow 3CH_3COCl + H_3PO_3$$

$$PCl_3 + 3H_2O \longrightarrow H_3PO_3 + 3HCl$$

$$CH_3\overset{O}{\overset{\|}{C}}Cl + 2H_3PO_3 \xrightarrow{H_2O} CH_3{-}\overset{OH}{\underset{P(O)(OH)_2}{C}}{-}P(O)(OH)_2 + HCl \quad \text{(羟基亚乙基二膦酸)}$$

三、主要仪器和药品

四口烧瓶(250 ml)、球形冷凝管、滴液漏斗(60 ml)、温度计(0 ~ 200℃)、氯化氢吸收装置、减压蒸馏装置、锥形瓶(100 ml)、烧杯(250 ml)。

三氯化磷、冰醋酸、乙醇、氢氧化钠。

四、实验内容

将 55 g 三氯化磷加入滴液漏斗中，在配有球形冷凝管、电动搅拌器和滴液漏斗的四口烧瓶中加入 25 g 冰醋酸和等量水，搅拌下缓慢滴加三氯化磷，控制反应温度低于 40℃，于 1 h 内滴完三氯化磷，室温下继续搅拌反应 15 min。此时物料呈乳浊液。

慢慢升温至 110℃，保温回流 2 h。冷却至室温后加入 20 ml 乙醇，得一透明溶液。减压蒸出乙醇，再加 20 ml 乙醇，再次减压蒸出乙醇。

将反应物倒入烧杯中，冷却后用质量分数 10% 的氢氧化钠溶液调整产物的 pH 值为 3 ~ 4，即为成品。

五、思考题

①羟基亚乙基二膦酸与无机磷酸盐水质稳定剂相比有哪些优点？

②合成羟基亚乙基二膦酸后，为什么要加入乙醇？

实验 79　乙酸丁酯的制备

一、实验目的

①掌握有机酸酯的制备原理和乙酸丁酯的制备方法。

②学习用恒沸混合物除去酯化产物中水的方法。

二、实验原理

1. 主要性质和用途

乙酸丁酯(butyl acetate)亦称乙酸正丁酯,无色液体,具有水果香味,微溶于水,能溶于乙醇、乙醚和烃类。密度 0.882 6(20℃),沸点 126.3℃,凝固点 -77℃,折射率 1.359 1(20℃)。

乙酸丁酯是良好的有机溶剂,可用于火棉胶、清漆、人造革、医药、塑料及香料工业,并可用作萃取剂和脱水剂。

2. 制备原理

有机酸酯通常用醇和羧酸在少量催化剂(如浓硫酸)的存在下,通过下列酯化反应制得

$$R-\overset{\overset{\displaystyle O}{\|}}{C}-OH + HO-R' \xrightarrow{H^+} R-\overset{\overset{\displaystyle O}{\|}}{C}-O-R' + H_2O$$

酯化反应是一个典型的酸催化可逆反应。为使反应平衡向右移动,可用过量的醇或羧酸,也可将反应中生成的酯或水及时蒸出。实验中要注意控制反应的温度、原料滴加速度和产品蒸出速度,从而使反应进行得比较完全。在制备乙酸丁酯时,采用等物质的量的乙酸和丁醇,加入极少量的浓硫酸作催化剂,进行回流,让回流冷凝液先进入一个分水器分层,水分留在分水器中,有机液不断地流回反应器中,这样,在酯化反应进行时,生成的水可以从平衡混合物中除去,使反应几乎可进行到底,得到高产率的乙醇丁酯。反应方程式为

$$CH_3-\overset{\overset{\displaystyle O}{\|}}{C}-OH + CH_3CH_2CH_2CH_2OH \overset{H^+}{\rightleftharpoons} CH_3-\overset{\overset{\displaystyle O}{\|}}{C}-OCH_2CH_2CH_2CH_3 + H_2O$$

三、主要仪器和药品

电热套、三口烧瓶(250 ml)、球形冷凝管、分水器、分液漏斗(125 ml)、锥形瓶(100 ml)、蒸馏烧瓶(50 ml)、量筒(10、100 ml)。

正丁醇、冰醋酸、浓硫酸、碳酸钠溶液(质量分数 10%)、无水硫酸镁、pH 试纸、温度计(0 ~ 200℃)。

四、实验内容

在干燥的 250 ml 三口烧瓶中加入 27.9 ml 正丁醇和 14.4 ml 冰醋酸,再加 10 滴浓硫酸,加入沸石,混合均匀,装配分水器和球形冷凝管,并在分水器中预先加水,使水位至略低于支管口。加热回流,反应一段时间后将水逐渐分去,保持分水器中水层液面在原来的高度。约 40 min后不再有水生成,则说明反应完毕。停止加热,记录分出的水量。冷却后取下回流冷凝管,把分水器中分出的酯层和三口烧瓶中的反应液一起倒入分液漏斗中。用 20 ml 水洗涤,分去水层。酯层用 25 ml 质量分数 10%碳酸钠溶液洗涤,并检验是否仍有酸性(如仍有酸性怎么办),分去水层。将酯层再用 20 ml 水洗涤一次,分去水层。将酯层倒入干燥的锥形瓶中,加少量无水硫酸镁干燥。

将干燥后的乙酸正丁酯倒入干燥的 50 ml 蒸馏烧瓶中(注意不要将硫酸镁倒进去),加入沸石,安装好蒸馏装置,加热蒸馏。收集 124 ~ 126℃的馏分,前后馏分倒入指定的回收瓶中。产品称重,并计算产率。

五、注意事项

①浓硫酸在反应中起催化剂作用,只需少量。

②本实验利用恒沸混合物除去酯化反应中生成的水。正丁醇、乙酸正丁酯和水可能形成下表中的几种恒沸混合物。

恒沸混合物		沸点/℃	w(组成)/%		
			乙酸正丁酯	正丁醇	水
二元	乙酸正丁酯-水	90.7	72.9		27.1
	正丁醇-水	93.0		55.5	14.5
	乙酸正丁酸-正丁醇	117.6	32.8	67.2	
三元	乙酸正丁酯-正丁醇-水	90.7	63.0	8.0	29.0

含水的恒沸混合物冷凝为液体时,分为两层,上层为含少量水的酯和醇,下层主要是水。

③根据分出的总水量(注意扣去预先加到分水器中的水量),可以粗略地估计酯化反应完成的程度。

六、思考题

①本实验是根据什么原理来提高乙酸正丁酯产率的?

②计算反应安全时应分出的水量?

③反应中生成的水是怎样分去的?

实验 80 乙酸纤维素的制备

一、实验目的

①掌握乙酸纤维素的制备方法。

②了解纤维素的结构特征。

二、实验原理

1.主要性质和用途

乙酸纤维素(cellulose acetate)是无定形链状高分子化合物,对光稳定,不易燃烧,在稀酸、汽油、矿物油、植物油中稳定,在三氯甲烷中溶胀,溶于丙酮、乙酸甲酯等。具有坚韧、透明、光泽好等优点,流动性好,易加工,主要用作水处理渗透膜,所用已成型的膜呈乳白色,半透明,有一定的韧性。它具有非对称结构,膜的表皮结构致密,孔隙很小,其内部的多孔层结构疏松,孔隙较大。表皮层与多孔层之间为过渡层,各层之间并没有截然分开的界限。

2.合成原理

纤维素是由葡萄糖分子缩合而成的高分子化合物。葡萄糖是一个六碳糖,其第五个碳原子上的羟基与醛基形成半缩醛,产生两种构型

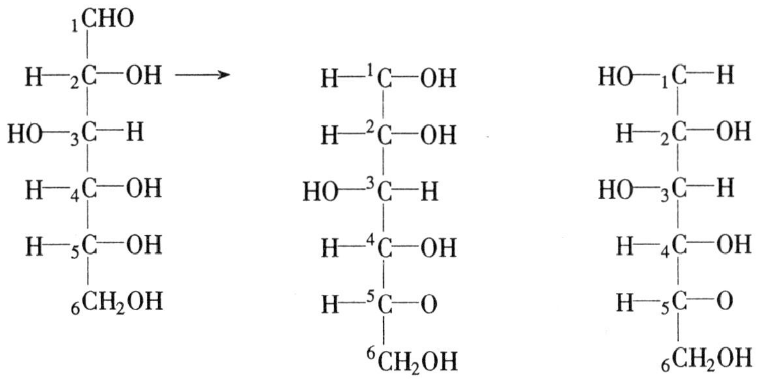

$_1CHO$
H—$_2$C—OH
HO—$_3$C—H
H—$_4$C—OH
H—$_5$C—OH
$_6CH_2OH$

→

H—^{1}C—OH
H—^{2}C—OH
HO—^{3}C—H
H—^{4}C—OH
H—^{5}C—O
$^6CH_2OH$

α - 葡萄糖

HO—$_1$C—H
H—$_2$C—OH
HO—$_3$C—H
H—$_4$C—OH
H—$_5$C—O
$_6CH_2OH$

β - 葡萄糖

$_1$C与$_2$C上羟基处于一侧为 α - 葡萄糖，处于两侧为 β - 葡萄糖。

α - 葡萄糖的聚缩产物为淀粉

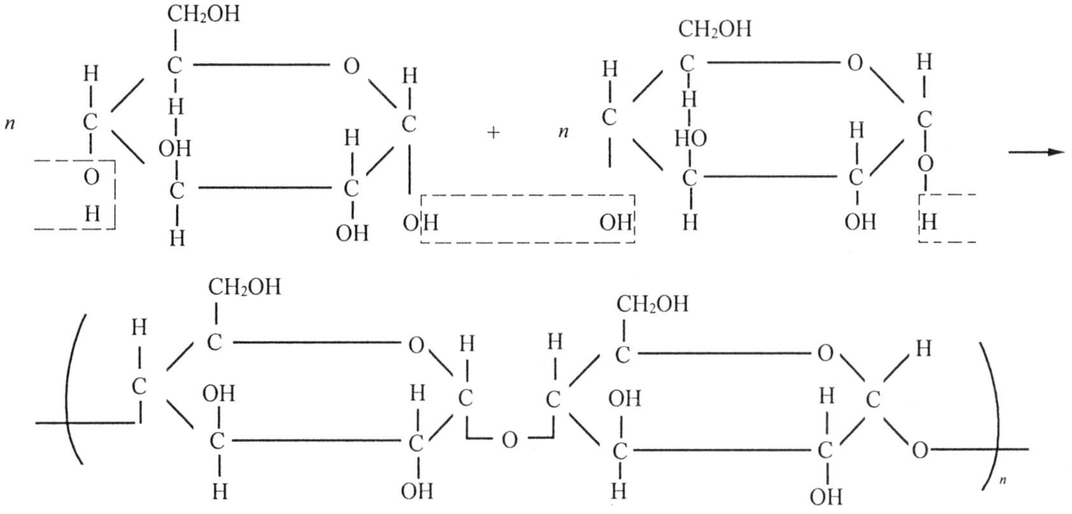

n
CH_2OH
H C O H
C H C
OH H
O C
H H C OH
OH OH
+ n
CH_2OH
H C O H
C H C
HO H
C O
H C C H
H OH
→

CH_2OH CH_2OH
H C O H H C O H
C OH H C O C OH H C
C C C C O
H OH H OH
n

β - 葡萄糖的聚缩产物为纤维素

CH_2OH CH_2OH
n H C O H OH + C O OH
C OH C C OH C
HO C H C O H H C H C OH
OH H H
→

CH_2OH CH_2OH
H C O C O O
C H OH H C H C O H C H OH H C H
C C C C
H OH H OH
n

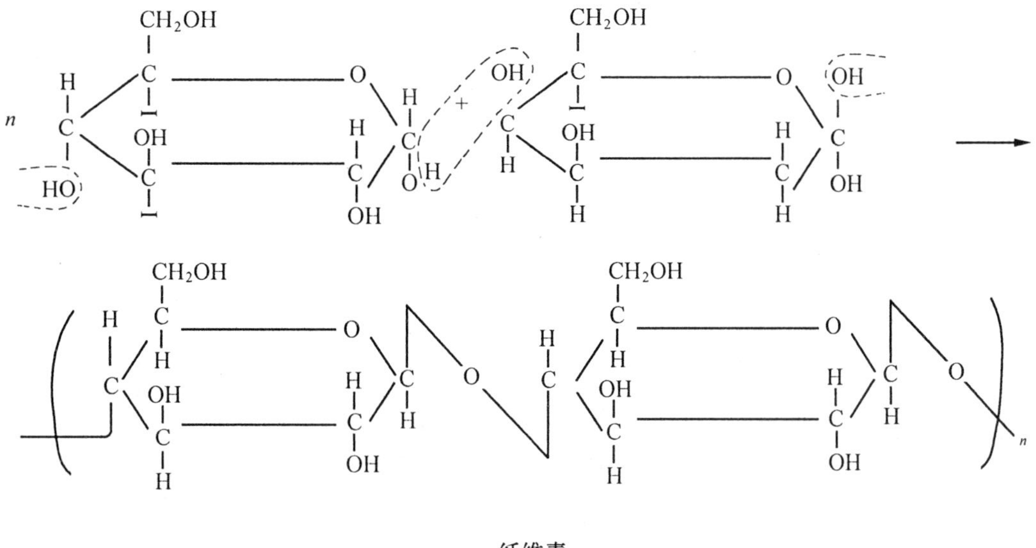

纤维素

本实验将棉花(几乎是纯净的纤维素)用乙酸酐进行酰化,以制备乙酸纤维素。纤维素分子间由于有众多羟基,所产生的氢键使大分子间有很强的作用力,所以不溶于有机溶剂,加热亦不能使其熔化,从而限制了它多方面的应用。

若将纤维素分子上的羟基乙酰化,减少大分子间的氢键作用,根据酰化的程度,使它可溶于丙酮或其他有机溶剂,使纤维素的应用得以扩展。

构成纤维素的每个葡萄糖分子上有三个羟基,根据其酰化时所加醋酐和醋酸混合液与纤维素配比不同,可得到一乙酸纤维素、二乙酸纤维素、三乙酸纤维素。其结构通式为 $\left[C_6H_7O_2(OCOCH_3)_x(OH)_{3-x} \right]_n$,其中一乙酸纤维素的 $x = 1.79 \sim 1.95$,相当于结合醋酸值 44% ~ 48%。产品为疏松的白色小粒或纤维碎粉状物,无臭、无味、无毒。相对密度约为 1.30,可溶于冰醋酸、氯仿、丙酮与水的混合物等溶剂中。主要用于合成药物肠溶衣的原料苯二甲酸醋酸纤维素和醋酸纤维过滤膜,亦可用于印刷工业制板和电影胶片片基的铜带流涎机上的表面皂化镜光层等。二乙酸纤维素的 $x = 2.28 \sim 2.49$,相当于结合醋酸值 53% ~ 56%。产品为较疏松的白色小颗粒或纤维碎粉状物,无臭、无味、无毒。比重约为 1.36,可溶于冰醋酸、氯仿、醋酸甲酯、丙酮等溶剂,其溶液具有成膜性和可纺性,可供香烟过滤嘴或织物用,也可制蛋白电泳分析薄膜、细菌滤膜、反渗透和超过滤膜、微孔过滤膜,还可用作涂料、玻璃纤维黏结剂、民族戏剧服饰、头饰、膜剂药物基质和电介电容器薄膜等。三乙酸纤维素的 $x = 2.8 \sim 2.9$,相当于结合醋酸值 60.1% ~ 61.2%。产品为白色小颗粒或细条,无臭、无味、无毒。相对密度约为 1.33,可溶于氯仿、四氯乙烷、苯胺、苯酚、液态二氧化硫,在丙酮中膨胀不溶。其溶液具有成膜性和可纺性。主要用作电影、摄影、X 光片等胶片片基原料,也可用于纺丝作人造纤维及渗透技术中的半透膜、抗潮火柴组分、电绝缘材料、过滤材料、焰火药剂组分、薄膜放射性剂量仪的膜材料等。

将三乙酸纤维素部分皂化,则可得 2,5 - 乙酸纤维素,即为通常所说的乙酸纤维素,其可溶于丙酮,用处相对较大。

三、主要仪器和药品

烧杯(400 ml)、吸滤瓶、布氏漏斗、玻璃水泵、电热水浴锅。

脱脂棉、冰醋酸、乙酸酐、浓硫酸、丙酮、苯、甲醇。

四、实验内容

1.纤维素的乙酰化

在 400 ml 烧杯中加 10 g 脱脂棉、70 ml 冰醋酸、0.3 ml(6 ~ 10 滴)浓硫酸(不得直接加到棉花上)、50 ml 乙酸酐。盖一表面皿于 50℃的水浴中加热。每隔一段时间用玻璃棒搅拌,使纤维素酰基化,1.5 ~ 2 h 后,成均相糊状物,棉花纤维素的全部羟基均被乙酸酐酰化,用它分离出三乙酸纤维素和制备 2,5 - 乙酸纤维素。

2.三乙酸纤维素的分离

取上面制得的糊状物的一半倒入另一 400 ml 烧杯,加热至 60℃,搅拌下慢慢加入 25 ml 质量分数 80% 乙酸(已预热至 60℃),以破坏过量三乙酸酐(不要加得太快,以免三乙酸纤维素沉淀出来),在 60℃保温 15 min 后,搅拌下慢慢加入 25 ml 水,再以较快速度加入 200 ml 水,白色、松散的三乙酸纤维素即沉淀出来。将沉淀出的三乙酸纤维素转入布氏漏斗中吸滤后,分散于 300 ml 水中,倾去上层水,并洗至中性,再滤出三乙酸纤维素,用瓶盖将水压干,于 105℃下干燥,产量约 7 g,可溶于 9:1(体积比)二氯甲烷－甲醇混合溶剂中,不溶于丙酮及沸腾的 1:1(体积比)苯－甲醇混合液。

3.2,5－乙酸纤维素的制备

将另一半糊状物于 60℃,搅拌下慢慢倒入 50 ml 质量分数 70% 乙酸(已预热至 60℃)及 0.14 ml(3～5 滴)浓硫酸的混合物中,于 80℃水浴中加热 2 h,使三乙酸纤维素部分皂化,得 2,5－乙酸纤维素,之后加水、洗涤、吸滤等过程与三乙酸纤维素制备相同,产量约 6 g。产品可溶于丙酮及 1:1 苯－甲醇混合溶剂。

五、注意事项

①因本实验所用棉花及制得纤维素体积较大,故可按确定量的 1/2 操作。

②制备三乙酸纤维素时,浓硫酸不可直接滴在棉花上,待冰醋酸、乙酸酐将棉花浸润后再滴,或直接加入冰醋酸。

六、思考题

①试计算本实验中纤维素羟基与乙酸酐之物质的量比。乙酸酐过量多少?破坏这些乙酸酐需要多少水?

②计算本实验的产率,并列出溶解度试验结果。

实验 81　牡蛎壳中提取活性钙

一、实验目的

①了解从海洋生物(牡蛎)壳中提取活性钙的方法和所使用的设备。

②了解活性钙的主要性质和用途。

二、实验原理

1.主要性质和用途

钙是人类正常生存不可缺少的元素之一,也是人体含量最丰富的元素之一,成年人体中钙的总质量为 1 kg 左右,其中 99%积存于骨组织。人们常认为,人体可能缺少微量元素(如锌、锰等),作为常量元素的钙,则能从食物中满足需要。但资料表明,人在 25 岁以后普遍开始出现骨衰老,需要补充钙质。目前,我国营养标准要求成年人每日钙摄入量为 800 mg,而我国人均摄钙量仅达到标准摄钙量的 60%左右,远低于西方国家,且我国目前已有 60%的人明显缺钙。对于生长发育期的儿童、骨质疏松的老人及孕妇等尤其需要补充钙质,以保证健康。

此外,根据日本著名的大阪大学医学院提出的“血液酸碱平衡学说”,维持血液的弱碱性是得到健康体质的保证。这是因为,弱碱性血液能使血液循环良好,新陈代谢顺畅。而酸性血液污浊,胆固醇含量高,易造成循环不良,成为各种病原体的病灶,导致身体病态。现代人的饮食中,鱼、肉、禽蛋食品、油盐等调味品及各种酸性饮料,罐头、酒类均是人体酸毒的主要来源。人体自身拥有一套完整的中和酸毒系统,即依靠钙等矿物离子的生理作用,制造解毒物质和抗菌分泌液,并由血液中离子状态的钙等来中和由食物和空气溶入血液的过多酸性物质及细胞因燃烧糖类所产生的磷酸、硫酸等,未被中和部分再由肾脏滤掉。

因此,缺钙对健康威胁较大,多种疾病(诸如佝偻病、骨质疏松、牙齿松动、腰酸背痛等)均与缺钙有关。可见,补钙刻不容缓。人们固然能从食物中摄取一定量的钙,但往往远满足不了身体的需要。而且在我国,以进食植物来源的食品为主,营养调查结果表明,植物性食物所含的钙不易被人体吸收,这就造成了缺钙。为此,人们通常采用外服补钙制剂的方式,这不失为一种有效和快捷的方法。而常采用的化合物钙剂,如磷酸氢钙、乳酸钙等的主要缺点是肠壁吸收性差,并对消化道有刺激作用。因此,吸收性成为制约补钙制剂性能的关键因素之一。

活性钙是从富含丰富钙盐成分的海洋生物(牡蛎)壳中提取出来的具有一定生物活性的钙制剂。它采用纯天然原料,不掺加任何化学物质,经临床试验及科学检测表明,活化后的钙剂除含有易被人体吸收的钙素外,还有大量的微量元素,在加工过程中被伴随活化,其中大部分是具有生理功能的酶系统和蛋白质系统的关键成分。因此,活性钙剂除具有补充骨钙、激活细胞、净化血液、解毒等作用外,还能协同维生素发挥作用。可作为长效补钙剂或作为多种食品的添加成分,实现方便、快捷吸收。

2.制备原理

$$CaCO_3 \xrightarrow{\text{加热}} CaO$$

$$CaO + H_2O \xrightarrow{\text{加热}} CaO \cdot H_2O$$

牡蛎壳的主要成分为 $CaCO_3$,经高温焙烧活化后成 CaO,将 CaO 与去离子水以物质的量化为 1:1 混合,即可得到易于人体吸收的活性钙。

活性钙的制备工艺流程为

牡蛎壳 $\xrightarrow{\text{洗净去杂}}$ 粉碎 ⟶ 焙烧(1 300℃) ⟶ 浸润 ⟶ 筛分 ⟶ 成品

三、主要仪器和药品

高温炉、DWK-702 自动控温仪、烧杯(500 ml)、研钵、MgO 坩埚、100 目筛、烘箱、电炉、水浴锅、试剂瓶(1 000 ml)、容量瓶(100 ml、250 ml)、移液管(25 ml)、锥形瓶、量筒(10 ml)、台秤。

牡蛎壳、EDTA(0.02 $mol \cdot L^{-1}$)、NaOH(10%)、三乙醇胺、酒石酸铵、钙指示剂(0.2 g 钙红指示剂与 100 g 氯化钠充分研细混匀,装于棕色瓶中,密闭保存)。

四、实验内容

1.牡蛎壳的焙烧

粗称牡蛎壳 30 g,砸成较小的细块,洗净,放入加热炉中于 1 300℃处理约 2 h。取出后经研磨、筛分后称量筛下物。

制备工艺流程为

牡蛎壳粉碎(2 cm×2 cm) ⟶ 清洗 ⟶ 烘干(105℃) $\xrightarrow{\text{称重}}$ 高温焙烧(1 350℃,约 2 h) $\xrightarrow{\text{称重}}$ 研磨 ⟶ 过筛(100 目) ⟶ 称重。

2.CaO 的活化

将已知量的筛下物放入烧杯中,按 1:1 物质的量比加入去离子水并置于电炉上加热搅拌,待反应充分,烧杯内物质呈粉末状后,80℃烘干,称重,计算提取率。

3.钙含量的测定

(1) 配制待测 Ca 溶液

准确称取约 8.000 0 g 活性钙样品于 300 ml 烧杯中，加去离子水（$T \approx 100℃$），搅拌溶解，待全部溶解并冷却后，移至 250 ml 容量瓶中，稀释至刻度，摇匀。用移液管移取上述溶液 25 ml 于 100 ml 容量瓶，稀释至刻度，摇匀备用。

(2) 滴定

用移液管移取稀释后的试液 25 ml 于锥形瓶中，依次加入去离子水 25 ml、质量分数 20% NaOH 10 ml、三乙醇胺 5 ml、酒石酸铵 2.5 ml 摇匀，加钙指示剂（或用紫脲酸铵代替）0.2 g 左右，立即用 EDTA 标准溶液滴定至由酒红色变为亮蓝色（或紫色）为终点，记下消耗 EDTA 溶液的体积。

(3) 计算

每 g 样品中钙的含量为

$$w(\mathrm{Ca}) = \frac{c(\mathrm{EDTA})\mathrm{mol \cdot L^{-1}} \times V(\mathrm{EDTA})\mathrm{ml}}{25 \times 8} \times \frac{100}{1\ 000} \times \frac{250}{25} \times 40.08 \times 100\% = c(\mathrm{EDTA})\mathrm{mol \cdot L^{-1}} \times V(\mathrm{EDTA})\mathrm{ml} \times 20.04\%$$

五、注意事项

①钙指示剂（钙红），其钠盐称为钙羧酸钠，也可用紫脲酸铵（$C_8H_8N_6O_6 \cdot H_2O$）代替，则滴定终点由红色变为紫色。

②坩埚从加热炉中取出后应缓慢降温。

③CaO 活化处理时，加水后不宜立即搅拌，应待烧结物整体膨胀后再稍搅拌，则易保证高的提取率。

六、思考题

①本实验所制活性钙的主要成分是什么？

②焙烧的目的是什么？

③钙含量测定中为什么一定用去离子水？

实验 82　植物废弃物中提取果胶

一、实验目的

① 掌握从甜菜渣、橘皮等植物废弃物中提取果胶的原理和方法。

② 了解果胶的主要性质和用途。

二、实验原理

1. 主要性质和用途

果胶（pectin）属多糖类植物胶，以原果胶的形式存在于高等植物的叶、茎、根等的细胞壁内，与细胞彼此粘合在一起，由水溶性果胶和纤维素结合而成不溶于水的成分。未成熟水果因果实细胞壁中有原果胶存在，因此组织坚实。随着果实不断生长成熟，原果胶在酶的作用下分解为（水溶性）果胶酸和纤维素。果胶酸再在酶的作用下继续分解为低分子半乳糖醛酸和 α－半乳糖醛酸，原果胶含量逐渐减少，因而果皮不断变薄变软。原果胶在水和酸中加热，可分解为水溶性果胶酸。果胶在果实及叶中的含量较多。在成熟水果的果皮和苹果渣、甜菜渣中都含有质量分数 20%～50%的果胶。

各种果实、果皮中的原果胶,通常以部分甲基化了多缩半乳糖醛酸的钙盐或镁盐形式存在,经稀盐酸水解,可以得到水溶性果胶,即多缩半乳糖醛酸的甲酯。果胶的基本化学组成是半乳糖醛酸,基本结构是 *D*－吡喃半乳糖醛酸以 *α*－1,4－糖苷连接的长链,通常以部分甲酯化状态存在,其结构式为

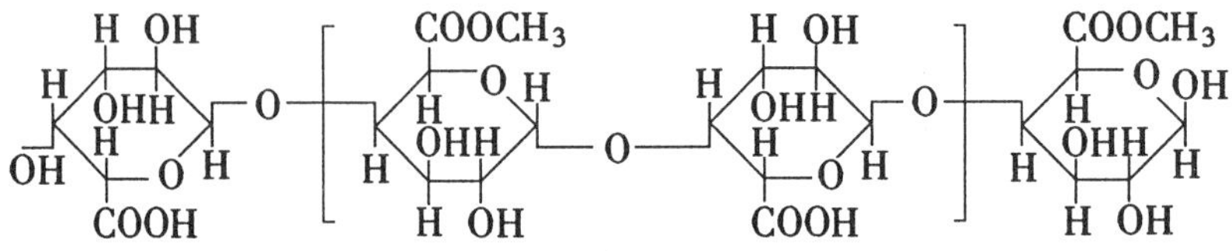

果胶水解时,产生果胶酸和甲醇等,其反应式为

$$C_{41}H_{60}O_{36} + 9H_2O = 2CH_3OH + 2CH_3COOH + C_5H_{10}O_5 + C_6H_{12}O_6 + 4C_6H_{10}O_7\text{(果胶酸)}$$

果胶是高分子聚合物,可从植物组织中分离提取出来,其相对分子质量在 5 万～30 万之间,为淡黄色或白色的粉末状固体,味微酸,能溶于 20 倍水中生成黏稠状液体,不溶于酒精及一般的有机溶剂。若先用酒精、甘油或糖浆等浸润,则极易溶于水中。果胶在酸性条件下稳定,但遇强酸、强碱易分解,在室温下可与强碱作用生成果胶酸盐。

果胶具有良好的胶凝化和乳化作用,在食品工业、医药工业和轻工业中有广泛的用途。它可以用于制备低浓度果酱、果冻及胶状食物,作结冻剂;用作果汁饮料、乳品、巧克力、速冻饮粉和糖果等食品中的添加剂;也可用作冷饮食品的稳定剂。在医药上果胶可用作金属中毒的解毒剂以及用于防止血液凝固、肠出血和治疗便秘等病症。在纺织工业中,是一种良好的乳化剂;在轻工业生产中可用来制造化妆品,并可用作油和水之间的乳化剂。果胶其他方面的用途仍在不断开发之中。

2.提取原理

果胶分子中部分羧基很容易与钾、钠、铜或铵离子反应生成盐。根据这一特性,可先将果胶溶液调至一定 pH 值,再把金属盐加入溶液中,使其与果胶中的羧基反应生成果胶盐。由于果胶盐不溶于水,便在溶液中沉淀出来。经分离后,用酸将金属离子置换出来,金属离子由于形成氯化物而溶于水中。另外,果胶能溶解于水成为乳浊状胶体溶液,因此可在稀酸加热条件下,将果胶转化为水溶性果胶,而利用其不溶于乙醇的特性,在果胶液中加入适量乙醇,果胶即可沉淀析出。相比之下,后一方法较为简单,其涉及的提取过程主要包括两个过程:用稀酸从橘皮、甜菜渣等中浸提出果胶(即原果胶向水溶性果胶转化);可溶性果胶向液相的转移,进而在液相中浓缩、沉降和干燥。沉降过程可以采用乙醇沉析或用金属电解质盐沉析。

提果胶的工艺流程为

干渣复水⟶煮沸去霉⟶漂洗⟶沥干$\xrightarrow{\text{稀酸}}$抽提⟶过滤($\xrightarrow{\text{稀酸}}$成盐⟶水洗抽滤$\xrightarrow{\text{浓酸}}$分解)$\xrightarrow{\text{乙醇}}$沉析⟶分离⟶纯化⟶脱水干燥⟶成品

三、主要仪器和药品

三口烧瓶、布氏漏斗、抽滤瓶、真空水泵、烧杯(250 ml、500 ml)、表面皿、球形冷凝管、温度计(0～200 ℃)、台秤、水浴锅、漏斗、滤纸、烘箱、pH 计、移液管、研钵、容量瓶(250 ml、500 ml)、

滴定管。

橘皮(或干甜菜渣)、盐酸(质量分数 36%)、乙醇(质量分数 95%以上)、NaOH(0.1 $mol \cdot L^{-1}$)、蔗糖、柠檬酸、氯化钙(质量分数 11.1%)、硝酸银(质量分数 2%)、EDTA(0.02 $mol \cdot L^{-1}$)、钙指示剂(1 g 钙指示剂与 97 g 硫酸钾研成粉末)、乙酸水溶液(约为1 $mol \cdot L^{-1}$,用质量分数 36%醋酸 16 ml,加水 84 ml)。

四、实验内容

1.果胶的提取

粗称橘皮或甜菜渣约 20 g,于 250 ml 烧杯中,加入约 100 ml 去离子水,在 45℃下浸泡 45 min后,煮沸 5 min,将大部分水沥出后,用清水漂洗 3~4 次,滤干,置于表面皿上,在 80℃烘箱中烘干。

准确称取 15 g 干燥后的甜菜渣,加入盛有 400 ml pH 值为 1.5 盐酸溶液的三口烧瓶中,于 80℃下提取 2 h。将上述提取液转入抽滤瓶中,用水泵抽滤(若杂质太多,可少加些硅藻土)。滤液用浓氨水调节至中性后,放入真空干燥箱中,将溶液浓缩至 80 ml 左右,搅拌下向其中缓慢滴加 80 ml 乙醇,得絮状物。静置后抽滤,用乙醇反复洗数次。滤饼置于表面皿中于 40~50℃下烘干。计算收率。

2.果胶的检测

(1)果胶的鉴定

取试样 0.4 g 加水 30 ml,加热并不断搅拌,使其完全溶解。加蔗糖 35.6 g,继续加热浓缩至 54.7 g,倒入含有 0.8 ml 质量分数 12.5%柠檬酸溶液的烧杯中,冷却后即呈柔软而有弹性的胶胨(高酯果胶)。

(2)果胶含量的测定

称取干样品 0.45~0.50 g 于 250 ml 烧杯中,加水约 150 ml,搅拌下在 70~80℃水浴中加热,使之完全溶解。冷却后移入 250 ml 容量瓶中,用水稀释至刻度,充分振摇均匀。

吸取制备的样品溶液 25 ml 于 500 ml 烧杯中,加入 0.1 $mol \cdot L^{-1}$氢氧化钠溶液 100 ml,放置 30 min,使果胶皂化,加 1 $mol \cdot L^{-1}$醋酸溶液 50 ml,5 min 后加质量分数 11.1%氯化钙溶液50 ml,搅拌,放置 30 min,煮沸约 5 min,立即用定性滤纸过滤,用沸水洗涤沉淀,直至滤液对硝酸银不起反应为止,将滤纸上沉淀用沸水冲洗于锥形瓶中,加入质量分数 10%氢氧化钠溶液5 ml,用小火加热使果胶酸钙完全溶解,冷却,加入 0.4 g 钙指示剂,以 0.02 $mol \cdot L^{-1}$EDTA 标准液滴定,溶液由紫红色变为蓝色为终点。

$$w(\text{果胶酸}) = (V \times c \times 40.08 \times 92)/8 \times m \times 100\%$$

式中 V——EDTA 的体积,L;

c——EDTA 的浓度,$mol \cdot L^{-1}$;

40.08——钙的摩尔质量,g;

92/8——根据果胶酸钙中钙的质量分数为 8%推算出的果胶酸含量系数;

m——样品质量,g。

五、注意事项

①实验中需使用去离子水,以利于果胶的萃取。

②实验中应严格控制酸提取时的 pH 值在 1.5~2.5 之间。

③浓缩处理时,温度不宜超过 40℃。

六、思考题

①为什么果胶的提取温度不宜过高(不超过 100℃)?

②酸液的 pH 值是否会对果胶产量和质量产生影响,为什么?

实验 83　天然营养美容药可溶性甲壳素的制备

一、实验目的

① 掌握可溶性甲壳素的制备原理和方法。

② 了解甲壳素的主要性质和用途。

二、实验原理

1.主要性质和用途

甲壳素又名甲壳质,化学名称为聚 - 2 - 乙酰胺基 - 2 - 脱氧 - *D* - 吡喃葡萄糖,广泛存在于自然界低等动物、菌类、虾、蟹等的外壳中,是除纤维素以外的又一大类重要的天然多糖。虾、蟹壳经稀酸、稀碱处理脱除蛋白质、碳酸钙后的剩余物主要为甲壳素。在虾、蟹壳的成分中,甲壳素约占 20%。

甲壳素一般不溶于水、稀酸、稀碱和常用的有机溶剂中,故又名不溶性甲壳素。经浓碱处理,甲壳素分子中乙酰基会逐渐水解脱除。当分子中大部分乙酰基(70%以上)脱除后,甲壳素就能在酸液中溶解。脱去分子中乙酰基后的甲壳素称为可溶性甲壳素,也称为壳聚糖。壳聚糖能在有机酸(乙酸、甲酸)、无机酸中分散溶解成黏稠胶体,这是壳聚糖最重要、最有用的性质之一,因而常将它溶于稀酸中使用。壳聚糖在酸性溶液中能逐渐水解,黏度降低,最终生成葡萄糖胺。

甲壳素以及壳聚糖具有明显碱性、较强的化学活性、优异的成膜性能、良好的生物相容性和生物可降解性。其降解产物为对人体无害的 *N* - 乙酰氨基葡萄糖和氨基葡萄糖,降解过程中产生的低相对分子质量甲壳素(胺)或其寡聚糖在体内不积累、无免疫源性。甲壳素及其衍生物无毒、无味,可广泛用作化妆品的原料;其酶解后可被人体组织吸收,可用于制备手术缝合线、人工皮肤、伤口敷料、人造血管、止血海绵、抗癌药物、缓释药物以及人工肝脏吸附解毒剂等。此外,由于甲壳素及其衍生物具备海绵状的特殊结构和溶胀性能,通过适当的交联反应和制备方法,可以控制药物持续释放,改善药物的溶解性和吸收性,使分散在甲壳素或其衍生物中的药物达到理想的释放速率。随着研究的深入,甲壳素及其衍生物作为具有独特性能的生物医学材料,越来越引起人们的兴趣,在生物医学领域有着广泛的应用前景。

2.制备原理

洁净的虾、蟹壳经浸酸(脱钙)、碱煮(脱蛋白)、氧化还原(漂白脱色)后,可得到甲壳素。甲壳素在浓碱液中处理,经脱除质量分数 70%以上乙酰基后即可得到可溶性甲壳素,其工艺流程为

虾、蟹壳 $\xrightarrow{\text{择选,清洗}}$ 净壳 $\xrightarrow[\text{脱钙}]{\text{浸酸}}$ 除去无机盐的壳

$\xrightarrow{\text{清洗}}$ $\xrightarrow{\text{烧碱液煮[脱蛋白、消化]}}$ $\xrightarrow{\text{清洗}}$ $\xrightarrow[\text{漂白}]{\text{氧化、还原}}$ 晒干 $\longrightarrow$ 甲壳素

$\xrightarrow[\text{脱乙酰基}]{\text{浓烧碱液保温}}$ $\xrightarrow{\text{清洗}}$ 晒干(或烘干)⟶可溶性甲壳素

其中,脱乙酰基反应方程式为

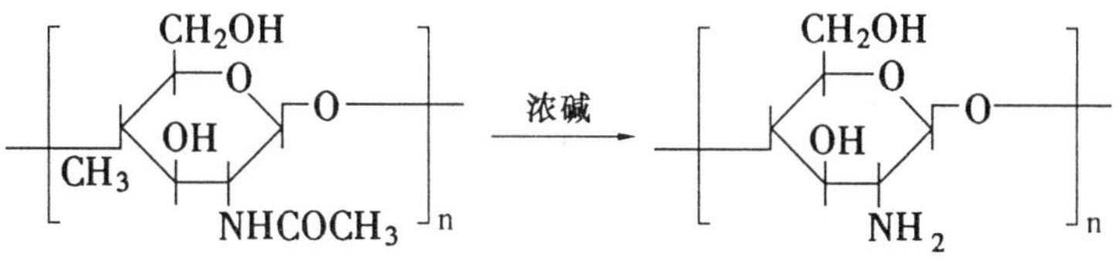

甲壳素 $\xrightarrow{\text{浓碱}}$ 壳聚糖

三、主要仪器和药品

塑料烧杯(1 000 ml)、锥形瓶(250 ml)、恒温水浴、不锈钢反应釜(2 000 ml)、玻璃棒、电动搅拌器、NDJ－1 型旋转黏度计、烘箱、电热套。

虾、蟹壳、盐酸、NaOH、$KMnO_4$(质量分数为 1%)、$NaHSO_3$。

四、实验内容

1. 可溶性甲壳素的制备

将虾、蟹壳去杂、洗净后,浸入质量分数 4% ~ 6%盐酸中,室温下处理 2 ~ 4 h,取出,洗至中性。浸入质量分数 10%NaOH 溶液中,在 100℃下煮 2 ~ 4 h,洗至中性后再浸入质量分数 1% $KMnO_4$ 中 5 min,倾去溶液,然后在 pH＝2 的溶液中加适量的 $NaHSO_3$,数分钟后,洗至中性。在质量分数 40% ~ 60%NaOH 介质中,于 110℃条件下处理 2.5 h,用热水洗至中性,真空干燥后得到白色产物。

2. 可溶性甲壳素性能测定

(1) 溶解性

取少量可溶性甲壳素样品分别放于 10.0 ml 质量分数 0.5%乙酸溶液和 10.0 ml 0.1 $mol \cdot L^{-1}$盐酸溶液中,观察其在乙酸和盐酸中的溶解性。

(2) 黏度及相对分子质量的测定

准确称取可溶性甲壳素,采用稀释法,以 0.1 $mol \cdot L^{-1}$乙酸、0.2 $mol \cdot L^{-1}$NaCl 溶液为溶剂,使壳聚糖的初始质量浓度为 0.1 $g \cdot L^{-1}$。待完全溶解后,用 NDJ－1 型旋转黏度计测定各浓度下壳聚糖溶液黏度值,作图外推求得其绝对黏度$[\eta]$,代入经验公式$[\eta]=1.81\times10^{-3}M^{0.93}$,求得其黏均相对分子质量 M。

(3)脱乙酰度的测定

准确称取 0.2 g 样品置于 250 ml 锥形瓶中,加入 0.1 $mol \cdot L^{-1}$盐酸标准溶液 30 ml(用时标定),搅拌 0.5 ~ 1 h 至完全溶解,以甲基橙为指示剂,用 0.1 $mol \cdot L^{-1}$NaOH 标准溶液滴定过量的盐酸至终点。另取一份试样置于 105 ℃烘箱中,烘至恒重,测定试样水分含量。

脱乙酰度的计算可采用下式

$$D.D=\frac{(c_1V_1-c_2V_2)\times0.016}{m(100-w)\times0.0994}\times100\%$$

式中　c_1——盐酸标准溶液的浓度,$mol \cdot L^{-1}$;

V_1——加入盐酸标准溶液的体积,ml;

c_2——氢氧化钠标准溶液的浓度,$mol \cdot L^{-1}$;

V_2——消耗氢氧化钠标准溶液的体积,ml;

m——试样的质量,g;

w——试样的水分质量分数,%;

0.016——与1 ml 1 mol·L^{-1}盐酸溶液相当的胺量,g;

0.099 4——可溶性甲壳素中的理论氨基含量。

五、思考题

①制备过程中加入稀酸和稀碱的作用分别是什么?

②为什么脱去乙酰基后的甲壳素可以在稀酸中溶解?

实验84 无甲醛织物整理剂的制备

一、实验目的

① 掌握无甲醛织物整理剂的制备原理和方法。

② 了解壳聚糖的主要性质和用途。

二、实验原理

1.纺织品的后整理

棉、麻、毛、化纤及各类混纺织物在生产过程中均需进行印染后整理,以改善织物的外观和内在质量,提高织物的服用性能或赋予织物特种用途。如纯棉、粘胶纤维及其混纺织物虽具有许多优良性能,但都存在弹性差、易变形、易折皱等明显不足。为克服这些缺点,往往采用各种树脂整理剂对其进行防皱、防缩等后整理。目前,纺织品的后整理已成为印染生产过程中十分重要的环节。

纺织品的后整理是指织物染印等加工后所采用的以提高和改善织物的品质、提高商品附加价值为目的的处理过程,可分为物理整理(主要包括手感整理、定型整理、外观整理等)和化学整理(主要包括树脂整理、防护整理、模拟整理、高级整理等)。当前随着纺织品加工深度和加工精度的不断提高,各种新颖纺织纤维的广泛采用,新工艺、新技术的日益发展,纺织品的后整理愈来愈发达,采用的方法愈来愈多。但国内外化学整理仍以树脂整理为主。

树脂整理是利用化学方法改变纤维的物理和化学特性的一种整理方法,通过应用合成树脂能赋予纺织品以防皱、防缩、硬挺等特性。目前使用的合成树脂中,主要是基于含有羟甲基基团的乙二醛脲化合物为基础进行的。羟甲基位于两个氮原子上,且较易水解,从而可释放出游离甲醛,且甲醛的释放在织物处理工序的任一阶段及成品的贮存过程中都可发生。如二羟甲基二羟基乙烯脲(DMDHEU,简称2D)树脂是当前国内纺织染整业中应用较广的一类交联型树脂,它既可单独使用,也可和其他树脂混合使用,是涤/棉混纺织物等耐久压烫整理的主要树脂整理剂,综合性能较好。但同样会释放游离甲醛,且整理工艺较复杂。

甲醛是一种有刺激性和毒性的物质,含甲醛整理剂整理的织物,在加工和贮藏时会释放甲醛,影响工人和消费者的健康。近年来各国政府先后制定了各种控制甲醛的法规和标准,迫使人们竞相研究降低释放甲醛的措施,开发少甲醛和无甲醛织物整理剂和整理工艺。不过,关于甲醛公害问题,至今还没有完善的解决方法。

无甲醛织物整理剂是以节肢动物甲壳中提取的高聚物——甲壳素和壳聚糖为主要原料,利用其与纤维素分子结构极为相似、两者具有一定的结合力、可以产生物理吸附、不含甲醛等特点,对其进行化学改性,改善常用整理剂在加工和贮存时的甲醛释放,达到少甲醛和无甲醛整理的效果。

甲壳素、壳聚糖和纤维素的分子结构分别为

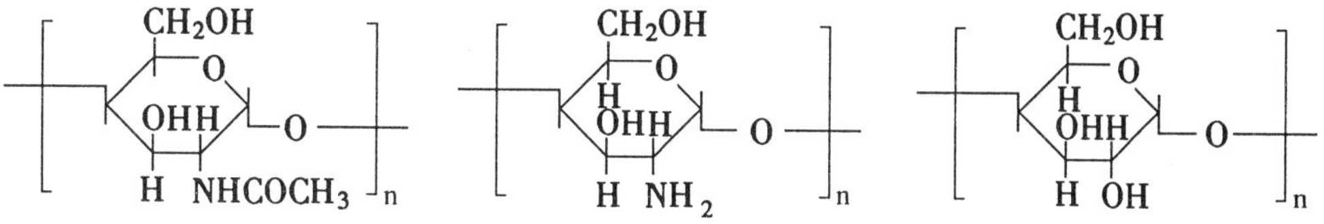

甲壳素　　壳聚糖　　纤维素

当织物经过以壳聚糖为主要原料的整理剂浸轧、烘干后，纤维表面便形成一层十分牢固的不溶于水的保护膜，不仅使织物具有防皱、防缩、耐磨、耐洗、防腐、防虫蛀等优良性能，而且使织物富有光泽、挺括的外观和滑爽、柔软的手感，还能赋予涤纶、锦纶及腈纶类织物明显的抗静电性能。

2. 制备原理

利用壳聚糖的溶解性、成膜性、具有可反应官能团（$—NH_2$、—OH）以及甲壳素、壳聚糖与纤维素结构的相似性，采用乙酸酐作为壳聚糖改性剂，研制壳聚糖型无甲醛织物整理剂，使整理剂及整理工艺无毒无害，符合环保要求。

壳聚糖的改性原理为

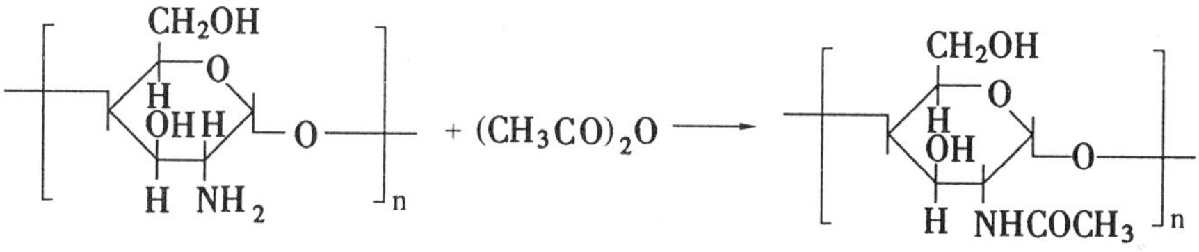

$$+ (CH_3CO)_2O \longrightarrow$$

三、主要仪器与药品

台秤、电动搅拌器、烧杯（500 ml）、玻璃棒、滴管、恒温水浴、离心机、玻璃板（15 cm × 15 cm）、橡胶辊、量角器。

棉或亚麻织物（8 cm × 8 cm）、纱布、壳聚糖（浙江省玉环化工厂提供）、乙酸（质量分数36%）、乙醇、脂肪醇聚氧乙烯醚硫酸酯盐（JFC）。

四、实验内容

1. 原料壳聚糖的纯化

用台秤称取壳聚糖 20 g 溶解分散于质量分数 2% 乙酸水溶液中，在 30 ~ 40℃下搅拌溶解（约 30 min），用纱布滤去不溶物。向滤液中滴加质量分数 5% NaOH 水溶液至中性。絮状物经离心后，用去离子水反复冲洗，烘干。

2. 整理剂的制备

用台秤称取纯化壳聚糖 15 g 溶于质量分数 2% 乙酸水溶液中，形成质量分数 2% 壳聚糖溶液。将乙酸酐按 1:50 的体积比分散于乙醇中，搅匀。取一定量配制好的质量分数 2% 壳聚糖乙酸水溶液，于室温下滴加到乙醇 – 乙酸酐体系中，壳聚糖与乙酸酐的比例为 2:1（质量比）。搅拌下滴加 4 ~ 5 滴 JFC，继续搅拌 20 min。

3. 整理工艺及整理效果

选用棉织物或麻织物，剪成 8 cm × 8 cm 测试样，每组进行平行试验五次。

将测试织物浸入整理剂中 3 min，取出后平放于玻璃板上，用橡胶辊碾压；重复一次浸入及碾压操作，将织物放入 70 ~ 80℃烘箱中烘干；再放入 150 ~ 160℃烘箱中处理 3 min。烘干后的布样分别用 50 ~ 60℃水和 20 ~ 30℃水洗涤和漂洗，沥干后平铺于洁净的玻璃板上，40 ~ 50℃下烘干。

将处理布样对折后自然展开，5 min、30 min 时分别测定其回复角度，并做空白实验。计算其折皱恢复率。

五、思考题

整理剂制备过程中，加入 JFC 的作用是什么？

实验 85 富铬酵母的制备及其铬含量的测定

一、实验目的

① 了解铬的营养作用及铬酵母的应用前景。

② 掌握铬酵母的制备方法。

③ 掌握分光光度计的测定原理和操作技术。

二、实验原理

1.铬的营养及生理作用

1797 年，法国化学家 Vaupuel 首先发现了铬元素，英文名称为 Chromium。起初人们认为是有毒的元素，但随着研究的深入，人们发现铬是生物体必需的微量营养元素。

铬在动物营养中的研究及应用起步较晚，始于 1992 年，但发展较快。许多学者在铬的研究方面做了大量的工作，有关铬的代谢及生物学功能的机制都得到初步阐明。以此为基础，营养学家们对铬在人和动物营养方面的意义进行了深入的探讨，取得了可喜的成就。

铬生物活性的发挥是靠三价铬，铬主要以 Cr^{3+} 的形式构成葡萄糖耐量因子（GTF）。Mooradian 等实验证明 GTF 的作用机制是促进胰岛素结合到靶细胞的特异性受体上，从而影响糖类、脂类、蛋白质和核酸的代谢。一些证据表明，铬在血清胆固醇的体内平衡中起作用。Abraham 和 Mertz 分别报道了给动物喂以高胆固醇日粮的同时，补铬可以使动脉胆固醇降低，动脉斑块面积明显缩小。几项对于人和动物的研究表明，补铬能降低血清三酰甘油和总胆固醇含量。铬有促进氨基酸进入细胞从而促进蛋白质合成的能力，采食蛋白质不足的大鼠对把某些氨基酸组合到心脏的能力降低，使用胰岛素可使组合作用稍有改善，而补铬则可以使其作用显著加强。铬也与维持核酸结构的完整性有关。Herrman 和 Speck 证明铬与核酸之间有相互作用，他们报道将组织用铬酸盐和重铬酸盐处理后，大大地减少了用三氯醋酸可能提高的核酸量。更有实验观察到高核酸的部分，铬含量也高；铬与核酸之间连接很强；铬也能保护 RNA 免受热引起的变性作用。研究表明，铬首先结合到染色体的 DNA 上，使启动点增加，从而促进肝中核糖核酸（RNA）的合成。铬具有改变免疫作用的能力，包括对疫苗的反应。高铬的摄入可以防止皮脂醇（皮脂醇是一种最重要的糖皮脂激素，它可以抑制细胞分裂素和抗体的产生，并妨碍它们发挥作用，同时抑制淋巴细胞的功能和白细胞增殖）的免疫抑制反应，从而激发机体的免疫功能，进而促进机体的生长。

2. 铬的缺失及补充

正常人体内只含有 6 ~ 7 mg 的铬，且分布很广。微量的铬对人体很重要，也很敏感。据报道，每 kg 的体重只要给予 μg 级的铬就足以显示其生物功能。然而，尽管铬的需要量如此少，但缺铬的问题仍然存在，这主要是由于饮食倾向于更多的精细加工食品，而在精细加工的过程中丧失了大量的铬，从而减少了铬的摄入量；另一方面，这些精制食品还促进体内贮藏铬的大量排泄。因此，伴随人体摄取低铬饮食可能使得存在的问题更加恶化。

人们发现，人类缺铬是一个慢性的过程。人体缺铬会产生葡萄糖、脂肪、蛋白质代谢障碍，引起各种疾病，如动脉粥样硬化、糖尿病、冠心病、末梢神经炎、近视眼等，尤其婴儿缺铬易患消瘦性蛋白质营养不良症；铬对心肌损伤有明显的保护作用；铬在胰岛素活性中的作用对缺血的心肌是有益的。

动物缺铬表现为胆固醇或血糖升高、生长迟缓、免疫力缺乏、繁殖能力下降和寿命缩短等，如禽类喂含铬量低于 5 $\mu g \cdot kg^{-1}$的饲料日粮时，羽毛大量脱落；用低铬日粮喂兔，则母兔产崽率下降；用无铬日粮喂种牛，精液量大大减少，精子畸形率显著提高，当补铬后，症状消失。

铬进入人体，经肠道吸收，在血液里与运输铁的球蛋白结合，而后被运至肝脏及全身。由于不同形式的铬在组织中的结合程度不同，导致吸收率不同，因此铬的吸收与化学结合形式有很大的关系。

在研究铬的补充时主要有无机铬（常用的 $CrCl_3 \cdot 6H_2O$、$Cr_2(SO_4)_3$、$Cr(NO_3)_3$）和有机铬（常用烟酸铬、蛋白螯合铬、铬酵母）两种形式。饲料中的总铬含量不能完全反映可利用铬或铬的营养状况。无机铬不但毒性大，且以吸收水平极低，质量分数为 0.4% ~ 3%。无机铬制剂显效缓慢，低剂量数月内才显现效果，高剂量（2 ~ 10 $mg \cdot d^{-1}$）数周内显效，且疗效与剂量无直线关系。有机铬疗效远较无机铬好，剂量与效应呈直线关系。有机铬吸收迅速且安全，吸收率可达 10% ~ 25%，是铬的活性形式。由于部分人体及生物体内不能把无机铬转化成有机铬的形式，所以最好是补充有生物活性的有机铬，以改善缺铬状况，从而减少缺铬的危险性。Kegley 等的研究表明，把铬以 $4 \times 10^{-4} g \cdot L^{-1}$水平加入牛的日粮中，结果对植物凝血素（PHA）皮下注射 8 h 后的外周淋巴母细胞形成性应答反应最大的是高铬酵母和 CrNic。说明有机态的铬能增加机体的免疫反应。而无机态的氯化铬就没有这一生物活性。瑞士联邦学院 Gebert 和 Wenkin 的研究表明，饲料中添加氯化铬、烟酸铬和铬酵母均能提高日增重、饲料利用率和背最长肌面积，但烟酸铬和铬酵母的效果明显好于氯化铬，尤其以铬酵母的效果最佳。

综上所述，补铬用无机铬制剂的效果不如应用有机铬制剂的效果明显，并且有一定的毒副作用。而有机铬中，烟酸铬大多是以化学合成方法制得，分离纯品极为困难，成本较高，因而限制了其生产和应用；铬酵母则是以微生物发酵方法为制备手段，具有生物活性高、毒性小的特点，并且不需对铬酵母中有机铬进行分离纯化，生产成本较低，可以认为是一种有较好前景的有机铬补充物。

3. 富铬酵母的制备

铬酵母是在培养基中添加无机铬化合物（$CrCl_3 \cdot 6H_2O$、$Cr_2(SO_4)_3$、$Cr(NO_3)_3$ 等），利用活酵母菌的生物同化作用，使无机铬转化为有机铬而得到的一种类似天然产物的有机铬产品。

酵母菌（yeast）是一个不具分类学意义的普通名称，通常是用于以芽殖或裂殖来进行无性繁殖的单细胞真菌，以与霉菌区分开。极少数种可产生子囊孢子进行有性繁殖。酵母菌中有很多常用的菌株，如啤酒酵母（S. cerevisiae Hansen，主要用于酿造白酒和啤酒等）、葡萄汁酵母（S. uvarum Beijerinck，常用于果酒厂和啤酒厂等）、德巴利酵母（Debaryo myces lodder et Kregervan Ki,该酵母产柠檬酸能利用烷烃作碳源)、汉氏德巴利酵母(Hansenula H. et P. Sydow,是酒精工业的有害菌)、毕赤氏酵母(Pichia Hansenula,能利用石油或农副产品及工业废料产生菌体蛋白)、栗酒裂殖酵母(S. Pombe Lindner)、白色球拟酵母(T. Candide(Satio) Lodder)、球形球拟酵母(T. globosa(olson et Hammer) LodderetKreger van Rij)等。不同的酵母菌有着不同的最佳培养条件。其中用来进行富铬酵母制备的一般为啤酒酵母。啤酒酵母中也有很多不同的菌株,具有不同的特性。

微生物需要的营养物质主要包括碳素化合物、氮素化合物、水分、无机盐类和生长素等。这些物质的主要功用有三方面:供给微生物合成原生质和代谢产物的来源;产生微生物在合成反应及生命活动中所需的能量;调节新陈代谢。

环境对微生物的影响作用可分为:适宜环境,能促进微生物的生长发育;不适宜环境,使微生物的生长延缓、停止甚至死亡。温度对微生物生长的影响具体表现在:①影响酶活性,从而影响酶促反应速率,最终影响细胞物质合成;②影响脂膜的流动性,影响营养物质的吸收与代谢产物的分泌;③影响物质的溶解度。pH 值通过影响细胞脂膜的透性、膜结构的稳定性和物质的溶解性或电离性来影响营养物质的吸收,从而影响微生物的生长率。

酵母生长最适的 pH 值是 4.5 ~ 5.5,最低 2 ~ 3,最高 7 ~ 8。所以酵母的培养应保持培养基的酸性。通常微生物的发酵过程中,培养基的酸度均有不同程度的增加,所以进行培养前应调整 pH 在 5.0 左右为宜。

铬酵母的制备过程中,培养基中投铬浓度、接种量也是影响酵母菌生长及最后发酵产物获得的主要因素。铬是一种重金属元素,当培养基中浓度太大时,不利于酵母的生长,而浓度太低时,发酵产物的收率较低。一定量的培养基中接种量过多,营养物质相对表现不足,发酵一段时间后,代谢物可能带来不利于微生物的生长的环境因素,从而影响发酵产物的获得,所以接种量也是利用微生物发酵法制备产品的关键影响因素。

4. 富铬酵母中铬含量的测定

铬元素的分析方法有很多种,如分光光度法、原子吸收法、发射光谱法、速差动力法、X-射线吸收法、高效液相色谱法、ICP-MS 法等。在这些方法中,分光光度法、原子吸收法操作比较简单,适用于富铬酵母中铬元素的分析测定。

(1) 富铬酵母分析的前处理

在铬酵母的分析之前应将酵母干粉进行消化处理。目前的消化处理大都是通过强酸和强氧化剂混合酸搭配来进行的,也可用微波消化来处理样品。生物样品中的重金属分析与其他重金属分析一样,关键在于如何将重金属从其他可干扰其测定的物质中分离出来。一般是用湿法灰化或干法灰化的手段将生物样品中的有机物质破坏除去。至于湿法或干法的选择,要以不致丢失所要分析的对象为原则。破坏有机物质后,样品中的重金属留在湿法灰化的消化液中或干法灰化的残渣中,然后根据待测物质在样品中的大概含量和客观条件,选择分析方法。

(2) 分光光度法显色剂的选择

铬的常见价态是 +3 价或 +6 价,利用 Cr(Ⅵ)的强氧化性及催化活性,可使某些有机试剂褪色或颜色加深而用于定量测定铬。以氧化还原反应为基础的常用试剂有苯基荧光酮类试剂、偶氮类试剂、三苯甲烷类试剂、二安替比林甲烷类试剂等。因为此类氧化还原反应大多在强酸性介质中进行,故增大了体系的干扰限量,提高了方法的选择性。此类反应体系线性范围宽,表现摩尔吸光系数一般在 10^4 数量级,适于多种样品的分析,有较好的使用价值。但从应用的角度考虑,由于这些显色剂市场上很难得到,而且有些显色剂要求的反应条件又很苛刻,如绝大部分偶氮类试剂需要在加热条件下才能与 Cr(Ⅲ)显色,有些甚至得煮沸数十分钟,所以限制了其在铬酵母中铬分析领域的应用。

三苯甲烷类试剂是测定铬的灵敏试剂,常用的有铬天青 S(CAS)、溴邻苯三酚红(BPR)等,在表面活性剂或碱性染料存在下,表现摩尔吸光系数可达 10^6 数量级,但试剂的选择性较差。用于某些复杂基体实样分析时,常需要借助适当的分离富集手段以消除干扰,这就给铬的分析带来了不必要的麻烦。实验步骤的增多,势必会带来较大的误差,尽管这一类方法表现为摩尔吸光系数值很高,但由实验步骤带来的误差消除也是很难的,而且对于铬酵母这种复杂体系的测定更是困难,所以其在铬酵母中铬分析的应用上也较少。

使用对氨基二乙基苯胺测定铬的报道也较多。此法是用氧化还原反应来显色的,表观摩尔吸光系数为 $3.3\times10^4 L\cdot mol^{-1}\cdot cm^{-1}$,其最佳 pH 值为 3.1 ~ 5.5,这就需要应用缓冲溶液来控制酸度,而且在应用缓冲溶液前将较高的酸度用碱液调节到缓冲范围内。这样就引入了大量的杂离子,对于酵母干粉试样来说,消解液的酸度很高,调节 pH 值需要大量的碱液,此又会带来大量的杂离子。杂离子的引入对于铬酵母这样含微量铬的体系是不适用的。

二苯碳酰二肼(DPC)是一种能被 Cr(Ⅵ)氧化的显色剂,在酸性的条件下它首先被氧化成苯肼羧基偶氮苯,Cr(Ⅵ)被还原成 Cr(Ⅲ)。苯肼羧基偶氮苯能与 Cr(Ⅲ)形成紫红色化合物,反应简式可表示为

$$O{=}C\begin{cases}NH{-}NH{-}C_6H_5\\NH{-}NH{-}C_6H_5\end{cases}\xrightarrow{Cr^{6+}}O{=}C\begin{cases}NH{-}NH{-}C_6H_5\\NH{=}N{-}C_6H_5\end{cases}$$

此反应的物质的量比是3:2(Cr(Ⅵ):DPC),生成的紫红色化合物在540 nm波长下有最大吸收,反应的摩尔吸光系数为 4×10^4。方法的最小检出量是 0.2 μg。但该方法在显色酸度低时,显色慢。

综上所述,对于铬酵母中铬的测定,选用方法应根据实验方法的精确程度和方便适用性来定。相对于其他方法,吸光光度法是一种较方便实用的方法。比较以上介绍的分光光度方法,二苯碳酰二肼(DPC)法是比较好的测定铬酵母中铬的方法。因为这种方法在酸度较高的条件下就能显色,减少了样品消化后调节酸度的步骤,避免引入过多杂离子。而且这种方法的稳定性及灵敏度和线性范围都适合铬酵母中铬的测试,其他方法或不具有该方法的优点,或实现起来比较困难。

(3) 分光光度法测定富铬酵母中的铬含量

将消化好的消化液转移至比色管中,加入显色剂,定容至 25.00 ml,显色 10 min 左右,溶液变成紫红色,即得空白用没加样品的消化液。用 722 型分光光度计于 540 nm 下测其吸光度。分别取 0.0、2.5、5.0、7.5、10.0、12.5 μg 的铬元素以相同条件进行消化,然后测其吸光度(吸光度测试条件同上),然后绘制标准曲线。根据标准曲线得出待测样中总铬的含量。

(4) 原子吸收法测定富铬酵母中的铬含量

将消化好的消化液转移到 10.00 ml 的容量瓶中,用质量分数 5.0% HNO_3 溶液定容。

分别测含不同浓度 Cr(Ⅵ)的标准系列的吸光光度值,作标准曲线。根据实验测得的吸光度值,即可求出待测样品中铬的含量。

三、主要仪器和药品

高压灭菌器、无菌操作箱、恒温空气振荡培养箱、恒温干燥箱、高速离心机、粉碎机、分光光度计、玛瑙研钵、分析天平、锥形瓶、烧杯、移液管、离心管、比色管。

麦芽汁、柠檬酸、啤酒酵母(或面包酵母)、三氯化铬、无水乙醇、硝酸、高氯酸、显色剂(二苯碳酰二肼)。

四、实验内容

1.富铬酵母的制备

将250 ml麦芽汁分装到培养锥形瓶中,加入$CrCl_3 \cdot 6H_2O$溶液,调节培养基pH=5.0,封口,在121℃下灭菌20 min,待培养基冷却后,在无菌工作台上将啤酒酵母菌接种到培养瓶中。完成接种后,将培养瓶转移到恒温摇床上,选择震荡的转速为200 $r \cdot min^{-1}$,在28℃下,培养48 h便得到新鲜的富铬酵母。再经离心、水洗、干燥、研磨,即制得富铬酵母干粉。

2.富铬酵母中铬含量的测定

取0.2~0.5 g富铬酵母干粉样品于消化瓶中,加入8 ml左右的$HClO_4-HNO_3$(体积比为4:1)混合液,将消化瓶置于电炉上消化。当溶液变为无色时即可停止消化。将消化液进行定容。采用分光光度法或原子吸收法进行测定。根据标准曲线即可得出待测样品中的铬含量。

五、思考题

①在富铬酵母的制备过程中,影响其铬含量的主要因素有哪些?

②在测定铬含量的过程中,怎样保证测定结果的准确性?应注意哪些问题?

③酵母中有机铬的含量如何确定?

第十二编　精细化学品分析测试实验范例

实验 86　牙膏中氟含量的测定

一、实验目的

①掌握电位法中标准加入法定量分析的原理及方法。

②了解离子选择电极的结构及使用方法。

二、实验原理

氟(fluorine)是最活泼的非金属元素之一,自然界中不存在单质氟,都是以氟离子的形式出现。氟也是人体必不可少的微量元素,成年人平均每人每天氟的摄入量以 3.0~4.5 mg 为宜。氟的摄入量长期超过正常需要,将导致地方性氟病;缺氟则易患龋齿病。因此,常在牙膏中添加一定量的氟化物,对改善牙釉质、预防龋齿病有明显的作用。

测定氟离子常用的方法有氟离子选择电极法、氟试剂分光光度法、茜素锆比色法、离子色谱法等。但以氟离子选择电极法为首选,该法具有仪器结构简单、便于操作,灵敏度高,响应速度快,可用于有色试样等优点,因而被广泛应用。

氟离子选择性电极以氟化镧单晶为敏感膜,为提高其电导率,在氟化镧中掺杂少量氟化铕。氟离子选择性电极的电位响应机制是,氟化镧单晶具有氟空穴的固有缺陷,氟离子可以在溶液和空穴之间迁移,因此电极具有良好的选择性。

氟离子选择性电极结构示意图见图 12.1。测量时,以氟电极为指示电极,饱和甘汞电极为参比电极,与被测溶液组成下列原电池:

(-)氟离子选择性电极|含氟试液(α_{F^-})|饱和甘汞电极(+)

饱和甘汞电极的电极电势 E_0为常数,氟离子选择性电极的电极电位 E_{F^-}随溶液中氟离子活度 α_{F^-}的变化而改变,即

$$E = E_{F^-} - E_0 = K - \frac{2.303RT}{F}\lg \alpha_{F^-}$$

其中

$$\alpha_{F^-} = \gamma_{F^-} C_{F^-}$$

式中,K 在一定条件下为常数。若在实验中保持标准溶液和各个试液间的离子强度一致,即活度系数 γ_{F^-}为常数,则可以用离子浓度 C_{F^-}代替式中的活度,有

$$E = k' - \frac{2.303RT}{F}\lg C_{F^-}$$

电池电动势 E 为甘汞电极与氟电极的电极电势之差,即电池电动势 E 与 F^-浓度的对数成正比关系。

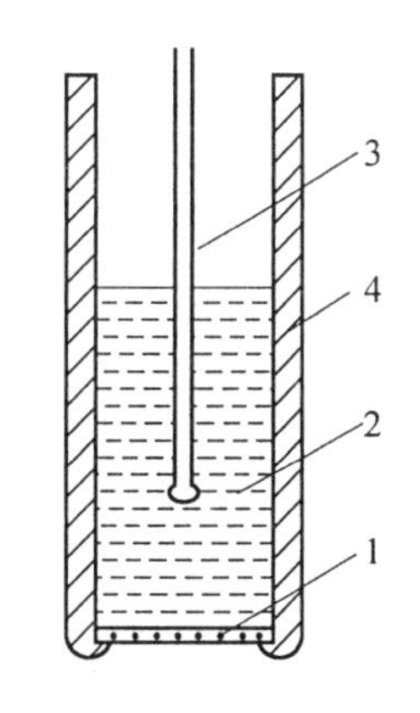

图 12.1 电极结构示意图
1—LaF_3 单晶膜;2—内参比溶液;3—内参比电极;4—电极管

三、主要仪器和药品

pHS－3 型酸度计、电磁搅拌器、氟离子选择电极、232 型饱和甘汞电极。

NaF 标准溶液、100.0 $\mu g \cdot ml^{-1}$(置于塑料瓶中保存)、HCl、NaOH。

四、实验内容

1.样品制备

称取含氟牙膏 1 g(准确至 ±0.000 1 g)于塑料烧杯中，加入 10 mL 浓 HCl，放入一个塑料套搅拌磁子，在电磁搅拌器上充分搅拌约 20 min，加 1～2 滴溴钾酚绿指示剂(呈黄色)，依次用固体 NaOH、浓和稀 NaOH 溶液中和至刚变蓝，再用稀 HCl 调至刚变黄(pH＝6.0)，转入 100 ml 容量瓶中，定容，过滤。保留滤液备用。同时做空白溶液，即不加试样，其他操作步骤相同。

2.仪器安装

摘去甘汞电极的橡皮帽，并检查内电极是否浸入饱和 KCl 溶液中，如未浸入，应补充饱和 KCl 溶液。甘汞电极接酸度计正端，氟电极接酸度计负端，并按下酸度计“－mV”键。

3.电动势的测定

在烧杯中加入 25 ml 试液，放入一个塑料套搅拌磁子，烧杯置于磁力搅拌器上，将电极插入试液(注意：不要使搅拌磁子碰到电极)，搅拌 3 min，静置 1 min，测量其电动势值 E_1(对空白溶液)。接着，向前溶液中加入 0.20 ml NaF 标准溶液，搅拌 3 min，静置 1 min，测量其电动势值 E_2(对空白溶液)；E_1和 E_2的单位都是伏(V)。

4.数据处理

按照标准加入法公式计算，并折算出牙膏中氟的含量(以 NaF 计)

$$C_{F^-} = \Delta c\ (10^{\Delta E/s} - 1)^{-1}$$

式中，$c = C_s\ V_s / V_0$，C_s 为 NaF 标准溶液的浓度，V_s 为加入 NaF 标准溶液体积，V_0 为试样体积；S 为斜率，此处取值为 0.059，$E = E_2\ E_1$。

通过以上公式计算出溶液中氟离子的浓度，最终折算出牙膏中氟的质量分数。

五、注意事项

由于氟的腐蚀性，尽量避免使用玻璃仪器。

六、思考题

①参比电极的作用是什么？

②为什么要调整被测溶液的酸度？

③测定时为什么要测定控制时间？

实验 87　食品塑料包装材料中邻苯二甲酸酯类增塑剂含量的测定

一、实验目的

①掌握气相色谱－质谱联用方法的原理。

②熟悉气相色谱－质谱联用仪器的操作。

二、实验原理

由于塑料制品使用方便,因此在日常生活经常用来包装和盛装食品,如各种塑料薄膜、塑料袋及塑料餐盒等。邻苯二甲酸酯类作为塑料增塑剂,可以增大产品的可塑性和柔韧性,因此在生产柔性 PVC 产品是一种必要的原料而被广泛使用。在塑料制品中,增塑剂邻苯二甲酸酯与聚烯烃类塑料分子是相溶的,两者间并没有确定的化学键相结合,因此在使用过程中,增塑剂容易从塑料制品中迁移出来,造成对食品、土壤、水环境的污染。此外,邻苯二甲酸酯在农药载体、驱虫剂、染料助剂以及涂料和润滑油中都有使用。邻苯二甲酸酯类化合物具有种类繁多、在自然界中难以降解、生物富集性强的特点,对人体、生物体及植物均有较大的毒性,对人类的危害主要表现在致癌、致畸性以及免疫抑制性,尤其是导致人体生殖功能异常。

邻苯二甲酸酯(phthalates,PAEs)是一类增塑剂的总称,数量多达数十种,其中较常见的也有 10 多种,各种增塑剂之间的分离以及鉴定都有较大难度。气相色谱 - 质谱联用方法以具备色谱的分离能力和质谱的鉴定能力而被广泛使用,本实验采用此法对食品包装用 PVC 薄膜中的增塑剂进行鉴定及定量分析。

质谱法是鉴定有机物结构的常用方法,但定性分析的前提是仅对纯度足够高的化合物有效,而对复杂有机化合物的分析就显得无能为力。色谱法是一种有效的分离手段,特别适合于成分复杂的有机化合物的定量分析,但定性分析则需要对照品。因此,色谱 - 质谱联机技术已被广泛应用于复杂组分的分离与鉴定,其具有气相色谱的高分辨率和质谱的高灵敏度,适用于邻苯二甲酸酯(phthalates,PAEs)增塑剂的测定。

三、主要仪器和药品

(1) 仪器

气相色谱 - 质谱联用仪(GC - MS)、超声波发生器。

(2) 色谱条件

色谱柱:HP - 5MS 石英毛细管柱(30 m × 0.25 mm i.d. × 0.25 μm);

进样口温度:280℃; 升温程序:初始温度 60℃,保持 1 min,以 20℃ · min^{-1} 的速度升至 220℃,保持 1 min,再以 5℃ · min^{-1} 的速度升至 280℃,保持 4 min;

载气:氦气;流速:1 ml · min^{-1};

进样量:1 μl 不分流进样;

接口温度:280℃;

电离模式:电子轰击源(EI),能量为 70 eV;

溶剂延迟:5 min。

(3)药品

16 种邻苯二甲酸酯标准品:

邻苯二甲酸二甲酯(DMP)、邻苯二甲酸二乙酯(DEP)、邻苯二甲酸二异丁酯(DIBP)、邻苯二甲酸二丁酯(DBP)、邻苯二甲酸二(2 - 甲氧基)乙酯(DMEP)、邻苯二甲酸二(4 - 甲基 - 2 - 戊基)酯(BMPP)、邻苯二甲酸二(2 - 乙氧基)乙酯(DEEP)、邻苯二甲酸二戊酯(DPP)、邻苯二甲酸二己酯(DHXP)、邻苯二甲酸苄基丁基酯(BBP)、邻苯二甲酸二(2 - 丁氧基)乙酯(DBEP)、邻苯二甲酸二环己酯(DCHP)、邻苯二甲酸二(2 - 乙基)己酯(DEHP)、邻苯二甲酸二苯酯(DPHP)、邻苯二甲酸二正辛酯(DNOP)、邻苯二甲酸二壬酯(DNP);二氯乙烷,纯度均在 95% 以上。

标准储备液：分别称取上述各种标准品(精确至 0.1 mg)，用二氯乙烷配制成 1 000 $mg \cdot L^{-1}$ 的储备液，于 4℃冰箱中避光保存。

标准使用液：分别将 16 种标准储备液用二氯乙烷稀释成 50 $mg \cdot L^{-1}$ 的标准使用液，再用二氯乙烷将其稀释成 0.5、1.0、2.0、4.0、8.0 $mg \cdot L^{-1}$ 的标准样品备用。

四、实验内容

1.样品处理

称取经剪碎并混匀的试样 0.2 g(精确至 0.1 mg)置于具塞容量管中，准确加入 10 ml 二氯乙烷，超声提取 20 min，取上清液为分析试液，直接进行分析(或视含量作相应的稀释或浓缩)。

2.标准样品测定

取上述标准样品进样、以二氯乙烷为空白，将测定并记录各浓度标样对应的保留时间和峰面积/峰高列于下表中，并计算各组分的定量校正因子及标准曲线。

标样名称/浓度	定量校正因子	保留时间	标样峰面积/峰高	标准曲线表达式
DMP				
DEP				
DIBP				
DBP				
DMEP				
BMPP				
DEEP				
DPP				
DHXP				
BBP				
DBEP				
DCHP				
DEHP				
DPHP				
DNOP				
DNP				

3.分析试液测定

取分析试液测定，记录各色谱峰对应的保留时间和峰面积/峰高。

4.数据处理

①根据保留时间，确定试样中含有哪几种邻苯二甲酸酯类增塑剂；并用质谱数据加以确认。

②绘制标准曲线。按上表数据绘制各邻苯二甲酸酯标准样品的标准曲线。

③计算试样中邻苯二甲酸酯化合物的含量。食品包装材料中邻苯二甲酸酯化合物的含量从标准曲线上读出，并换算成原始样品的含量 X($mg \cdot kg^{-1}$)。

$$X = (c_1 - c_0)V/m$$

式中　X——试样中某种邻苯二甲酸酯的含量($mg \cdot kg^{-1}$)；

V——试样定容体积(ml)；

c_1——试样中某种邻苯二甲酸酯峰面积对应的标准品组分的浓度($mg \cdot L^{-1}$)；

c_0——空白试样中某种邻苯二甲酸酯峰面积对应的标准品组分的浓度($mg \cdot L^{-1}$)；

m——试样质量(g)。

四、注意事项

①实验中使用的溶剂二氯乙烷挥发性强，操作速度要快，避免溶剂挥发过多而影响样品浓度。

②实验中使用的玻璃仪器的密封性要好。

五、思考题

①常用的邻苯二甲酸酯类增塑剂有哪些？在塑料制品中起什么作用？

②常用色谱定性分析方法有哪些？各有什么特点？

③在对复杂样品定性、定量分析时，色质联机法有什么优势？

实验 88　工业酒精中甲醇含量的测定

一、实验目的

①掌握气相色谱法原理和仪器基本结构。

②熟悉气相色谱法定量分析方法。

二、实验原理

近年来，假酒中毒事件屡见报道，对饮酒者的身体健康造成严重危害，致使有些人失明甚至危及生命。造假的主要手段是用价格低廉的工业酒精勾兑成饮用酒，从而获得超额利润。造成中毒的主要原因是假酒中含有过量甲醇，甲醇(methyl alcohol)在肝脏中因酒精去氢酵素的催化作用，经由甲醛变成蚁酸，甲醛毒性约为甲醇的 33 倍，蚁酸则约为其 6 倍。因此，国家标准规定：以粮食为原料酿造的白酒，甲醇含量不得超过 0.04 $g \cdot 100\ ml^{-1}$，用薯干等代用品酿造的白酒，甲醇含量不得超过 0.12 $g \cdot 100\ ml^{-1}$。甲醇含量是酒类检测中至关重要的检验项目，气相色谱法检测白酒中甲醇被广泛采用。

色谱法的分离原理就是利用待分离的各种物质在两相中的分配系数、吸附能力等亲和能力的不同来进行分离的。由于混合物中各组分在性质和结构上的差异，与固定相之间产生的作用力的大小、强弱不同，随着流动相的移动，混合物在两相间经过反复多次的分配平衡，使得各组分被固定相保留的时间不同，从而按一定次序由固定相中先后流出。与适当的柱后检测方法结合，实现混合物中各组分的分离与检测。

三、主要仪器和药品

SP - 3420A 型气相色谱仪、配氢火焰离子化检测器(FID)、BF - 2002 色谱工作站(北京北分瑞利分析仪器集团有限责任公司)、10 μl 微量进样器。

无水甲醇(色谱纯)、质量分数 60% 乙醇溶液、甲醇标准溶液、乙酸正丁酯内标溶液。

质量分数 60% 乙醇溶液(应采用毛细管气相色谱法检验,确认含甲醇低于 1 $mg·L^{-1}$方可使用)、甲醇标准溶液(用色谱纯试剂甲醇,以质量分数 60% 乙醇溶液准确配成浓度为 3.9 $g·L^{-1}$的甲醇标准溶液)、乙酸正丁酯内标溶液(用分析纯试剂乙酸正丁酯(质量分数不低于 99.0%),以质量分数 60% 乙醇溶液配成体积比为 2% 的内标溶液为溶剂,配制成浓度为 17.6 $g·L^{-1}$乙酸正丁酯内标溶液)。

四、实验内容及步骤

1.色谱条件

按 SP－34 系列仪器使用手册调整载气、空气、氢气的流速等色谱条件,并通过试验选择最佳操作条件,使甲醇峰形成一个单一尖峰,内标峰和乙醇两峰充分分离,色谱柱柱温以 100℃为宜。

2.校正因子 f 值的测定

准确吸取 1.00 ml 甲醇标准溶液(3.9 $g·L^{-1}$)于 10 ml 容量瓶中,用质量分数 60% 乙醇稀释至刻度,加入 0.20 ml 乙酸正丁酯内标溶液(17.6 $g·L^{-1}$)配制成混合液。待色谱仪基线稳定后,用微量进样器进样 1.0 μl,记录甲醇色谱峰的保留时间和峰面积 $A_{甲醇}$,以其内标乙酸正丁酯的峰面积 $A_{内标}$计算出甲醇的相对质量校正因子 f 值。

3.样品的测定

于 10 ml 容量瓶中加入酒样至刻度,准确加入 0.20 ml 乙酸正丁酯内标溶液(17.6 $g·L^{-1}$),混匀。在与 f 值测定相同的条件下进样,根据保留时间确定甲醇峰的位置,并记录甲醇峰的峰面积与内标峰的面积。

4.结果计算

(1) 相对质量校正因子 f 值的计算

$$f = f_{甲醇}/f_{内标} \qquad f_{甲醇} = m_{甲醇}/A_{甲醇} \qquad f_{内标} = m_{内标}/A_{内标}$$

式中　$m_{甲醇}$、$m_{内标}$——校正因子测定混合液中甲醇和内标物的质量。

(2)内标法公式计算含量

按照样品的测定数据,求算甲醇含量。

$$C_{甲醇} = (f \times A_{甲醇} \times m_{内标})/(A_{内标} \times V_{样品})$$

式中　$V_{样品}$——样品体积。

五、注意事项

①进样时,动作要快,否则可能引起色谱法扩张。

②实验所用试剂均应为色谱纯。

六、思考题

①内标法定量分析的特点是什么?

②内标物的选择原则是什么?

实验89　果蔬制品中维生素C含量的测定

一、实验目的

①熟悉维生素C的作用及测定方法。

②掌握直接碘量法定量分析的实验技能。

二、实验原理

维生素C(vitaminC,ascorbicacid)是维持人体正常生理功能的必需化合物,对缺铁性贫血、坏血病、动脉硬化等疾病有预防和治疗作用。每人每天应摄取50 100 mg的维生素C,如果摄取超过此范围,身体也无法多吸收,等于浪费;如果低于30 mg,身体就会缺乏维生素C,使部分机能无法正常运作,长期下来,甚至出现坏血症,甚至危及生命。人体所需的维生素C主要由蔬菜水果提供,测定蔬菜水果中维生素C含量对评价人群维生素C摄入量有重要意义。

维生素C具有很强的还原性,能将碘还原成碘离子。碘遇淀粉变蓝色,而碘离子不能使淀粉溶液改变颜色;因此,在含有维生素C的溶液中,加入淀粉溶液,就可以用碘溶液来滴定被检测样品中的维生素C。记录滴定用去的碘溶液量,再根据已知的每毫升碘溶液可以与多少毫克的维生素C发生反应,就可以计算出被检测样品的维生素C含量。由于维生素C的还原性很强,在空气中易被氧化,特别是在碱性介质中更易被氧化,故在测定时须加入少量稀醋酸或盐酸使溶液呈弱酸性,以减少副反应的发生。

三、主要仪器和药品

容量瓶(250 ml)、酸式滴定管(50 ml)、锥形瓶、量筒、玻璃棒、尼龙滤布、天平、多功能食物粉碎机、漏斗、pH试纸、烧杯。

碘溶液(0.02 $mol \cdot L^{-1}$)、盐酸(质量分数为2%)或醋酸(2 $mol \cdot L^{-1}$)、可溶性淀粉溶液(质量分数为2%)、蒸馏水、维生素C(分析纯)。

新鲜的水果或蔬菜(西红柿、苹果、柑橘等)、蔬果罐头、果汁饮料等。

四、实验内部及步骤

1.制备果蔬组织提取液

①准确称取50 g水果或蔬菜,放入多功能食物粉碎机中,再加入50 ml蒸馏水进行粉碎并转移至200 ml容量管中,用少量蒸馏水多次清洗粉碎机,清洗液合并于容量管中并定容。

②在干漏斗中垫上尼龙滤布,将粉碎后的果蔬液过滤到烧杯中,用移液管取出50 ml的滤液,放入洁净的锥形瓶中。

③向锥形瓶中加入2 ml淀粉溶液,然后滴加盐酸或醋酸,将pH值调至3。

2.配制维生素C标准样品

准确称取维生素C 100 mg置于锥形瓶中,加入25 ml蒸馏水溶解。

3.维生素C含量测定

分别用碘溶液滴定维生素C溶液与果蔬组织提取液。滴定过程中,边滴定边晃动锥形瓶,直到提取液呈现蓝色,并且在0.5 min内不褪色为止。重复滴定两次,记录每次滴定所用碘溶液的体积。最后,计算出两次滴定所用去的碘溶液量的平均值。

4.数据处理

滴定标准维生素 C 溶液所用去的碘溶液体积为 V_1,果蔬组织提取液为 V_2;样品质量为 $W_{样品}$。

果蔬组织中的维生素 C 含量计算公式

$$w(\mathrm{C}) = (V_2/V_1)100\ \mathrm{mg}/W_{样品}\ \mathrm{g}$$

五、注意事项

①试样制备后应立即进行滴定,以防止维生素 C 被空气所氧化。

②接近终点时的滴定速度不宜过快,溶液呈现稳定的蓝色即为终点。

③果汁饮品可过滤后直接测定。

六、思考题

①为什么试样制备后要马上滴定?

②为什么滴定接近终点时滴定速度不宜过快?

实验 90　茶叶提取物中咖啡因含量的测定

一、实验目的

①掌握茶叶提取物中咖啡因含量的定量分析方法。

②熟悉高效液相色谱仪器的结构和操作。

二、实验原理

当前茶饮料因其具有一定的保健功能而非常流行,其中主要的有效成分是茶叶提取物,茶叶(Tea)提取物中含有咖啡因(Caffeine)。咖啡因是一种黄嘌呤生物碱化合物,有提神醒脑的作用,是一种中枢神经兴奋剂。同样含有咖啡因成分的咖啡、可乐等软饮料及能量饮料在市场上亦十分畅销,但长期、大量饮用有成瘾的趋势。此外,咖啡因也是世界上最普遍使用的精神药品之一,我国将咖啡因列为“精神药品”加以管制。

咖啡因的测定方法以高效液相色谱法为主,通过色谱柱将咖啡因与样品基体组分分离,用紫外检测器测定其含量。在高效液相色谱法中应用最为广泛的是反相色谱,即流动相的极性大于固定相。本实验以非极性的 C18 键合相色谱柱、极性的甲醇/水流动相分离样品中咖啡因,使用紫外检测器,以色谱峰面积为定量分析指标,计算饮料中咖啡因的含量。

三、主要仪器和药品

高效液相色谱仪(C18 反相键合相色谱柱 4.6 mm×15 cm,微量注射器)、紫外检测器(波长 254 nm)。

流动相:甲醇:水 = 60:40,流速 0.5 $\mathrm{ml \cdot min^{-1}}$。

咖啡因(分析纯)、储备液(配制成咖啡因 1 000 $\mathrm{mg \cdot ml^{-1}}$的甲醇溶液)、甲醇(色谱纯)、实验用水使用纯水机制取。

四、实验步骤

1.标准溶液配制

将咖啡因储备液用甲醇稀释成浓度分别为20、40、80、120、160 $mg \cdot L^{-1}$的标准系列,备用。

2.样品处理

依据样品状态不同,采取相应的处理方法。常用的样品处理方法如下:

①取100 ml液态饮料(特别是可乐等碳酸饮料)于250 ml干燥烧杯中,经超声脱气5 min,驱除其中CO_2等气体,依其含量适当稀释。

②准确称取固态咖啡0.25 g(准确至0.000 1 g),水溶解,定容100.0 ml,摇匀备用。

③准确称取茶叶0.3 g(准确至0.000 1 g),30 ml水煮沸10 min,冷却后将上清液转移至100 ml容量瓶中,重复上述过程两次,定容并摇匀备用。

分别取上述试液5 ml,用0.22 μm滤膜过滤,滤液置于洁净、干燥的具塞容器中,供色谱分析用。

3.咖啡因含量测定

(1)色谱条件的选择

预热仪器并系统初始化,柱温为室温,C_{18}反相键合相色谱柱4.6 mm×15 cm,紫外检测器,波长254 nm;流动相 甲醇:水=60:40,流速0.5 $ml \cdot min^{-1}$;进样量为5 μl。

(2)咖啡因标准系列的测定

待基线平稳后,分别取5 μl浓度为20、40、80,120、160 $mg \cdot L^{-1}$标准系列进样,测量其峰面积;并重复一次,取其平均值,绘制标准曲线。

咖啡因浓度	20 $mg \cdot L^{-1}$	40 $mg \cdot L^{-1}$	80 $mg \cdot L^{-1}$	120 $mg \cdot L^{-1}$	160 $mg \cdot L^{-1}$
峰面积1					
峰面积2					
峰面积均值					

(3)试液测定

取制备好的试液5 μl,进样并测量其峰面积;并重复两次,取其平均值,计算含量。

4.数据处理

(1)绘制标准曲线

根据标准系列峰面积数据与其浓度数据,以峰面积为纵坐标,浓度为横坐标绘制标准曲线,并考察其线性关系。

(2)计算样品中咖啡因的含量

根据试样咖啡因峰面积数据,在标准曲线查出其咖啡因浓度,最终换算成原始样品中咖啡因的含量。

五、注意事项

试样的进样体积可根据其试样中咖啡因含量而调整。若含量较低,可以加大进样体积,以峰形对称、峰面积数值大约位于标准曲线中值处为宜。

六、思考题

①高效液相色谱定量分析的依据是什么?
②常用定量分析的方法有哪些?

实验 91 奶及奶制品中三聚氰胺含量的测定

一、实验目的

①掌握奶制品中三聚氰胺测定方法。
②熟悉高效液相色谱法基本原理和仪器结构。

二、实验原理

三聚氰胺(Melamine)俗称密胺或蛋白精,化学式为 $C_3H_6N_6$,按照 IUPAC 命名为“1,3,5 - 三嗪 - 2,4,6 - 三氨基”,是一种三嗪类含氮杂环有机化合物。三聚氰胺外观为白色晶体,几乎无味,微溶于水(3.1 g·L^{-1}常温),可溶于甲醇、甲醛、乙酸、热乙二醇、甘油、吡啶等溶剂。三聚氰胺对人畜健康有害,不可用于食品加工或食品添加物,常用于化工生产的原料。由于三聚氰胺分子中含有大量氮元素,一些不法厂商利用传统测定方法(克氏定氮法)的漏洞,通过添加三聚氰胺,提高奶制品、饲料等产品中蛋白质含量,以谋取超额利润。

高效液相色谱是色谱法的一个重要分支,以液体为流动相,采用高压输液系统,将具有不同极性的单一溶剂或不同比例的混合溶剂、缓冲液等流动相泵入装有固定相的色谱柱,在柱内各成分被分离后,进入检测器进行检测,从而实现对试样的分析。

高效液相色谱测定三聚氰胺,是将三聚氰胺从样品中分离进而检测,克服了克氏定氮法以氮折算成蛋白质含量的缺陷。本法具有操作方便、不需要衍生化、简便易行的优点。采用外标法进行定量分析,检测范围广泛,方法稳定可靠。

三、主要仪器和药品

高效液相色谱仪(CAPCELL PAK CR 液相色谱柱,紫外检测器 243 nm)、混合性阳离子交换固相萃取柱(60 mg,3 ml)、滤膜(0.45 um,有机相)。

甲醇、乙腈(色谱纯)、氨水(质量分数 25% ~ 28%,分析纯)、三氯乙酸溶液(称取 10 g 三氯乙酸加水至 1 000 ml,配制成 10 g·L^{-1}溶液)、氨水甲醇溶液(量取 5 ml 氨水,溶解于 100 ml 甲醇中)、乙酸铅溶液(取 22 g 乙酸铅用约 300 ml 水溶解后定容至 1 L,配制成 22 g·L^{-1}溶液)、甲醇溶液(200 ml 甲醇加入 800 ml 水中混匀)、三聚氰胺标准品(纯度 > 99%)、三聚氰胺标准储备液(称取 100 mg,精确到 0.1 mg)的三聚氰胺标准品,用甲醇溶液溶解并定容于 100 ml 容量瓶中)、三聚氰胺标准液(吸取标准储备液 5.00 ml,于 50 ml 容量瓶内,用甲醇溶液定容至 50 ml,该溶液三聚氰胺浓度为 100 μg·ml^{-1}。用移液管分别移取标准液 1、5、10、25、50 ml 于 5 个 100 ml容量瓶内,用甲醇溶液定容备用)。

四、实验步骤

1. 提取

奶粉样品取样 5 g、液态奶制品 20 g(精确至 0.000 1 g)，准确加入 50 ml 三氯乙酸溶液，准确加入 5 ml 乙酸铅溶液分离蛋白质。摇匀试液，超声震荡 20 min。静置 2 min，取上层提取液约 30 ml 转移至离心管，在 10 000 $r \cdot min^{-1}$离心机上离心 5 min。

2. 净化

分别用 3 ml 甲醇、3 ml 水活化混合型阳离子交换固相萃取柱，准确移取 10 ml 离心液分次上柱，控制过柱速度在 1 $ml \cdot min^{-1}$以内。再用 3 ml 水和 3 ml 甲醇洗涤混合型阳离子交换固相萃取柱，抽近干后用氨水甲醇溶液 3 ml 洗脱。洗脱液 50℃氮气吹干，准确加入甲醇溶液，漩涡振荡 1 min，过 0.45 μm 滤膜，上机测定。

3. 测定

色谱柱：CAPCELL PAK CR 液相色谱柱 4.6 mmID × 150 mm；

流动相：10 $mmol \cdot L^{-1}$醋酸胺水溶液：乙腈(pH = 3) = 50∶50；

流动相流速：1.5 $ml \cdot min^{-1}$；

柱温：室温；

检测波长：243 nm。

将标准溶液和试液分别在相同条件下进样测定两次，并记录其峰面积。

标液	1 ml	5 ml	10 ml	25 ml	50 ml
峰面积 1					
峰面积 2					
平均值					

4. 数据处理

①以标准溶液浓度对峰面积绘出标准曲线。

②从标准曲线上查处试液对应的浓度，并换算成原始样品的含量。

五、注意事项

离心液通过混合型阳离子交换固相萃取柱时，流速不能太快，应控制过柱速度在 1 $ml \cdot min^{-1}$以内。

六、思考题

①高效液相色谱与气相色谱的使用有何差别?

②高效液相色谱定量分析的依据是什么?

实验 92　有机酸结构鉴定及解离常数、摩尔质量的测定

一、实验目的

①掌握有机酸解离常数和摩尔质量的测定方法。

②熟悉酸度计的作用原理和使用方法。

二、实验原理

按照酸碱质子理论，凡是能够提供质子的物质为酸，能够接受质子的物质为碱。有机酸是指一类具有酸性的有机化合物。羧酸是常见的有机酸，其酸性源于羧基(—COOH)的解离。有机酸多为弱酸，在溶液中部分解离，以一元酸为例。

解离平衡为

$$HA = H^+ + A^-$$

解离常数

$$K_a = [H^+][A^-]/[HA]$$

当$[A^-] = [HA]$时，有 $K_a = [H^+]$，即 $pK_a = pH$。

摩尔质量的测定则是根据有机酸与碱标准溶液反应，根据滴定至化学计量点所需碱的量计算而得

$$M = W/VC$$

式中 V—碱标液体积；

C——碱标液浓度；

W——有机酸质量

以玻璃电极和甘汞电极组成工作电池

玻璃电极|有机酸溶液|甘汞电极

该工作电池的电动势在酸度计上以 pH 值的形式读出，可以记录滴定过程中 pH 值的变化。

三、主要仪器和药品

酸度计、磁力搅拌器、玻璃电极、饱和甘汞电极、碱式滴定管。

NaOH(分析纯)、无水乙醇(分析纯)、NaOH 标准溶液(配制 0.1 $mol \cdot L^{-1}$溶液，并用邻苯二甲酸氢钾为基准物标定出准确浓度)、中性乙醇溶液(取 95%乙醇 53 ml，加水至 100 ml，加入酚酞指示剂 2 滴，用 NaOH 溶液滴定至浅红色)、标准缓冲溶液(0.05 $mol \cdot L^{-1}$邻苯二甲酸氢钾溶液，pH = 4.00，20℃)。

四、实验内容和步骤

(1)仪器安装

按照仪器说明书安装电极，用标准缓冲溶液调试仪器、定位。

(2)实验操作

准确称取 0.27 g 有机酸(准确至 0.000 1 g)于 100 ml 小烧杯中，加入 25 ml 中性乙醇溶解，加入磁子置于磁力搅拌器上。将电极插入溶液中，打开磁力搅拌器开关，注意磁子不要碰到电极。

(3)实验记录

向有机酸溶液中滴加 NaOH 标准溶液，记录滴加 NaOH 标准溶液体积对应的 pH 值。

体积 ml												
pH 值												

(4)数据处理

①计算 NaOH 标准溶液浓度,即

$$C = (W/M)/V$$

式中　W——邻苯二甲酸氢钾质量;

M——邻苯二甲酸氢钾摩尔质量;

V——NaOH 溶液体积。

②计算有机酸的解离常数。根据滴加 NaOH 标准溶液体积对应的 pH 值,绘制滴定曲线,确定 V_{eq},突跃对应的 NaOH 标准溶液体积 V_{eq},从图上查出 1/2 V_{eq}体积对应的 pH 值,即为 pK_a。

③计算有机酸的摩尔质量。从滴定曲线可知,该有机酸为一元酸,即可计算出有机酸的摩尔质量。

五、注意事项

①滴定速度不要太快,待电位值稳定时,记录数据。

②电位值接近突越时,应减小滴定剂的加入量。

六、思考题

①用电位法测量溶液酸度时,标准缓冲溶液的作用是什么?

②玻璃电极在使用之前为什么要活化?

实验 93　涂料中微量重金属元素铅含量的测定

一、实验目的

①掌握原子吸收分光光度法测定重金属元素的原理和实验方法。

②了解重金属元素对人类的危害。

二、实验原理

重金属污染一直是危害我国人民健康的重要因素之一,铅(Lead)是一种用途广泛的重金属元素,在自然环境中存在较为普遍,在人体内是一种多亲和性毒物,它对人类的危害也已被医学界所公认。

铅中毒对儿童的危害尤其严重,虽然典型的儿童铅中毒已不常见,多数情况下表现为无症状铅中毒。多数儿童虽然没有出现大脑病变的体征,但却存在着持久的行为和认知问题,严重地影响健康和学习。随着医学研究的逐步深入,以往认为是安全的血铅水平已被证实对儿童健康有害,因而儿童铅中毒的诊断标准一再被修改.1985 年美国国家疾病控制中心制定的儿童铅中毒的标准为血铅大于 0.25 $\mu g \cdot ml^{-1}$,1991 年儿童铅中毒的诊断标准改为血铅大于或等于 0.1 $\mu g \cdot ml^{-1}$。高铅血症的诊断标准为,连续两次静脉血铅水平为 0.100～0.199 $\mu g \cdot ml^{-1}$。血液和头发是两种最好的活体生物指示器。血铅检测和发铅检测在铅中毒诊断中可互为补充。

涂料中的微量铅是导致儿童铅中毒的直接原因之一,因此各国都对其含量有严格的限定,作为涂料质量控制的重要指标。原子吸收分光光度法常用于测定涂料中微量重金属元素。

原子吸收分光光度法是基于从锐线光源发射出某元素的特征辐射,被该元素的气态基态原子吸收,使得特征辐射强度减弱,其吸光度与被测元素的浓度成正比,即有

$$A = kC$$

常用的定量分析方法有标准曲线法和标准加入法,本实验采用标准曲线法。

三、主要仪器和药品

原子吸收分光光度计、铅空心阴极灯、空气(钢瓶装)或空气压缩机、乙炔(钢瓶装)。

铅储备液(称取纯度为99.99%铅1.0 g,要准确至0.000 1 g,加入20 ml 6 mol·L^{-1} HNO_3溶解,蒸馏水定容于1 000 ml容量瓶中)、HCl(分析纯)、H_2O_2(分析纯)。

四、实验步骤

1.样品处理

称取1 g涂料样品(准确至0.000 1 g),置于100 ml玻璃烧杯中,加入10 ml混酸(硝酸+高氯酸+硫酸=3+1+1),并置于通风橱内的电炉上,敞口缓慢加热,待样品完全氧化后,适度升高电炉温度至玻璃烧杯中残留溶液少于2 ml。冷却至室温后,加入适量去离子水多次淋洗烧杯内壁,将溶液转移至50 ml容量瓶中并定容。

2.测定

配制浓度为1.00、2.00、4.00、6.00、8.00 mg·L^{-1}铅标准溶液系列,测定其吸光度并列于下表中;在相同条件下测定试液。

标液浓度	1.00 mg·L^{-1}	2.00 mg·L^{-1}	3.00 mg·L^{-1}	4.00 mg·L^{-1}	5.00 mg·L^{-1}	试液
吸光度						

3.数据处理

①根据标准溶液的测定数据绘出标准曲线:以吸光度为纵坐标、标液浓度为横坐标绘制标准曲线。

②从标准曲线上读出试液对应的浓度,并计算出样品中铅的含量。

五、注意事项

①使用混酸样品处理时,升温速度不宜太快,温度不宜太高。

②电炉温度控制在500℃以内,避免铅的挥发。

六、思考题

①原子吸收分光光度法定量分析原理是什么?

②原子吸收分光光度计的基本结构是什么?

③处理含铅试样要注意哪些问题?

实验 94　日用化学品生产用水中六价铬含量的测定

一、实验目的

①掌握日用化学品生产用水中六价铬的测定方法。
②熟悉比色法原理及分光光度计的使用。
③了解六价铬的危害。

二、实验原理

日用化学品的质量与人们的生活息息相关,如果其生产用水中重金属含量超标,则直接威胁到人类的健康。铬(chromium)是常见的重金属元素,广泛存在于自然界中,其自然来源主要是岩石风化,大多以三价铬的形式存在。人为污染源来自于工业含铬废渣和废水的排放,主要是六价铬的化合物,常以铬酸根离子(CrO_4^{2-})存在。此外,煤和石油燃烧的废气中含有颗粒态铬。

铬在环境中不同条件下有不同的价态,其化学行为和毒性差异较大,如水体中三价铬可吸附在固体物质上而存在于沉积物中;六价铬则多溶于水中并可稳定存在,在厌氧条件下可还原为三价铬。三价铬的盐类可在中性或弱碱性的水中水解,生成不溶于水的氢氧化铬而析出。环境中三价铬与六价铬会互相转化,所以近年来倾向于用铬的总含量。在酸性溶液中,试样的三价铬被高锰酸钾氧化成六价铬即可得总铬。三价和六价铬对人体都有害,但六价铬的毒性比三价铬要高 100 倍,是强致突变物质,可诱发肺癌和鼻咽癌,三价铬有致畸作用。

测定水中微量铬的方法较多,常用分光光度法和原子吸收法。按照国家标准,采用二苯碳酰二肼(DPCI)为显色剂,在酸性溶液中,六价铬离子与二苯碳酰二肼反应,生成紫红色化合物,其最大吸收波长为 540 nm,吸光度与浓度的关系符合比尔定律($A = KcL$)。本测定方法的最低检出浓度为 0.004 $mg \cdot L^{-1}$,适用于水体中六价铬的检测。

三、主要仪器和药品

分光光度计、比色皿(1 cm、3 cm)、具塞比色管(50 ml)、移液管、容量瓶等。

铬贮备液(称取于 120℃干燥 2 h 的重铬酸钾(优级纯)0.282 9 g,用水溶解,移入 1 000 ml 容量瓶中,用水稀释至标线,摇匀。每毫升贮备液含 0.100 μg 六价铬)、铬标准溶液(吸取 5.00 ml 铬标准贮备液于 500 ml 容量瓶中,用水稀释至标线,摇匀。每毫升标准使用液含 1.00 μg 六价铬。使用时当天配制)、二苯碳酰二肼溶液(称取二苯碳酰二肼(简称 DPC,$C_{13}H_{14}N_4O$)0.2 g,溶于 50 ml 丙酮中,加水稀释至 100 ml,摇匀,贮于棕色瓶中,置于冰箱中保存。如果溶液颜色变深,则不能再用)、硫酸溶液($H_2SO_4 : H_2O = 1:1$)。

四、实验内容和步骤

1.标准曲线的绘制

取 8 支 50 ml 比色管,依次加入 0、0.50、1.00、2.00、4.00、6.00、8.00、10.00 ml 铬标准溶液,分别加入 1:1 硫酸 0.5 ml、2 ml 显色剂溶液,立即摇匀,用水稀释至标线。放置 5 min 后,于 540 nm波长处,用 1 cm 或 3 cm 比色皿,以空白溶液为参比,测定吸光度。

标液/ml	0.50	1.00	2.00	4.00	6.00	8.00	10.00
吸光度							

2.水样的测定

取适量(含六价铬应少于 50 μg,如果浓度过大,可以适度稀释)水样于 50 ml 比色管中,测定方法同标准溶液。

3.数据处理

以吸光度为纵坐标,相应六价铬含量为横坐标,绘出标准曲线。进行空白校正后根据所测吸光度从标准曲线上查得六价铬的含量。

$$\mathrm{Cr}(\mathrm{mg}\cdot\mathrm{L}^{-1}) = m/V$$

式中　m——从标准曲线上查得的六价铬量(μg);

　　V——水样的体积(ml)。

五、注意事项

①仪器应预热 20 min,方可使用。

②测定吸光度时,其数值应小于 0.8,否则应适当稀释试液。

六、思考题

①比色法的特点是什么?有哪些应用?

②在测定过程中为什么要保持强酸性?

第十三编　精细化学品合成设计实验参考文献

精细化学品种类繁多,而每一种精细化学品又有多种合成路线和制备方法。根据精细化工的特点和精细化工专业人才培养的需要,我们在本编选几个典型的例子,供同学们自行设计合成产品时参考。旨开阔眼界,拓展思路,调动学生主动学习的积极性,提高独立思考、独立分析问题和解决问题的能力。

实验 95　环氧大豆油

参考文献 1　环氧大豆油

化学名称　环氧大豆油(epoxidized soybean oil)

化学组成　环氧大豆油是以大豆油为原料经环氧化的产物。大豆油为一甘油的脂肪酸酯混合物,其脂肪酸成分为:亚油酸质量分数 51% ~ 57%,油酸质量分数 32% ~ 36%,棕榈酸质量分数2.4% ~ 6.8%,硬脂酸质量分数 4.4% ~ 7.3%,因而环氧大豆油的成分也很复杂。平均相对分子质量约为 950。

物化性质　浅黄色油状液体。沸点 150℃,流动点 - 8℃,闪点 299℃,着火点 > 304℃,折光率(n_D^{25})1.471 3,黏度 0.325 Pa·s(25℃),蒸气压 13.33 Pa(150℃)。水中溶解度 < 0.1 g(25℃),水在其中溶解度 0.55 g(25℃)。溶于大多数有机溶剂和烃类。

生产方法　由精制的豆油在硫酸和甲酸(或冰醋酸)存在下用双氧水环氧化而成。

反应式

$$HCOOH + H_2O_2 \xrightarrow{H_2SO_4} HCOOOH + H_2O$$

$$\begin{array}{l} RCH = CHR'COO\,CH_2 \\ \qquad\qquad\qquad\quad | \\ RCH = CHR'COO\,CH \\ \qquad\qquad\qquad\quad | \\ RCH = CHR'COO\,CH_2 \end{array} + 3HCOOOH \longrightarrow \begin{array}{l} \overset{\;\;O}{\diagup\;\diagdown} \\ RCH-CHR'COOCH_2 \\ \overset{\;\;O}{\diagup\;\diagdown} \qquad\qquad\;\; | \\ RCH-CHR'COOCH \\ \overset{\;\;O}{\diagup\;\diagdown} \qquad\qquad\;\; | \\ RCH-CHR'COOCH_2 \end{array} + 3HCOOH$$

工艺过程

环氧化在常温下进行,以苯为介质,其制备工艺流程如图 13.1 所示。先将豆油、甲酸、硫酸和苯配制成混合液,在搅拌下滴加质量分数 40% 的双氧水,然后静置分离掉废酸水,将油层用稀碱液和软水洗至中性。分离后将油层进行水蒸气蒸馏,馏出之苯水混合物冷凝分离,苯返回使用。残液在减压下蒸馏,截取成品馏分。主要原料规格和参考用量见表 13.1。

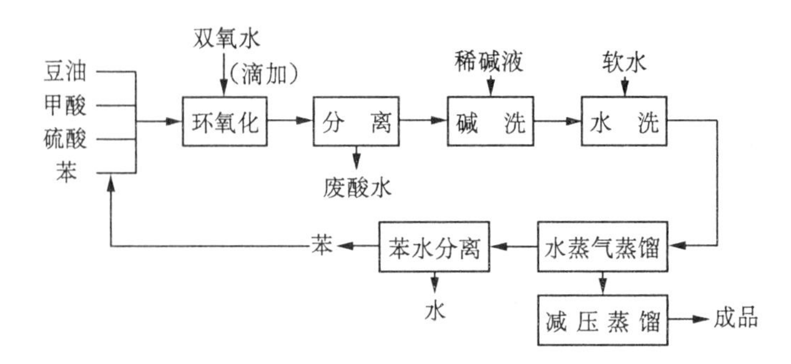

图 13.1 环氧大豆油的制备工艺流程

表 13.1 主要原料规格和参考用量

原料名称	规 格	参考用量/kg	原料名称	规 格	参考用量/kg
大豆油	皂化值 190	1 000	甲 酸	质量分数 85%	140
	碘值 130~140		苯	工业品	350(可回收 80%)
双氧水	质量分数 40%	670			

用途 环氧大豆油是一种广泛使用的聚氯乙烯增塑剂兼稳定剂,有良好的热和光稳定作用。本品与聚氯乙烯相容性好,挥发性小,迁移性小,没有毒性。本品几乎可以用于所有的聚氯乙烯制品。在一般的软质制品中使用本品 2~3 份,即可明显地改善其热光稳定性,在要求耐候性高的农用薄膜中用量在 5 份以上。本品与聚酯类增塑剂并用,可以避免聚酯类增塑剂的迁移。美国允许碘值 6 以下、环氧值 6 以上的环氧大豆油用于食品包装材料。产品原是标准尺表 13.2。

表 13.2 产品质量标准

外 观	黄色油状液体	酸值,mg 氢氧化钾/g	≤0.5
色泽,铂、钴比色	≤400 号	加热减质量分数(125℃×3 h)/%	≤0.3
相对密度(20/20℃)	0.985~0.990	闪点/℃	≥280
环氧值/%	>6.0	热稳定性(177℃×3 h后环氧值/%)	≥5.0

参考文献 2 环氧大豆油

一、产品简介

环氧大豆油为环氧化油类增塑剂主要品种之一,是聚氯乙烯及其他含卤素的高分子材料的辅助增塑剂和热稳定剂,有很好的相容性及其他塑料助剂的协同效果,能赋予材料良好的光热稳定性和机械、电性能,本身挥发性小,广泛用于塑料、橡胶等高分子材料加工领域。由于其毒性小,可用于食品包装材料。与环氧大豆油有类似性能的还有环氧化亚麻油、环氧化米糠油、环氧化棉籽油等。环氧大豆油的常规生产方法是在醋酸丁酯溶剂中,大豆油在硫酸催化下与过氧甲酸反应而环化,产品色泽较深,收率和产品质量都不高。后来发展了非酸催化工艺,用阳离子交换树脂、硫酸铝等固体酸催化;使产品质量有所提高。采用加过氧酸稳定剂的方法或只用稳定剂而不再用催化剂的方法还可以缩短环氧化反应时间。

随着环氧化增塑剂生产规模的扩大而发展了连续化生产工艺,用乙醛空气氧化法生产过醋酸连续环氧化生产环氧化油增塑剂于60年代首先在美国实现工业化生产。在日本,乙醛气相氧化生产过醋酸连续环氧化装置和液相氧化生产过醋酸连续化装置也分别于1969年和1970年投入运转,从而结束了早期用双氧水作为氧给予体有机醛自动氧化生产过醋酸连续环氧化工艺。

美国食品机械化学公司(FMC)开发的适于小规模生产的气相自动空气氧化生产过醋酸连续环氧化法,乙醛转化率高,反应器容积效率也高。塞拉尼斯(Celanese)开发的液相法中所用过醋酸质量分数25%~30%,环氧化反应温度为50~80℃,反应物停留时间为2.5~3.5 h,环氧化油残余碘值为1~3。为获取质量高的产品,将环氧化分成两步进行,第一步用过醋酸理论质量分数70%~95%,反应完全后进行分离除去溶剂和质量分数95%以上醋酸,再加入过量过醋酸进行第二步反应,由于分离了反应后期体系中高浓度醋酸,有效地减少了开环反应,提高了环氧化效率,产品碘值可降到1以下。

国内目前基本上仍沿用传统的一步环氧化法工艺、间歇式生产方式。此法工艺简单,投资少,适于中小企业生产。本文只介绍这种方法。

环氧大豆油简称ESO(epoxidised soybean oil的首母缩写而成)。常温为液体,呈黄色油状,平均相对分子质量为950,其分子式表示为

$$\begin{array}{l} CH_3(CH_2)_4CHOCHCH_2CHOCH(CH_2)_7COO-CH_2 \\ \qquad\qquad\qquad\qquad\qquad\qquad\qquad\qquad\quad | \\ CH_3(CH_2)_4CHOCHCH_2CHOCH(CH_2)_7COO-CH \\ \qquad\qquad\qquad\qquad\qquad\qquad\qquad\qquad\quad | \\ CH_3(CH_2)_4CHOCHCH_2CHOCH(CH_2)_7COO-CH_2 \end{array} \tag{1}$$

$$\begin{array}{l} CH_3(CH_2)_7CHOCH(CH_2)_7COO-CH_2 \\ \qquad\qquad\qquad\qquad\qquad\qquad\quad | \\ CH_3(CH_2)_7CHOCH(CH_2)_7COO-CH \\ \qquad\qquad\qquad\qquad\qquad\qquad\quad | \\ CH_3(CH_2)_7CHOCH(CH_2)_7COO-CH_2 \end{array} \tag{2}$$

主要是亚油酸、油酸三甘油酯的环氧化物。两种结构的酸有不等的双键而含环氧基不同,环氧大豆油沸点150℃(533.3 Pa),流动点-9℃,凝固点-15℃,闪点299℃,着火点大于304℃,黏度为0.325 Pa·s,可溶于大多数有机溶剂和烃类化合物。产品毒性很小。

环氧大豆油的主要用途是作聚氯乙烯增塑剂兼热稳定剂,具有光、热稳定性好、低温柔软、低毒等特点,适于聚氯乙烯及其衍生物类高分子材料,广泛用于压延薄膜、片材、挤压型材和食品包装材料等聚氯乙烯制品中,也用于涂料、橡胶工业。

二、制造方法

间歇式制造环氧大豆油的方法与其他环氧油类制法均相似,分为无溶剂法、溶剂法。在催化剂的应用上有硫酸为代表的无机酸和731阳离子交换树脂为代表的固体酸,还有建议用过氧酸稳定剂代替传统催化剂的,这些稳定剂有磷酸及焦磷酸盐体系、水杨酸体系等,稳定剂可以单独使用,也可与催化剂联合应用。加快了环氧化反应速度,克服了硫酸使用中对设备腐蚀、产品颜色较深等不足,优点较明显,是可以发展的技术。

1.反应原理

大豆油是一种混合的脂肪酸甘油酯,脂肪酸组分为亚油酸质量分数51%~57%,油酸质量分数32%~36%,棕榈酸质量分数18%~2.4%,硬脂酸质量分数4.4%~7.3%,其中亚油酸、油酸有双键可环氧化。

$$\begin{array}{l}C_7H_{15}CH_2CH{=}CHCH_2(CH_2)_6COO{-}CH_2\\ \qquad\qquad\qquad\qquad\qquad\qquad\qquad\quad |\\ C_7H_{15}CH_2CH{=}CHCH_2(CH_2)_6COO{-}CH + 3CH_3COOOH \longrightarrow\\ \qquad\qquad\qquad\qquad\qquad\qquad\qquad\quad |\\ C_7H_{15}CH_2CH{=}CHCH_2(CH_2)_6COO{-}CH_2\end{array}$$

$$\begin{array}{l}C_7H_{15}CH_2\overset{O}{\overbrace{CHCH}}CH_2(CH_2)_6COO{-}CH_2 \longrightarrow\\ \qquad\qquad\qquad\qquad\qquad\qquad\qquad\quad |\\ C_7H_{15}CH_2\overset{O}{\overbrace{CHCH}}CH_2(CH_2)_6COO{-}CH + 3CH_3COOH\\ \qquad\qquad\qquad\qquad\qquad\qquad\qquad\quad |\\ C_7H_{15}CH_2\overset{O}{\overbrace{CHCH}}CH_2(CH_2)_6COO{-}CH_2\end{array}$$

$$\begin{array}{l}C_5H_{31}CH{=}CHCH_2CH{=}CH(CH_2)_7COOCH_2\\ \qquad\qquad\qquad\qquad\qquad\qquad\qquad\quad |\\ C_5H_{11}CH{=}CHCH_2CH{=}CH(CH_2)_7COOCH + 6CH_3COOOH \longrightarrow\\ \qquad\qquad\qquad\qquad\qquad\qquad\qquad\quad |\\ C_5H_{11}CH{=}CHCH_2CH{=}CH(CH_2)_7COOCH_2\end{array}$$

$$\begin{array}{l}C_5H_{11}\overset{O}{\overbrace{CHCH}}CH_2\overset{O}{\overbrace{CHCH}}(CH_2)_7COOCH_2 \longrightarrow\\ \qquad\qquad\qquad\qquad\qquad\qquad\qquad\quad |\\ C_5H_{11}\overset{O}{\overbrace{CHCH}}CH_2\overset{O}{\overbrace{CHCH}}(CH_2)_7COOCH + 6CH_3COOH\\ \qquad\qquad\qquad\qquad\qquad\qquad\qquad\quad |\\ C_5H_{11}\overset{O}{\overbrace{CHCH}}CH_2\overset{O}{\overbrace{CHCH}}(CH_2)_7COOCH_2\end{array}$$

过氧有机酸是将有机酸以过氧化氢氧化生成

$$CH_3COOH + H_2O_2 \overset{H^+}{\rightleftharpoons} CH_3COOOH + H_2O$$

过氧酸与油反应后释出的有机酸继续与新的过氧化氢反应再度氧化，理论上消耗的只是过氧化氢，有机酸在体系中重复反应。

反应过程中的主要副反应是环氧基的破坏，环氧基与有机酸反应生成羟基酰氧基化合物

$$-\overset{O}{\overbrace{CH{-}{-}CH}} + CH_3COOH \longrightarrow \begin{array}{cc}OH & CCOCH_3\\ | & |\\ CH & {-}CH\end{array}$$

环氧基也可被水和系统中的羟基化物破坏

$$-\overset{O}{\overbrace{CH{-}{-}CH}} + H_2O \longrightarrow \begin{array}{cc}OH & OH\\ | & |\\ -CH & {-}CH-\end{array}$$

$$\begin{array}{cc}-CH & -CH-\\ | & |\\ OH & OCOCH_3\end{array} + (n+1)\underset{O}{\underbrace{CH{-}CH}} \longrightarrow \begin{array}{l}\qquad\ \ OCOCH_3\\ \qquad\quad |\\ CH{-}CH{-}\\ |\\ O\\ |\\ -CH{+}CH{+}\\ \qquad |\\ \qquad O\\ \qquad |\\ \quad {+}CH{+}_nCH{-}\\ \qquad\qquad\ |\\ \qquad\qquad OH\end{array}$$

进而可诱发环氧化物的自聚,生成含醚键高分子化物。这些副产物与聚氯乙烯相容性很差,是有害杂质,必须防止大量生成。

2. 工艺流程

如果以精油为原料,可省去油的精炼工序。首先用真空抽取计量有机酸、双氧水放入混合槽并加入定量催化剂稳定剂,再将精制大豆油计量放入环氧化反应釜中,升温,在搅拌下把已混合好的双氧水、有机酸等逐渐加入环化釜中,在一定时间内加完,控制反应温度至反应结束。静置,分去无机相,滤去固体催化剂,将物料转至中和洗涤釜中用稀碱中和,水洗,抽入蒸馏釜进行真空快速脱水。粗品打入板框压滤机过滤,滤液进成品贮槽或包装入库。

间歇式制备环氧大豆油工艺流程方框图如图 13.2 所示。

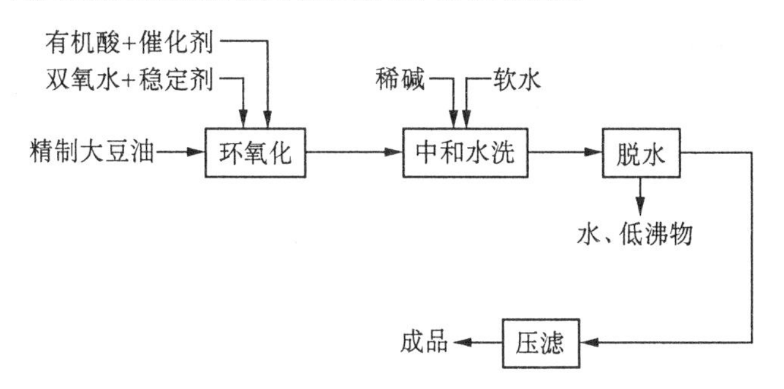

图 13.2　间歇式制备大豆油工艺流程

3. 操作方法和工艺条件

(1) 原料

采用精制大豆油为原料时,精油应符合国家一级标准 GB 1535－79,主要指标见表 13.1。如用粗油时,必须保证碘价大于 125,一般要碱炼、脱色。

双氧水按工业级有质量分数 27.5%、35% 及高质量分数 50%、70% 等规格,用质量分数 35% 较好;加料方式改进,用复配加料法时质量分数 27.5% 也可应用。

大豆油技术指标见表 13.3。

表 13.3　大豆油技术指标

指标名称	指标
外观	清晰透明
气味	一般异味
色泽(铁－钴法),号	≤9
酸价/($mg\ KOH \cdot g^{-1}$)	≤1
碘价(韦氏法)/[$gI \cdot (100\ g)^{-1}$]	120～140
折光率(20℃)	1.472 0～1.477 0
皂化价/($mg\ KOH \cdot g^{-1}$)	185～195
相对密度(20/4℃)	0.921 0～0.925 0
加热试验(28℃)	油色不得变深,无析出物
水分及挥发物质量分数/%	≤0.1
杂质/%	≤0.1

有机酸可采用冰醋酸、甲酸。

(2) 环氧化反应

先把精油加到反应釜中，搅拌，升温至45℃，向釜内逐渐加入有机酸、过氧化氢混合物，调节进料速度在2.5～3 h内加完，控制反应温度在55～60℃范围。加完料后在65℃左右继续反应1 h，静置，分去无机层。

催化剂选择：催化剂可用硫酸，也可用731阳离子交换树脂。用浓硫酸作催化剂时，质量分数为冰醋酸的8%左右；用731阳离子交换树脂作催化剂时，质量分数为油量的4%～5%。催化剂与稳定剂联用时稳定剂用量要适当增加，用稳定剂可以缩短反应时间。一般不用稳定剂，此时在60℃左右反应温度下加料时间3～4 h，继续反应时间2～3 h。

搅拌器形式和速度：由于反应在非均相体系内进行，过氧有机酸的生成反应在无机相内进行，产生的过氧酸被萃取入有机相与油反应，产生有机酸再转入无机相继续反应，搅拌应保障有机酸和过氧酸有足够快的相转移速度，过激烈的搅拌也是有害的。采用锚式或框式搅拌，搅拌转速在80～90 $r \cdot min^{-1}$较为适宜。

加料方式：向大量油、有机酸和催化剂混合物中加双氧水；向大豆油、有机酸混合物中加双氧水和催化剂混合物；向大豆油、双氧水混合物中加有机酸和催化剂混合物；向大豆油和总质量分数20%的双氧水混合物中加有机酸、催化剂和总质量分数80%的双氧水混合物。还有一种方式是向大豆油中加有机酸、全部过氧化氢和催化剂的平衡混合物，经验证明，这种方式效果最好，即使采用质量分数27.5%的过氧化氢，也能保证足够的反应速度，而且反应比较平稳。

配料比的确定：配料比表示反应体系中所用原料用量的比例，也就是油、双氧水、有机酸的量确定。根据基本反应，环氧大豆油是大豆油分子上的双键被氧化剂过氧有机酸氧化形成环氧键后的产物，每摩尔双键需用1 mol过氧有机酸反应，而1 mol过氧有机酸需用1 mol的过氧化氢和等摩尔的有机酸。过氧有机酸在工艺过程中并不是预先制备好的物质，而是在反应体系中就地生成。有机酸消耗在生成过氧有机酸的同时，油与过氧有机酸反应将释放等摩尔的有机酸。理论上分析，一旦环氧化反应启动后即不再补加有机酸，实际消耗的只是双氧水，双氧水的用量可根据油的碘价来估算，考虑过程中损失，应增加质量分数10%～20%，即双键物质的量数的1.1～2.0倍，有机酸用量可取双物质的量数的0.5～0.8倍，这样油的不饱和键摩尔数：H_2O_2：RCOOH = 1：(1.1～1.2)：(0.5～0.8)(mol)。

反应体系虽然可以用溶剂，但因用溶剂降低了设备利用率，还需增加溶剂回收设备，故以不用为好。

(3) 中和水洗

中和水洗的目的是使体系中的酸转化成盐而被水洗出，环化反应物料分去水层后输送到中和釜中，加稀碱水溶液，搅拌1～2 min，静置分层，放去水相；加少量水，搅拌1～2 min，静置分层，放去水相，重复水洗2～3次。在用固体酸作催化剂时，环化反应后应先过滤除去留在有机相中的固体物，固体催化剂经过处理可再生重复使用多次；用强酸作催化剂时可以先用水洗至接近中性，再中和以减少用碱量。

中和用碱浓度宜稀，以氢氧化钠为中和剂时，其质量分数应小于10%，一般质量分数约5%，也可用质量分数5%碳酸钠或其与氢氧化钠的混合液。碱用量可根据粗品中和前的酸值估算，适当考虑皂化和其他杂质对碱的消耗，中和至微呈碱性然后水洗，洗水用去离子水、软水，每次用水量为粗品体积的35%～200%即可。以2～3次能洗净为目的尽量少用水。无论中和或水洗，碱和水与物料接触时间不宜长，每次搅拌2 min即可，搅拌速度不能太高，以防止乳化,用框式搅拌器的转速约 80 $r \cdot min^{-1}$,洗涤水温度与油温大致相同或略高(约 5℃),洗完后酸值应基本达到指标要求。

(4) 减压脱水

将水洗后物料抽入真空蒸馏釜中进行快速脱水,开启真空系统,控制釜内真空度 100 kPa 左右,开始升温,约 60℃即有水蒸出,保持以每分钟 5℃的速度匀速升温,控制最高温度低于 125℃,蒸馏目的是除去水分和少量低沸点化合物。提纯产品,以低温、快速为原则,因此真空度应尽可能高些,有利于避免环氧基开环和酯的水解酸值提高,降低产品质量。当再无水蒸出时,自然冷却。蒸完后产品水分应达到指标要求。

(5) 压滤包装

除尽水分的产品可能夹杂一些固体杂质悬浮在产品中,使产品混浊不清,亦将影响产品贮存稳定性,压滤必须进行。将产品用齿轮泵从蒸馏釜中抽出打入压滤机,过滤压力约为 0.8 MPa,滤出的产品为成品,可及时包装或入成品贮库。

4. 生产主要设备及水、电、气

生产中主要设备是环氧化反应釜、洗涤釜各一件;真空蒸馏设备 1 套:包括蒸馏釜、冷凝器、水接收器各 1 件;真空系统 1 套:包括真空泵、缓冲器各 1 件;过氧化氢混合计量槽 1 台;无离子水生产设备 1 套:包括离交柱、水槽等;板框压滤机 1 台。多为定型设备,材质可用不锈钢或搪瓷;水接收器和缓冲罐用碳钢;双氧水混合计量槽用聚氯乙烯或其他塑料。设备型号和容积按生产规模设计,300 t 规模的环氧化反应釜可用容积 2 000 L 的搪瓷反应釜,洗涤釜、蒸馏釜容积分别为 1 200 L 和 1 000 L。生产中每吨产品消耗软水 1 t,耗自来水 45 t,蒸汽 0.3 t,电 100 kW·h,碱 5 kg(质量分数 95% NaOH)。催化剂 29.4 kg(离子交换树脂),醋酸 196 kg,双氧水(质量分数 30%)590 kg,大豆精油 982 kg(碘值 130 ~ 140)。

三、环保事宜

废水中主要含有机酸盐、甲酸(乙酸)和低相对分子质量脂肪酸、双氧水等,甲酸(乙酸)是原料,应该回收再用或制成有机酸盐加以利用,中和洗涤废水经生化处理排放。

1. 部颁标准

废水排放部颁标准见表 13.4。

表 13.4　废水排放部颁标准

指标名称	指标
外观	黄色油状液体
色泽(Pt - Co 法)	≤400
相对密度(20/20℃)	0.985 ~ 0.990
酸值/($mgKOH \cdot g^{-1}$)	≤0.5
加热减质量分数(125℃,3 h)%	≤0.3
热稳定性(177℃,3 h)	≥5.0
环氧保留率/%	
残碘值/I $g \cdot (100\ g)^{-1}$	≤6.0
折光率(25℃)	1.472
环氧值质量分数/%	≥6
闪点(开杯)/℃	≥280

2. 企业标准

废水排放企业标准见表 13.5。

表 13.5　废水排放企业标准

指标名称	指标	
	一级	二级
外观	黄色油状液体	黄色油状液
酸值/(mg KOH·g^{-1})≤	0.7	0.7
环氧值/%	6.5	5.5
皂化值/(mgKOH·g^{-1})	175~190	175~190
闪点(开杯)/℃≥	280	280
密度(ρ20g·cm^{-3})	0.995±0.005	0.995±0.005
碘值/I g·$(100\ g)^{-1}$	10	10
稳定性(177℃,3 h)		
环氧保留率/%≥	95	95

参考文献 3　郭学阳.辽宁化工,1995(3):41~45.
参考文献 4　王金媛.江苏化工,1989(4):23.

实验 96　淀粉接枝丙烯腈高吸水树脂

参考文献 1　高分子吸水树脂

一、产品简介

高分子吸水树脂是一个淀粉改性聚合物。由淀粉和丙烯腈接枝共聚而成。吸水倍数在300~1 200倍,产品为粉状,略带黄色。

高分子吸水树脂首先是由美国和日本开发成功的新型功能高分子材料,由于它具有较强的吸水能力,优于脱脂棉、海绵、吸水纸等的吸水材料,近年来发展很快,且应用领域也逐步从个人卫生用品扩展到了医用材料、建筑用防渗堵漏材料、高效缓释农药、化肥及缓释药品、土壤保湿剂、食品干燥剂、保鲜剂、空气清新剂等。

二、制造方法

1. 原理

以玉米淀粉和丙烯腈为原料,控制反应条件,使淀粉与乙烯基单体进行接枝共聚而成吸水树脂。

2. 工艺流程框图

淀粉接枝丙烯腈吸水树脂工艺流程如图 13.3 所示。

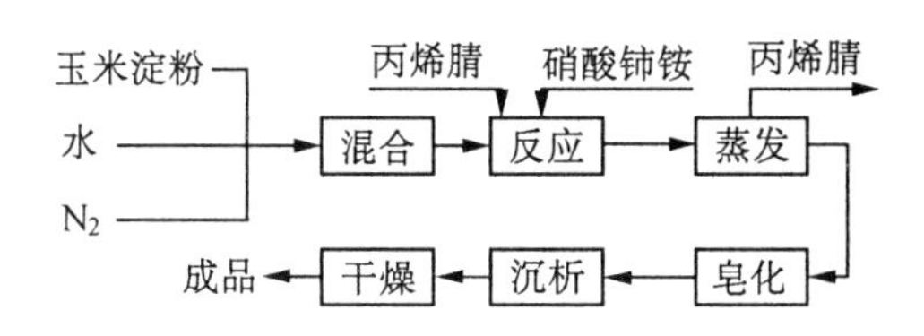

图 13.3　淀粉接枝丙烯腈吸水树脂工艺流程

3. 设备及水、电、气

以日生产 600 kg 计算,需:

①1 000 L 反应釜(带夹套)。

②通氮装置。

③离心分离机。

④真空干燥机。

⑤小型不锈钢粉碎机。

⑥配 50 kW 左右变电装置。

⑦蒸气压力为 0.7 MPa,蒸发量为 0.6 $t \cdot h^{-1}$的锅炉,供生产用汽。

4. 原料规格和用量

(1) 主要原料

淀粉:玉米淀粉,工业品。

酒精:质量分数 95%的工业用酒精。

丙烯腈:工业品。

硝酸铈铵:工业品。

氢氧化钠:工业用片碱或液碱均可。

冰醋酸:工业品。

(2) 用量

玉米淀粉:丙烯腈 = 5:8(质量比)。

玉米淀粉:水 = 5:116(质量比)。

硝酸铈铵为玉米淀粉质量分数的 3.2%。

氢氧化钠溶液及冰醋酸溶液均用于调 pH 值。

5. 生产控制参数及具体操作

(1) 具体操作

先将玉米淀粉加水调浆,通氮 1 h,加热至 80 ~ 85℃,并保温 30 ~ 40 min,加入丙烯腈,冷却至 25 ~ 41℃以后,在搅拌下滴加硝酸铈铵溶液,保温 2 ~ 2.5 h,中和后升温至 80℃,保温 0.5 h,将未反应之丙烯腈蒸馏除去,加入 NaOH 液,皂化一定时间,调 pH 值为 7 ~ 7.5,用乙醇沉析,抽滤,真空干燥,粉碎成成品。

(2) 生产控制参数

①通氮时间要达到 1 h。

②淀粉糊化时间和温度要控制,玉米淀粉糊化温度在 80 ~ 85℃,时间为 30 ~ 40 min,糊化时间太长或不够都影响后面的接枝反应。

③糊化完成后,必须调节 pH 值为 7,温度 25 ~ 41℃,加入丙烯腈及硝酸铈铵,聚合反应开始后,温度控制至关重要,最好控制在(39 ± 2)℃。因为温度过高,将导致丙烯腈的自聚反应;

温度过低,反应不能继续。

④反应进行 2~2.5 h 后,加热至 80℃,以除去未反应的丙烯腈。因为游离的丙烯腈的存在,将导致吸水树脂吸水能力明显下降。

⑤皂化时,黏度较大,操作要小心,搅拌要加速,时间不能超过 2 h,因为在碱性条件下,树脂生成后加温过长会水解,大大降低吸水能力,可嗅到氨气。

⑥干燥时温度不宜过高,最好是常温、真空干燥,这样可提高 1 倍以上的吸水能力。

6. 安全事项

使用酒精时,要注意防止跑、冒、滴、漏等现象发生,做好安全防火工作。

使用酸碱等强腐蚀性物质时,要穿好防护服装,戴好防护用具。

在生产过程中,黏度大,鼓泡多,加碱要缓慢。

做好酒精的回收利用,以降低生产成本。

三、环保事宜

在生产过程中,丙烯腈在密闭容器中,多余的丙烯腈利用蒸馏装置回收。废水是含有酒精的废水,利用蒸馏方法回收酒精以循环使用。

少量的稀酸、稀碱水可以互相中和后排放。

生产过程中不产生废气。

四、质量指标

目前吸水树脂尚未见统一的指标,一般只见以其吸纯水和盐水的性能为参考标准。

纯水:300~1 200 倍。

盐水:20~50 倍。

五、分析方法

吸水指标:准确称取 1 g 干燥粉状树脂,加纯水或质量分数 5% NaCl 溶液,2 h 后过滤,至无水滴落时称重(胶胨量),即得吸水指标。

$$\text{吸水率/倍} = \frac{\text{胶胨质量} - \text{干树脂质量}}{\text{干树脂质量}}$$

参考文献 2 淀粉-丙烯腈接枝共聚水解产物,高吸水性树脂

制备工作流程如图 13.4 所示。

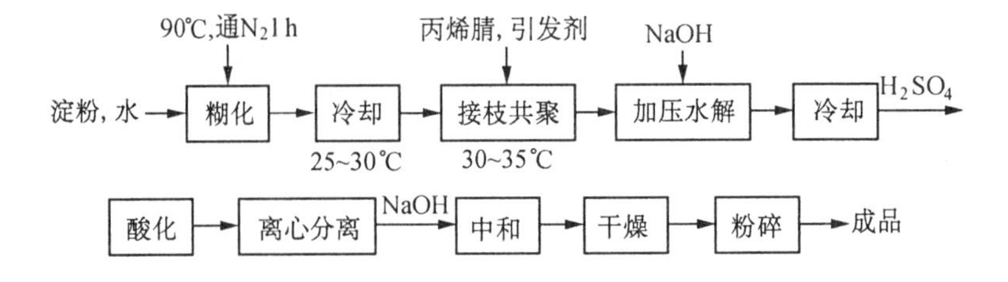

图 13.4 淀粉接枝丙烯腈高吸水树脂制备工艺流程

这种树脂的合成是按自由基反应机理进行的,最广泛采用的引发剂是四价铈盐。美国对

使用硝酸铈胺和 H_2O_2/Fe^{2+} 等氧化还原引发剂的接枝共聚做了大量的研究工作，其反应过程如下

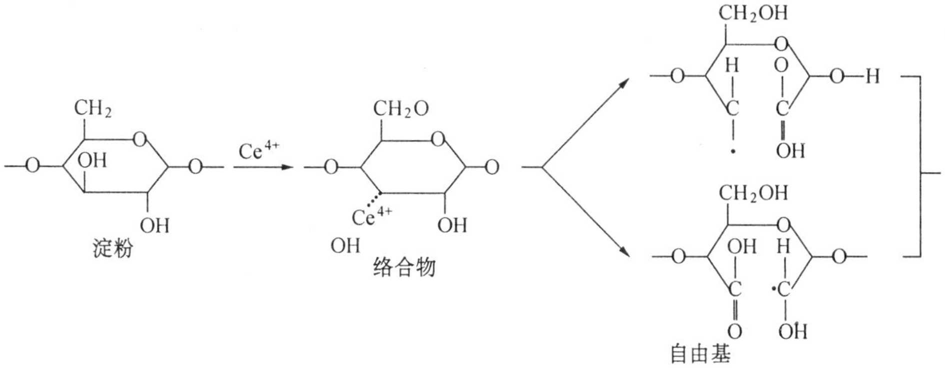

$$\text{淀粉} \xrightarrow{Ce^{4+}} \text{络合物} \longrightarrow \text{自由基}$$

淀粉 络合物 自由基

$$\xrightarrow{\text{丙烯腈}} \text{淀粉}-CH_2-\underset{\displaystyle CN}{\underset{|}{CH}} \xrightarrow[H_2O]{NaOH} \text{淀粉}-CH_2-\underset{\displaystyle COONa}{\underset{|}{CH}}-CH_2-\underset{\displaystyle CONH_2}{\underset{|}{CH}}-$$

这种树脂的吸水率较高，可达自身质量的千倍以上，但其长期保水性和耐热性较差。

用上述方法合成吸水树脂，工艺过程长而且复杂，加压水解过程因物料黏度大而操作困难。因此，人们又采用水－甲醇混合物作溶剂，或者直接选用含亲水基团(如酰胺基、羧基、羧酸盐基)的乙烯基单体与淀粉等天然多羟基物质接枝共聚来制备吸水树脂。前一种方法虽然可以解决，但体系黏度大，操作控制困难，会影响树脂的吸水能力；后一种方法可以简化工艺，不需进行加压水解。

参考文献3 丙烯腈接枝共聚物

在淀粉接枝共聚物方面研究比较深入的是聚丙烯腈接枝共聚物，用其制成的高吸水树脂有着广泛的用途。用硝酸铈铵引发淀粉与丙烯腈发生接枝共聚，生成的接枝产物经碱性水解，使一部分氰基转化为酰胺基，一部分转化为羧基，即可制得高吸水树脂(或称超吸水树脂SAR)，其吸水率可达本身质量的1 000倍以上。反应过程为

$$R_{st} + nCH_2{=}CHCN \xrightarrow{H_2O,\ Ce^{4+}} R_{st}\left(CH_2\overset{\displaystyle CN}{\overset{|}{CH}}\right)_n \xrightarrow[\triangle]{HaOH,\ H_2O}$$

$$R_{st}\left(CH_2-\underset{\displaystyle CONH_2}{\underset{|}{CH}}\right)_y \left(CH_2-\underset{\displaystyle COONa}{\underset{|}{CH}}\right)_x + xNH_3$$

(HSPAN)

在反应产物中加入有机溶剂(如甲醇、乙醇、异丙醇和丙酮等)，可制得较纯的接枝水解产物——HSPAN。这种纯化产物可吸收自身质量1 000～1 500倍的去离子水，对盐水的吸收能力将大大减少。如无特殊要求(如农用)，则将产物直接烘干即得成品，以便降低成本。

高吸水树脂的制备有一步法和二步法两种。一步法是在氮气保护下，将加有20倍左右蒸馏水的淀粉浆在80～85℃糊化30～40 min。至呈凝胶后，冷却至25～40℃，加入丙烯腈(淀粉、丙烯腈质量比为1:0.5～1:2)、质量分数2%～3%(以淀粉质量计)的硝酸铈铵溶液(将硝酸铈铵用1 $mol \cdot L^{-1}$硝酸配成0.1 $g \cdot ml^{-1}$溶液)，在25～40℃保温2～2.5 h。用稀氢氧化钠调节pH值至7，加适量水，加热至80℃，保温30 min，除去未反应的丙烯腈。然后加入丙烯腈10倍左右

的 2mol·L^{-1}氢氧化钠溶液，于 100℃皂化 2 h。冷却，用冰乙酸调 pH 值为 7 ~ 7.5，用乙醇沉析，真空抽滤，于 60 ~ 80℃真空干燥，粉碎即得到高吸水树脂。二步法是在接枝后用乙醇沉析淀粉 – 丙烯腈接枝产物，然后再水解得产物。

董岩等用亚铁盐和过氧化氢体系引发合成了淀粉 – 丙烯腈接枝共聚物。采用分次加料的接枝聚合方法，增大了丙烯腈的接枝频率，提高了其吸水率和吸盐水率。例如，用一次加料法所得产物的接枝频率为 1 740，吸水率为 1 116 g·g^{-1}，吸盐水率为 86 g·g^{-1}；而用二次加料法所得产物的接枝频率为 2 350，吸水率与吸盐水率分别为 1 125 g·g^{-1}和 130 g·g^{-1}。

高吸水树脂的用途非常广泛，主要用于日常生活、农业、医药及许多工业部门。前已述及，此不赘述。

参考文献 4　淀粉与丙烯腈接枝共聚物（HSPAN）

1. 制备方法

许多化合物都能引发淀粉与丙烯腈的接枝共聚反应，但在功效方面存在差别。曾比较铈、锰和铁盐对丙烯腈与马铃薯淀粉接枝共聚反应的引发功能，证明铈离子引发功能较强，接枝效率高。铈离子引发糊化马铃薯淀粉接枝反应，接枝丙烯腈的相对分子质量高。典型铈盐法如下：

用冷水把淀粉分散，搅拌下加热到 90 ~ 95℃糊化，通氮气数小时，然后冷却至 25℃，加入硝酸铈铵与硝酸混合液，搅拌 10 min 后，加入丙烯腈，在氮气保护下继续搅拌反应 2 h，得淀粉接枝丙烯腈共聚物。

影响淀粉与丙烯腈接枝共聚反应的因素主要有：铈盐的浓度及与丙烯腈的先后加入次序；丙烯腈与淀粉的相对浓度比例；反应时间等。试验表明，铈盐浓度 5.0×10^{-3}mol·L^{-1}时，共聚物中聚丙烯腈含量最高，在更高浓度反稍降低；铈盐于丙烯腈后加入，所得共聚物中含聚丙烯腈量高得多，均聚物聚丙烯腈产品增加很少；随反应时间延长，共聚物含聚丙烯腈量增高，30 ~ 40 min达到最高值，以后趋向平衡；丙烯腈浓度增高，所得共聚物中聚丙烯腈含量增加，在 1 mol·L^{-1}浓度达到最高值；淀粉先加热糊化，再于室温进行接枝反应，接枝率影响不大，但接枝键相对分子质量差别很大，接枝频率差别也很大。

淀粉丙烯腈共聚物侧链上带有腈基，而腈基是憎水基团，这类化合物不吸水。为了使它吸水，必须加碱皂化水解，使腈基转变为酰胺基和羧酸基或羧酸盐基等亲水基团，才能成吸水基团，即

$$\text{淀粉}\ \left(\mathrm{CH_2-\underset{\underset{CN}{|}}{CH}}\right)_x + \mathrm{NaOH} \xrightarrow[\Delta]{H_2O} \text{淀粉}\ \left(\mathrm{CH_2-\underset{\underset{CONH_2}{|}}{CH}}-\right)_y \left(\mathrm{CH_2-\underset{\underset{COONa}{|}}{CH}}\right)_z + \mathrm{NH_3}$$

加碱皂化后，用酸溶液中和至 pH 值为 2 ~ 3，转变成酸型，再沉淀、离心分离、洗涤，再将产物用 NaOH 溶液调 pH 值为 7 ~ 6，在 110℃下干燥，粉碎后即得产品。

2. 性质和用途

皂化后的 HSPAN 可溶解于碱液中，并形成良好的分散液。若将分散液 pH 值降至 3 左右，在这一 pH 值下，羧基转化为酸的形式，引起 HSPAN 沉淀，即可容易地将 HSPAN 从分散液中回收。将干产物再悬浮于水中，并调节 pH 值到 7 左右，即可观察到高膨胀性凝胶颗粒的低固体

黏性分散体。

当从水中以干燥形式离析时，HSPAN 颗粒相互凝聚在一起形成大的复合颗料，当它们在含水流体中膨胀时，又能回复成原来的凝胶。自糊化淀粉制得的 HSPAN 所显示的这种凝聚性质比从颗粒淀粉制得的 HSPAN 所显示的程度要大得多。

借助于加入与水可混溶的溶剂(如甲醇)，使 HSPAN 以黏状的固体沉淀是一种普遍使用的离析方法。由于过量的碱及无机盐能用洗涤方法除去，因此这种方法可制得纯净的 HSPAN，用这种方法由糊化淀粉制得纯净的 HSPAN 能吸收本身质量 1 000 ~ 1 500 倍的去离子水，而由颗粒淀粉制得的纯净 HSPAN 只有 200 ~ 300 倍的吸收能力。用甲醇作溶剂比用乙醇、丙酮或异丙酮能得到更高吸收能力的产品。由于 HSPAN 是高分子电介质，因此吸收含离子液体的量较少，例如质量分数 1% NaCl 溶液的吸收能力是去离子水吸收能力的 1/10。

淀粉类高吸水性接枝共聚物的应用主要有以下几个方面：

(1) 医疗卫生用品

用于医疗和医药方面的用品有：如一次性尿布、妇女卫生巾，便溺失禁病人的垫褥、绷带等。接枝物经部分水合可生成一种对医治皮肤创伤特别有效的水凝胶，这种水凝胶可大量吸收伤口所分泌的体液，从而减轻疼痛和防止皮下组织干燥，还可用于褥疮溃疡病和慢性皮肤溃疡病，加入爽身粉中能提高吸汗能力。

(2) 农业、林业、园艺等方面的应用

农作物种子外面涂上淀粉类高吸水性接枝共聚物薄层，有利于保持水分，促进发芽。1 kg 产品能涂层约 100 kg，曾试用于大豆、玉米、小麦、棉花等作物，效果很好，特别是用于干旱地带，贫瘠土地，增产效果尤为显著，大豆增产 30%，棉花约 20%。另外还能将固氮菌、营养元素、农肥等混于涂层中，这样有利于作物的吸收。

在林业上，移植树苗或其他种植物苗，将根部涂 HSPAN 吸水剂能保持水分，防止在运输、移植过程中因失水而枯萎、死亡，提高树苗的成活率。

应用于土壤添加剂能改良土壤性质，对于吸水性差的沙土地，混入 HSPAN 吸水剂可提高吸水性和水分含量，有利于植物生长，也可防止水土流失。

(3) 有机溶剂的脱水剂

能用作有机溶剂的脱水剂，如除去普通乙醇中的水分，使其能与汽油均匀混合，用作汽车燃料。

(4) 其他方面的应用

利用 HSPAN 吸水剂能吸水膨胀成胶体的性质，能用作水溶液的增稠剂、悬浮剂、凝固剂，如处理放射性废料，能使其固化成凝胶体，防止流失污染。HSPAN 吸水剂还能代替琼脂，用作凝胶剂，在培养基中使用，已试验从 HSPAN 与聚乙烯醇混合物制成薄膜，用于分子分离的渗透膜，具有较好的盐排除能力。还可与具有热塑性的物质混合，使最终的产品具有在水中膨胀的性能，可用作衬垫材料及填充垫圈。

HSPAN 的应用领域还在不断地扩大，已越来越受到人们的重视和欢迎。

实验 97　利用猪毛制胱氨酸

参考文献 1　毛发制胱氨酸

一、产品简介

胱氨酸(cystine,Cys_2),系统命名法命名为 3,3－二硫代双(2－氨基丙酸),亦称 3,3′－二硫代二丙氨酸、双硫代氨基丙酸,还称作二－α－氨基－β－硫代丙酸,分子式为$C_6H_{12}N_2O_4S_2$,相对分子质量为 240.30,分子中含有两个氨基和两个羧基,结构式可写成

$$\begin{array}{l} S—CH_2CH(NH_2)COOH \\ | \\ S—CH_2CH(NH_2)COOH \end{array}$$

胱氨酸中氨基和羧基连接在同一碳原子上,是 α－氨基酸。有两种光学活性体存在,即 *L*－型胱氨酸和 *D*－型胱氨酸。

胱氨酸是一种天然氨基酸,在自然界多以结合方式存在,是蛋白质构成单元重要组分之一是一种普通氨基酸,大量存在于动物毛及人发中, 人发中氨基酸质量分数约为 14%,猪毛中氨基酸质量分数约 12%,全部是 *L*－型氨基酸。毛发是目前提取胱氨酸的主要原料。

胱氨酸的物理、化学性质很稳定。在常温下,胱氨酸是白色六角形板状结晶或白色结晶粉末,结晶形式与结晶条件有密切关系。胱氨酸难溶于水,不溶于乙酸,可溶于酸和碱。氨基酸在水溶液中可以离解(有几种离解方式并达成平衡)。离解受介质的 pH 值的影响,在酸性介质中,主要以阳离子形式存在,在碱性介质中,主要以阴离子形式存在。在某一个 pH 值下,氨基酸主要以两性离子形式存在,有完全的电中性,在电场中不发生移动,这一 pH 值称为氨基酸的等电点,在这一点时氨基酸溶解度最小。胱氨酸有四个可离解基团,当它们离解时有 4 个平衡常数,*L*－胱氨酸的 4 个平衡常数的对数分别为 $pK_1 < 1$/COOH、$pK_2$2.1/COOH、$pK_3$8.02/NH_3^+、$pK_4$8.71/NH_3^+。*L*－胱氨酸的等电点 PI＝5.03。*L*－胱氨酸在水中的溶解度如表 13.6 所示。

表 13.6　*L*－胱氨酸在水中不同温度下的溶解度

温度/℃	0	25	50	75	100
溶解度/[g·(100g 水)$^{-1}$]	0.005	0.011	0.024	0.052	0.114

L－胱氨酸的熔点为 261℃(分解),比旋光度$[\alpha]_D^{20}$为－223.4°(溶于 1 mol·L^{-1}盐酸中),相对密度 d_4^{20}为 1.667,*D*－胱氨酸熔点为 247℃,比旋光度$[\alpha]_D^{20}$为＋223°(溶于 1 mol·L^{-1}盐酸中)。*DL*－胱氨酸的熔点为 260℃(分解)。

胱氮酸有很高的药用价值,它可防止脂肪变性、肝硬化及其他肝病,也可治疗各种脱发症,促进毛发生长和防止皮肤老化,治疗皮肤过敏症,促进伤口愈合,还能促进机体细胞的氧化还原,能起到增加白细胞、防止病原菌发育等作用。近年来也广泛地应用于食品和化妆品行业,还作为生化试剂用于生化和营养品的研究中。

二、制造方法

与其他氨基酸一样,胱氨酸也可通过化学合成法、生物化学法和蛋白质水解产物提取法来生产,但目前胱氨酸的生产主要是采用提取法,以鲸油和毛发为原料进行水解。鲸油受捕鲸的

限制，产量不足。而毛发资源却相当丰富，从人发及动物毛中通过水解提取胱氨酸便是一种经济而有效的方法，也是胱氨酸主要的生产方法。在用毛、发水解以提取胱氨酸的工艺中，国内外都有较深入的研究，提取率不断提高，目前国外最好的试验提取率为 10%左右，日本工业生产提取率约为 6.5%，国内从毛发中提取胱氨酸收率为 5%左右，猪毛为原料时其收率只有 4.2%左右，距毛发中胱氨酸含量相差甚远。传统工艺是干燥毛发用浓盐酸加热 110 ~ 120℃，水解 12 h，过滤，滤液用质量分数 30%氢氧化钠中和后放置 48 ~ 72 h，过滤得粗品Ⅰ；以质量分数 4%盐酸溶解，活性炭脱色，用碳酸钠中和得粗品Ⅱ；再用质量分数 4%盐酸溶解，活性炭和 EDTA精制、碳酸钠中和、过滤得精品。此工艺产品产率低，且质量不稳定，生产周期长达 4 d。经过多次工艺改革，新工艺收率有相当提高，用人发为原料，收率可达 8.5%，猪毛为原料，收率可达 6%以上，且质量稳定，生产周期缩短近 2 d。新工艺主要改进的方面是采用弱碱替代强碱进行中和，提高了收率，大幅度地减少了沉降分离时间。由于氨水作中和剂，产物为氯化铵，促进了中和废水的回收利用。通过蒸发，能制得混合氨基酸，可作肥料，也可作饲料添加剂，提高了经济效益。新工艺还取消了水解物中和前的过滤工序，增加了水解物的浓缩减酸工序。在一系列操作条件上也做了科学的修正，这些也极有利于产率的提高和物耗的下降。

1. 生产原理

胱氨酸存在于毛发的 α－角蛋白中。在强酸介质中，蛋白质结构遭到破坏，首先是维系蛋白质空间构型的那些作用力松弛，氢键、酯键等化学键开裂，游离出多肽长键大分子，溶于酸中，在较高的温度下进一步断裂，由于肽键的断裂，解离出各种氨基酸。当中和至胱氨酸的等电点后，沉降出胱氨酸，经过吸附分离杂质获取精品。

2. 工艺流程

新工艺的流程(图)分三段：第一段是原材料的准备，包括毛发的洗涤、干燥，各种浓度的酸、碱配制；第二段是毛发水解，包括水解物浓缩、中和；第三段是胱氨酸精制，包括两次溶解、两次脱色、两次中和过滤及产品干燥、包装，工程流程如图 13.5 所示。另设母液处理工段。

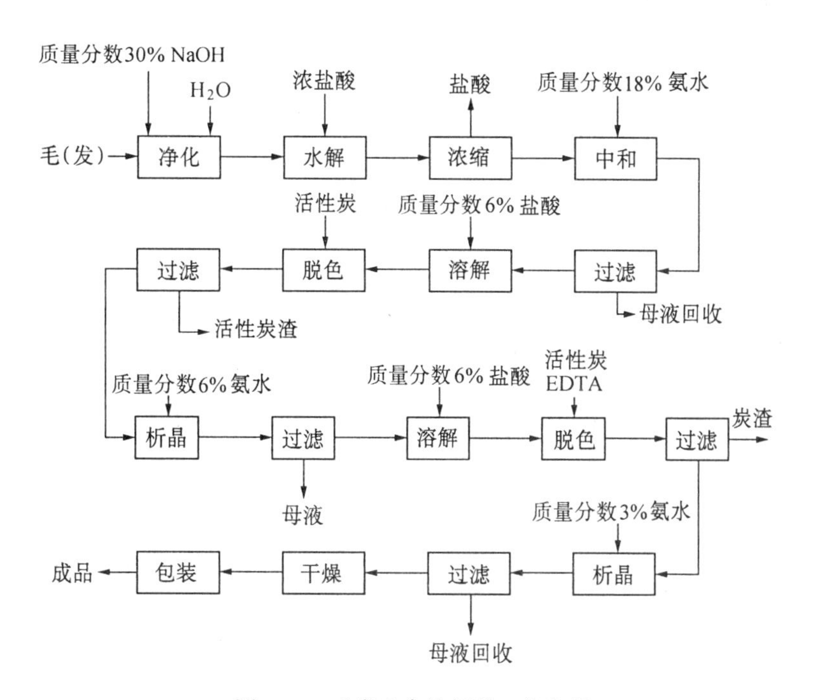

图 13.5　毛发生产胱氨酸工艺流程

将待用毛发用碱水洗净，清水漂至中性，干燥后计量投入水解釜，加浓盐酸，加热回流至水解完毕。真空浓缩去掉部分盐酸成水解浓缩液，用浓氨水中和至胱氨酸等电点，析出胱氨酸结晶，静置分层，滤去母液备回收处理，滤饼进行精制。第一次精制是将滤饼用稀盐酸溶解，加活性炭加热脱色，过滤去炭渣，滤液用稀氨水中和析晶，再过滤去母液，滤饼用作第二次精制。二次精制是将滤饼用稀酸溶解，加活性炭去色及加乙二胺四乙酸二钠（EDTA）配合剂去铁，过滤去炭渣，滤液用稀氨水中和析晶，最后过滤，滤饼用无离子水洗至无氯离子，干燥，包装得成品。

3. 操作要点

(1) 毛(发)洗涤

在洗涤池内先加清水至半，倒入水量质量分数 10% ~ 30% 的氢氧化钠，使池内碱水溶液 pH 值为 8.5 ~ 9，将毛(发)投入，翻洗 1 ~ 2 h，放去污水，用清水漂洗数次至洗水 pH 值为 7 左右，沥去水干燥备用。

(2) 水解及浓缩

将脱脂、干燥毛(发)计量投入水解釜，按毛(质)量的 1.8 ~ 2 倍量加入浓工业盐酸（质量分数 30%），加热至沸，严格控制加热温度为 110 ~ 115℃，搅拌回流 9 h 左右，停止回流，降温至 90℃左右，开启真空浓缩去酸，至蒸出加入酸量的质量分数 20% ~ 50% 盐酸后关闭真空，停止加热，放入中和釜进行中和操作。

水解时间受酸浓度、盐酸用量、毛发加入量和沸腾回流温度影响，因为在常压、沸腾温度下操作，操作温度基本保持定值，盐酸在此温度下的浓度受氯化氢的溶解度限制也基本保持定值，过稀的酸浓度不利于水解完成，而过高的浓度也是不能长时维持的，毛发的含水量将冲淡盐酸浓度，但由于酸用量大，含水率质量分数不超过 20% 时，对质量分数 30% 的浓盐酸，引起质量分数下降将不会低于 27%，对水解影响不大，但如果过稀时，毛发含水率的影响不可忽视。

水解液中有不溶性杂质，老工艺是过滤。因为这些不溶物在后续工序中将有机物去除，为了避免胱氨酸的损失，取消了这一操作。同时增加了水解液的浓缩操作，蒸去部分盐酸，减少了在中和时氨用量和铵盐的生成量，有利于减少胱氨酸在母液中的留存量，提高提取收率。蒸出盐酸可供后续工序用，以便降低酸碱消耗。

(3) 水解液中和

将水解浓缩液放入中和釜，搅拌，用质量分数 18% 左右的浓氨水缓缓中和，控制中和温度 40℃，中和终点 pH 值为 4.8，到达终点后继续搅拌 0.5 h，pH 值不再变化，即可结束中和操作。

中和是强放热反应，为了防止局部过热而造成氨基酸损失，弱碱采用氨浓度不很高的氨水，而且加氨水时仍然要十分小心，加入速度要慢，搅拌较强烈。浓缩液黏度过高时，可适当用无离水稀释。

中和完成后静置 20 h，过滤，滤饼为粗品Ⅰ。母液中含有大量氨基酸和氯化铵。收集以备回收利用。

(4) 一次脱色

把粗品Ⅰ加到脱色釜中，按粗品质量的 4 倍加入质量分数 6% 稀盐酸，搅拌，升温。当粗品全部溶解（1 ~ 2 h）后，于 80℃下加入溶液总量质量分数 3.5% ~ 4% 的糖用活性炭，保持 80℃搅拌脱色 0.5 h，趁热过滤，收集滤液，滤饼用质量分数 6% 盐酸洗涤 2 ~ 3 次，可用于回收活性炭。合并洗液和滤液用于中和析晶。

溶解粗品的酸浓度不能过高，过高的酸将造成溶解液中胱氨酸浓度高，一方面增加了在活性炭上的吸附量，影响收率。另一方面将使中和时晶核生成速度过快，导致晶体粒度过小，影响质量和过滤操作；同时，因生成较高浓度的盐，将会提高胱氨酸结晶在液相中平衡浓度，增加胱氨酸随母液的流失量而降低收率。

活性炭是较好的吸附剂，可以吸附其他氨基酸和有机生色物质。而对胱氨酸的吸附量相对较小，当然活性炭的用量也不能过多，以避免造成不必要的损失。

经首次脱色后胱氨酸的酸性水溶液仍带黄色或棕色，如果颜色过深，必须加活性炭再次脱色。

(5) 一次脱色液中和、析晶

经过一次脱色粗品Ⅰ的溶解液移置中和析晶釜，在搅拌下，控制中和温度60℃左右，用质量分数6%稀氨水，缓缓中和至pH值为3～3.5。氨水滴加时间为2 h左右，并不断检测中和液之pH值，当到达中和终点后再继续搅拌0.5 h，静置使完全沉降，于35℃左右过滤得粗品Ⅱ。

胱氨酸在与其他氨基酸共存时，会发生等电点的位移，使最低溶解度之pH值处于3.5左右(原来的pH值为5左右)。如果pH值控制过高，很容易将酪氨酸一同析出，因为酪氨酸的等电点pH值约为5.6。

中和温度高，有利于形成大粒结晶。但分离晶体的温度不宜高，以免增加胱氨酸的溶解度，而结晶终点温度太低时，可能造成其他氨基酸的析晶，为防止酪氨酸的析出，要控制结晶终点，温度在30℃以上。

(6) 粗品Ⅱ的脱色

将胱氨酸粗品Ⅱ计量后移置脱色釜，按粗品Ⅱ量的6～7倍加入质量分数5%稀盐酸，搅拌使其充分溶解，升温80℃，加入溶液总量质量分数1.5%的活性炭搅拌均匀，再按粗品Ⅱ质量分数2%(质量)加入乙二胺四乙酸二钠(ED-TA)，控温80℃，搅拌0.5 h脱色，去铁至溶液无色透明。趁热过滤，滤渣用质量分数6%盐酸洗涤2～3次，合并洗液、滤液，以备中和析晶。如果溶液有色，必须重复脱色操作，直至无色为止。

粗品Ⅱ的脱色操作基本与粗品Ⅰ相同，经过一次脱色精制后，粗品Ⅱ中胱氨酸质量分数已达98%左右，杂质含量较少，活性炭的用量可以少一点，同时为了获得较纯和粒度较大的胱氨酸晶体，结晶时胱氨酸浓度要低一些，因而用酸量大，中和剂浓度低。

(7) 二次脱色液中和、析晶

把二次脱色液移置中和釜，不断搅拌控制中和温度60℃，用质量分数3%氨水中和，当釜内pH值达1.5左右时，开始出现胱氨酸结晶时，暂停加氨水，低速搅拌0.5 h左右，然后再缓慢加入氨水，中和至终点pH值为3.5～4.0。中和时间约需2 h。当达到终点后，停止加氨和搅拌，静置，冷却，即35℃左右时过滤，滤饼用温热无离子水洗至无氯离子，后干燥。

(8) 干燥，包装

将粗品装盘，料厚保持5 cm左右，置真空干燥箱内于65～75℃下真空干燥，包装。

4. 原料及设备

主要设备有水解釜、中和釜、脱色釜、析晶釜、过滤机、蒸发器、真空系统、氨水配制罐、盐酸配制罐、母液贮罐等。

加酸水解釜用耐酸搪瓷，有夹套、搅拌，冷凝回流装置，还可接真空装置兼作浓缩釜用。换热器用石墨改性聚丙烯材质；真空泵可用耐酸水循环泵或用玻璃钢水喷射泵；过滤器用聚乙烯微孔过滤机;管道、阀门采用酚醛玻璃钢。所有贮罐均需作防腐处理。脱色、结晶用搪瓷设备。

主要原材料是毛或人发,盐酸(用工业盐酸配成不同浓度使用);氨水(用液氨配制);活性炭(用糖用活性炭或医用活性炭)。按配比估算的各物料耗用量见表 13.7(此数据未考虑回收的盐酸和可回收的活性炭再用量)。

表 13.7　用人发生产胱氨酸吨产品各物料用量

物　料	用　量
人发	15 385 $kg \cdot t^{-1}$
工业盐酸(质量分数 30%)	33 972 $kg \cdot t^{-1}$
液氨(质量分数 100%)	4 829 $kg \cdot t^{-1}$
活性炭(糖用级)	507 kg

三、环保事宜

胱氨酸提取工艺中主要废水有水解液中和过滤母液、粗品Ⅰ和Ⅱ中和过滤母液。水解液中和后过滤母液量较大,生产每吨胱氨酸约产生 70 t 废水,此母液中含有大量各种氨基酸及氯化铵,可以通过蒸发制得混合氨基酸干粉,生产每吨胱氨酸约获 15 t 的混合氨基酸干粉,可作为饲料添加剂用。如果向其中加入无机盐或稀土化合物,可加工成氨基酸稀土配合物,用作杀菌剂和植物生长调节剂。回收过程中蒸发的水可作无离子水用于配料。精制过程中的中和结晶母液主要含氯化铵,需经生化处理后排放,精制脱色用过的活性炭是主要固体排放物,有一部分可回收套用,其余的可作燃料焚烧,水解液浓缩蒸出的盐酸可用于配稀酸。少量工艺中排放的氯化氢气体可用水吸收为稀盐酸回收。

四、质量指标

胱氨酸的质量指标有国家标准 GB 1296－77、国内地方标准和出口产品要求指标,国标与出口产品指标基本相同,详见表 13.8。

表 13.8　胱氨酸质量指标国家标准

指　标　名　称		指　标	
		国内标准*	出口产品指标
胱氨酸质量分数/%	≥	98.5	99
比旋光度$[\alpha]_D^{20}$		－198°～213°	－195°～－213°
灼烧残渣质量分数/%	≤	0.25	0.25
重金属质量分数(pb^{2+}计)/%	≤	0.003	0.001
铁质量分数(Fe^{3+}计)/%	≤	0.003	0.001
氯化物质量分数/%	≤	0.15	0.05
干燥失重/%	≤	1.0	0.5
酪氨酸质量分数/%		无	无
澄明度		合格	合格

* 例如,鄂 Q/W969－85、川 Q/永 4－81 等。

摘自:詹益兴主编.现代化工小商品制法大全.

参考文献2　猪毛生产胱氨酸

1. 胱氨酸的性质和用途

胱氨酸的分子式为 $C_6H_{12}O_4N_2S_2$，其结构式为

$$\begin{array}{c} HOOC—\underset{\displaystyle NH_2}{\underset{|}{CH}}—CH_2—S—S—CH_2—\underset{\displaystyle NH_2}{\underset{|}{CH}}—COOH \end{array}$$

相对分子质量为240.30，系白色六方晶体。熔点为258～261℃，比旋光度$[\alpha]_D^{20}$为-220^0，等电点pH值为5.0。

胱氨酸不溶于水，在各种温度条件下，每100 g水能溶解胱氨酸的克数为0.005(0℃)、0.009 1(20℃)、0.018(40℃)、0.033(60℃)、0.061(80℃)、0.111(100℃)。胱氨酸难溶于乙醇、乙醚等有机溶剂，易溶于酸或碱，但在热碱溶液中易分解。

胱氨酸在医药工业中可以制药，是氨基酸输液、复合氨基酸食品及饲料强化剂的重要组分之一。

2. 猪毛水解及水解液的氨基酸组成

蛋白质水解可采用酸水解、碱水解及酶水解三种方法。一般小型厂常采用酸水解法。猪毛水解及水解液的氨基酸组成见表13.9。

表13.9　猪毛水解液中氨基酸含量

氨基酸	猪毛中氨基酸质量分数/%	猪毛蛋白中氨基酸质量分数/%	猪毛水解液中氨基酸质量分数/%
天门冬氨酸	5.24	5.99	8.0
苏氨酸	4.92	5.63	6.3
丝氨酸	5.80	6.62	—
谷氨酸	10.14	11.33	15.3
脯氨酸	13.70	15.67	9.6
甘氨酸	2.98	3.40	
丙氨酸	3.69	4.24	
胱氨酸	10.31	11.79	14.44
缬氨酸	3.95	4.52	5.90
蛋氨酸	0.93	1.10	0.05
异亮氨酸	2.74	3.14	4.70
亮氨酸	2.97	6.83	8.30
酪氨酸	2.36	2.70	3.50
苯丙氨酸	2.12	2.43	2.70
赖氨酸	3.02	3.46	3.80
组氨酸	0.71	0.83	1.10
精氨酸	9.05	10.35	10.90

3. 胱氨酸生产工艺

猪毛盐酸水解等电点分离的工艺过程如下：

(1) 水解

猪毛盐酸水解是在耐酸的搪瓷锅内进行。从计量罐放出 10 mol·L^{-1}的盐酸，将它加到水解锅内，搪瓷锅的夹套内通入蒸汽将盐酸预热至 70～80℃，再迅速投入猪毛，投完猪毛后继续升温到 100℃。然后每隔 0.5 h 记录一次温度，并在 1～1.5 h 时内将温度升到 110～117℃，保温水解 6.5～7 h 就可达到水解终点。当停止加热后，温度降至 60～70℃时，即可从水解釜出料。

(2) 中和

水解锅中放出的物料用玻璃布过滤，得到的滤渣可作肥料使用。将滤液送至中和缸，在搅拌下加质量分数 30%～40%的工业液碱，当料液的 pH 值为 3.0 时，减慢加碱速度，当 pH 值达到4.8时，立即停止加碱，继续搅拌 15 min，重新检查 pH 值。当 pH 值无变化时，停止搅拌并静置36 h，再用涤纶布过滤，将过滤得到的固体物用离心机甩干，制得第一次粗品。

(3) 制第二次粗品

称取第一次产品 150 kg，放入衬耐酸瓷砖的溶解缸内，加入 10 mol·L^{-1}的盐酸约 90 kg、水 360 kg，加热至 60～70℃，搅拌，使第一次粗品完全溶解。再加入活性炭 12 kg，加热料液至 80～90℃，保温脱色 0.5 h，过滤除去活性炭，得到脱色的滤液。

将滤液加热至 80～85℃，在搅拌条件下加入质量分数 30%～40%的液碱，液碱也可以用氨水代替。当溶液 pH 值为 4.8 时停止加碱，再继续搅拌 15 min，重复检查溶液的 pH 值，当 pH 值不变时，停止搅拌并放置，以使胱氨酸结晶沉淀。用虹吸管吸出上层清液，可供回收胱氨酸和提取酪氨酸用。下层沉淀进行过滤及甩干，得到胱氨酸第二次粗品。

(4) 精制

称取胱氨酸第二次粗品约为 20 kg，加入 1 mol·L^{-1}的盐酸 100 L，加热至 60～70℃，使胱氨酸第二次粗品完全溶解。然后在搅拌下，再添加活性炭 0.6～1 kg，在 85～90℃保温约 0.5 h，过滤分离掉活性炭。

将过滤得到的滤液加入到滤液体积 1.5 倍的蒸馏水中，然后加热至 75～80℃，在 60 r·min^{-1}的条件下，用质量分数 12%的氨水将溶液中和至 pH 值为 3.5～4.0。此时，胱氨酸以白色结晶析出，过滤，并把晶体用蒸馏水洗至无氯离子为止。最后将晶体进行干燥，得到胱氨酸的精品。

4. 胱氨酸生产的几点说明

(1) 酸水解

在猪毛酸水解过程中，影响胱氨酸产率的因素较多。如果原料中含有铁、铝时，酸水解能使胱氨酸破坏并导致产品结晶较差。

其次，在酸水解过程中应考虑适当的搅拌，例如可用直接蒸汽加热，使物料迅速达到水解温度，同时起到搅拌作用。水解温度宜高，但不应超过 120℃，否则容易引起 *L*－氨基酸的变旋。另外，应当准确地控制水解时间，水解时间过长或太短都会影响产品的产率。

(2) 胱氨酸的产率

猪毛盐酸水解制胱氨酸的产率，一般为原料猪毛质量分数的 3%～8%。影响胱氨酸产率的因素很多，但主要是水解、中和机过滤三个环节。

5. 胱氨酸的质量标准

胱氨酸产品的质量规格见表 13.10。

表 13.10　胱氨酸的质量标准

检查项目	国内标准	出口标准
澄明度	合格	合格
干燥失重质量分数/%	<1.0	<0.5
比旋光度(20℃)	−198 ~ −213	−195 ~ −213
胱氨酸质量分数/%	>98.5	>99.0
氯化物质量分数/%	<0.15	<0.05
铁/10^{-6}	<30	<10
重金属(pb)/10^{-6}	<30	<10
蛋氨酸质量分数/%	<0.7	无
灼烧残渣质量分数/%	<0.25	<10

主要内容摘自:吴绍祖,张玉兰编.实用精细化工.

参考文献 3　胱氨酸生产工艺

1. 工艺路线

胱氨酸生产工艺如图 13.5 所示。

猪毛 —[水解] 10 mol·L^{-1}盐酸, 117℃,6.5~7 h→ 水解液 —[中和] 质量分数 30%氢氧化钠, pH4.8→ 胱氨酸粗品　(Ⅰ)

—[一次脱色] 2 mol·L^{-1}盐酸,质量分数 8%活性炭, 85℃,0.5 h→ 滤液 —[二次中和] 质量分数 30%氢氧化钠, pH4.8→ 胱氨酸粗品　(Ⅱ)

—[二次脱色] 1 mol·L^{-1}盐酸,质量分数 3%~5%活性炭, 85℃,0.5 h→ 滤液 —[三次中和] 质量分数 12%氨水, pH3.5~4.0→ 胱氨酸

图 13.5　胱氨酸生产工艺

2. 工艺过程

(1) 水解

用计量罐量取 10 mol·L^{-1}盐酸 720 kg 于水解罐中,加热至 70~80℃,迅速投入人发或猪毛 400 kg,继续加热到 100℃,并于 1~1.5 h 内升温到 100~117℃,水解 6.5~7 h(从 100℃起计),冷却,放料,过滤。

(2) 中和

滤液在搅拌下加入质量分数 30 %~40%的工业氢氧化钠液,当 pH 值达 3.0 后,碱液减速加入,直到 pH 值 4.8 为止,静置 36 h,分取沉淀再离心甩干,即得胱氨酸粗品(Ⅰ)。母液中含谷、精和亮氨酸等。

(3) 一次脱色

称取胱氨酸粗品(Ⅰ)150 kg,加入 10 mol·L^{-1}盐酸约 90 kg,水 360 kg,加热至 65~70℃,搅拌溶解 0.5 h 后,再加入活性炭 12 kg,升温到 80~90℃,保温 0.5 h,板框压滤。

(4) 二次中和

滤液加热到 80~85℃,边搅拌边加入质量分数 30%氢氧化钠,直至 pH 值为 4.8 时停止。静置,使结晶沉淀,虹吸上清液(可回收胱和酪氨酸),分取底部沉淀后再离心甩干,得胱氨酸粗

品(Ⅱ)。

(5) 二次脱色

称取胱氨酸粗品(Ⅱ)100 kg,加入 1 mol·L^{-1}盐酸(化学纯)500 L,加热到 70℃,再加入活性炭 3～5 kg。升温至 85℃,保温搅拌 0.5 h,板框压滤。按滤液体积加入约 1.5 倍蒸馏水,加热至 75～80℃,搅拌下用质量分数 12%氨水(化学纯)中和至 pH 值为 3.5～4.0,此时胱氨酸结晶析出。结晶离心甩干(母液可回收胱氨酸)。结晶以蒸馏水洗至无氯离子,真空干燥,即得精品.

摘自:韩长日主编.化工小商品生产法.

参考文献 4　胱氨酸生产工艺探讨

许金森　崔雪　(安徽中医学院)　许　皓(化工部第三设计院)

胱氨酸在医药、食品、日化方面有广泛的用途,它的需要量逐年增加。近年来,虽有合成法生产胱氨酸的报导,但工业上仍采用毛发酸水解提取的方法。

毛发中胱氨酸质量分数一般在 14%左右。在酸水解过程中,一方面角蛋白肽键断裂产生胱氨酸,同时产生的胱氨酸又被氧化分解,在精制过程中又有相当一部分胱氨酸流失,故用毛发生产胱氨酸的提取率均较低,国内多数生产厂为 4%～6%,国外较高的产率达 7%,也有高达 9%～10%的报导。

我国毛发资源丰富,具有生产胱氨酸的优越条件。改革现行生产工艺,提高胱氨酸产率,是促进胱氨酸生产的重要问题。

实验方法与结果

1. 原料

头发渣、工业盐酸、浓氨水。

盐酸回收　旋转薄膜蒸发器及循环水抽气泵。

加热水解　砂浴。

胱氨酸测定　样品加溴液氧化后,剩余溴液用碘量法滴定,每 1 ml 0.1 mol·L^{-1}溴液相当于 2.403 mg 的胱氨酸。

2. 实验

(1) 酸水解

盐酸加入烧瓶中,预热至 80℃,迅速投入洁净毛发,工业盐酸与毛发之质量比为 1.8∶1,接上回流冷凝管,升温至 100℃,开始计算水解时间,水解温度保持在 110～114℃,常压水解,定时取样测定胱氨酸含量,计算出胱氨酸水解产率。结果见表 13.11。

表 13.11　水解时间与产率的关系

水解时间/h	5	6	7	8	9	10	11
得率/%	9.4	10.7	11.3	11.4	10.8	10.5	10.1

胱氨酸产率以水解 8 h 最高,时间延长,则胱氨酸分解破坏速度超过肽键断裂生成胱氨酸的速度。

在常压酸水解条件下,不同盐酸浓度对胱氨酸水解得率有一定影响。水解温度 110～114℃,水解 8 h,各种盐酸浓度下胱氨酸水解产率见表 13.12。

表 13.12　盐酸浓度对胱氨酸水解得率的影响

盐酸浓度/($mol·L^{-1}$)	6	7	8	9	10	11	12
得率/%	4.7	7.9	11.3	11.4	11.2	11.0	11.2

从水解结果看,盐酸浓度以采用 8 $mol·L^{-1}$为宜。

(2) 脱色驱酸

毛发盐酸水解 8 h 后,降温至 85℃,加入毛发质量分数 3%的活性炭,保温搅拌 30 min,用玻璃布称热过滤,滤渣用少量 2 $mol·L^{-1}$盐酸洗涤,洗液与滤液合并。合并液置旋转薄膜蒸发器中,以循环水抽气泵抽气,于 90℃低压浓缩并回收盐酸,至溶液减半,停止加热,取下蒸馏瓶,在 40℃左右,边搅拌、边加工业浓氨水,调 pH 值至 4.8,静置 24 h,过滤得粗品(Ⅰ)。

(3) 一次精制

所得粗品(Ⅰ)加 4 份质量分数 6%盐酸,加热至 80℃,搅拌至全部溶解。加入粗品质量分数 10%的活性炭,搅拌脱色 30 min,趁热过滤,活性炭用少量质量分数 6%盐酸洗涤,洗液与滤液合并。合并溶液加热至 60℃左右,用浓氨水缓缓中和至 pH 值为 4.0,静置,待沉淀完全,过滤,得粗品(Ⅱ)。

粗品(Ⅱ)的颜色与脱色温度有关,在上述条件下,沉淀的颜色与脱色温度的关系见表 13.13。

表 13.13　产品颜色与脱色温度的关系

脱色温度/℃	60	70	80	90	100
相对产率/%	1.0	0.98	0.95	0.95	0.92
色泽	浅红	浅红	白	白	白

从产率及色泽两方面考虑,脱色温度以 80℃为佳,温度低时,脱色效果不好。

(4) 二次精制

粗品(Ⅱ)溶于 4 份质量分数 6%盐酸中,加热至 70℃,搅拌至全部溶解,溶液中加入适量 EDTA 除去溶液中的 Fe^{3+},再加入粗品(Ⅱ)质量分数 5%的活性炭,于 80℃搅拌脱色 30 min,趁热过滤,滤渣用质量分数 6%盐酸洗涤,洗液与滤液合并,在 60℃下缓慢滴加氨水(C.P.)至 pH 为 4.0,静置,待沉淀完全,抽滤,沉淀用去离子水洗至无 Cl^-后,于 60℃真空干燥。人发提取胱氨酸产率及产品质量分别见表 13.14 与表 13.15。

表 13.14　人发提取胱氨酸产率

实 验 号	1	2	3
发渣/g	200	300	300
胱氨酸量/g	23.2	24.5	24.1
得率/%	7.7	8.2	8.0

表 13.15　胱氨酸质量检查

检查项目	国家标准	样　品
胱氨酸质量分数/%	>98.5	99.1
比旋光度	-198°~-213°	-211°
灼烧残渣质量分数/%	<0.25	0.18
重金量(Pb)质量分数/%	<0.001	0.000 6
铁(Fe)质量分数/%	<0.001	0.000 8

3. 设备

我们对现有胱氨酸生产设备进行了比较,最终选用下列设备:

酸解容器　用搪玻璃反应罐。此设备耐腐蚀性能好,密封性良,便于低压回收部分盐酸,罐上装搅拌装置以加速传热传质,使各部分受热均匀,这不但缩短了酸解时间,而且有助于提高胱氨酸的酸解产率。

换热设备　用石墨改性聚丙烯换热器。这种换热器耐腐蚀、耐高温,可在 125℃ 以下使用;质量小,相对密度仅 1.15,无毒性,导热性能好,价格便宜。

低压回收盐酸设备　用玻璃钢水喷射泵。此设备耐腐蚀、体积小、质量小、结构简单,无机械转动部分,噪音低,不需消耗润滑油。

过滤设备　采用 PE 微孔过滤机。此设备的特点是过滤精度高、耐腐蚀,滤渣可洗涤,无毒,无异物脱落,耐温可达 80℃。

管道、管件、阀门　采用改性酚醛玻璃钢,此类材料在 120℃ 下可耐任意浓度的盐酸,使用压力可达 0.59 MPa,这完全可满足毛发酸水解工艺的要求。

4.讨论

毛发酸水解可采用质量分数 60% 硫酸或浓盐酸,后者更为方便经济。所用盐酸要求 Fe^{3+} 含量越低越好,我们多次发现,含铁量高的盐酸,可使水解液中的胱氨酸大为下降。

毛发在酸水解过程中,一方面随着角蛋白肽键水解释出胱氨酸,另一方面胱氨酸又发生氧化破坏,随着时间的延长,胱氨酸的破坏速度将超过生成速度,我们的实验结果证明,水解 8 h 最佳,文献报导,加压水解可缩短水解时间对设备的要求较低。曾有报导,水解时酸中加入质量分数 5% 的盐酸苯肼,可减少胱氨酸在酸水解中的破坏,从而提高胱氨酸的产率,我们的实验也证实了这一点,但从经济效益考虑,这一措施在实际生产中并无应用价值。

水解时盐酸浓度以 8 ~ 9 $mol \cdot L^{-1}$ 为佳,浓度过低水解产率下降,浓度增加无助于水解产率的提高,反而增加了盐酸的损耗。在常压水解时,氯化氢气体会很快冒出来,而达到一恒定浓度,在 0.1 MPa 下质量分数为 20.24%。

水解液中和时,由于黏度大,相对密度大,胱氨酸沉降很慢,而且沉淀不完全。采用氨水中和与用液碱中和相比,沉淀时间可从 36 h 缩短至 20 h,这可能由于降低了中和液相对密度所致。毛发酸水解时胱氨酸产率达 11% 左右,而最后得率 6%,随母液损失是一个重要原因。我们采用低压回收部分盐酸,这不仅减少了酸的消耗,又可节省中和所需的碱量,降低中和液的体积,这对提高胱氨酸的产率有利。

活性炭脱色是保证胱氨酸质量的重要环节。脱色效果与温度有关。活性炭吸附酪氨酸的能力远大于胱氨酸,这对于胱氨酸与酪氨酸的分离很有利。活性炭对胱氨酸也有一定吸附能力,这部分吸附的胱氨酸应当注意回收,以提高胱氨酸的产率。

胱氨酸在沉淀时,形成结晶有一过程,为使晶体粗大,杂质较少,收率提高,在中和时要控制温度、中和速度和溶液的 pH 值。温度以 60℃ 左右为宜,由于胱氨酸与其他氨基酸共存于一个复杂体系中,胱氨酸的等电点发生位移,胱氨酸溶解度最小时的 pH 值由 4.8 降至 4.0。

采用上述工艺条件,人发渣酸水解生产胱氨酸产率可达 8%,质量达到国家标准,经济效益可有较大的提高。

摘自:许金林,等.化学世界,1991.

附录 1 常用精密仪器及使用方法

1.1 NDJ-79 型旋转式黏度计及使用方法

1. 旋转式黏度计简图

旋转式黏度计简图如附图 1.1 所示。

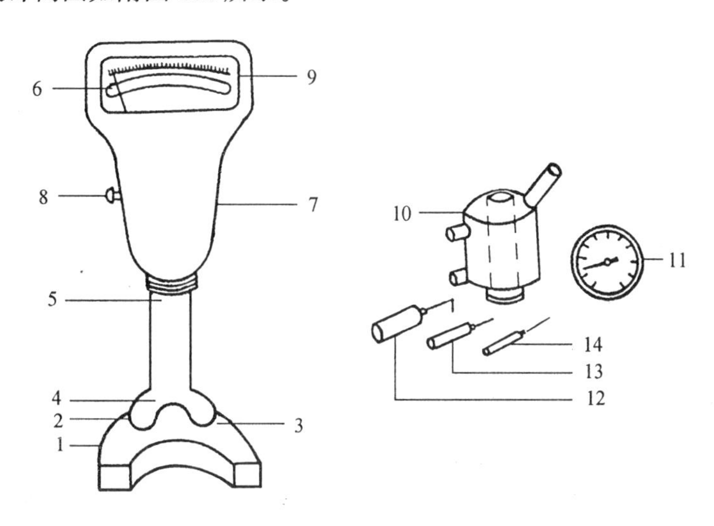

附图 1.1 旋转式黏度计

1—柱座；2—电源插座；3—电源开关；4—安放测定器的托架；5—悬吊转筒的挂钩；6—读数指针；7—同步电动机；8—指针调零螺丝；9—具有反射镜的刻度盘；10—测定器；11—温度计；12、13、14—因子分别为 1、10 和 100 的转筒

2. 原理

仪器的驱动是靠一个微型的同步电动机，它以 750 $r \cdot min^{-1}$的恒速旋转。几乎不受荷载和电源电压变化的影响。电动机的壳体采用悬挂式来安装，它通过转轴和挂钩带动转筒旋转。当转筒在被测液体中旋转受到黏滞阻力作用时，产生反作用而使电动机壳体偏转，电动机壳体与两根具有正反力矩的金属游丝相连，壳体的转动使游丝产生扭矩，当游丝的力矩与黏滞阻力矩达到平衡时，与电动机壳体相连接的指针便在刻度盘上指示出某一数值，此数值与转筒所受黏滞阻力成正比，于是刻度读数乘上转筒因子就表示动力黏度的量值。

3. 操作步骤

①通过黏度计的电源插座连接 220 V 50 Hz 的交流电源。

②调整零点。开启电源开关，使电动机在空载时旋转，待稳定后用调零螺丝将指针调到刻度的零点，关闭开关。

③将被测液体小心地注入测定器，直至液面达到锥形面下部边缘为止，约需液体 15 ml 左右，将转筒浸入液体直到完全浸没为止，连上专用温度计，接通恒温水源，将测定器放在黏度计托架上，并将转筒悬挂于挂钩上。

④开启电源开关，启动电动机，转筒从开始晃动到对准中心。为加速对准中心，可将测定器在托架上向前后左右微量移动。

⑤当指针稳定后即可读数，将所用转筒的因子乘以刻度读数即得以 Pa·s 表示的黏度。如果读数小于 10 格，应当调换直径大一号的转筒。记下读数后，关闭电源开关。将测定器内孔和转筒洗净擦干。

4. 注意事项

①本黏度计为精密测量仪器，必须严格按规定的步骤操作。

②开启电源开关后，电动机就应启动旋转，如负荷过大或其他原因迟迟不能启动，就应关闭电源开关，查找原因后再开，以免烧毁电动机和变压器。

③电动机不得长时间连续运转，以免损坏。

④使用前和使用后都应将转筒及测定器内孔洗净擦干，以保证测量精度。

⑤以上所述黏度的测量范围为 0.01 ~ 10 Pa·s。对于更小或更高黏度的测量，请详见仪器说明书。

1.2 JZHY－180 界面张力仪及使用方法

1. 原理

JZHY－180 型界面张力仪主要由扭力丝、铂环、支架、拉杆架、蜗轮副等组成。如附图 1.2 所示。使用时通过蜗轮副的旋转对钢丝施加扭力，并使该扭力与液体表面接触的铂环对液体的表面张力相平衡。当扭力继续增加，液面被拉破时，钢丝扭转的角度，通过刻度盘上的游标指示出来，此值就是界面张力（P）值，单位是 $mN \cdot m^{-1}$。

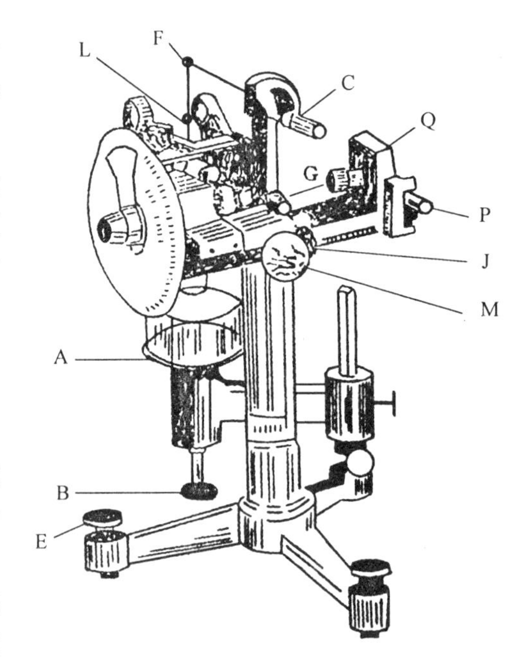

附图 1.2 JZHY-180 型表面张力仪

A—样品座；B—样品座螺丝；J—臂的制止器；L—指针；M—蜗轮把手；P—微调蜗轮把手；Q—固定钢丝的手母；E—水平螺旋；K—臂之制止器(2)；C—游码

2. 操作步骤

(1) 准备工作

①将仪器放在平稳的地方，通过调节螺母 E 将仪器调到水平状态，使横梁上的水准泡位于中央位置。

②将铂环放在吊杆端的下末端，小纸片放在铂环的圆环上，打开臂之制止器 J 和 K，调好放大镜，使臂上的指针 L 与反射镜上的红线重合，如果刻度盘上游标正好指示为零，则可进行下一步。如果不指零的话，可以旋转微调蜗轮把手 P 进行调整。

③用质量法校正。在铂圆环的小纸片上放一定质量的砝码，当指针与红线重合时，游标指示正好与计算值一致。若不一致可调整臂 F 和 G 的长度，臂的长度可以用两臂上的两个手母来调整。调整时这两个手母必须是等值旋转，以便使臂保持相同的比例，保证铂环在试验中垂直地上下移动，再通过游码 C 的前后移动达到调整结果。具体方法是将 500 ~ 800 mg 的砝码

放在铂环的小纸片上；旋转蜗轮把手，直到指针L与反射镜上红线精确重合。记下刻度盘的读数（精确到0.1分度）。如果用0.8 g的砝码，刻度盘上的读数为

$$P/(\mathrm{N\cdot m^{-1}}) = \frac{mg}{2L} = \frac{0.8\times 980.17}{2\times 6} = 0.653\,0$$

如记录的读数比计算值大，应调节杠杆臂的两个手母，使两臂的长度等值缩短；如过小，则应使臂的长度伸长。如此重复几次，直到刻度盘上的读数与计算值一致为止。

④在测量以前，应把铂环和玻杯用洗涤剂清洗。

(2) 表面张力的测量

①将铂环插在吊杆臂上，将被测溶液倒在玻杯中，高20～25 mm，将玻杯放在样品座的中间位置上，旋转螺母B，铂环上升到溶液表面，且使臂上的指针与反射镜上的红线重合。

②旋转螺母B和蜗轮把手M来增加钢丝的扭力。保持指针L始终与红线相重合，直至薄膜破裂时，刻度盘上的读数指出了溶液的表面张力值。测三次，取其平均值。

仪器使用完毕，铂环取下清洗后放好，扭力应处于不受力的状态。杠杆臂应用偏心轴和夹板固定好。

1.3　罗氏泡沫测定仪及使用方法

1. 原理

泡沫稳定性是泡沫最主要的性能。此外表面活性剂（或其他起泡剂）的起泡能力亦属与泡沫有关的重要性质。因而一般泡沫性能的测量，主要是对稳定性和起泡性进行研究。

泡沫稳定性的测量方法很多。根据成泡的方式主要分为两类：气流法和搅动法。在生产及实验室中比较方便而又准确地测量泡沫性能的方法是“倾注法”，它也属于搅动法一类。附图1.3为此法所用的罗氏泡沫仪。

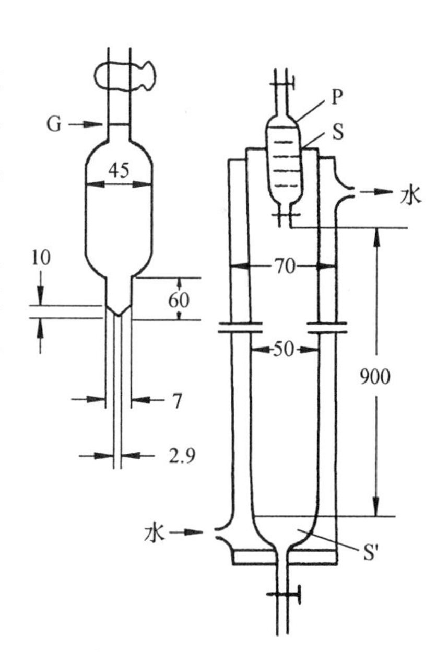

附图1.3

P—泡沫移液管；G—刻度（200 ml）；S—试液（200 ml）；S′—试液（50 ml）

2. 操作步骤

①用蒸馏水将柱刷洗两次。

②控制恒温槽的温度在(50±0.1)℃。然后将循环恒温水通过恒温槽打入仪器的外套管中，使其在恒温条件下工作。

③将盛有待测溶液的容量瓶放入恒温槽内，以保持一定的温度。

④恒温后，沿柱内壁缓慢地加入待测溶液至50 ml刻度处，并将吸满待测溶液的泡沫移液管垂直夹牢，使其下端与柱上的刻度线相齐。

⑤打开泡沫移液管的旋塞，使溶液全部流下，待溶液流至250 ml刻度处，记录一次泡沫高度，5 min后再记录一次泡沫高度。测量三次取其平均值。

1.4 阿贝折光仪及使用方法

单色光从一种介质进入另一种介质时即发生折射现象。在定温下入射角 i 的正弦和折射角 r 的正弦之比等于它在两种介质中传播速度 v_1、v_2 之比，即

$$\frac{\sin\ i}{\sin\ r}=\frac{v_1}{v_2}=n_{1,2}$$

$n_{1,2}$称为折射率，对给定的温度和介质为一常数。

当 $n_{1,2}>1$ 时，从上式可知 i 角必须大于 r 角。这时光线由第一种介质进入第二种介质时则折向法线(附图 1.4(a))。在一定温度下折射率 $n_{1,2}$对于给定的两种介质而言为一常数，故当入射角 i 增大时，折射角 r 也必相应增大，当 i 达到极大值 $\pi/2$ 时，所得到的折射角 r_c 称为临界折射角。显然，从图中法线左边入射的光线折射入第二种介质内时，折射线都应落到临界折射角 r_c 之内。这时若在 M 处置一目镜，则见镜上出现半明半暗。从上式还能看出，当固定一种介质时，临界折射角 r_c 的大小和折射率(表征第二种介质的性质)有简单的函数关系。阿贝折光计正是根据这个原理设计的。

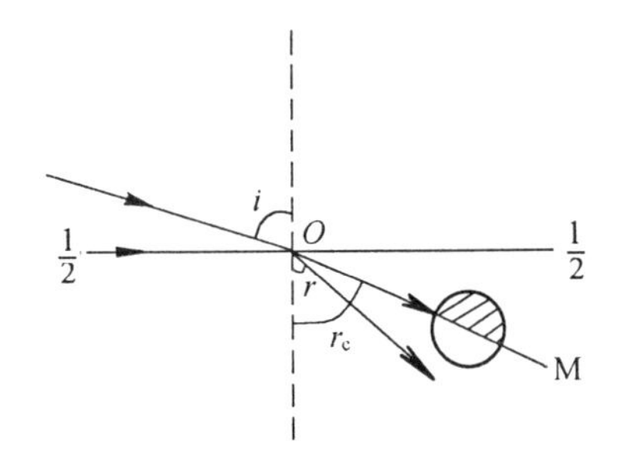

附图 1.4(a) 光的折射

阿贝折光计的外形如附图 1.4(b)。仪器的主要部分为两个直角棱镜 5 和 6。两棱镜中间留有微小的缝隙，其中可以铺展一层待测的液体。光线从反射镜射入棱镜 6 后，在 A、D 面上(附图 1.4(c))发生漫射(A、D 面为毛玻面)。漫射所产生的光线透过缝隙的液层而从各个方向进入折射棱镜 P_r中。根据上面的讨论，从各个方面进入棱镜 P_r 的光线均产生折射，而其折射角都落在临界折射角 r_c 之内。具有临界折射角 r_c 的光射出棱镜 P_r 经阿密西棱镜消除色散再经聚焦之后射于目镜上，此时若目镜的位置适当，则目镜中出现半明半暗。

实验时将棱镜 5 和 6 打开，用擦镜纸将镜面拭洁后，在镜面上滴少量待测液体，并使其铺满整个镜面，关上棱镜，调节反射镜 7，使入射光线达到最强，然后转动棱镜使目镜出现半明半暗，分界线位于十字线的交叉点，这时从放大镜 2 即可在标尺上读出液体的折射率。

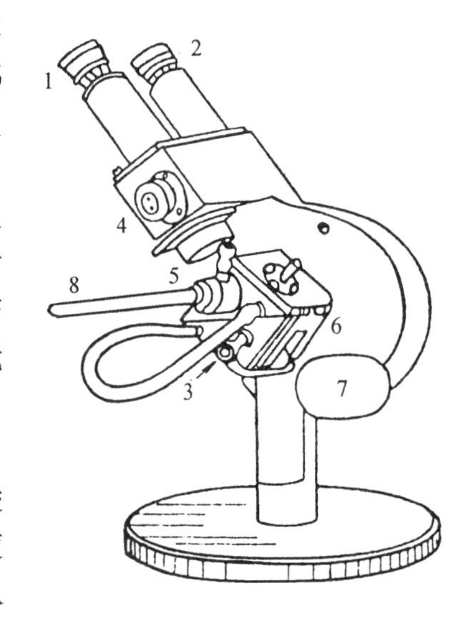

附图 1.4(b) 阿贝折光计

1—目镜；2—放大镜；3—恒温水接头；4—消色补偿器；5,6—棱镜；7—反射镜；8—温度计

实验所用的光常为白光，白光是由各种不同波长的光混合而成的，由于波长不同的光在相同介质的传播速度不同(色散现象)，所以用白光作光源时，目镜的明暗分界线并不清楚。为了消除色散，在仪器上装有消色补偿器——阿密西棱镜。

消色棱镜是由两块相同但又可反向转动的阿密西棱镜组成的。白光通过这种棱镜后能产生色散。若两棱镜相对位置相同，则光线通过第一块棱镜发生色散后，再通过第二块又发生色散，总色散为二者之和。将两块棱镜各反向转动 90℃(相当于一块转 180℃)，则第一块的色散

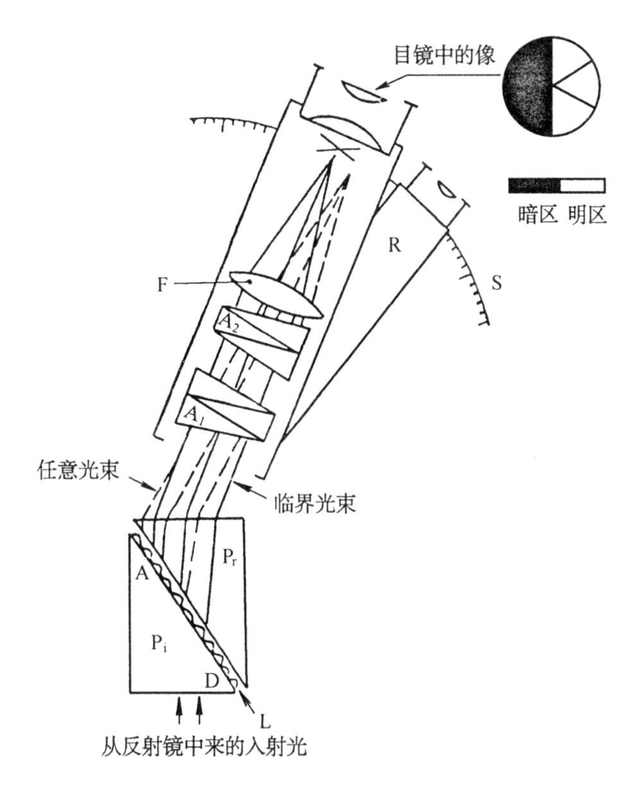

附图 1.4(c)　光的行程

P_r—折射棱镜；P_i—辅助棱镜；A_1A_2—阿密西棱镜；F—聚焦透镜；L—液体层；R—转动臂；S—标尺

被第二块色散抵消，总的来讲没有色散，出来的仍为白光。因此若让已有色散的光通过消色棱镜，可调节两棱镜的相对位置，使原有色散恰为消色棱镜的色散所抵消，出棱镜后各色光线平行，视野中可看到清楚的明暗分界线。

阿密西棱镜的结构特点是钠光 D 线通过后不改变方向，所以消色后的各色光均和钠光 D 线平行，因此所测得的折射率与用钠光 D 线测得的相一致。

在折光计嵌目镜的金属筒上，有一个供校准仪器用的螺钉。在进行校正时，折光计应与超级恒温槽相连，使恒温槽的水在两棱镜的外层间循环，并将刻度尺上的读数调节在该温度下标准液体的已知折射率。此时若从目镜中看到的明暗分界线不在交叉点，则可用仪器附带的专用工具转动螺钉，使分界线移动到十字交叉点上。

1.5　721 型分光光度计及使用方法

721 型分光光度计是分光光度法在可见光谱区范围(360 ~ 800 nm)内，进行定量分析常用的仪器之一。分光光度法以物质对光的选择性吸收为根据，以朗伯 - 比尔定律($A = Kbc$)为基础来进行定量测定。

1.721 型分光光度计的结构和工作原理

721 型分光光度计由光源、单色器、吸收池和监测系统四大部分组成，全部装成一体，其结构如附图 1.5(a)所示。

721 型分光光度计的光学系统如附图 1.5(b)所示。

721 型分光光度计采用自准式光路，单光束。利用 12V25W 钨丝白炽灯泡作光源。由光源

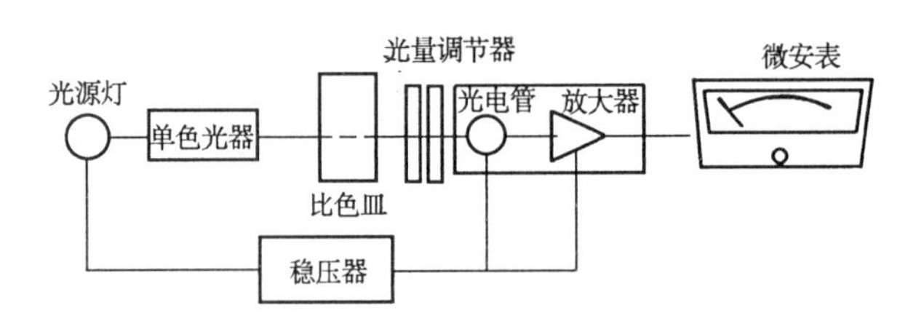

附图 1.5(a) 721 型分光光度计结构示意图

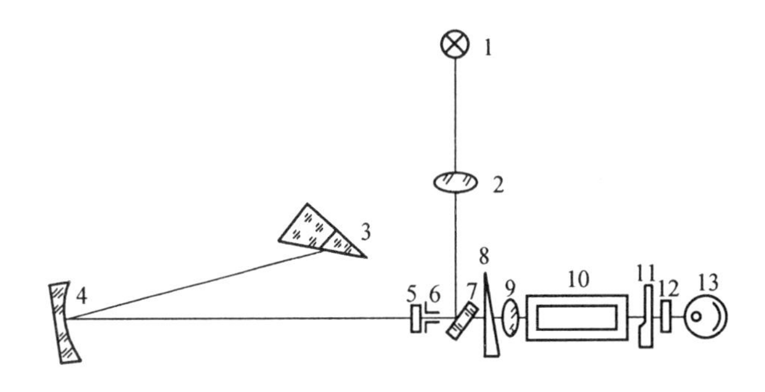

附图 1.5(b) 721 型分光光度计的光学系统

1 发出连续辐射线，经聚光透镜 2 和反射镜 7 后，成为平行光束，经入射狭缝 6 及准直镜 4 反射到单色光器(721 型分光光度计的单色光器是棱镜)3，经棱镜色散后的光反射至准直镜 4，再经狭缝 6，聚光透镜 9，变成平行的单色器照射到样品池(比色皿)10，经样品池吸收后透过的光照射到光电管 13 上，光电管受光进行光电转换产生光电流，经放大器放大后输送至检流计，由表头直接显示出透光率($T\%$)或吸光度(A)。

准直镜 4 装在可旋转的转盘上，由波长调节器控制，转动波长调节器时，利用阿基米得螺线凸轮可带动准直镜转盘转动，从而可在出射狭缝后面得到所需波长的单色光。通过调节出射狭缝 6 的宽度，就可获得适合测量的光强。

2. 仪器的安装及使用前检查

①仪器应安装在干燥房间内，使用时应放置在坚固平稳的工作台上。室内光线不宜太强，夏天不能用电风扇直吹仪器，以防灯泡灯丝发光不稳而影响测量。

②在未接上电源前，应对仪器的安全性进行检查。电源线应牢固，通地要良好，各旋钮的起始位置应正确。

③检查放大器及单色器的两个矽胶干燥筒，如受潮变色(干燥时为蓝色，受潮后变红色)，应予更换(在仪器底部的干燥筒，可侧竖仪器来检查或更换)。

④仪器在未接通电源前，电表必须位于“0”刻线，否则要利用电表上的校正螺丝调至“0”处。

3. 仪器的操作方法

721 型分光光度计外形如图 1.5(c)所示。

①先进行“使用前检查”，一切正常后，打开比色池暗箱盖 7，接通电源 6，预热约 20 min。

②调节波长选择旋钮(λ)2 至所需波长，灵敏度调节钮 1 放在“1”位置。调节“0”电位器 3，校正电表 8 指针指 0。

③将装有参比溶液及待测溶液的比色皿按顺序放入比色架上，使参比溶液处于光路位置，轻轻盖上比色皿暗箱盖，使光电管受光，调节“100%”电位器 4 至电表指针达满刻度(T100% 或

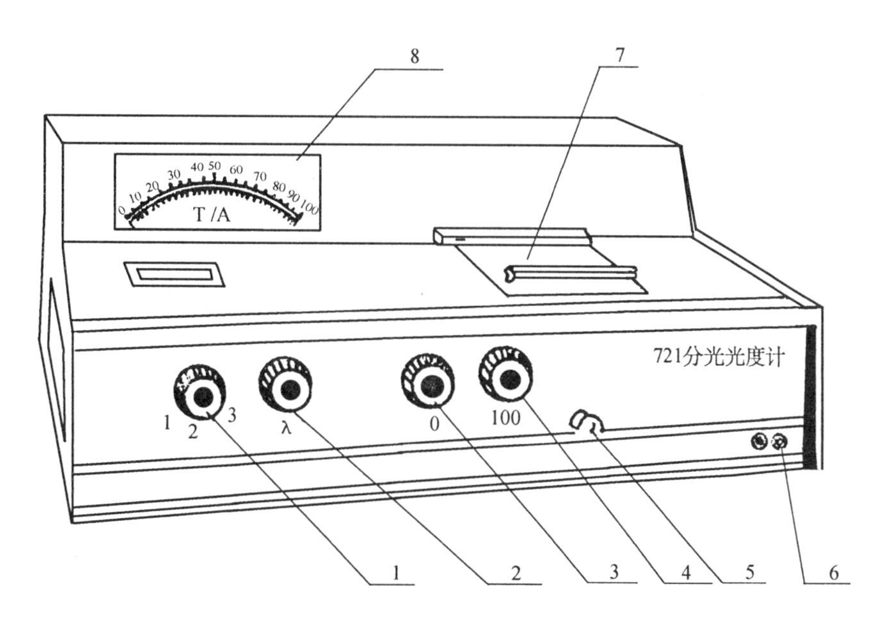

附图1.5(c) 721型分光光度计

$A=0$)处。

④如果放大器灵敏度不合适(即③中不能调满刻度),可重新调整灵敏度调节旋钮(放大器灵敏度有三挡,是逐步增大的,“1”最低,其选择原则是保证能使空白时调满刻度,尽可能采用灵敏度较低挡,这样仪器将有更高的稳定性),如果灵敏度不够,可逐渐升高,但改变灵敏度后,必须按③重新校正“0”和“100%”。

⑤按③连续调整“0”和“100%”,直至稳定。至此调校完毕,即可进行测定工作。

⑥轻轻拉动比色皿架拉杆5,使待测液置于光路位置,即可读取表头指针所指的读数(T%或A值)。

⑦测量完毕,打开比色皿暗箱盖。

⑧实验结束,关闭电源,将比色皿取出洗净,用软纸擦净比色皿架及暗箱盖,盖上暗箱盖,散热后,罩好仪器罩。

4. 注意事项

①使用721型分光光度计时,连续光照光电管的时间不可太长,以避免光电管疲劳。不测定时,必须打开暗箱盖,切断光路,以延长光电管的使用寿命。

②根据需要选择使用不同厚度的比色皿,同一厚度的一套比色皿应检查使用。方法是使一套比色皿盛装同一种有色溶液,测其透光率相对值,该值最大相差不应超过0.5%。

③拿取比色皿时,只能用手捏毛玻璃面,切不可用手捏透光面,以免污损而影响透光性能。比色皿外壁的水珠应用镜头纸或柔软的吸水纸轻轻揩擦,不可用硬纸或用力擦拭。

④比色皿盛装溶液时,以装满2/3为宜,不可过满或太浅,以防拉动比色皿架时溅出或影响测定。对系列溶液的测量,应按从稀到浓的顺序依次进行,以减小误差。

⑤比色皿应用盐酸－乙醇(1∶2)混合液或1∶1HNO_3溶液浸泡,再用自来水,蒸馏水洗涤,不可用碱液、氧化性强的洗涤液(如铬酸洗液)洗涤,以防腐蚀或造成粘接缝开裂。也不能用毛刷洗,以免损坏其透光面,更不能在炉子、火焰上或烘箱内加热干燥。

⑥在分析工作中,根据有色溶液的浓度的大小选用合适规格的比色皿,以使溶液吸光度控

制在 0.2 ~ 0.8 范围内,以减小测量误差。

1.6 酸度计及使用方法

酸度计是具有高输入阻抗的直流毫伏计,它由电极和电位计两大部分组成。当用氢离子选择性电极即玻璃电极作指示电极、甘汞电极作参比电极时,同时浸入水溶液后,组成测量电池,用来测量溶液的 pH 值。用铂电极或其他离子选择性电极作指示电极时,可用于测量溶液的电位值及其相应离子的浓度或活度。

1. 电极

①玻璃电极。玻璃电极的结构如附图 1.6.1(a)所示。它是一种对氢离子具有高度选择性响应的电极,不受氧化剂或还原剂的影响,可用于有色、浑浊或胶体溶液的 pH 值测定,也可用于酸碱电位法滴定。测定时达到平衡快,操作简便,不玷污试液。缺点是强度差,易损坏,使用时必须小心操作,谨慎保护。一般玻璃电极(221 型)仅限于 pH 值为 1 ~ 9 的测定,否则将产生酸差或碱差(即钠差),若用于广泛 pH 值的测量,可使用 231 型锂玻璃电极,其 pH 值测量范围是0 ~ 14。

玻璃电极使用前,至少要在水中浸泡 24 h,用完后也应浸泡在蒸馏水中,以备下次使用。测定时要先用与待测溶液 pH 值相近的标准缓冲液定位。

②甘汞电极。最常用的是饱和甘汞电极,其结构如附图 1.6.1(b)所示。其电极电势既固定又稳定(25℃时,$\varphi^{\ominus}(Hg_2Cl_2/Hg) + Cl^- = 0.243\ 8$),所以在测定中,常用作参比电极。使用时注意在电极内充满饱和 KCl 溶液,去掉上、下橡皮帽。

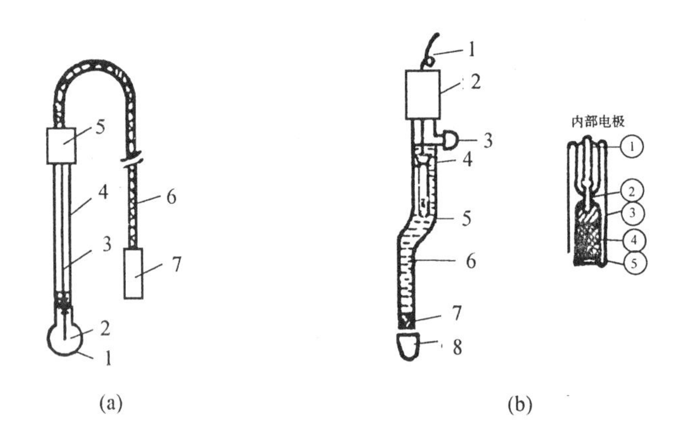

附图 1.6.1 电极结构示意图

(a)玻璃电极
1—玻璃膜; 2—内参比液; 3—内参比电极; 4—玻璃管; 5—电极帽; 6—导线; 7—电极插头

(b)甘汞电极
1—导线; 2—绝缘电极帽; 3、8—橡皮帽; 4—内部电极; 5—饱和 KCl 溶液; 6—玻璃管; 7—多孔物质

2. pHS - 2 型酸度计

常用的 pHS - 2 型酸度计面板见附图 1.6.2。

该酸度计是直读式酸度计,测量范围 0 ~ 14 pH 单位,测量精度 0.02 pH 单位,性能稳定,应用广泛。

(1)安装

仪器配用 231 型玻璃电极和 232 型饱和甘汞电极。使用前先将电极夹子夹在电极杆上,

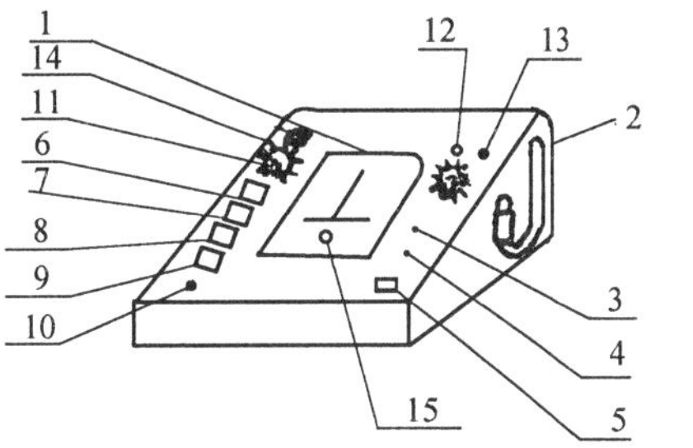

再把玻璃电极和甘汞电极夹在夹子里，电极引线分别插入孔13和连接到接线柱12上（电极插头应清洁干燥，甘汞电极使用时应去掉上、下橡皮帽，并使甘汞电极底部稍低于玻璃电极底部，以保护玻璃电极）。

(2)校正和测量

①开机前，检查指针刻度盘是否在“1”，若不在，用调零螺丝15调节之。

②按下pH键7(读数开关5不按下)，左下角指示灯14亮，预热10～15 min。

③将温度补偿器11调至溶液温度。

④将pH－mV分挡开关2置“6”的位置，用零点调节器10调节指针于刻度盘上“1”处。

⑤将pH－mV分挡开关2置“校正”位置，用校正调节器3调节指针满刻度。

附图1.6.2　pHS－2型酸度计面板

1—指示表盘；2—pH－mV分挡开关；3—校正调节器；4—定位调节器；5—读数开关；6—电源按键；7—pH键；8—＋mV按键；9—－mV按键；10—零点调节器；11—温度补偿器；12—甘汞电极接线柱；13—玻璃电极插口；14—指示灯；15—调零螺丝

⑥每隔半分钟重复④、⑤操作，直至稳定。

⑦在烧杯内放入标准缓冲液（常用的标准缓冲液在不同温度下的pH值见附表1.1），按下读数开关5，用定位调节器4调至指针指到标准缓冲液在测量温度时的pH值。pH的读数是分挡开关2上的读数加上表盘的读数。如果指针打出左边刻度，则应调小开关2，反之则应调大开关2。

⑧放开读数开关5，取走缓冲液，至此仪器已调校完毕，即可测量溶液的pH值。

⑨用蒸馏水冲洗电极，用滤纸将水蘸净（切忌用手捏、擦），将其浸入溶液中，搅动1 min，静止后，按下读数键5，即可读出待测溶液的pH值。

⑩放开读数开关5，取走待测液，洗净电极。将玻璃电极浸泡在蒸馏水中以备再用，长期不用时取下存放。甘汞电极用完后装好橡皮帽存放。

(3)＋mV的测量

①将玻璃电极孔13接负，甘汞电极接线柱12接正。

②按下＋mV键8，将分挡开关2放到“0”。

③检查指针是否在“1”的位置，偏移时，可用零点调节器10进行调节。

④将分挡开关2放在“校正”位置，用校正调节器3调至满刻度。

⑤将分挡开关2放在“0”，拔出玻璃电极插头，使两极短路。按下读数开关5，用定位调节器4调节指针在表盘刻度左面的“0”处，放开读数开关。至此，仪器已调校好，可用其测量＋mV值。

⑥插入玻璃电极插头，按下读数开关5，调节分挡开关2，读出＋mV值。

(4)－mV的测量

其测量同＋mV的测量，只是按下－mV键后，经校正读其刻度盘上的负值。

附表1.1　常用的标准缓冲液在不同温度下的pH值

缓冲液 \ pH \ 温度/℃	5	10	15	20	25	30	35	40	50
邻苯二甲酸氢钾溶液/($0.05\ mol\cdot L^{-1}$)	4.01	4.00	4.00	4.00	4.01	4.01	4.02	4.03	4.06
硼砂标准溶液/($0.01\ mol\cdot L^{-1}$)	9.39	9.33	9.27	9.22	9.18	9.14	9.10	9.07	9.01
中性磷酸盐溶液/($0.05\ mol\cdot L^{-1}$)	6.95	6.92	6.90	6.88	6.86	6.85	6.84	6.84	6.83

3.pHS-3 型数字式酸度计

(1)仪器安装

接通电源将玻璃电极插入电极插孔内,甘汞电极拔去橡皮帽将引线接到接线柱上。两者都装在电极架的电极夹上,并使玻璃电极底部高于甘汞电极,以保护玻璃球泡。

(2)标定

①按下 pH 键(或 mV 键),接通电源,预热 15 ~ 30 min。

②拔出测量电极插头,按下 mV 键,调节仪器后面的零点调节器,使读数显示在 ± 0.00。

③插上电极,按下 pH 键,调节斜率调节器在“100%”位置。

④将洗净的电极插入已知 pH 值的标准缓冲溶液中,调节温度调节器,使所指温度与溶液温度相同,开动搅拌器搅拌 1 min。

⑤停止搅拌,溶液静止后,调节定位旋钮,使表头显示标准缓冲液的 pH 值。

经标定的仪器,所有旋钮都不准再动(否则须重新标定),一般 24 h 内不需再标定。

(3)pH 值测量

①将电极从标准溶液中取出,用蒸馏水清洗后,再用滤纸吸干。

②将电极插入待测液中,搅拌 1 min,静止后,直接读取其 pH 值(测量时注意待测液的温度应与标准液温度相同,若温度不同,应先将温度旋钮调至待测液温度,然后读数)。

(4)mV 测量

①校零:拔出测量电极插头,按下 mV 键,调节“零点”调节器,使读数显示在 ± 0.00。(温度旋钮、斜率调节器在测 mV 时都不起作用)

②测量:插入电极插头,将电极洗净、吸干,插入待测液,搅拌几分钟,停止搅拌,静止后读取 mV 值,仪器自动显示 + 、- 极性。测量中若被测信号超出测量范围或测量端开路时,显示部分将发出闪光报警。

附录2 常用数据表

附表2.1 元素周期表

氧化值（单质的氧化值为0，未列入；常见的为红色）

以 $^{12}C=12$ 为基准的相对原子质量（注◆的是半衰期最长同位素相对原子质量）

Legend example (Am): +2 +3 +4 +5 +6 — 氧化值; 95 — 原子序数; Am — 元素符号（红色的为放射性元素）; 镅▲ — 元素名称（注▲的为人造元素）; $5f^{7}7s^{2}$ — 价层电子构型; 243.06◆ — 相对原子质量

s区元素 | p区元素 | d区元素 | ds区元素 | f区元素 | 稀有气体

周期＼族	1 IA	2 IIA	3 IIIB	4 IVB	5 VB	6 VIB	7 VIIB	8 VIIIB	9 VIIIB	10 VIIIB	11 IB	12 IIB	13 IIIA	14 IVA	15 VA	16 VIA	17 VIIA	18 VIIIA	电子层
1	1 H 氢 $1s^{1}$ 1.0079 −1, +1																	2 He 氦 $1s^{2}$ 4.0026	K
2	3 Li 锂 $2s^{1}$ 6.941 +1	4 Be 铍 $2s^{2}$ 9.0122 +2											5 B 硼 $2s^{2}2p^{1}$ 10.811 +3	6 C 碳 $2s^{2}2p^{2}$ 12.011 −4, +2, +4	7 N 氮 $2s^{2}2p^{3}$ 14.007 −3, −2, −1, +1, +2, +3, +4, +5	8 O 氧 $2s^{2}2p^{4}$ 15.999 −2, −1	9 F 氟 $2s^{2}2p^{5}$ 18.998 −1	10 Ne 氖 $2s^{2}2p^{6}$ 20.180	L K
3	11 Na 钠 $3s^{1}$ 22.990 +1	12 Mg 镁 $3s^{2}$ 24.305 +2											13 Al 铝 $3s^{2}3p^{1}$ 26.982 +3	14 Si 硅 $3s^{2}3p^{2}$ 28.086 −4, +2, +4	15 P 磷 $3s^{2}3p^{3}$ 30.974 −3, −2, +1, +3, +5	16 S 硫 $3s^{2}3p^{4}$ 32.066 −2, +2, +4, +6	17 Cl 氯 $3s^{2}3p^{5}$ 35.453 −1, +1, +3, +5, +7	18 Ar 氩 $3s^{2}3p^{6}$ 39.948	M L K
4	19 K 钾 $4s^{1}$ 39.098 +1	20 Ca 钙 $4s^{2}$ 40.078 +2	21 Sc 钪 $3d^{1}4s^{2}$ 44.956 +3	22 Ti 钛 $3d^{2}4s^{2}$ 47.867 −1, 0, +2, +3, +4	23 V 钒 $3d^{3}4s^{2}$ 50.942 0, ±1, +2, +3, +4, +5	24 Cr 铬 $3d^{5}4s^{1}$ 51.996 −3, 0, ±1, ±2, +3, +4, +5, +6	25 Mn 锰 $3d^{5}4s^{2}$ 54.938 −2, 0, ±1, +2, ±3, +4, +5, +6, +7	26 Fe 铁 $3d^{6}4s^{2}$ 55.845 −2, 0, ±1, +2, +3, +4, +5, +6	27 Co 钴 $3d^{7}4s^{2}$ 58.933 0, ±1, +2, +3, +4, +5	28 Ni 镍 $3d^{8}4s^{2}$ 58.693 0, ±1, −2, +3, +4	29 Cu 铜 $3d^{10}4s^{1}$ 63.546 +1, +2, +3, +4	30 Zn 锌 $3d^{10}4s^{2}$ 65.39 +1, +2	31 Ga 镓 $4s^{2}4p^{1}$ 69.723 +1, +3	32 Ge 锗 $4s^{2}4p^{2}$ 72.61 +2, +4	33 As 砷 $4s^{2}4p^{3}$ 74.922 −3, +3, +5	34 Se 硒 $4s^{2}4p^{4}$ 78.96 −2, +2, +4, +6	35 Br 溴 $4s^{2}4p^{5}$ 79.904 −1, +1, +3, +5, +7	36 Kr 氪 $4s^{2}4p^{6}$ 83.80 +2, +4	N M L K
5	37 Rb 铷 $5s^{1}$ 85.468 +1	38 Sr 锶 $5s^{2}$ 87.62 +2	39 Y 钇 $4d^{1}5s^{2}$ 88.906 +3	40 Zr 锆 $4d^{2}5s^{2}$ 91.224 +1, +2, +3, +4	41 Nb 铌 $4d^{4}5s^{1}$ 92.906 0, ±1, +2, +3, +4, +5	42 Mo 钼 $4d^{5}5s^{1}$ 95.94 0, ±1, ±2, +3, +4, +5, +6	43 Tc 锝▲ $4d^{5}5s^{2}$ 97.907◆ 0, ±1, +2, +3, +4, +5, +6, +7	44 Ru 钌 $4d^{7}5s^{1}$ 101.07 0, +1, ±2, +3, +4, +5, +6, +7, +8	45 Rh 铑 $4d^{8}5s^{1}$ 102.91 0, ±1, +2, +3, +4, +5, +6	46 Pd 钯 $4d^{10}$ 106.42 0, +1, +2, +3, +4	47 Ag 银 $4d^{10}5s^{1}$ 107.87 +1, +2, +3	48 Cd 镉 $4d^{10}5s^{2}$ 112.41 +1, +2	49 In 铟 $5s^{2}5p^{1}$ 114.82 +1, +3	50 Sn 锡 $5s^{2}5p^{2}$ 118.71 +2, +4	51 Sb 锑 $5s^{2}5p^{3}$ 121.76 −3, +3, +5	52 Te 碲 $5s^{2}5p^{4}$ 127.60 −2, +2, +4, +6	53 I 碘 $5s^{2}5p^{5}$ 126.90 −1, +1, +3, +5, +7	54 Xe 氙 $5s^{2}5p^{6}$ 131.29 +2, +4, +6, +8	O N M L K
6	55 Cs 铯 $6s^{1}$ 132.91 +1	56 Ba 钡 $6s^{2}$ 137.33 +2	71 Lu 镥 $4f^{14}5d^{1}6s^{2}$ 174.97 +3	72 Hf 铪 $5d^{2}6s^{2}$ 178.49 +1, +2, +3, +4	73 Ta 钽 $5d^{3}6s^{2}$ 180.95 0, ±1, +2, +3, +4, +5	74 W 钨 $5d^{4}6s^{2}$ 183.84 0, ±1, ±2, +3, +4, +5, +6	75 Re 铼 $5d^{5}6s^{2}$ 186.21 0, ±1, +2, +3, +4, +5, +6, +7	76 Os 锇 $5d^{6}6s^{2}$ 190.23 0, +1, +2, +3, +4, +5, +6, +7, +8	77 Ir 铱 $5d^{7}6s^{2}$ 192.22 0, ±1, +2, +3, +4, +5, +6	78 Pt 铂 $5d^{9}6s^{1}$ 195.08 0, +2, +3, +4, +5, +6	79 Au 金 $5d^{10}6s^{1}$ 196.97 +1, +2, +3, +5	80 Hg 汞 $5d^{10}6s^{2}$ 200.59 +1, +2, +3	81 Tl 铊 $6s^{2}6p^{1}$ 204.38 +1, +3	82 Pb 铅 $6s^{2}6p^{2}$ 207.2 +2, +4	83 Bi 铋 $6s^{2}6p^{3}$ 208.98 −3, +3, +5	84 Po 钋 $6s^{2}6p^{4}$ 208.98 −2, +2, +3, +4, +6	85 At 砹 $6s^{2}6p^{5}$ 209.99 ±1, +5, +7	86 Rn 氡 $6s^{2}6p^{6}$ 222.02 +2	P O N M L K
7	87 Fr 钫▲ $7s^{1}$ 223.02◆ +1	88 Ra 镭 $7s^{2}$ 226.03◆ +2	103 Lr 铹▲ $5f^{14}6d^{1}7s^{2}$ 262.11◆ +3	104 Rf 钅卢▲ $6d^{2}7s^{2}$ 261.11◆	105 Db 钅杜▲ $6d^{3}7s^{2}$ 262.11◆	106 Sg 𨭎▲ $6d^{4}7s^{2}$ 263.12◆	107 Bh 𨨏▲ $6d^{5}7s^{2}$ 264.12◆	108 Hs 𨭆▲ $6d^{6}7s^{2}$ 265.13◆	109 Mt 鿏▲ $6d^{7}7s^{2}$ (268)	110	111	112							Q P O N M L K

★	57	58	59	60	61	62	63	64	65	66	67	68	69	70
★ 镧系	La★ 镧 $5d^{1}6s^{2}$ 138.91 +3	Ce 铈 $4f^{1}5d^{1}6s^{2}$ 140.12 +2, +3, +4	Pr 镨 $4f^{3}6s^{2}$ 140.91 +3, +4	Nd 钕 $4f^{4}6s^{2}$ 144.24 +2, +3, +4	Pm 钷▲ $4f^{5}6s^{2}$ 144.91◆ +3	Sm 钐 $4f^{6}6s^{2}$ 150.36 +2, +3	Eu 铕 $4f^{7}6s^{2}$ 151.96 +2, +3	Gd 钆 $4f^{7}5d^{1}6s^{2}$ 157.25 +3	Tb 铽 $4f^{9}6s^{2}$ 158.93 +3, +4	Dy 镝 $4f^{10}6s^{2}$ 162.50 +3, +4	Ho 钬 $4f^{11}6s^{2}$ 164.93 +3	Er 铒 $4f^{12}6s^{2}$ 167.26 +3	Tm 铥 $4f^{13}6s^{2}$ 168.93 +2, +3	Yb 镱 $4f^{14}6s^{2}$ 173.04 +2, +3
★ 锕系	89 Ac★ 锕 $6d^{1}7s^{2}$ 227.03◆ +3	90 Th 钍 $6d^{2}7s^{2}$ 232.04 +3, +4	91 Pa 镤 $5f^{2}6d^{1}7s^{2}$ 231.04 +3, +4, +5	92 U 铀 $5f^{3}6d^{1}7s^{2}$ 238.03 +2, +3, +4, +5, +6	93 Np 镎 $5f^{4}6d^{1}7s^{2}$ 237.05◆ +3, +4, +5, +6, +7	94 Pu 钚 $5f^{6}7s^{2}$ 244.06◆ +3, +4, +5, +6, +7	95 Am 镅▲ $5f^{7}7s^{2}$ 243.06◆ +2, +3, +4, +5, +6	96 Cm 锔▲ $5f^{7}6d^{1}7s^{2}$ 247.07◆ +3, +4	97 Bk 锫▲ $5f^{9}7s^{2}$ 247.07◆ +3, +4	98 Cf 锎▲ $5f^{10}7s^{2}$ 251.08◆ +2, +3, +4	99 Es 锿▲ $5f^{11}7s^{2}$ 252.08◆ +2, +3	100 Fm 镄▲ $5f^{12}7s^{2}$ 257.10◆ +2, +3	101 Md 钔▲ $5f^{13}7s^{2}$ 258.10◆ +2, +3	102 No 锘▲ $5f^{14}7s^{2}$ 259.10◆ +2, +3

根据IUPAC 1995年提供的五位有效数字相对原子质量数据及1997年通过的新元素名称

附表2.1 元素周期表

附表 2.2　国际单位制的基本单位

量	单位名称	单位符号
长　　度	米	m
质　　量	千克(公斤)	kg
时　　间	秒	s
电　　流	安[培]	A
热力学温度	开[尔文]	K
物 质 的 量	摩[尔]	mol
光　强　度	坎[德拉]	cd

附表 2.3　国际单位制中具有专用名称的导出单位

量的名称	单位名称	单位符号	其他表示示例
频　　率	赫[兹]	Hz	$1 \cdot s^{-1}$
力	牛[顿]	N	$kg \cdot m \cdot s^{-2}$
压力、应力	帕[斯卡]	Pa	$N \cdot m^{-2}$
能、功、热量	焦[耳]	J	$N \cdot m$
电量、电荷	库　[仑]	C	$A \cdot s$
功　　率	瓦　[特]	W	$J \cdot s^{-1}$
电位、电压、电动势	伏　[特]	V	$W \cdot A^{-1}$
电　　容	法　[拉]	F	$C \cdot V^{-1}$
电　　阻	欧　[姆]	Ω	$V \cdot A^{-1}$
电　　导	西　[门子]	S	$A \cdot V^{-1}$
磁　通　量	韦　[伯]	Wb	$V \cdot s$
磁感应强度	特　[斯拉]	T	$Wb \cdot m^{-2}$
电　　感	亨　[利]	H	$Wb \cdot A^{-1}$
摄氏　温度	摄 氏 度	℃	

附表 2.4　力单位换算

牛顿,N	千克力,kgf	达因,dyn
1	0.102	10^5
9.806 65	1	$9.806\ 65 \times 10^5$
10^{-5}	1.02×10^{-6}	1

附表 2.5　压力单位换算

帕斯卡 Pa	工程大气压 $kgf \cdot cm^{-2}$	毫米水柱 mmH_2O	标准大气压 atm	毫米汞柱 mmHg
1	1.02×10^{-5}	0.102	0.99×10^{-5}	0.007 5
98 067	1	10^4	0.967 8	735.6
9.807	0.000 1	1	$0.967\ 8 \times 10^{-4}$	0.073 6
101 325	1.033	10 332	1	760
133.32	0.000 36	13.6	0.001 32	1

1 Pa = 1 $N \cdot m^{-2}$,1 工程大气压 = 1 $kgf \cdot cm^{-2}$
1 mmHg = 1 Torr,标准大气压即物理大气压
1 bar = $10^5 N \cdot m^{-2}$

附表 2.6 能量单位换算

尔格 erg	焦耳 J	千克力米 kgf·m	千瓦小时 kW·h	千卡 kcal (国际蒸气表卡)	升大气压 L·atm
1	10^{-7}	0.102×10^{-7}	27.78×10^{-15}	23.9×10^{-12}	9.869×10^{-10}
10^7	1	0.102	277.8×10^{-9}	239×10^{-6}	9.869×10^{-3}
9.807×10^7	9.807	1	2.724×10^{-6}	2.342×10^{-3}	9.679×10^{-2}
36×10^{12}	3.6×10^6	367.1×10^3	1	859.845	3.553×10^4
41.87×10^9	4 186.8	426.935	1.163×10^{-3}	1	41.29
1.013×10^9	101.3	10.33	2.814×10^{-5}	0.024 218	1

1 erg = 1 dyn·cm, 1 J = 1 N·m = 1 W·s, 1 eV = 1.602×10^{-19}J

1 国际蒸气表卡 = 1.000 67 热化学卡

附表 2.7 用于构成十进倍数和分数单位的词头

倍数	词头名称	词头符号	分数	词头名称	词头符号
10^{18}	艾[可萨](exa)	E	10^{-1}	分(deci)	d
10^{15}	拍[它](peta)	P	10^{-2}	厘(centi)	c
10^{12}	太[拉](tera)	T	10^{-3}	毫(milli)	m
10^9	吉[咖](giga)	G	10^{-6}	微(micro)	μ
10^6	兆(mega)	M	10^{-9}	纳[诺](nano)	n
10^3	千(kilo)	k	10^{-12}	皮[可](pico)	p
10^2	百(hecto)	h	10^{-15}	飞[母托](femto)	f
10^1	十(deca)	da	10^{-18}	阿[托](atto)	a

附表 2.8 常用酸碱溶液相对密度及质量分数组成表

1.盐酸

HCl 质量分数/%	相对密度 d_4^{20}	100 ml 溶液中含 HCl 克数
1	1.003 2	1.003
2	1.008 2	2.006
4	1.018 1	4.007
6	1.027 9	6.167
8	1.037 6	8.301
10	1.047 4	10.47
12	1.057 4	12.69
14	1.067 5	14.95
16	1.077 6	17.24
18	1.087 8	19.58
20	1.098 0	21.96
22	1.108 3	24.38
24	1.118 7	26.85
26	1.129 0	29.35
28	1.139 2	31.90
30	1.149 2	34.48
32	1.159 3	37.10
34	1.169 1	39.75
36	1.178 9	42.44
38	1.188 5	45.16
40	1.198 0	47.92

2.硫酸

H_2SO_4 质量分数/%	相对密度 d_4^{20}	100 ml 水溶液中含 H_2SO_4 克数
1	1.005 1	1.005
2	1.011 8	2.024
3	1.018 4	3.055
4	1.025 0	4.100
5	1.031 7	5.159
10	1.066 1	10.66
15	1.102 0	16.53
20	1.139 4	22.79
25	1.178 3	29.46
30	1.218 5	36.56
35	1.259 9	44.10
40	1.302 8	52.11
45	1.347 6	60.64
50	1.395 1	69.76
55	1.445 3	79.49
60	1.498 3	89.90
65	1.553 3	101.0
70	1.610 5	112.7
75	1.669 2	125.2
80	1.727 2	138.2
85	1.778 6	151.2
90	1.814 4	163.3
91	1.819 5	165.6
92	1.824 0	167.8
93	1.827 9	170.2
94	1.831 2	172.1
95	1.833 7	174.2
96	1.835 5	176.2
97	1.836 4	178.1
98	1.836 1	179.9
99	1.834 2	181.6
100	1.830 5	183.1

3. 硝酸

HNO_3 质量分数/%	相对密度 d_4^{20}	100 ml 水溶液中含 HNO_3 克数
1	1.003 6	1.004
2	1.009 1	2.018
3	1.014 6	3.044
4	1.020 1	4.080
5	1.025 6	5.128
10	1.054 3	10.64
15	1.084 2	16.26
20	1.115 0	22.30
25	1.146 9	28.67
30	1.180 0	36.40
35	1.214 0	42.49
40	1.246 3	49.85
45	1.278 3	57.52
50	1.310 0	65.50
55	1.339 3	73.66
60	1.366 7	82.00
65	1.391 3	90.43
70	1.413 4	98.94
75	1.433 7	107.5
80	1.452 1	116.2
85	1.468 6	124.8
90	1.482 6	133.4
91	1.485 0	135.1
92	1.487 3	136.8
93	1.489 2	138.5
94	1.491 2	140.2
95	1.491 2	141.9
96	1.495 2	143.5
97	1.497 4	145.2
98	1.500 8	147.1
99	1.505 6	149.1
100	1.512 9	151.3

4.发烟硫酸

游离 SO_3 质量分数/%	相对密度 d_{20}^{20}	100 ml 中游离 SO_3 克数
1.54	1.860	2.8
2.66	1.865	5.0
4.28	1.870	8.0
5.44	1.875	10.2
6.42	1.880	12.1
7.29	1.885	13.7
8.16	1.890	15.4
9.43	1.895	17.7
10.07	1.900	19.1
10.56	1.905	20.1
11.43	1.910	21.8
13.33	1.915	25.5
15.95	1.920	30.6
18.67	1.925	35.9
21.34	1.930	41.2
25.65	1.935	49.6

5.氨水

NH_3 质量分数/%	相对密度 d_4^{20}	100 ml 水溶液中含 NH_3 克数
1	0.993 9	9.94
2	0.989 5	19.79
4	0.981 1	39.24
6	0.973 0	58.38
8	0.965 1	77.21
10	0.957 5	95.75
12	0.950 1	114.0
14	0.943 0	132.0
16	0.936 2	149.8
18	0.929 5	167.3
20	0.922 9	184.6
22	0.916 4	201.6
24	0.910 1	218.4
26	0.904 0	235.0
28	0.898 0	251.4
30	0.892 0	267.6

6. 氢氧化钠

NaOH 质量分数/%	相对密度 d_4^{20}	100 ml 水溶液中含 NaOH 克数
1	1.009 5	1.010
2	1.020 7	2.041
4	1.042 8	4.171
6	1.064 8	6.389
8	1.086 9	8.695
10	1.108 9	11.09
12	1.130 9	13.57
14	1.153 0	16.14
16	1.175 1	18.80
18	1.197 2	21.55
20	1.219 1	24.38
22	1.241 1	27.30
24	1.262 9	30.31
26	1.284 8	33.40
28	1.306 4	36.58
30	1.327 9	39.84
32	1.349 0	43.17
34	1.369 6	46.57
36	1.390 0	50.04
38	1.410 1	53.58
40	1.430 0	57.20
42	1.449 4	60.87
44	1.468 5	64.61
46	1.487 3	68.42
48	1.506 5	72.31
50	1.525 3	76.27

7. 氢氧化钾

KOH 质量分数/%	相对密度 d_4^{15}	100 ml 水溶液中含 KOH 克数
1	1.008 3	1.008
2	1.017 5	2.035
4	1.035 9	4.144
6	1.054 4	6.326
8	1.073 0	8.584
10	1.091 8	10.92
12	1.110 8	13.33
14	1.129 9	15.82
16	1.149 3	19.70
18	1.168 8	21.04
20	1.188 4	23.77
22	1.208 3	26.58
24	1.228 5	29.48
26	1.248 9	32.47
28	1.269 5	35.55
30	1.290 5	38.72
32	1.311 7	41.97
34	1.333 1	45.33
36	1.354 9	48.78
38	1.376 9	52.32
40	1.399 1	55.96
42	1.421 5	59.70
44	1.444 3	63.55
46	1.467 3	67.50
48	1.499 7	71.55
50	1.514 3	75.72
52	1.538 2	79.99

8.碳酸钠

$NaCO_3$ 质量分数/%	相对比重 d_4^{20}	100 ml 水溶液中含 Na_2CO_3 克数
1	1.008 6	1.009
2	1.019 0	2.038
4	1.039 8	4.159
6	1.060 6	6.364
8	1.081 6	8.653
10	1.102 9	11.03
12	1.124 4	13.49
14	1.146 3	16.05
16	1.168 2	18.50
18	1.199 5	21.33
20	1.213 2	24.26

附表 2.9 市售酸和氨水的近似相对密度和浓度

试剂名称	相对密度	质量分数/%	$c/(mol·L^{-1})$
盐　酸	1.18～1.19	36～38	11.6～12.4
硝　酸	1.39～1.40	65.0～68.0	14.4～15.2
硫　酸	1.83～1.84	95～98	17.8～18.4
磷　酸	1.69	85	14.6
高氯酸	1.68	70.0～72.0	11.7～12.0
乙酸(无水)	1.05	99.8(优级纯)	
		99.0(分析纯化学纯)	17.4
氢氟酸	1.13	40	22.5
氢溴酸	1.49	47.0	8.6
氢碘酸	1.7	57	7.5
	1.5	45	5.2
	1.1	10	0.85
氨水	0.91～0.90	25.0～28.0	13.3～14.8

附表 2.10 常用稀酸

名　　称	浓　　度	配制方法
盐酸	$3\ mol·L^{-1}$	将 258 ml 11.6 $mol·L^{-1}$浓盐酸(质量分数 36% HCl)用水稀释至 1 L
硝酸	$3\ mol·l^{-1}$	将 195 ml 15.4$mol·L^{-1}$浓硝酸(质量分数 69% HNO_3)用水稀释至 1 L
硫酸	$3\ mol·L^{-1}$	将 168 ml 17.8 $mol·L^{-1}$浓硫酸(质量分数 95.5% H_2SO_4)徐徐加入约 700 ml 水中,然后用水稀释至 1 L
醋酸	$3\ mol·L^{-1}$	将 172 ml 17.4 $mol·L^{-1}$浓醋酸(质量分数 99%～100% HAC)用水稀释至 1 L
磷酸	$3\ mol·L^{-1}$	将 205 ml 14.6 $mol·L^{-1}$浓磷酸(质量分数 85% H_3PO_4)用水稀释至 1 L

附表 2.11 常用稀碱

名称	浓度	配制方法
氢氧化钠	3 mol·L^{-1}	溶解 126 g 氢氧化钠(质量分数 95%)于水中,稀释至 1 L
氢氧化钙	0.02 mol·L^{-1}	即石灰水,是氢氧化钙的饱和溶液,每升含 1.5 g $Ca(OH)_2$。用稍过量的氢氧化钙配制,滤掉其中的 $CaCO_3$,并保护溶液不受空气中 CO_2 的作用
氢氧化钡	0.2 mol·L^{-1}	此溶液是氢氧化钡的饱和溶液,每升含 63 g $Ba(OH)_2·8H_2O$。用稍过量的氢氧化钡配制,滤掉 $BaCO_3$,并保护溶液不受空气中 CO_2 的侵蚀
氢氧化钾	3 mol·L^{-1}	溶解 176 g 氢氧化钾(质量分数 95%)于水中,稀释至 1 L
氨水	3 mol·L^{-1}	将 209 ml 浓氨水(14.3 mol·L^{-1},体积分数 27% NH_3)用水稀释至 1 L

附表 2.12 常用洗液的配制

洗液及其配方	应用
铬酸洗液 1.将 20 g $K_2Cr_2O_7$ 溶于 20 ml 水中,再慢慢加入 400 ml 浓 H_2SO_4(相对密度 1.84) 2.在 35 ml 饱和 $Na_2Cr_2O_7$ 溶液中,慢慢加入 1 L 浓 H_2SO_4,相对密度(1.84)	清洗玻璃器皿:浸润或泡浸数小时(甚或过夜),再用流水冲洗。如洗液变黑绿色,即不能再用 注意:此洗液有强烈腐蚀作用,不得与皮肤、衣物接触
氢氧化钠的乙醇溶液 溶解 120 g NaOH 固体于 120 ml 水中,用质量分数 95% 乙醇稀释至 1 L	在铬酸混合洗涤无效时,用于清洗各种油污。但由于碱对玻璃的腐蚀,此洗液不得与玻璃长期接触
含高锰酸钾的氢氧化钠溶液 4 g $KMnO_4$ 固体溶于少量水中,再加入 100 ml 质量分数 10% NaOH 溶液	清洗玻璃器皿内之油污或其他有机物质:将洗液倒入待洗之玻璃器皿内,5～10 min 后倒出,在玻璃壁之污染处即析出一层二氧化锰。再倒入适量之浓盐酸,使之跟二氧化锰反应,而产生之氯气则起清除污垢之作用
硫酸亚铁的酸性溶液 含有少量 $FeSO_4$ 的稀 H_2SO_4 溶液	洗涤由于贮存 $KMnO_4$ 溶液而残留在玻璃皿之棕色污斑
乙醇、浓硝酸	难于用寻常方法清洗的发酵管和其他玻璃器皿:用乙醇润湿发酵管内壁,倒出过多的乙醇,使遗留的液体不要超过 2 ml。加 10 ml 浓 HNO_3 后,静置片刻,立即发生激烈反应并释出大量红棕色的 NO_2 气体。反应停止后,再用水冲洗。最好放在通风橱中进行,不得将管口塞住
硫酸钠固体	用于除去蒸馏汽油后恩氏烧瓶底部残留之碳质沉积:烧瓶内放入 2～3 g 工业用 Na_2SO_4 固体,用喷灯直接加热至残渣松散,冷却后,漂洗,沥干
硝酸镁固体	用于清洗烧瓶中碳质沉积:先用丙酮或二硫化碳以除去油迹。加入数克 $Mg(NO_3)_2$ 固体,用喷灯加热至水分全部逸出,待 $Mg(NO_3)_2$ 熔融,旋转烧瓶使分布均匀,继续加热至棕色 NO_2 停止逸出。冷却后再加稀酸,加热煮沸以溶解 MgO。大量碳质或焦油沉积,可能需多次重复上述手续
质量分数 10%～15% 氢氧化钠(或氢氧化钾)溶液 磷酸钠 2 份 油酸钠 1 份 蒸馏水 20 份	用于清洗碳质污染物 将玻璃器皿放入温热洗液中泡浸 10～15 min,然后用硬毛刷子刷洗

续附表 2.12

洗液及其配方	应　　用
醇醚混合物 酒精　1份 乙醚　1份	可用来洗去油腻的有机物。容易着火，使用时应小心。已用过的废溶剂，蒸馏一次还可使用
四氯化碳　质量分数 80% 石油英(ligron)　质量分数 16% 特戊醇　质量分数 4%	清洗衣物或皮革上之油污
质量分数 10%硫代硫酸钠溶液	衣物上之碘斑
(1)煤油　2份 油酸　1份 (2)氨水(浓)　1/4份 变性酒精 1/4份 将(2)加入(1)，至搅拌均匀	清洗油漆刷子：刷子浸入洗液过夜，再用温水充分洗涤

附表 2.13　干燥剂干燥空气的效果

干燥剂	水蒸气含量/(g·m⁻³)	干燥剂	水蒸气含量/(g·m⁻³)
空气冷却至 -194℃	1.6×10^{-23}	Al_2O_3	0.003
P_2O_5	2×10^{-5}	$CaSO_4$	0.004
BaO	0.000 65	MgO	0.008
$Mg(ClO_4)$	0.000 5	空气冷却到 -72℃	0.016
$Mg(ClO_4)_2\cdot3H_2O$	0.002	硅胶	0.03
KOH(熔融)	0.002	空气冷却到 -21℃	0.045
H_2SO_4(质量分数 100%)	0.003	$CaBr_2$	0.14
NaOH(熔融)	0.16	$ZnCl_2$	0.85
CaO	0.2	$ZnBr_2$	1.16
H_2SO_4(质量分数 95.1%)	0.3	$CuSO_4$	1.4
$CaCl_2$(熔融)	0.36		

附表 2.14　某些常用干燥剂的特性

干燥剂	适宜于干燥下列物质	不能用于干燥下列物质	附　注
P_2O_5	中性和酸性气体、乙炔、二硫化碳、烃类、卤素衍生物、酸类	碱类、醇类、醚类、HCl、NF、NH_3	潮解，干燥气体时必须和填料混合
H_2SO_4	中性和酸性气体	不饱和化合物、酸类、酮类、碱类、H_2S、HI、NH_3	不能用于真空干燥和升温干燥
碱石灰　CaO BaO	中性和碱性气体、胺类、醇类、醚类	醛类、酮类、酸性物质	特别适用于干燥气体
NaOH KOH	氨、胺类、醚类、烃、碱类	醛类、酮类、酸性物质	潮解，一般用于预防干燥
K_2CO_3	丙酮、胺类、醇类、肼类、腈类、碱类、卤素衍生物	酸性物质	潮解
金属钠	醚类、烃类、叔胺类	氯代烃类、醇类，其他和钠作用的物质	与氯代烃类接触时有爆炸危险

续附表 2.14

干燥剂	适宜于干燥下列物质	不能用于干燥下列物质	附注
$CaCl_2$	烷烃、烯烃、卤素衍生物、丙酮、醚类、醛类、硝基化合物、中性气体、HCl、二硫化碳	酯类、醇类、胺类、NH_3	价廉的干燥剂，一般含有碱性杂质
$Mg(ClO_4)_2$	气体，包括氨	易氧化的有机物质	多用于分析目的，有爆炸危险
Na_2SO_4、$MgSO_4$	酯类、酮类		

附表 2.15 适用于某些气体的干燥剂

气体	干燥剂	气体	干燥剂
O_2、N_2、CO、CO_2	$CaCl_2$、P_2O_5	HI	CaI_2
SO_2	H_2SO_4(浓)	H_2S	$CaCl_2$
CH_4		O_3	$CaCl_2$、P_2O_5
H_2	$CaCl_2$、P_2O_5、H_2SO_4(适用于不太精确的工作)	NH_3	KOH、CaO、BaO、$Mg(ClO_4)_2$
		乙烯	H_2SO_4(浓，冷)
HCl、Cl_2	$CaCl_2$、H_2SO_4(浓)	乙炔	NaOH，P_2O_5
HBr	$CaBr_2$		

附表 2.16 适用于某些液体的干燥剂

液体	干燥剂
卤代烃类	P_2O_5、H_2SO_4、$CaCl_2$
醛类	$CaCl_2$
胺类	NaOH、KOH、K_2CO_3、CaO、BaO、碱石灰
肼类	K_2CO_3
酮类	K_2CO_3、高级酮类用 $CaCl_2$ 干燥
酸类(HCl、HF 除外)	Na_2SO_4、P_2O_5
腈类	K_2CO_3
硝基化合物	$CaCl_2$、Na_2SO_4
碱类	KOH、K_2CO_3、BaO、NaOH
氮碱类(易氧化)	$CaCl_2$
二硫化碳	$CaCl_2$、P_2O_5
醇类	K_2CO_3、$CuSO_4$、CaO、Na_2SO_4、BaO、Ca、碱石灰
饱和烃类	P_2O_5、H_2SO_4、Na、$CaCl_2$、NaOH、KOH
不饱和烃类	$CaCl_2$、Na、P_2O_5
酚类	Na_2SO_4
醚类	$CaCl_2$、Na、$CuSO_4$、CaO、NaOH、KOH、碱石灰
酯类	K_2CO_3、Na_2SO_4、$MgSO_4$、$CaCl_2$、P_2O_5

附表 2.17　由水和两种盐组成的冷却剂

盐的混合物(100 g 水)	冷却 Δt/℃
22 g NH_4Cl + 51 g $NaNO_3$	9.8
29 g NH_4Cl + 18 g KNO_3	10.6
72 g NH_4NO_3 + 60 g $NaNO_3$	17
82 g NH_4SCN + 15 g KNO_3	20.4
31.2 g NH_4Cl + 31.2 g KNO_3	27
100 g NH_4NO_3 + 100 g Na_2CO_3	35
84 g NH_4SCN + 60 g $NaNO_3$	36
13 g NH_4NO_3 + 146 g KSCN	39.2
54 g NH_4NO_3 + 83 g NH_4SCN	39.6

附表 2.18　由水或雪和盐组成的冷却剂

盐	A/g	Δt/℃	B/g	冰盐点/℃
$CaCl_2$	126.9	23.2	42.2	-55
$FeCl_2$	—	—	49.7	-55
$MgCl_2$	—	—	27.5	-33.6
NaCl	36	2.5	30.4	-21.2
$(NH_4)_2SO_4$	75	6.4	62	-19
$NaNO_3$	75	18.5	59	-18.5
NH_4NO_3	60	27.2	45	-17.3
NH_4Cl	30	18.4	25	-15.8
KCl	30	12.6	30	-11.1
$Na_2S_2O_3$	70	18.7	42.8	-11
$MgSO_4$	41.5	8.0	23.4	-3.9
KNO_3	16	9.8	13	-2.9
Na_2CO_3	14.8	9.1	6.3	-2.1
K_2SO_4	12	3	6.5	-1.6
CH_3COONa	51.1	15.4	—	—
KSCN	150	34.5	—	—
NH_4Cl	133	31.2	—	—

附表 2.19　由冰或雪和两种盐组成的冷却剂

盐的混合物	Δt/℃
24.5 g KCl + 4.5 g KNO_3	11.8
13.5 g KNO_3 + 26 g NH_4Cl	17.8
12 g KCl + 19.4 g NH_4Cl	18
62 g $NaNO_3$ + 10.7 g KNO_3	19.4
62 g $NaNO_3$ + 69 g $(NH_4)_2SO_4$	20
18.8 g NH_4Cl + 44 g NH_4NO_3	22.1
12 g NH_4Cl + 50.5 g $(NH_4)_2SO_4$	22.5
9 g KNO_3 + 74 g NH_4NO_3	25
52 g NH_4NO_3 + 55 g $NaNO_3$	25.8
20 g NH_4Cl + 40 g NaCl	30
13 g NH_4Cl + 37.5 g $NaNO_3$	30.7
38 g KNO_3 + 13 g NH_4Cl	31
2 g KNO_3 + 112 g KSCN	34.1
39.5 g NH_4SCN + 55.4 g $NaNO_3$	37.4
41.6 g NH_4NO_3 + 41.6 g NaCl	40

附表 2.20 固体二氧化碳(干冰)冷却剂

液体	t/℃	液体	t/℃
二甘醇二乙醚	-52	氯仿	-77
氯乙烷	-60	乙醚	-77
乙醇(质量分数 85.5%)	-68	三氯乙烯	-78
乙醇(质量分数 100%)	-72	丙酮	-86
三氯化磷	-76		

附表 2.21 气体吸收剂

被吸收气体	吸收剂	配制方法	吸收能力①	附注
CO	酸性 Cu_2Cl_2 溶液	100 g Cu_2Cl_2 溶于 500 ml HCl 中,用水稀释至1 L(加 Cu 片保存)	10	O_2 也反应
	氨性 Cu_2Cl_2 溶液	23 g Cu_2Cl_2 加水 100 ml,浓氨水 43 ml 溶解(加 Cu 片保存)	30	O_2 也反应
CO_2	KOH 溶液	250 g KOH 溶于 800 ml 水中	42	HCl, SO_2, H_2S, Cl_2 等也吸收
	$Ba(OH)_2$ 溶液	$Ba(OH)_2\cdot 8H_2O$ 饱和溶液	少量	
Cl_2	KI 溶液	1 $mol\cdot L^{-1}$ KI 溶液	大量	用于容量分析
	Na_2SO_3 溶液	1 $mol\cdot L^{-1}$ Na_2SO_3 溶液	大量	
H_2	海绵钯	海绵钯 4~5 g		100℃反应 15 min
	胶态钯溶液	2 g 胶态钯,加 5 g 苦味酸,加 1 $mol\cdot L^{-1}$ NaOH 22 ml,稀至 100 ml		50℃ 反应 10~15 min
HCN	KOH 溶液	250 g KOH 溶于 800 ml 水中		
HCl	KOH 溶液	250 g KOH 溶于 800 ml 水中	大量	
	$AgNO_3$ 溶液	1 $mol\cdot L^{-1}$ $AgNO_3$ 溶液	大量	
H_2S	$CuSO_4$ 溶液	质量分数 1% $CuSO_4$ 溶液		
	$Cd(Ac)_2$ 溶液	质量分数 1% $Cd(Ac)_2$ 溶液		
N_2	Ba、Ca、Ce、Mg 等金属	使用 80~100 目的细粉	大量	在 800~1 050℃使用
NH_3	酸性溶液	0.1 $mol\cdot L^{-1}$ HCl		
NO	$KMnO_4$ 溶液	0.1 $mol\cdot L^{-1}$ $KMnO_4$ 溶液		
	$FeSO_4$ 溶液	$FeSO_4$ 的饱和溶液,加 H_2SO_4 酸化		生成 $Fe(NO)^{2+}$ 反应慢
O_2	碱性焦性没食子酸溶液	焦性没食子酸(质量分数 20%)-KOH(质量分数 20%)-H_2O(质量分数 60%)		15℃以下反应慢
	黄磷	固体	大量	反应快
	$Cr(Ac)_2$ 盐酸溶液	将 $Cr(Ac)_2$ 用 HCl 溶解		反应快
	$Na_2S_2O_4$ 溶液	50 g $Na_2S_2O_4$ 溶于 25 ml 质量分数 6% NaOH 中	7	CO_2 也吸收
SO_2	KOH 溶液	250 g KOH 溶于 800 ml 水中	大量	
	I_2-KI 溶液	0.1 $mol\cdot L^{-1}$ I_2-KI 溶液	大量	用于容量分析
	H_2O_2 溶液	质量分数 3% H_2O_2 溶液	大量	
不饱和烃	发烟硫酸	含质量分数 20%~25% SO_3 的 H_2SO_4(相对密度 1.94)	8	15℃以上使用
	溴溶液	质量分数 5%~10% KBr 溶液用 Br_2 饱和		苯和乙炔吸收慢

注:①1 ml 吸收剂所吸收气体的体积。

附表 2.22　常用浴的加热温度

浴	加热温度
酒精低温浴	−100℃~−41℃,−41℃~1℃
水浴	98℃以下
液体石蜡	200℃以下
油浴(棉籽油或 58~62 号汽缸油)	250℃以下
空气浴	300℃以下
砂浴	400℃以下
铜或铅	500℃以下
锡	600℃以下
铅青铜(质量分数 90% Cu、质量分数 10% Al 合金)	700℃以下

附表 2.23　液体浴介质

介　质	熔　点 ℃	沸　点 ℃	使用的温度范围 ℃	粘　度 (mPa·s)
萘($C_{10}H_8$)	80.2	217.9	80~200	0.776(在 100℃)
润滑油	—	—	20~175	30(在 80℃)
乙二醇	−12.3	197.2	10~180	21(在 20℃)
导热姆 A	12.1	260	15~225	1.0(在 100℃)
(质量分数 73.5%二苯氧化物,质量分数 26.5%联苯)	48.1	305.9	50~275	4.79(在 55℃)
二苯甲酮 质量分数 80% H_3PO_4,质量分数 20% HPO_3	<20	—	20~250	—
三甘醇	−5	287.4	0~250	47.8(在 20℃)
甘油(丙三醇)	—	290	−20~260	1 069(在 20℃)
硅油	−48	—	−40~250	—
质量分数 66.7% H_3PO_4	—	—	125~340	—
质量分数 33.3% H_3PO_3				
石蜡	约 50	—	60~300	—
硫酸	10.5	330	20~300	—
硬芝麻油	约 60	约 350	60~320	—
汞	−38.9	356.58	−35~350	1.5(在 20℃)
四甲基硅酸酯	<−48	436~441	20~400	—
硫	112.8	444.6	120~400	7.1(在 150℃)
质量分数 51.3% KNO_3	219	—	230~500	—
质量分数 48.7% $NaNO_3$				
质量分数 40% $NaNO_2$ 质量分数 7% $NaNO_3$ 质量分数 53% KNO_3	142	—	150~500	17.7(在 149℃)
铅	327.4	1 613	350~800	2.58(在 350℃)
焊锡(质量分数 50%Pb、50%Sn)	225	—	250~800	—
质量分数 40%NaOH、60%KOH	167	—	200~1000	—

注:①在使用金属浴时,在器皿底部先涂上一层石墨,防止熔融金属黏附在器皿上,特别在用玻璃器皿时。同时,在金属凝固前将其移出金属浴。

②硅油牌号和特性:

牌号	201~100	201~350	201~500	201~800	201~1000
黏度范围/(mPa·s)	(100±8)%	(350±5)%	(500±5)%	(800±5)%	(1 000±5)%
闪点		大于 265℃		大于 300℃	

附表 2.24 常用试纸的制备

名称及颜色	制备方法	用途
淀粉-碘化物试纸(无色)	将3 g淀粉与25 ml水搅匀,倾入225 ml沸水中,再加1 g KI及1 g结晶 Na_2CO_3,用水稀释至500 ml,将滤纸浸入,取出后晾干	用以检出氧化剂(特别是游离卤素),作用时变蓝
刚果红试纸(红色)	将0.5 g刚果红染料溶解于1 l水中,加5滴醋酸,滤纸在温热溶液中浸渍后取出晾干	与无机酸作用变蓝(甲酸、一氯醋酸及草酸等有机酸也使它变蓝)
石蕊试纸(红及蓝)	用热的乙醇处理市售石蕊,以除去夹杂的红色素。1份残渣与6份水浸煮并不断摇荡。滤去不溶物。将滤液分成两份,一份加稀 H_3PO_4或 H_2SO_4 至变红,另一份加稀 NaOH 至变蓝,然后以这样溶液浸湿滤纸条,并在蔽光的,没有酸碱蒸气的房间中晾干	红——在碱性溶液中变蓝;蓝——在酸性溶液中变红
酚酞试纸(无色)	溶解1 g酚酞于100 ml质量分数95%酒精中,摇荡溶液,同时加入100 ml水,将滤纸放入浸渍后,取出置于无氨蒸气处晾干	在碱性溶液中变成深红色
铅盐试纸(白色)	将滤纸浸于质量分数3%醋酸铅溶液中,取出后在无 H_2S 的房间中晒干	用以检出痕迹的 H_2S,作用时变黑
姜黄试纸	取5 g姜黄,在暗处与40 ml乙醇浸煮,并不住摇荡。倾出溶液,用120 ml乙醇与100 ml水的混合液稀释之。保存于黑暗处的密闭器皿中。将滤纸放入浸渍后,取出置黑暗处晾干	与碱作用变成棕色(硼酸对它有同样的作用)
金莲橙 OO 试纸(橙黄 IV 试纸)	将5 g金莲橙 OO 溶解在100 ml水中,浸泡滤纸后晾干(开始为深黄色,晾干后变成鲜明的黄色)	pH 变色范围 1.3~3.2 红色—黄色
硝酸银试纸	将滤纸浸于质量分数25%的硝酸银溶液中,保存在棕色瓶中	检验硫化氢 ,作用时显黑色斑点
氯化汞试纸	将滤纸浸入质量分数3%氯化汞乙醇溶液中,取出后晾干	比色法测砷(AsH_3)
溴化汞试纸	取1.25 g溴化汞溶于25 ml乙醇中,将滤纸浸入1 h后,取出于暗处晾干,保存于密闭的棕色瓶中	比色法测砷(A_sH_3)
氯化钯试纸	将滤纸浸入质量分数0.2% $PdCl_2$ 溶液中,干燥后,再浸于质量分数5%乙酸中,晾干	与 CO 作用呈黑色
中性红试纸(黄及红)	溶解0.1 g中性红于20 ml 0.1 mol·L^{-1}盐酸中,所得溶液用水稀释至200 ml。把滤纸(最好是用无灰滤纸)浸入于这样制备的指示剂溶液中数秒钟。新配制的红色试纸用水洗涤,并取一半浸在0.1 mol·L^{-1}氢氧化钠溶液中,至试纸变成黄色后从氢氧化钠溶液中取出,制得的黄色或红色试纸置自来水流中小心洗涤5~10 min,之后再用蒸馏水洗净,干燥之	黄——在碱性介质中变红色;在强酸性介质中变蓝色 红——在碱性介质中变黄色,在强酸性介质中变蓝色
苯胺黄试纸(黄色)	将5 g苯胺黄溶解在100 ml水中,浸渍滤纸后晾干之(开始试纸为黄色,晾干后变成鲜明的黄色)	在酸性介质中黄色变成红色
硫化铊试纸	将滤纸浸在0.1 mol·L^{-1}碳酸铊溶液中,然后放在盛有硫化铵溶液中至变黑为止,取出后晾干。制成的试纸可维持4 d	用以检出游离硫,作用时显红棕色斑点
亚硝酰铁氰化钠试纸	将滤纸浸在亚硝酰铁氰化钠溶液中,取出后晾干并保存于暗处	用以检出硫化物,作用时显紫红色
对二甲基苯代砷酸锆试纸	混合等分乙醇与浓盐酸在其中溶解对二甲基苯代砷酸而制成质量分数0.025%溶液,将滤纸浸在此溶液中数分钟,取出在空气中干燥后即呈玫瑰红色,再用质量分数0.01%氯化锆酰在1 mol·L^{-1}盐酸溶液中浸1 min,纸即变棕色,然后用水、乙醇及乙醚顺序洗过,在真空中干燥之	用于检出氟,作用时,在褐色的试纸上生成无色斑,并有红色外圈
α-安息香酮肟试纸	将滤纸浸入质量分数5%的 α-安息香酮肟的乙醇溶液中,取出后在室温下干燥之	用于检出铜,作用时生成绿色斑

续附表 2.24

名称及颜色	制　备　方　法	用　途
二苯氨基脲试纸	将滤纸浸在二苯氨基脲的乙醇饱和溶液中,取出后晾干。此试纸易失效,应用前新制	用于检出汞,作用时生成紫蓝色斑
硫氰化物试纸	将滤纸浸于饱和的硫氰化钾或硫氰化铵溶液中,取出后晾干	作用于高铁离子生成血红色
硝酸马钱子碱试纸	将滤纸浸于硝酸马钱子碱的饱和溶液中,取出后晾干	作用于锡时生成红色斑
锌试纸	将滤纸浸入 0.3 g 铜酸铵及 0.2 g 亚铁氰化钾在 100 ml 水中的溶液里,共浸入数据分钟。取出使附着液体滴净后,将试纸再浸在质量分数 18%醋酸中,然后用水洗涤在室温下干燥之	用于检出锌,作用时在红棕色的试纸上生成白色斑点
对二甲氨基偶氮苯代砷酸试纸	溶解 0.1 g 对二甲氨基偶氧苯代砷酸于 100 ml 乙醇中,在溶液中加入 5 ml 浓盐酸将滤纸浸入所得的溶液中,然后在室温下干燥	用于检验锆,作用时呈现褐色斑点
黄原酸钠试纸	将滤纸浸入黄原酸钠的饱和溶液中,取出后阴干,立即浸入质量分数 10%硝酸镉溶液中,取出用水淋洒、干燥	用于检出钼,作用时生成洋红色
蒽醌-1-偶氮二甲苯胺盐酸盐试纸	将蒽醌-1-偶氮二甲苯胺盐酸盐溶于饱和的氯化钠溶液中使其饱和,将滤纸浸于其中,取出后在空气中干燥,纸呈玫瑰色	用于检出锡,作用时生成蓝色斑遇 HF 颜色褪去
蒽醌-1-偶氮二甲苯胺试纸	将滤纸浸入热的 0.05~1 g 蒽醌-1-偶氮二甲苯胺溶在含有 2~3 滴浓硝酸的 100 ml 乙醇溶液中,取出晾干	用于检出碲,作用时出现蓝色斑,为消除锑铋干扰可加 $NaNO_2$2 滴,如变玫瑰色示碲存在
2,4,6,2′,4′,6′-六硝基二苯胺试纸	在分析前临时将 0.2 g 2,4,6,2′,4′,6′-六硝基二苯胺溶解在2 ml 碳酸钠溶液中,加 15 ml 水,将滤纸浸入其中,取出后将滤纸贴在玻璃上,在热空气中干燥	检出钾用,作用时生成红色斑
电极试纸	用下列两种溶液的等体积混合物把滤纸浸湿:①1 g 酚酞溶于 100 ml 乙醇中;②5 g 氯化钠溶于 100 ml 水中。再使试纸干燥	用于检定原电池的极的正负,在与负极导线接触时呈粉红色
溴化钾-荧光黄试纸	0.2 g 荧光黄、30 g KBr、2 g KOH 及 2 g Na_2CO_3 溶于 100 ml 水中,将滤纸浸入溶液后,晾干	与卤素作用呈红色
乙酸联苯胺试纸	2.86 g 乙酸铜溶于水中与 475 ml 饱和乙酸联苯胺溶液定容于 1 L 容量瓶中混合,将滤纸浸入后晾干	与 HCN 作用呈蓝色
碘酸钾-淀粉试纸	将 1.07 g KIO_3 溶于 100 ml 0.05 $mol \cdot L^{-1}$ 硫酸中,加入新配制的质量分数 0.5%淀粉溶液 100 ml,将滤纸浸入后晾干	检验 NO、SO_2 等还原性气体,作用时呈蓝色
玫瑰红酸钠试纸	将滤纸浸于质量分数 0.2%玫瑰红酸钠溶液中,取出后晾干,使用前新制备	检验锶,作用时生成红色斑点
铁氰化钾及亚铁氰化钾试纸	将滤纸浸于饱和的铁氰化钾(或亚铁氰化钾)溶液中,取出后晾干	与亚铁离子(或铁离子)作用呈蓝色

附表2.25 某些指示剂在酸、碱性中的变色范围

指示剂的名称	酸性中的颜色	碱性中的颜色	变色范围(pH)
百里酚蓝	红	黄	1.2~2.8
苯胺黄	红	黄	1.3~3.2
溴酚蓝	黄	蓝紫	3.0~4.6
甲基橙	红	橙黄	3.1~4.4
溴甲酚蓝	黄	蓝	3.8~5.4
甲基红	红	黄	4.4~6.2
石蕊	红	蓝	5.0~8.0
溴百里酚蓝	黄	蓝	6.0~7.6
甲酚红	琥珀黄	紫红	7.2~8.8
百里蓝	黄	蓝	8.0~9.6
酚酞	无色	深红	8.2~10.0
茜素黄	黄	紫	10.1~12.0

附表2.26 1号、3号层析定性分析滤纸规格

项　目	单　位	1号			3号		
		快速	中速	慢速	快速	中速	慢速
定　量	g/m^{-2}	90	90	90	180	180	180
水抽出物	pH值	7	7	7	7	7	7
水　分	%	7	7	7	7	7	7
灰　分	%	≤0.1	≤0.1	≤0.1	≤0.1	≤0.1	≤0.1
含铁量	10^{-6}	30以下	30以下	30以下	30以下	30以下	30以下
水溶性氯化物	10^{-6}	100以下	100以下	100以下	100以下	100以下	100以下
铜离子含量	10^{-6}	10以下	10以下	10以下	10以下	10以下	10以下
尘埃度	个$\cdot m^{-2}$	≤80	≤80	≤80	≤80	≤80	≤80
吸水性	mm	60~90	90~120	120~150	60~90	90~120	120~150

附表2.27 定量和定性化学分析滤纸的规格

项　目	单　位	定量滤纸			定性滤纸		
		快速(白带)	中速(蓝带)	慢速(红带)	快速	中速	慢速
定　量	$g\cdot m^{-2}$	75	75	80	75	75	80
分离性能		氢氧化铁	碳酸锌	硫酸钡(热)	氢氧化铁	碳酸锌	硫酸钡(热)
过滤速度	s	10~30	31~60	61~100	10~30	31~60	61~100
紧　度	$g\cdot cm^{-2}$, <	0.45	0.50	0.55	0.45	0.50	0.55
水　分	%, <	7	7	7	7	7	7
灰　分	%, <	0.01	0.01	0.01	0.15	0.15	0.15
含铁量	%, <	—	—	—	0.003	0.003	0.003
水溶性氯化物	%, <	—	—	—	0.02	0.02	0.02
水抽出液,pH值		5~8	5~8	5~8	7	7	7
尘埃度	个$\cdot m^{-2}$ 0.1~0.2 mm^2的尘埃不多于	30	30	30	30	30	30
	0.2 mm^2以上尘埃	不许有	不许有	不许有	不许有	不许有	不许有

附表 2.28　常用的表面活性剂

分类		化学式	名称	用途：洗涤剂	润湿剂 渗透剂	乳化剂 分散剂	发泡剂	抗静电剂	染色助剂	杀菌剂	其他
阴离子表面活性剂	羧酸盐型	$RCOONa$	肥皂	√		√	√				纤维油基料
			松香钠钾皂			√	√				
	硫酸酯盐型	$R-O-S(=O)_2-O^- \cdot Na^+$	$R = C_{12}H_{25}$ 月桂醇硫酸酯钠盐	√	√		√				洗涤毛织品
			$R = C_{16}H_{33}$ 十六醇硫酸酯钠盐	√		√		√	√		
			$R = C_{18}H_{35}$ 油醇硫酸酯钠盐	√		√		√			
	硫酸化油型	$CH_3(CH_2)_5-CH(OH)-CH_2CH=CH(CH_2)_7-COOCH_2$ $CH_3(CH_2)_5-CH(OH)-CH_2CH=CH(CH_2)_7-COOCH$ $CH_3(CH_2)_5-CH(OSO_3Na)-CHCH=CH(CH_2)_7-COOCH_2$	红油(硫酸化蓖麻油)	√		√		√	√		纤维整理剂
	硫酸化烯烃型	$R-CH(OSO_3Na)-CH_2$	硫酸化 C_{12} ~ C_{18}的 α - 烯烃	√							液体洗涤剂
	磺酸盐型	$C_{12}H_{25}-C_6H_4-SO_3Na$	十二烷基苯磺酸钠	√	√	√	√				
		$C_{17}H_{33}CO-N(CH_3)-CH_2-CH_2-SO_3Na$	*N* - 甲基 - *N* - 油酰基牛磺酸钠(胰加漂 T)	√					√		
		$C_8H_{17}OOCCH_2$ $C_8H_{17}OOCCH-SO_3Na$	磺基琥珀酸(2 - 乙基己基)酯二钠盐(渗透剂 OT)		√						
		$(C_4H_9)_2C_{10}H_5-SO_3Na$	烷基萘磺酸钠(拉开粉 BX)	√	√				√		
	磷酸酯盐型	$R-O-P(=O)(O-Na)_2$	高级醇磷酸酯二钠盐			√		√			
		$(R-O)_2P(=O)-O-Na$	高级醇磷酸双酯钠盐			√		√			

续附表 2.28

分类		化学式	名称	用途									
				洗涤剂	润湿剂	渗透剂	乳化剂	分散剂	发泡剂	抗静电剂	染色助剂	杀菌剂	其他
阳离子表面活性剂	胺盐型	$RCH_2NH_2 \cdot HCl$	$R=C_{11}$，椰子胺 $R=C_{17}$，牛脂胺 $R=C_{19}H_{29}$，松香胺									✓ ✓ ✓	
		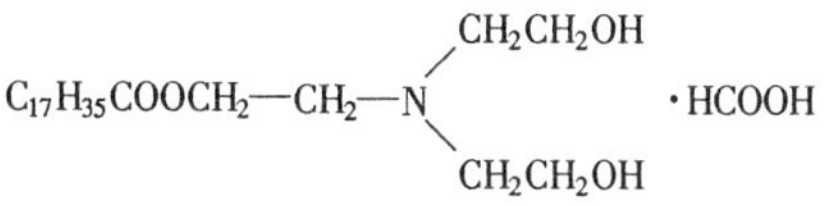 $C_{17}H_{35}COOCH_2—CH_2—N(CH_2CH_2OH)_2 \cdot HCOOH$	三乙醇胺单硬脂酸酯(索罗明 A)										纤维柔软整理剂
		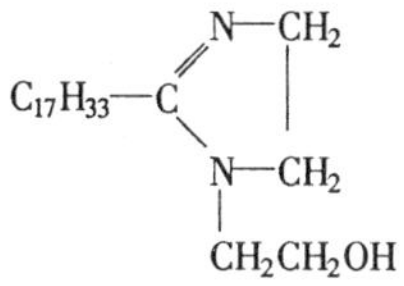 $C_{17}H_{33}—C$（咪唑啉环：$=N—CH_2—CH_2—N$）$—CH_2CH_2OH$	2-十七烯基-羟乙基咪唑啉(胺 220)										破乳剂
	季胺盐型	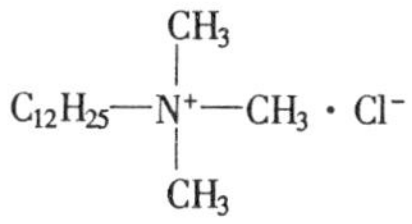 $C_{12}H_{25}—N^+(CH_3)_2—CH_3 \cdot Cl^-$	十二烷基三甲基氯化铵							✓			
		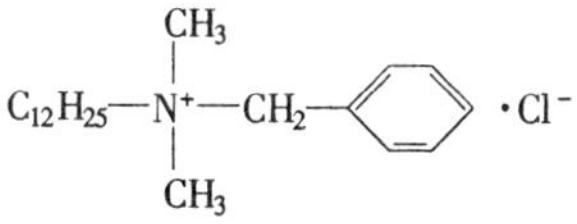 $C_{12}H_{25}—N^+(CH_3)_2—CH_2—C_6H_5 \cdot Cl^-$	十二烷基二甲基苄基氯化铵							✓		✓	黏胶凝固液中的添加剂
		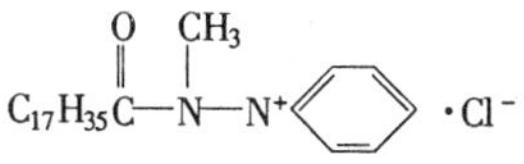 $C_{17}H_{35}C(=O)—N(CH_3)—N^+C_5H_5 \cdot Cl^-$	十八酰胺甲基氯化吡啶							✓	✓	✓	防水剂
		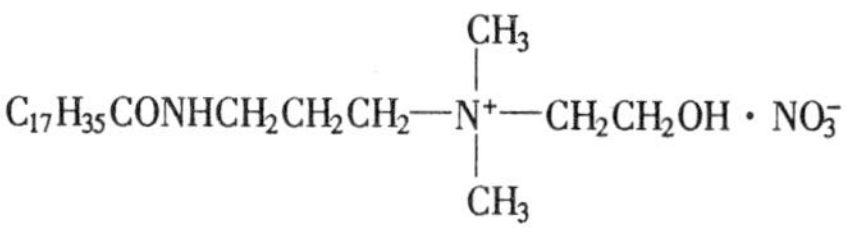 $C_{17}H_{35}CONHCH_2CH_2CH_2—N^+(CH_3)_2—CH_2CH_2OH \cdot NO_3^-$	十八酰基氨丙基二甲基羟乙基硝酸季铵盐							✓		✓	
		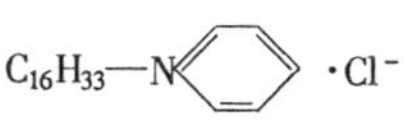 $C_{16}H_{33}—N^+C_5H_5 \cdot Cl^-$	十六烷基氯化吡啶							✓	✓	✓	防水剂、染料固色剂

续附表 2.28

分类		化学式	名称	用途：洗涤剂	润湿剂 渗透剂	乳化剂 分散剂	发泡剂	抗静电剂	染色助剂	杀菌剂	其他
两性表面活性剂	氨基酸型	$C_{12}H_{25}NHCH_2CH_2COONa$	十二烷基氨基丙酸钠	√							
		$C_{12}H_{25}NHCH_2CH_2NHCH_2CH_2NHCH_2$（$CH_2$ 上连 $HCl·HOOC$）	{N-乙基[N-乙基(N-12烷基)]}氨基乙酸盐酸盐							√	
	甜菜碱型	$R-N^+(CH_3)_2-CH_2COO^-$	R:C_{12} 十二烷基二甲基甜菜碱	√				√	√		纤维柔软剂、缩绒剂、纤维柔软剂，缩绒剂
			R:C_{18} 十八烷基二甲基甜菜碱	√				√	√		
		$C_{12}H_{25}-N^+(CH_2CH_2OH)_2-CH_2COO^-$	十二烷基二羟乙基甜菜碱	√				√	√		纤维柔软剂，缩绒剂
非离子表面活性剂	聚乙二	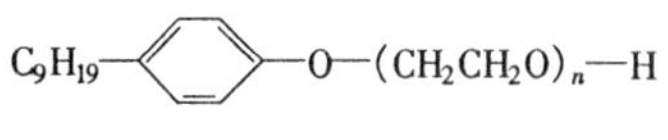 $C_9H_{19}-C_6H_4-O-(CH_2CH_2O)_n-H$	壬烷基酚环氧乙烷加成物	√	√	√					酶退浆渗透剂，织物树脂整理剂，次氯酸钠漂白液渗透剂

续附表 2.28

分类		化学式	名称	洗涤剂	润湿剂、渗透剂	乳化剂、分散剂	发泡剂	抗静电剂	染色助剂	杀菌剂	其他
非离子型表面活性剂	醇型	$R—O—(CH_2CH_2O)_n—H$	R:C_{12}椰子油还原醇、月桂醇环氧乙烷加成物	✓		✓		✓	✓		
			R:C_{16}十六醇环氧乙烷加成物(平平加 O:R为C_{12}~C_{18}的烷基,n为15~16)	✓		✓		✓	✓		
		$C_{17}H_{35}COO—(CH_2CHO)_{15}—H$	硬脂酸与15 mol环氧乙烷加成物			✓			✓		纤维油剂
		$C_{17}H_{33}COO—(CH_2CH_2O)_9—H$	聚乙二醇400油酸单酯			*		✓			*油溶性乳化剂
		$HO—(CH_2CH_2O)_b—(CH_2\underset{\mid \atop CH_2}{CH}O)_a—(CH_2CH_2O)_c—H$	聚醚	✓		✓					低泡洗剂、粘胶原液添加剂
	多元	$C_{11}H_{23}COOCH_2—CH(OH)—CH_2—OH$	月桂酸单甘油脂			✓					纤维油剂、食品、化妆品乳化剂
		$C_{17}H_{35}COOCH_2—CHOH—CH_2OH$	硬脂酸单甘油脂		✓	✓					食品添加剂

续附表 2.28

分类		化学式	名称	用途									
				洗涤剂	润湿剂	渗透剂	乳化剂	分散剂	发泡剂	抗静电剂	染色助剂	杀菌剂	其他
非离子表面活性剂	醇型	R—COO—[失水山梨醇]	斯盘-20：失水山梨醇月桂酸单酯				✓			✓			消泡剂
			斯盘-40：失水山梨醇棕榈酸单酯				✓			✓			纤维油剂
			斯盘-60：失水山梨醇硬脂酸单酯				✓			✓			
			斯盘-80：失水山梨醇油酸单酯				✓			✓			消泡剂
		$H—(OH_2CH_2C)_x—O$　$O—(CH_2CH_2O)_y—H$ R—COO—[失水山梨醇] $O—(CH_2CH_2O)_2—H$	吐温-20：斯盘20+环氧乙烷				✓			✓			纤维柔软剂
			吐温-40：斯盘40+环氧乙烷				✓			✓			
			吐温-60：斯盘60+环氧乙烷				✓			✓			
			吐温-80：斯盘80+环氧乙烷				✓			✓			
		$C_{12}H_{21}O_{10}COOR$	蔗糖脂肪酸酯	✓			✓						食品、医药添加剂
		$C_{11}H_{23}CON(CH_2CH_2OH)_2$	1:1型月桂酰二乙醇胺	✓									泡沫稳定剂、增粘剂
		$C_{11}H_{23}CON(CH_2CH_2OH)_2$ $HN(CH_2CH_2OH)_2$	1:2型月桂酰二乙醇胺	✓									

附表 2.29 不同温度时水的密度、黏度及与空气界面上的表面张力

t/℃	d/(g·cm^{-3})	η/(10^{-3}Pa·s)	γ/(mN·m^{-1})
0	0.999 87	1.787	75.64
5	0.999 99	1.519	74.92
10	0.999 73	1.307	74.22
11	0.999 63	1.271	74.07
12	0.999 52	1.235	73.93
13	0.999 40	1.202	73.78
14	0.999 27	1.169	73.64
15	0.999 13	1.139	73.49
16	0.99897	1.109	73.34
17	0.998 80	1.081	73.19
18	0.998 62	1.053	73.05
19	0.998 43	1.027	72.90
20	0.998 23	1.002	72.75
21	0.998 02	0.977 9	72.59
22	0.997 80	0.954 8	72.44
23	0.997 56	0.932 5	72.28
24	0.997 32	0.911 1	72.13
25	0.997 07	0.890 4	71.97
26	0.996 81	0.870 5	71.82
27	0.996 54	0.851 3	71.66
28	0.996 26	0.832 7	71.50
29	0.995 97	0.814 8	71.35
30	0.995 67	0.797 5	71.18
40	0.992 24	0.652 9	69.56
50	0.988 07	0.546 8	67.91
90	0.965 34	0.314 7	60.75

附表 2.30 滴体积法测定表面张力的校正因子 F 数值表

V/r^3	F	V/r^3	F	V/r^3	F	V/r^3	F
37.04	0.219 8	18.66	0.229 6	10.62	0.239 5	6.641	0.248 2
36.32	0.220 0	18.22	0.230 0	10.48	0.239 8	6.530	0.248 5
35.25	0.220 3	17.94	0.230 3	10.27	0.240 1	6.458	0.248 7
34.56	0.220 6	17.52	0.230 7	10.14	0.240 3	6.351	0.249 0
33.57	0.221 0	17.25	0.230 9	9.95	0.240 7	6.281	0.249 2
32.93	0.221 2	16.86	0.231 3	9.82	0.241 0	6.177	0.249 5
31.99	0.221 6	16.60	0.231 6	9.63	0.241 3	6.110	0.249 7
31.39	0.221 8	16.23	0.232 0	9.51	0.241 5	6.010	0.250 0
30.53	0.222 2	15.98	0.232 3	9.33	0.241 9	5.945	0.250 2
29.95	0.222 5	15.63	0.232 6	9.21	0.242 2	5.850	0.250 5
29.13	0.222 9	15.39	0.232 9	9.04	0.242 5	5.787	0.250 7
28.60	0.223 1	15.05	0.233 3	8.93	0.242 7	5.694	0.251 0
27.83	0.223 6	14.83	0.233 6	8.77	0.243 1	5.634	0.251 2
27.33	0.223 8	14.61	0.233 9	8.66	0.243 3	5.544	0.251 5
26.60	0.224 2	14.30	0.234 2	8.50	0.243 6	5.486	0.251 7
26.13	0.224 4	13.99	0.234 6	8.40	0.243 9	5.400	0.251 9
25.44	0.224 8	13.79	0.234 8	8.25	0.244 2	5.343	0.252 1
25.00	0.225 0	13.50	0.235 2	8.15	0.244 4	5.260	0.252 4
24.35	0.225 4	13.31	0.235 4	8.00	0.244 7	5.206	0.252 6
23.93	0.225 7	13.03	0.235 8	7.905	0.244 9	5.125	0.252 9
23.32	0.226 1	12.84	0.236 1	7.765	0.245 3	5.073	0.253 0
22.93	0.226 3	12.58	0.236 4	7.673	0.245 5	4.995	0.253 3
22.35	0.226 7	12.40	0.236 7	7.539	0.245 8	4.944	0.253 5
21.98	0.227 0	12.15	0.237 1	7.451	0.246 0	4.869	0.253 8
21.43	0.227 4	11.98	0.237 3	7.330	0.246 4	4.820	0.253 9
21.08	0.227 6	11.74	0.237 7	7.236	0.246 6	4.747	0.254 1
20.56	0.228 0	1158	0.237 9	7.112	0.246 9	4.700	0.254 2
20.23	0.228 3	11.35	0.238 3	7.031	0.247 1	4.630	0.254 5
19.74	0.228 7	11.20	0.238 5	6.911	0.247 4	4.584	0.254 6
19.43	0.229 0	10.97	0.238 9	6.832	0.247 6	4.516	0.254 9
18.96	0.229 4	10.83	0.239 1	6.717	0.248 0	4.471	0.255 0

续附表 2.30

V/r^3	F	V/r^3	F	V/r^3	F	V/r^3	F
4.406	0.255 3	3.018	0.260 7	2.148	0.264 6	1.433	0.265 6
4.363	0.255 4	2.979	0.260 9	2.132	0.264 7	1.418	0.265 5
4.299	0.255 6	2.953	0.261 1	2.107	0.264 8	1.395	0.265 4
4.257	0.255 7	2.915	0.261 2	2.091	0.264 8	1.380	0.265 2
4.196	0.256 0	2.891	0.261 3	2.067	0.264 9	1.372	0.264 9
4.156	0.256 1	2.854	0.261 5	2.052	0.264 9	1.349	0.264 8
4.096	0.256 4	2.830	0.261 6	2.028	0.265 0	1.327	0.264 7
4.057	0.256 6	2.794	0.261 8	2.013	0.265 1	1.305	0.264 6
4.000	0.256 8	2.771	0.261 9	1.990	0.265 2	1.284	0.264 5
3.961	0.256 9	2.736	0.262 1	1.975	0.265 2	1.255	0.264 4
3.906	0.257 1	2.713	0.262 2	1.953	0.265 2	1.243	0.264 3
3.869	0.257 3	2.680	0.262 3	1.939	0.265 2	1.223	0.264 2
3.805	0.257 5	2.657	0.262 4	1.917	0.265 4	1.216	0.264 1
3.779	0.257 6	2.624	0.262 6	1.903	0.265 4	1.204	0.264 0
3.727	0.257 8	2.603	0.262 7	1.882	0.265 5	1.180	0.263 9
3.692	0.257 9	2.571	0.262 8	1.868	0.265 5	1.177	0.263 8
3.641	0.258 1	2.550	0.262 9	1.847	0.265 5	1.167	0.263 7
3.608	0.258 3	2.518	0.263 1	1.834	0.265 6	1.148	0.263 5
3.559	0.258 5	2.498	0.263 2	1.813	0.265 6	1.130	0.263 2
3.526	0.258 6	2.468	0.263 3	1.800	0.265 6	1.113	0.262 9
3.478	0.258 8	2.448	0.263 4	1.781	0.265 7	1.096	0.262 5
3.447	0.258 9	2.418	0.263 5	1.768	0.265 7	1.079	0.262 2
3.400	0.259 1	2.399	0.263 6	1.75 8	0.265 7	1.072	0.262 1
3.370	0.259 2	2.370	0.263 7	1.749	0.265 7	1.062	0.261 9
3.325	0.259 4	2.352	0.263 8	…	…	1.056	0.261 8
3.295	0.259 5	2.324	0.263 9	1.705	0.265 7	1.046	0.261 6
3.252	0.259 7	2.305	0.264 0	1.687	0.265 8	1.040	0.261 4
3.223	0.259 8	2.278	0.264 1	…	…	1.306	0.261 3
3.180	0.260 0	2.260	0.264 2	1.534	0.265 8	1.024	0.261 1
3.152	0.260 1	2.234	0.264 3	1.519	0.265 7	1.015	0.260 9
3.111	0.260 3	2.216	0.264 4	…	…	1.009	0.260 8
3.084	0.260 4	2.190	0.264 5	1.457	0.265 7	1.000	0.260 6
3.044	0.260 6	2.173	0.264 5	1.443	0.265 6	0.994	0.260 4

续附表 2.30

V/r^3	F	V/r^3	F	V/r^3	F	V/r^3	F
0.985 2	0.260 2	0.8232	0.255 7	0.693 1	0.250 1	0.590 4	0.243 5
0.979 3	0.260 1	0.816 3	0.255 5	0.689 4	0.249 9	0.586 4	0.243 1
0.970 6	0.259 9	0.811 7	0.255 3	0.684 2	0.249 6	0.583 1	0.242 9
0.964 8	0.259 7	0.805 6	0.255 1	0.680 3	0.249 5	0.578 7	0.242 6
0.956 4	0.259 5	0.800 5	0.254 9	0.675 0	0.249 1	0.544 0	0.242 8
0.950 7	0.259 4	0.794 0	0.254 7	0.671 4	0.248 9	0.512 0	0.244 0
0.942 3	0.259 2	0.789 4	0.254 5	0.666 2	0.248 6	0.455 2	0.248 6
0.936 8	0.259 1	0.783 6	0.254 3	0.662 7	0.248 4	0.406 4	0.255 5
0.928 6	0.258 9	0.778 6	0.254 1	0.657 5	0.248 1	0.364 4	0.263 8
0.923 2	0.258 7	0.772 0	0.253 8	0.654 1	0.247 9	0.328 0	0.272 2
0.915 1	0.258 5	0.767 9	0.253 6	0.648 8	0.247 6	0.296 3	0.280 6
0.909 8	0.258 4	0.761 1	0.253 4	0.645 7	0.247 4	0.268 5	0.288 8
0.901 9	0.258 2	0.757 5	0.253 2	0.640 1	0.247 0	0.244 1	0.297 4
0.896 7	0.258 0	0.751 3	0.252 9	0.637 4	0.246 8		
0.889 0	0.257 8	0.747 2	0.252 7	0.633 6	0.246 5		
0.883 9	0.257 7	0.741 2	0.252 5	0.629 2	0.246 3		
0.876 3	0.257 5	0.737 2	0.252 3	0.624 4	0.246 0		
0.871 3	0.257 3	0.731 1	0.252 0	0.621 2	0.245 7		
0.863 8	0.257 1	0.727 3	0.251 8	0.616 5	0.245 4		
0.858 9	0.256 9	0.721 4	0.251 6	0.613 3	0.245 3		
0.851 6	0.256 7	0.717 5	0.251 4	0.608 6	0.244 9		
0.846 8	0.256 5	0.711 6	0.251 1	0.605 5	0.244 6		
0.839 5	0.256 3	0.708 0	0.250 9	0.601 6	0.244 3		
0.834 9	0.256 2	0.702 0	0.250 6	0.597 9	0.244 0		
0.827 5	0.255 9	0.698 6	0.250 4	0.593 4	0.243 7		

附表 2.31 环法的校正因子 F 数值表

R^3/V	$R/r=30$	32	34	36	38	40	42	44	46	48	50	52	54	56	58	60	65	70	75	80
0.30	1.012	1.018	1.024	1.029	1.034	1.038	1.042	1.046	1.049	1.052	1.054									
0.31	1.006	1.013	1.0018	1.024	1.028	1.033	1.039	1.041	1.044	1.046	1.049									
0.32	1.001	1.008	1.0012	1.019	1.023	1.028	1.033	1.035	1.039	1.041	1.045									
0.33	0.9959	1.003	1.0008	1.014	1.018	1.029	1.028	1.030	1.035	1.036	1.040									
0.34	0.9913	0.998	1.0003	1.010	1.014	1.019	1.023	1.026	1.031	1.032	1.036									
0.35	0.9865	0.993	0.999	1.006	1.008	1.015	1.019	1.022	1.026	1.027	1.031									
0.36	0.9824	0.989	0.995	1.002	1.005	1.010	1.015	1.018	1.022	1.024	1.027									
0.37	0.9781	0.985	0.991	0.998	1.001	1.006	1.011	1.014	1.018	1.020	1.024									
0.38	0.9743	0.981	0.987	0.995	0.998	1.003	1.007	1.010	1.015	1.017	1.020									
0.39	0.9707	0.977	0.983	0.991	0.994	0.9988	1.004	1.007	1.011	1.013	1.017									
0.40	0.9672	0.974	0.980	0.986	0.991	0.9959	1.000	1.004	1.008	1.010	1.013	1.016	1.018	1.020	1.021	1.022				
0.41	0.9636	0.970	0.996	0.983	0.987	0.9922	0.997	1.001	1.005	1.007	1.010	1.013	1.015	1.017	1.019	1.019				
0.42	0.9605	0.968	0.973	0.980	0.984	0.9892	0.994	0.998	1.002	1.004	1.007	1.010	1.013	1.014	1.016	1.017				
0.43	0.9577	0.964	0.970	0.977	0.981	0.9863	0.991	0.995	0.999	1.001	1.005	1.007	1.010	1.011	1.014	1.014				
0.44	0.9546	0.961	0.967	0.974	0.979	0.9833	0.988	0.992	0.997	0.998	1.002	1.005	1.007	1.009	1.011	1.011				
0.45	0.9521	0.959	0.965	0.971	0.976	0.9809	0.986	0.990	0.993	0.996	0.9993	1.002	1.004	1.006	1.009	1.009				
0.46	0.9491	0.956	0.962	0.969	0.973	0.9779	0.983	0.987	0.991	0.994	0.9968	1.000	1.002	1.004	1.006	1.007				
0.47	0.9467	0.954	0.960	0.966	0.971	0.9757	0.980	0.985	0.988	0.992	0.9945	0.998	1.000	1.002	1.004	1.005				
0.48	0.9443	0.951	0.957	0.963	0.968	0.9732	0.978	0.983	0.986	0.989	0.9922	0.995	0.997	0.999	1.002	1.003				
0.49	0.9419	0.949	0.955	0.961	0.966	0.9710	0.976	0.981	0.984	0.987	0.9899	0.993	0.995	0.997	1.000	1.001				
0.50	0.9402	0.946	0.952	0.959	0.964	0.9687	0.973	0.978	0.981	0.985	0.9876	0.991	0.993	0.995	0.997	0.9984				
0.51	0.9378	0.944	0.950	0.956	0.961	0.9665	0.971	0.976	0.979	0.983	0.9856	0.989	0.991	0.993	0.995	0.9965				
0.52	0.9354	0.942	0.948	0.954	0.959	0.9645	0.969	0.974	0.977	0.981	0.9836	0.987	0.989	0.991	0.994	0.9945				
0.53	0.9337	0.940	0.946	0.952	0.957	0.9625	0.967	0.972	0.975	0.979	0.9815	0.985	0.987	0.990	0.992	0.9929				
0.54	0.9315	0.938	0.944	0.950	0.955	0.9603	0.965	0.970	0.974	0.977	0.9797	0.983	0.986	0.988	0.990	0.9909				
0.55	0.9298	0.936	0.942	0.948	0.953	0.9585	0.964	0.968	0.972	0.975	0.9779	0.981	0.984	0.986	0.988	0.9892				
0.56	0.9281	0.934	0.940	0.946	0.951	0.9567	0.962	0.966	0.970	0.974	0.9763	0.980	0.982	0.984	0.986	0.9878				
0.57	0.9262	0.932	0.939	0.944	0.949	0.9550	0.960	0.964	0.968	0.972	0.9745	0.978	0.980	0.983	0.984	0.9861				
0.58	0.9247	0.930	0.938	0.942	0.947	0.9532	0.958	0.963	0.966	0.970	0.9730	0.976	0.979	0.981	0.982	0.9842				
0.59	0.9230	0.929	0.935	0.940	0.946	0.9515	0.956	0.961	0.965	0.968	0.9714	0.975	0.977	0.979	0.981	0.9827				
0.60	0.9215	0.927	0.933	0.939	0.944	0.9497	0.954	0.959	0.963	0.967	0.9701	0.973	0.976	0.978	0.979	0.9813				
0.62	0.9184	0.924	0.930	0.936	0.941	0.9467	0.951	0.956	0.960	0.964	0.9669	0.970	0.973	0.975	0.976	0.9784				
0.64	0.9150	0.921	0.927	0.932	0.938	0.9439	0.948	0.953	0.957	0.961	0.9643	0.968	0.970	0.972	0.973	0.9754				
0.66	0.9121	0.918	0.925	0.930	0.935	0.9408	0.946	0.950	0.954	0.959	0.9614	0.965	0.967	0.969	0.971	0.9728				
0.68	0.9093	0.915	0.921	0.927	0.932	0.9382	0.943	0.948	0.951	0.956	0.9590	0.963	0.965	0.967	0.968	0.9703				

续附表 2.31

R^3/V	$R/r=30$	32	34	36	38	40	42	44	46	48	50	52	54	56	58	60	65	70	75	80
0.70	0.906 4	0.912	0.919	0.924	0.929	0.953 2	0.940	0.945	0.949	0.953	0.956 3	0.960	0.962	0.964	0.966	0.967 8				
0.72	0.903 7	0.910	0.916	0.921	0.927	0.932 8	0.937	0.943	0.946	0.951	0.954 2	0.957	0.960	0.962	0.964	0.965 6				
0.74	0.901 2	0.907	0.913	0.919	0.924	0.930 3	0.935	0.940	0.944	0.949	0.951 9	0.955	0.958	0.960	0.962	0.963 6				
0.76	0.898 7	0.905	0.911	0.916	0.922	0.927 7	0.933	0.938	0.942	0.947	0.949 5	0.953	0.956	0.958	0.960	0.961 6				
0.78	0.896 4	0.902	0.908	0.914	0.920	0.925 8	0.930	0. .936	0.939	0.944	0.947 5	0.951	0.954	0.956	0.958	0.959 8				
0.80	0.893 7	0.900	0.906	0.912	0.918	0.923 0	0.928	0.933	0.937	0.942	0.945 4	0.949	0.952	0.954	0.956	0.958 1				
0.82	0.891 7	0.898	0.904	0.909	0.915	0.921 1	0.926	0.931	0.935	0.940	0.943 6	0.947	0.950	0.952	0.954	0.956 3				
0.84	0.889 4	0.895	0.902	0.907	0.913	0.919 0	0.924	0.929	0.933	0.938	0.941 9	0.946	0.949	0.951	0.953	0.954 8				
0.86	0.887 4	0.893	0.900	0.905	0.911	0.917 1	0.922	0.927	0.932	0.936	0.940 2	0.944	0.947	0.949	0.951	0.953 4				
0.88	0.885 3	0.891	0.898	0.903	0.909	0.915 2	0.921	0.926	0.930	0.934	0.938 4	0.942	0.945	0.947	0.950	0.951 7				
0.90	0.883 1	0.889	0.896	0.902	0.907	0.913 1	0.919	0.924	0.928	0.933	0.936 7	0.940	0.943	0.946	0.948	0.950 4				
0.92	0.880 9	0.887	0.894	0.900	0.905	0.911 4	0.917	0.922	0.926	0.931	0.935 0	0.939	0.942	0.945	0.947	0.948 9				
0.94	0.879 1	0.885	0.892	0.898	0.904	0.909 7	0.915	0.920	0.925	0.929	0.933 3	0.937	0.940	0.943	0.945	0.947 6				
0.96	0.877 0	0.883	0.890	0.896	0.902	0.907 4	0.914	0.919	0.923	0.928	0.932 0	0.936	0.939	0.942	0.944	0.946 2				
0.98	0.875 4	0.882	0.888	0.894	0.900	0.906 4	0.912	0.917	0.922	0.926	0.930 5	0.934	0.937	0.940	0.943	0.945 2				
1.00	0.873 4	0.880	0.886	0.892	0.899	0.904 7	0.910	0.916	0.920	0.925	0.929 0	0.933	0.936	0.939	0.941	0.943 8				
1.05	0.868 8	0.875	0.882	0.888	0.895	0.900 7	0.906	0.912	0.916	0.921	0.925 3	0.929	0.932	0.936	0.938	0.940 8				
1.10	0.864 4	0.871	0.878	0.885	0.891	0.897 0	0.903	0.908	0.913	0.917	0.921 7	0.925	0.929	0.933	0.935	0.937 8				
1.15	0.860 2	0.867	0.875	0.881	0.888	0.893 7	0.900	0.905	0.910	0.914	0.918 3	0.922	0.926	0.930	0.933	0.935 2				
1.20	0.856 1	0.864	0.871	0.878	0.885	0.890 4	0.897	0.902	0.907	0.911	0.915 4	0.920	0.923	0.927	0.930	0.932 4				
1.25	0.852 1	0.860	0.868	0.875	0.882	0.887 4	0.893	0.899	0.904	0.908	0.912 5	0.916	0.920	0.924	0.927	0.930 0				
1.30	0.848 4	0.856	0.864	0.871	0.878	0.884 5	0.891	0.896	0.901	0.905	0.909 7	0.914	0.917	0.921	0.925	0.927 7				
1.35	0.845 1	0.853	0.861	0.869	0.876	0.881 9	0.888	0.893	0.898	0.903	0.906 8	0.911	0.915	0.919	0.922	0.925 3				
1.40	0.842 0	0.850	0.858	0.866	0.873	0.879 4	0.885	0.891	0.896	0.900	0.904 3	0.909	0.913	0.916	0.920	0.923 2				
1.45	0.838 7	0.847	0.855	0.863	0.871	0.876 4	0.883	0.888	0.893	0.898	0.901 4	0.906	0.910	0.914	0.918	0.920 7				
1.50	0.835 6	0.844	0.853	0.861	0.868	0.874 4	0.881	0.886	0.891	0.895	0.899 5	0.904	0.908	0.912	0.916	0.919 0				
1.55	0.832 7	0.841	0.850	0.858	0.866	0.872 2	0.878	0.883	0.888	0.893	0.897 0	0.901	0.906	0.910	0.914	0.917 1				0.938 2
1.60	0.829 7	0.839	0.848	0.856	0.863	0.870 0	0.876	0.881	0.886	0.891	0.894 7	0.899	0.904	0.908	0.912	0.915 2	0.922	0.928	0.933	0.936 5
1.65	0.827 2	0.836	0.845	0.853	0.861	0.867 8	0.874	0.879	0.884	0.889	0.892 7	0.897	0.902	0.906	0.910	0.913 3	0.921	0.927	0.931	0.935 4
1.70	0.824 5	0.834	0.843	0.851	0.59	0.865 8	0.872	0.877	0.882	0.886	0.890 6	0.895	0.900	0.904	0.909	0.911 6	0.919	0.925	0.930	0.934 1
1.75	0.821 7	0.831	0.840	0.849	0.57	0.863 8	0.870	0.875	0.880	0.884	0.888 6	0.893	0.898	0.902	0.907	0.909 7	0.918	0.924	0.929	0.932 8
1.80	0.819 4	0.829	0.838	0.847	0.855	0.861 8	0.868	0.873	0.878	0.882	0.886 7	0.891	0.896	0.900	0.905	0.908 0	0.916	0.922	0.927	0.931 7
1.85	0.816 8	0.827	0.836	0.845	0.853	0.859 6	0.866	0.871	0.876	0.881	0.884 9	0.889	0.895	0.899	0.903	0.906 6	0.915	0.921	0.926	0.930 5
1.90	0.814 3	0.824	0.834	0.843	0.851	0.857 8	0.864	0.869	0.874	0.879	0.883 1	0.888	0.893	0.897	0.902	0.904 7	0.913	0.919	0.925	0.929 1
1.95	0.811 9	0.822	0.832	0.841	0.849	0.855 9	0.862	0.867	0.872	0.877	0.881 5	0.886	0.891	0.895	0.900	0.903 4	0.912	0.918	0.923	0.928 1

续附表 2.31

R^3/V	$R/r=30$	32	34	36	38	40	42	44	46	48	50	52	54	56	58	60	65	70	75	80
2.00	0.8098	0.820	0.832	0.839	0.847	0.853 9	0.860	0.865	0.870	0.875	0.879 8	0.884	0.890	0.893	0.899	0.901 6	0.910	0.917	0.922	0.927 0
2.10	0.8056	0.816	0.826	0.835	0.843	0.850 2	0.856	0.862	0.867	0.872	0.876 8	0.881	0.886	0.890	0.895	0.899 1	0.908	0.914	0.920	0.924 7
2.20	0.8015	0.812	0.822	0.831	0.839	0.846 4	0.853	0.858	0.864	0.869	0.873 8	0.879	0.883	0.887	0.892	0.896 2	0.905	0.911	0.917	0.922 6
2.30	0.7976	0.808	0.818	0.828	0.835	0.842 8	0.849	0.855	0.861	0.866	0.871 0	0.876	0.880	0.884	0.890	0.893 5	0.903	0.909	0.915	0.920 6
2.40	0.7936	0.804	0.814	0.824	0.832	0.839 3	0.846	0.852	0.857	0.863	0.868 0	0.873	0.878	0.882	0.887	0.891 0	0.900	0.907	0.913	0.918 5
2.50	0.7898	0.800	0.811	0.820	0.828	0.836 0	0.843	0.849	0.854	0.860	0.865 1	0.870	0.875	0.879	0.884	0.888 4	0.898	0.904	0.910	0.916 6
2.60	0.7861	0.797	0.807	0.817	0.825	0.832 5	0.840	0.846	0.851	0.857	0.862 4	0.868	0.872	0.877	0.882	0.885 9	0.895	0.902	0.908	0.914 5
2.70	0.7824	0.793	0.803	0.813	0.822	0.829 1	0.836	0.843	0.848	0.854	0.859 8	0.865	0.870	0.874	0.880	0.883 7	0.893	0.900	0.906	0.912 6
2.80	0.7788	0.790	0.800	0.810	0.818	0.826 0	0.834	0.840	0.846	0.842	0.857 0	0.862	0.867	0.872	0.877	0.881 3	0.891	0.898	0.904	0.910 7
2.90	0.7752	0.786	0.796	0.806	0.815	0.823 0	0.831	0.837	0.843	0.849	0.854 5	0.860	0.865	0.870	0.875	0.879 0	0.889	0.896	0.902	0.908 9
3.00	0.7716	0.783	0.793	0.803	0.812	0.820 0	0.828	0.834	0.841	0.846	0.852 1	0.858	0.863	0.868	0.873	0.877 0	0.887	0.894	0.900	0.906 8
3.10	0.7677	0.779	0.790	0.800	0.809	0.817 0	0.825	0.832	0.838	0.844	0.849 4	0.855	0.860	0.866	0.871	0.875 0	0.885	0.892	0.899	0.904 9
3.20	0.7644	0.776	0.787	0.797	0.806	0.814 0	0.822	0.829	0.835	0.842	0.847 2	0.853	0.858	0.864	0.869	0.873 0	0.883	0.890	0.897	0.903 0
3.30	0.7610	0.772	0.783	0.793	0.803	0.811 3	0.820	0.827	0.833	0.840	0.844 0	0.851	0.856	0.862	0.866	0.871 0	0.881	0.888	0.895	0.901 2
3.40	0.7572	0.769	0.780	0.790	0.800	0.808 3	0.817	0.824	0.831	0.837	0.832 4	0.849	0.854	0.860	0.864	0.868 8	0.879	0.886	0.893	0.899 3
3.50	0.7542	0.766	0.777	0.788	0.798	0.805 7	0.814	0.822	0.829	0.835	0.840 4	0.847	0.852	0.858	0.862	0.866 8	0.877	0.884	0.892	0.897 4
3.50						0.806 3					0.840 7	0.847	0.852	0.858	0.863	0.867 2				
3.75						0.800 2					0.835 7	0.842	0.848	0.853	0.858	0.862 9				
4.00						0.794 5					0.831 1	0.837	0.843	0.849	0.854	0.859 0				
4.25						0.789 0					0.826 7	0.833	0.839	0.845	0.850	0.855 3				
4.50						0.783 8					0.822 5	0.829	0.835	0.841	0.847	0.851 8				
4.75						0.778 7					0.818 5	0.825	0.832	0.838	0.843	0.848 3				
5.00						0.773 8					0.814 7	0.822	0.828	0.834	0.840	0.845 1				
5.25						0.769 1					0.810 9	0.818	0.825	0.831	0.837	0.842 0				
5.50						0.764 5					0.807 3	0.815	0.821	0.828	0.834	0.838 9				
5.75						0.759 9					0.803 8	0.811	0.818	0.825	0.830	0.835 9				
6.00						0.755 5					0.800 3	0.808	0.815	0.821	0.827	0.833 0				
6.25						0.751 1					0.796 9	0.805	0.812	0.818	0.825	0.830 2				
6.50						0.746 8					0.793 6	0.801	0.808	0.815	0.822	0.827 4				
6.75						0.742 6					0.790 3	0.798	0.806	0.813	0.819	0.824 6				
7.00						0.738 4					0.787 1	0.795	0.803	0.810	0.816	0.822 0				
7.25						0.734 3					0.783 9	0.792	0.800	0.807	0.813	0.819 4				
7.50						0.730 2					0.780 7	0.789	0.797	0.804	0.811	0.816 8				

附表 2.32 在 TOOT 3044-45 中所规定的伯铑 – 铂热电偶在自由端温度为 0℃时的校正度表(校正度号 ПП)

工作温度 ℃	0	1	2	3	4	5	6	7	8	9
	热电动势/mV									
-20	-0.109									
-10	-0.055	-0.060	-0.066	-0.071	-0.077	-0.082	-0.087	-0.093	-0.098	-0.104
0(-)	0	-0.006	-0.011	-0.017	-0.022	-0.028	-0.033	-0.039	-0.044	-0.050
0(+)	0	0.006	0.011	-0.017	0.022	0.028	0.034	-0.040	0.045	0.051
10	0.057	0.063	0.069	0.074	0.080	0.086	0.092	0.098	0.103	0.109
20	0.115	0.121	0.127	0.133	0.139	0.145	0.151	0.157	0.164	0.170
30	0.176	0.182	0.188	0.194	0.200	0.206	0.112	0.218	0.225	0.231
40	0.237	0.243	0.250	0.256	0.263	0.269	0.275	0.282	0.288	0.292
50	0.301	0.307	0.314	0.320	0.327	0.333	0.340	0.346	0.353	0.359
60	0.366	0.373	0.379	0.386	0.392	0.399	0.406	0.412	0.419	0.425
70	0.432	0.439	0.446	0.452	0.459	0.466	0.473	0.480	0.486	0.493
80	0.500	0.507	0.514	0.520	0.527	0.534	0.541	0.548	0.555	0.562
90	0.569	0.576	0.583	0.590	0.597	0.604	0.611	0.618	0.626	0.633
100	0.640	0.647	0.654	0.662	0.669	0.676	0.683	0.690	0.698	0.705
110	0.712	0.719	0.727	0.734	0.742	0.749	0.756	0.764	0.771	0.779
120	0.786	0.794	0.801	0.809	0.816	0.824	0.831	0.839	0.846	0.854
130	0.861	0.869	0.876	0.884	0.891	0.899	0.907	0.914	0.922	0.929
140	0.937	0.945	0.952	0.960	0.968	0.976	1.983	0.991	0.999	1.006
150	1.014	1.022	1.030	1.038	1.046	1.054	1.061	1.069	1.077	1.085
160	1.093	1.101	1.109	1.117	1.125	1.133	1.141	1.149	1.157	1.165
170	1.173	1.181	1.189	1.197	1.205	1.213	1.222	1.230	1.238	1.246
180	1.254	1.262	1.271	1.279	1.287	1.295	1.304	1.312	1.320	1.329
190	1.337	1.345	1.354	1.362	1.370	1.379	1.387	1.395	1.404	1.412
200	1.421	1.429	1.438	1.447	1.455	1.464	1.472	1.481	1.490	1.499
210	1.507	1.516	1.525	1.533	1.542	1.551	1.560	1.569	1.577	1.586
220	1.595	1.604	1.613	1.621	1.630	1.639	1.648	1.657	1.665	1.674
230	1.683	1.692	1.701	1.709	1.718	1.727	1.736	1.745	1.754	1.762
240	1.771	1.780	1.789	1.798	1.807	1.816	1.824	1.833	1.842	1.851
250	1.860	1.869	1.878	1.887	1.896	1.905	1.913	1.922	1.931	1.940
260	1.949	1.958	1.967	1.976	1.985	1.994	2.003	2.012	2.021	2.030
270	2.039	2.048	2.057	2.066	2.075	2.084	2.093	2.102	2.111	2.120
280	2.129	2.138	2.147	2.156	2.165	2.174	2.183	2.192	2.201	2.210
290	2.219	2.228	2.237	2.246	2.255	2.264	2.274	2.283	2.292	2.301
300	2.310	2.319	2.328	2.337	2.346	2.356	2.365	2.374	2.383	2.392
310	2.401	2.410	2.419	2.429	2.438	2.447	2.456	2.465	2.475	2.484
320	2.493	2.502	2.511	2.521	2.530	2.539	2.548	2.557	2.567	2.576
330	2.585	2.594	2.603	2.613	2.662	2.631	2.640	2.649	2.659	2.668
340	2.677	2.686	2.696	2.705	2.715	2.724	2.734	2.743	2.753	2.762
350	2.772	2.781	2.791	2.800	2.809	2.818	2.828	2.837	2.846	2.855
360	2.865	2.874	2.884	2.893	2.903	2.912	2.921	2.931	2.940	2.950

续表 2.32

工作温度 ℃	0	1	2	3	4	5	6	7	8	9
	热电动势/mV									
370	2.959	2.968	2.978	2.987	2.997	3.006	3.016	3.025	3.035	3.044
380	3.053	3.063	3.072	3.082	3.091	3.101	3.110	3.119	3.129	3.138
390	3.148	3.157	3.167	3.176	3.186	3.195	3.205	3.214	3.224	3.233
400	3.243	3.252	3.262	3.271	3.281	3.290	3.300	3.309	3.319	3.328
410	3.338	3.348	3.357	3.367	3.376	3.386	3.395	3.405	3.414	3.424
420	3.434	3.444	3.453	3.463	3.472	3.482	3.491	3.501	3.510	3.520
430	3.530	3.540	3.549	3.559	3.568	3.578	3.587	3.597	3.606	3.616
440	3.626	3.636	3.645	3.655	3.664	3.673	3.683	3.692	3.702	3.712
450	3.722	3.732	3.741	3.751	3.760	3.770	3.779	3.789	3.798	3.808
460	3.818	3.828	3.837	3.847	3.856	3.866	3.875	3.885	3.895	3.905
470	3.915	3.925	3.935	3.944	3.954	3.964	3.974	3.983	3.993	4.003
480	4.013	4.023	4.033	4.042	4.052	4.062	4.071	4.081	4.091	4.101
490	4.111	4.121	4.131	4.141	4.151	4.160	4.170	4.180	4.190	4.200
500	4.210	4.220	4.230	4.240	4.249	4.259	4.269	4.279	4.289	4.299
510	4.309	4.319	4.329	4.339	4.349	4.358	4.369	4.378	4.388	4.398
520	4.408	4.418	4.428	4.438	4.448	4.457	4.467	4.477	4.487	4.497
530	4.507	4.517	4.527	4.537	4.547	4.557	4.567	4.577	4.587	4.597
540	4.607	4.617	4.627	4.637	4.647	4.657	4.667	4.677	4.687	4.697
550	4.707	4.717	4.727	4.737	4.747	4.758	4.768	4.778	4.788	4.798
560	4.808	4.818	4.828	4.838	4.848	4.859	4.869	4.879	4.889	4.899
570	4.909	4.919	4.929	4.939	4.949	4.960	4.970	4.980	4.990	5.000
580	5.010	5.020	5.030	5.040	5.050	5.061	5.071	5.081	5.091	5.101
590	5.111	5.121	5.131	5.141	5.151	5.162	5.172	5.182	5.192	5.202
600	5.212	5.223	5.233	5.243	5.253	5.264	5.274	5.284	5.294	5.304
610	5.314	5.324	5.335	5.345	5.356	5.366	5.376	5.387	5.397	5.407
620	5.417	5.428	5.438	5.448	5.458	5.469	5.479	5.489	5.500	5.510
630	5.520	5.530	5.541	5.551	5.561	5.572	5.582	5.592	5.603	5.613
640	5.623	5.633	5.644	5.654	5.664	5.675	5.685	5.695	5.706	5.716
650	5.726	5.737	5.747	5.758	5.768	5.778	5.789	5.799	5.809	5.819
660	5.830	5.840	5.850	5.861	5.871	5.882	5.892	5.903	5.913	5.924
670	5.934	5.944	5.955	5.965	5.976	5.986	5.997	6.007	6.018	6.028
680	6.039	6.049	6.060	6.071	6.081	6.092	6.102	6.113	6.123	6.134
690	6.144	6.155	6.165	6.176	6.186	6.197	6.207	6.213	6.228	6.239
700	6.249	6.260	6.270	6.281	6.292	6.302	6.313	6.323	6.334	6.344
710	6.354	6.365	6.375	6.386	6.397	6.407	6.418	6.428	6.439	6.449
720	6.460	6.471	6.481	6.492	6.503	6.514	6.524	6.535	6.545	6.555
730	6.566	6.577	6.588	6.598	6.609	6.620	6.630	6.641	6.652	6.663
740	6.673	6.684	6.694	6.705	6.716	6.727	6.737	6.748	6.759	6.771
750	6.780	6.791	6.802	6.812	6.823	6.834	6.845	6.855	6.865	6.872
760	6.887	6.898	6.909	6.919	6.930	6.941	6.952	6.962	6.973	6.982
770	6.994	7.005	7.016	7.026	7.037	7.048	7.059	7.070	7.085	7.094
780	7.102	7.113	7.124	7.135	7.146	7.156	7.167	7.178	7.182	7.193
790	7.211	7.222	7.232	7.243	7.254	7.265	7.276	7.287	7.297	7.207

续表 2.32

工作温度/℃	0	1	2	3	4	5	6	7	8	9
	热电动势/mV									
800	7.320	7.331	7.342	7.353	7.364	7.374	7.385	7.396	7.407	7.418
810	7.429	7.440	7.451	7.462	7.473	7.483	7.491	7.505	7.516	7.527
820	7.538	7.549	7.560	7.571	7.582	7.593	7.604	7.615	7.626	7.637
830	7.648	7.659	7.670	7.681	7.692	7.703	7.714	7.725	7.736	7.747
840	7.758	7.769	7.780	7.791	7.802	7.813	7.824	7.835	7.846	7.857
850	7.868	7.879	7.890	7.901	7.912	7.924	7.935	7.946	7.957	7.968
860	7.979	7.990	8.001	8.012	8.023	8.035	8.046	8.057	8.068	8.079
870	8.090	8.101	8.112	8.124	8.135	8.146	8.158	8.169	8.180	8.191
880	8.202	8.213	8.224	8.236	8.247	8.258	8.270	8.281	8.292	8.030
890	8.314	8.325	8.336	8.348	8.359	8.379	8.381	8.393	8.404	8.415
900	8.426	8.438	8.449	8.460	8.472	8.483	8.494	8.505	8.516	8.527
910	8.538	8.549	8.560	8.572	8.583	8.594	8.606	8.617	8.629	8.640
920	8.654	8.662	8.673	8.685	8.696	8.707	8.718	8.730	8.741	8.752
930	8.764	8.775	8.787	8.798	8.809	8.821	8.832	8.844	8.855	8.866
940	8.878	8.889	8.900	8.912	8.923	8.935	8.946	8.958	8.969	8.980
950	8.992	9.003	9.015	9.026	9.037	9.049	9.060	9.072	9.083	9.094
960	9.106	9.117	9.129	9.140	9.152	9.163	9.175	9.186	9.197	9.209
970	9.220	9.232	9.243	9.255	9.266	9.278	9.289	9.301	9.312	9.324
980	9.335	9.347	9.358	9.370	9.381	9.393	9.404	9.416	9.427	9.438
990	9.450	9.462	9.473	9.485	9.496	9.508	9.520	9.531	9.543	9.554
1000	9.566	9.578	9.589	9.601	9.612	9.624	9.636	9.647	9.658	9.670
1010	9.682	9.694	9.705	9.717	9.728	9.740	9.752	9.763	9.775	9.786
1020	9.798	9.810	9.821	9.833	9.844	9.856	9.868	9.879	9.891	9.903
1030	9.915	9.927	9.938	9.950	9.961	9.973	9.985	9.996	10.008	10.020
1040	10.032	10.044	10.055	10.066	10.078	10.090	10.102	10.113	10.125	10.137
1050	10.149	10.161	10.173	10.185	10.196	10.206	10.220	10.232	10.243	10.255
1060	10.267	10.279	10.291	10.303	10.314	10.328	10.338	10.350	10.361	10.373
1070	10.385	10.397	10.409	10.420	10.432	10.444	10.456	10.467	10.479	10.491
1080	10.503	10.515	10.527	10.539	10.551	10.562	10.574	10.586	10.598	10.610
1090	10.622	10.634	10.646	10.658	10.670	10.681	10.693	10.705	10.717	10.729
1100	10.741	10.753	10.765	10.777	10.789	10.800	10.812	10.824	10.836	10.848
1110	10.860	10.872	10.884	10.896	10.908	10.920	10.932	10.944	10.956	10.968
1120	10.980	10.992	11.004	11.016	11.028	11.040	11.052	11.064	11.076	11.088
1130	11.100	11.112	11.124	11.136	11..148	11.160	11.172	11.184	11.196	11.208
1140	11.220	11.232	11.244	11.256	11.268	11.281	11.293	11.305	11.317	11.329
1150	11.341	11.353	11.365	11.377	11.390	11.402	11.414	11.426	11.438	11.450
1160	11.462	11.474	11.486	11.498	11.510	11.523	11.535	11.547	11.559	11.571
1170	11.583	11.595	11.607	11.620	11.632	11.644	11.656	11.669	11.681	11.693
1180	11.705	11.717	11.729	11.742	11.754	11.766	11.778	11.791	11.803	11.815
1190	11.827	11.839	11.852	11.864	11.876	11.889	11.901	11.913	11.926	11.938
1200	11.950	11.962	11.974	11.986	11.998	12.010	12.022	12.034	12.046	12.058
1210	12.070	12.082	12.094	12.106	12.118	12.130	12.142	12.154	12.166	12.178
1220	12.190	12.202	12.214	12.226	12.238	12.250	12.262	12.274	12.286	12.298

续表 2.32

工作温度 ℃	0	1	2	3	4	5	6	7	8	9
	热电动势/mV									
1230	12.311	12.323	12.335	12.347	12.359	12.371	12.383	12.395	12.407	12.419
1240	12.431	12.443	12.455	12.467	12.479	12.491	12.503	12.515	12.527	12.539
1250	12.551	12.563	12.575	12.587	12.599	12.611	12.623	12.635	12.647	12.659
1260	12.671	12.683	12.695	12.707	12.719	12.731	12.743	12.755	12.767	12.779
1270	12.791	12.803	12.815	12.827	12.839	12.851	12.863	12.875	12.887	12.899
1280	12.911	12.923	12.935	12.947	12.959	12.972	12.984	12.996	13.008	13.020
1290	13.032	13.044	13.056	13.068	13.080	13.093	13.105	13.117	13.129	13.141
1300	13.153	13.165	13.177	13.189	13.201	13.214	13.226	13.238	13.250	13.262
1310	13.274	13.286	13.298	13.310	13.322	13.334	13.346	13.358	13.370	13.382
1320	13.394	13.406	13.418	13.430	13.442	13.454	13.467	13.479	13.491	13.503
1330	13.515	13.527	13.539	13.551	13.563	13.575	13.587	13.599	13.611	13.623
1340	13.635	13.647	13.659	13.671	13.683	13.695	13.707	13.719	13.731	13.743
1350	13.755	13.767	13.779	13.791	13.803	13.815	13.827	13.839	13.851	13.863
1360	13.875	13.887	13.899	13.911	13.923	13.935	13.947	13.958	13.971	13.983
1370	13.995	14.007	14.019	14.031	14.043	14.056	14.068	14.080	14.092	14.104
1380	14.116	14.128	14.140	14.152	14.164	14.176	14.188	14.200	14.212	14.224
1390	14.236	14.248	14.260	14.272	14.284	14.296	14.308	14.320	14.332	14.344
1400	14.356	14.368	14.380	14.392	14.404	14.416	14.428	14.440	14.452	14.464
1410	14.476	14.488	14.500	14.512	14.524	14.536	14.548	14.560	14.572	14.584
1420	14.596	14.608	14.620	14.632	14.644	14.657	14.669	14.681	14.693	14.705
1430	14.717	14.729	14.741	14.753	14.765	14.777	14.789	14.801	14.813	14.825
1440	14.837	14.849	14.861	14.873	14.885	14.897	14.909	14.921	14.933	14.945
1450	14.957	14.969	14.981	14.993	15.005	15.017	15.029	15.041	15.053	15.065
1460	15.077	15.089	15.101	15.113	15.125	15.137	15.149	15.161	15.173	15.185
1470	15.197	15.209	15.221	15.233	15.245	15.258	15.270	15.282	15.294	15.306
1480	15.318	15.330	15.342	15.354	15.366	15.378	15.390	15.402	15.414	15.426
1490	15.438	15.450	15.462	15.474	15.486	15.498	15.510	15.522	15.534	15.546
1500	15.558	15.570	15.582	15.594	15.606	15.618	15.630	15.642	15.654	15.666
1510	15.678	15.690	15.702	15.714	15.726	15.738	15.750	15.762	15.774	15.786
1520	15.798	15.810	15.822	15.834	15.846	15.859	15.871	15.883	15.895	15.907
1530	15.919	15.931	15.943	15.955	15.967	15.979	15.991	16.003	16.015	16.027
1540	16.039	16.051	16.063	16.075	16.087	16.099	16.111	16.123	16.135	16.147
1550	16.159	16.171	16.183	16.195	16.207	16.219	16.231	16.243	16.255	16.267
1560	16.279	16.291	16.303	16.315	16.327	16.339	16.351	16.363	16.375	16.387
1570	16.399	16.411	16.423	16.435	16.447	16.460	16.472	16.484	16.496	16.508
1580	16.520	16.532	16.544	16.556	16.568	16.580	16.592	16.604	16.616	16.628
1590	16.640	16.652	16.664	16.676	16.688	16.700	16.712	16.724	16.736	16.748
1600	16.760									

参 考 文 献

1 赵何为,朱承炎编 . 精细化工实验[M]. 上海:华东化工学院出版社,1992.
2 周科衍,吕俊民主编 . 有机化学实验[M]. 北京:高等教育出版社,1993.
3 章思规主编 . 精细有机化学品技术手册[M]. 北京:科学出版社,1991.
4 杨玉崑,等编著 . 合成胶粘剂[M]. 北京:科学出版社,1985.
5 梁梦兰编著 . 表面活性剂和洗涤剂——制备 性质 应用[M]. 北京:科学技术文献出版社,1990.
6 蔡干,曾维汉,钟振声,合编.有机精细化学品实验[M].北京:化学工业出版社,1997.
7 (日)精细化学品辞典编辑委员会编 . 精细化学品辞典[M]. 禹茂章,等译校 . 北京:化学工业出版社,1989.
8 刘程主编 . 表面活性剂应用手册[M]. 北京:化学工业出版社,1992.
9 合成材料助剂手册编写组编 . 合成材料助剂手册[M]. 北京:化学工业出版社,1985.
10 化学工业部涂料技术培训班编 . 涂料工艺手册[M].第七册,第八册 . 北京:化学工业出版社,1985.
11 魏文德编 . 有机化工原料大全[M]. 北京:化学工业出版社,1994.
12 郑平主编 . 煤炭腐植酸的生产和应用[M]. 北京:化学工业出版社,1991.
13 化学工业部科学技术情报研究所编 . 化工产品手册有机化工原料[M]. 北京:化学工业出版社,1989.
14 高等学校工科普通化学教学指导小组编 . 普通化学新实验选编[M]. 北京:高等教育出版社,1989.
15 合成洗涤剂生产工艺编写组编 . 合成洗涤剂生产工艺[M]. 北京:中国轻工业出版社,1994.
16 章永年编 . 液体洗涤剂[M]. 北京:中国轻工业出版社,1993.
17 李子东编 . 实用粘接手册[M]. 上海:上海科学技术文献出版社,1987.
18 程时远,李盛彪,等编.胶粘剂[M].北京:化学工业出版社,2001.
19 李和平,葛虹主编.精细化工工艺学[M].北京:科学出版社,1998.
20 詹益兴主编.现代化工小商品制法大全[M].长沙:湖南大学出版社,1999.
21 杨先麟,等编.精细化工产品配方与实用技术[M].武汉:湖北科学技术出版社,1995.
22 陈德昌编 . 实验室实用化学试剂手册[M]. 济南:山东科学技术出版社,1987.
23 张福学,等 . 压电学[M]. 北京:国防工业出版社,1981.
24 MATTHIAS B T, et al. Ferroelectrics of glycine sulfate[J]. Phys. Rev, 1956, 104(4):848.
25 房昌水,等 . 具有高热释电品质因数的 ADTGS 晶体[J]. 科学通报,1988,33(12):93.
26 郑吉民,等 .TGSFB 晶体生长及其热释电性能[J].科学通报,1991,36(2):109.
27 张绥庆 . 新型无机材料概论[M]. 上海:上海科技出版社,1985.
28 DEY S K, et al. Thin film ferroelectrics of PZT by sol-gel processing[J]. IEEE Trans. UFFC, 1988, 35(1):80.

29 SCREENIVAS K, et al. Charaterization of Pb (Zr, Ti)O_3 thin films deposited from multi-element targets[J]. J. Appl. Phys., 1988,64(3):1484.

30 HWANG C S, et al. Deposition of Pb(Zr,Ti)O_3 thin films by metal precursors at low temperature[J]. J. Amer. Ceram. Soc., 1995, 78(2):320.

31 SHIMIZU Y, et al. Preparation and electrical properties of Lanthanum-doped lead titanate thin films by sol-gel processing[J]. J. Amer. Ceram. Soc., 1991, 74(12):1023.

32 饶韫华,刘梅冬.溶胶-凝胶法制备PZT铁电薄膜材料的研究[J].功能材料,1994,25(6):539.

33 卢朝清,王世敏.溶胶-凝胶工艺制备铁电薄膜及其电学性质[J].科学通报,1993,38(2):110.

34 丁星兆,等.溶胶-凝胶在材料科学中的应用[J].材料科学与工程,1994,12(2):1.

35 HAYASHI Y. Sol-gel derived $PbTiO_3$[J]. J. Mat. Sci., 1987, 22(5):2655.

36 HAUN M J. Thermodynamic theory of $PbTiO_3$[J]. J. Appl. Phys., 1987, 63(8):3331.

37 洪广言,等.超微细粉末的合成及其应用[J].仪表材料,1987,1:51.

38 张池明.超微粒子的化学特性[J].化学通报,1993,8:20.

39 曹茂盛.超微颗粒制备科学与技术[M].哈尔滨:哈尔滨工业大学出版社,1997.

40 祖庸,雷闫盈,俞行.纳米防晒剂-二氧化钛超细粉[J].化工新型材料,1998(6):26~30.

41 孙康,王永刚.溶胶-凝胶法制取超细TiO_2粉末[J].无机盐工业,1997(3):9~10.

42 李晓娥,祖庸.溶胶-凝胶法制备超细二氧化钛[J].化工新型材料,1997(10):28~29.

43 孙新华.硼酸铝晶须的应用与制备[J].化工新材料,1998(4):33~35.

44 天津化工研究院,等.无机盐工业手册[J],下册.第2版.北京:化学工业出版社,1996.

45 刘朝峰,祖庸,陈晓东,等.纳米氧化锌的制备与研究[J].化工新型材料,1995(11):13~15.

46 张振逵.超微氧化锌的性质与用途[J].无机盐工业,1996(5):33~35.

47 胡立江,尤宏,郝素娥.工科大学化学实验[M].哈尔滨:哈尔滨工业大学出版社,2001.